기술을 숭배하지 말라

Tech Agnostic: How Technology Became the World's Most Powerful Religion, and Why It Desperately Needs a Reformation by Greg Epstein Copyright © 2024 by Greg M. Epstein All rights reserved. This Korean edition was published by AcornON Co., Ltd. in 2025 by arrangement with The MIT Press through KCC(Korea Copyright Center Inc.), Seoul.

이 책은 (주)한국저작권센터(KCC)를 통한 저작권자와의 독점계약으로 주식회사 에이콘온에서 출간되었습니다.
저작권법에 의해 한국 내에서 보호를 받는 저작물이므로 무단전재와 복제를 금합니다.

TECH AGNOSTIC
기술을 숭배하지 말라

테크가 신이 된 시대, 우리는 무엇을 잃었는가

그렉 M. 엡스타인 지음　김상현 옮김

"그렉 엡스타인은 기술에 대한 맹신을 경계해야 하는 이유를 설득력 있게 제시한다. 기술 기업들이 내세우는 가치가 실제로 구현될 때까지는 섣부른 믿음을 거두어야 한다는 것이다. '당신이 지능을 프로그래밍하지 않는다고 해서, 그 지능이 당신을 프로그래밍하지 않는다는 뜻은 아니다.' 우리에게는 아직 기회가 남아 있다. 함께 보편적 인간성을 되찾고 이를 예찬할 시간 말이다. 이 책은 바로 그 길을 명확히 제시한다."

- 더글러스 러시코프 Douglas Rushkoff
『대전환이 온다 Team Human』(알에이치코리아, 2021),
『현재의 충격 Present Shock』(청림출판사, 2014),
『Survival of the Richest(억만장자의 생존법)』(W. W. Norton & Company, 2023)의 저자

"우리가 얼마나 기묘하게 변했는지 깨달으려면 테크 세계를 정면으로 바라봐야 한다. 우리는 자신도 모르는 사이에 테크 종교의 신도가 되어버렸다. 이 책은 그런 우리의 시야를 넓혀줄 것이다. 테크 분야에 조금이라도 영향력을 행사하거나 관심을 두는 모든 사람이 반드시 읽어야 할 책이다."

- 재런 러니어 Jaron Lanier
『지금 당장 당신의 SNS 계정을 삭제해야 할 10가지 이유 Ten Arguments for Deleting Your Social Media Account Right Now』(글항아리, 2019),
『미래는 누구의 것인가? Who Owns the Future』(열린책들, 2016),
『디지털 휴머니즘 You Are Not a Gadget』(에이콘출판, 2011)의 저자

"흥미진진한 지적 모험이다. 엡스타인의 독창적인 저서는 깊은 감동을 주고, 인간적인 약함을 솔직하게 드러내며, 배꼽을 잡게 할 만큼 유쾌하고, 늘 탁월한 통찰력으로 빛난다. 이 시의적절하면서도 필수적인 성찰은 내가 기술과 맺고 있는 관계를 완전히 다시 생각하게 만들었다."

- 스카이 C. 클리어리 Skye C. Cleary
『How to Be Authentic(어떻게 하면 진실할 수 있을까)』(St. Martin's Essentials, 2022)의 저자

"만약 기술이 하나의 종교라면, 그렉 엡스타인만큼 믿을 만한 길잡이는 없을 것이다. 『기술을 숭배하지 말라』는 풍부한 정보와 솔직하면서도 절박한 목소리로 실리콘밸리의 독선적 사고가 어디서 비롯되었는지 생생하게 파헤친다. 그와 동시에 우리가 희망을 품어야 할 이유와 그 이유를 제시한다."

- 로렌 F. 클라인 Lauren F. Klein
에모리대 윈쉽 Winship 연구 석좌 교수,
『Data Feminism(데이터 페미니즘)』(MIT Press, 2023)의 공저자

"『기술을 숭배하지 말라』는 급변하는 기술 지배 사회에서 우리가 직면한 도전을 새로운 관점으로 해석한 지적 탐구서이다. 이 책은 기술과 보다 인간적으로 관계 맺을 수 있는 희망의 길도 함께 제시한다. 엡스타인은 유려한 문체와 치밀한 분석으로, 기술에 매몰된 현대 사회가 마주한 도전과 기회를 진지하게 짚어내며, 우리 모두에게 성찰과 실천의 길을 안내한다."

- 로리 산토스 Laurie Santos
예일대 실리만 칼리지 Silliman College의 학장 겸 심리학 교수,
팟캐스트 〈행복 실험실 The Happiness Lab〉의 진행자

지은이 소개

그렉 M. 엡스타인 Greg M. Epstein

하버드와 MIT에서 인본주의 사목 역할을 하며 학생, 교수, 교직원들에게 인본주의적 관점에서 윤리적이고 실존적인 조언을 제공하고 있다. 온라인 뉴스 매체 「테크크런치」의 첫 '상주 윤리학자 ethicist in residence'로 활동했고, 「더 컨버세이션」에서는 "미국인과 종교와의 관계 방식을 바꾼 상징적 인물"로 평가받았다. 「뉴욕타임스」 베스트셀러인 『Good Without God(무신론자의 선)』(William Morrow, 2010)의 저자이며, 「MIT 테크놀로지 리뷰」, 「CNN」, 「보스턴 글로브」, 「워싱턴 포스트」, 「뉴스위크」 등 다양한 매체에 글을 기고해 왔다.

감사의 말

이 책을 어머니 주디 케이플$^{Judy Capel}$과 돌아가신 아버지 사이러스 엡스타인$^{Cyrus Epstein}$께 바칩니다. 어머니, 당신이 제게 주신 은혜는 결코 말로 다 표현할 수 없습니다. 이 책 곳곳에 드러난 인간애와 배움, 유머, 삶에 대한 열정, 그리고 정의를 향한 마음은 모두 당신에게서 비롯된 것입니다. 당신의 아들이라는 사실이 언제나 자랑스럽습니다.

바빌론 탈무드$^{Babylonian Talmud}$(산헤드린 37a$^{Sanhedrin\ 37a}$)에는 "누구든 한 생명을 구하는 이는 세계 전체를 구하는 것과 같다"라고 쓰여 있습니다. 당신은 언제나 '한 사람을 가르치고 사랑하고 친구가 되는 것은 곧 세상을 그렇게 대하는 일'이라는 마음으로 저를 키워주셨습니다. 누군가, 혹은 단 한 사람을 위해 이보다 더 좋은 말을 할 수 있을지 모르겠습니다.

이 책을 쓰는 동안, 저는 1995년에 세상을 떠나신 당신의 남편, 제 아버지에 대해 더 잘 이해하고, 더 의미 있는 관계를 맺을 수 있었다는 점을 전하고 싶습니다. 당신이나 제가 영생이나 부활, 혹은 이 한 번뿐인 세상을 초월하는 무언가를 언젠가 믿게 될 거라고는 생각하지 않지만, 제 마음과 상상 속에서 저는 아버지와 함께 시간을 나누는 법을 배웠습니다. 아버지는 늘 선한 분이셨고, 저와 당신, 그리고 우리 가족과 세상을 걱정하셨던 분입니다. 지금은 저의 가장 가까운 대화 상대가 되셨습니다.

그리고 아내 재키 필치$^{\text{Jackie Piltch}}$, 아이들 액슬^{Axel}과 애니^{Ani}에게도 특별한 감사를 전합니다. 여러분과 함께 서로를 사랑하며 살아가는 일, 그 자체가 제가 이 책을 쓸 수 있는 동력이었습니다. 저는 모든 이들이 우리가 누리고 있는 신뢰, 배려, 따뜻함, 안전함, 정서적 인식, 공감, 장난기, 의미 있는 인생 경험이 가득한 미래를 꿈꾸고 만들 수 있기를 간절히 바랍니다. 우리가 '우리'이기 전에는, 제가 진정 무엇을 지지해야 하는지 확신하지 못했습니다. 싸울 만한 가치를 진심으로 알지 못했기 때문입니다. 하지만 가족 덕분에 이제는 무엇이 소중한지 잘 알게 되었습니다.

※

이 책을 완성하는 데에는 여러 해가 걸렸습니다. 그 시간 동안 제 삶의 일원이었던 거의 모든 분께서 이 작업에 크든 작든 기여해 주셨다고 생각합니다. 이 책을 집필하며 만났고 인터뷰했던 200명 가까운 모든 분께 진심으로 특별한 감사를 드립니다. 여러분의 이야기가 이 책 곳곳에 담겨 있으니, 그 의미 있는 작업이 올바르게 세상에 알려지기를 바랍니다. 어떤 분은 더 많이 언급되었을 수 있지만, 한 분 한 분 모두가 저의 이해와 열정에 큰 힘이 되어주셨다는 것을 알아주셨으면 좋겠습니다.

편집자 기타 마나크탈라$^{\text{Gita Manaktala}}$ 님께 깊은 감사를 전합니다. 이 책과 저를 믿어 주셔서 고맙습니다. 선생님 덕분에 저는 우리가 처음 만났던 2021년보다 글쓰기에 대해 훨씬 더 확신을 갖고, 더 건강한 관계를 가질 수 있게 되었습니다.

MIT 출판부의 친구이자 동료이신 에이미 브랜드Amy Brand 님께도 감사드립니다. 저에게 이 값진 경험을 제안해 주신, 어떻게 감사의 마음을 전해야 할지 모를 만큼 고마운 분입니다. 선생님께서는 훌륭한 리더십이란 호통이나 무원칙적인 카리스마가 아닌, 목적에 대한 진지함과 사려 깊은 결단, 그리고 타인을 향한 봉사라는 점을 몸소 보여주셨습니다.

또한 니콜라스 디사바티노Nicholas DiSabatino, 수라야 제타Suraiya Jetha, 드보라 캔터-애덤스Deborah Cantor-Adams, 로라 키일러Laura Keeler, 데비 콴Debbie Kuan, 제시카 펠리엔Jessica Pellien 등 함께했던 뛰어난 팀원 여러분과 일할 수 있어 영광이었습니다.

상업성이 강조된 출판 시장의 기대하기 힘든 훌륭한 지원과 협력 덕분에, 저는 여러분 모두로부터 큰 자극과 영감을 받아 기대 이상의 결과를 내야겠다는 의욕을 갖게 되었습니다. 이 훌륭한 그룹과 함께할 기회를 앞두고 있는 작가가 계신다면, 저는 진심으로 강력하게 추천해 드릴 수 있습니다.

도덕성이 흔들리고 시민적 불확실성이 커져가는 시대에 순수하게 좋은 명분을 찾고 계신 자선가, 기부자분들께는 더 먼 곳을 찾을 필요가 없다고 말씀드리고 싶습니다. 그리고 이 책의 출간에 관여해 주신 펭귄 랜덤하우스의 모든 파트너 여러분께도 깊이 감사드립니다. 여러분과 함께할 수 있어 영광이었습니다.

캐시디 술레이만Cassidy Sulaiman 선생님께, 프리랜서 교열자로 함께해주셨을 때 제가 드린 보수는 선생님의 세심한 배려와 부지런함, 그리고 이 책을 더 낫게 만들기 위한 열정 덕분에 세 배, 아니 그 이상의 값어치로 되돌아왔습니다. 선생님이 아니었다면 이 프로젝트가 얼마나 힘들었을지 상상조차 하기 어렵습니다.

차나 디치$^{Chana\ Deitsch}$와 앤 스토퍼$^{Anne\ Stopper}$ 선생님께도, 여러분과 함께 일할 수 있어 영광이었고, 앞으로 여러분이 참여하거나 이끌게 될 다음 프로젝트에는 어떤 일들이 펼쳐질지 진심으로 기대하고 있습니다.

프라야그 나룰라$^{Prayag\ Narula}$ 선생님께도 감사드립니다. 선생님의 훌륭한 앱 마빈^{Marvin}을 초기 시험 사용해 볼 수 있었던 것은, 200명에 달하는 인터뷰 내용을 정리·분석하는 데 큰 도움이 되었습니다.

리 스타인$^{Leigh\ Stein}$ 선생님, 제 아이디어를 들어주고 지혜롭게 조언해 주신 점 진심으로 감사합니다. 앞으로 진행할 모든 프로젝트도 꼭 상의 드릴 수 있기를 바랍니다.

친애하는 메리 존슨$^{Mary\ Johnson}$ 선생님, 항상 깊은 윤리적 통찰과 창의적 재능, 그리고 원고를 함께 읽고 토론하며 지금의 저를 여기까지 이끌어 주셔서 고맙습니다.

이 책의 아이디어로 발전한 여러 취재 기사를 함께 검토하고 다듬어주신 편집자 여러분께도 감사를 전합니다. 제가 「테크크런치」, 「MIT 테크놀로지 리뷰」, 「보스턴 글로브」, 그리고 다양한 매체에 쓴 글의 편집과 논의에 함께 해 주신 대니 크라이튼$^{Danny\ Crichton}$, 기타 벤카타라만$^{Gita\ Venkataraman}$, 브라이언 버그스타인$^{Brian\ Bergstein}$, 앨리슨 아리에프$^{Allison\ Arieff}$, 레이철 코트랜드$^{Rachel\ Courtland}$, 매트 호넌$^{Mat\ Honan}$, 월터 톰슨$^{Walter\ Thompson}$, 데이비드 샤펜버그$^{David\ Scharfenberg}$, 마이크 오컷$^{Mike\ Orcutt}$, 팀 마$^{Tim\ Maher}$, 켈리 호런$^{Kelly\ Horan}$ 그리고 많은 동료께도 깊이 감사드립니다.

또한, 인터뷰 대상자이면서 모범적인 사례를 통해 저의 선생님이 되어 주신 여러 언론인과 작가 여러분께 존경을 표합니다. 기드온 리치필드Gideon Lichfield, 게리 울프Gary Wolf, 사샤 세이건Sasha Sagan, 캐런 하오Karen Hao, 케이트 클라크Kate Clark, 제시카 파월Jessica Powell, 찬다 프레스코드-와인스타인Chanda Prescod-Weinstein 선생님, 여러분을 존경한다는 이 마음을, 적어도 미친 사람처럼 보이지 않고는 다 표현할 수 없을 것 같습니다.

30년지기의 친애하는 친구 시와투 무어Siwatu Moore는 2018년 새해 이브에 함께 앉아 있었던 그때, 제가 작가이자 사상가로서 내면의 나침반이 흔들리고 있다고 느끼던 시기에, 무엇을 배워야 할지, 어떤 주제에 대해 글을 써야 할지 다시 바라볼 수 있도록 도와주었습니다.

사랑하네, 형제여. 자네는 정말 비상한 사상가이자 인간이었네. 앞으로 더 큰 성공도 거둘 자격이 충분하다 생각하네. 하지만 그런 거 상관없이, 자네를 친구로 둔 우리 모두는 정말 큰 행운을 누리고 있네. 자네가 행복할 때 우리 마음도 덩달아 좋아졌고, 자네가 힘들어 보일 때면 뭐가 고민인지 함께 알고 싶었네. 시트콤 주인공 같은 내가 카림 압둘-자바 영화 클럽에 초대받았던 것도 참 고마웠네. 물론 시그널로 온라인 채팅하는 게 2주마다 직접 통화하는 것보다 더 나은지에 대해선 아직 잘 모르겠지만 말이네.

그리고 이 책을 집필·연구하는 동안, 또 책이 출간되기까지 몇 년간 함께해 주신 여러분들께도 깊이 감사드립니다. 하버드와 MIT의 인본주의 사목팀, 전직 회장님들(나라스 칼라일Narath Carlile, A.J. 쿠마A.J. Kumar, 에릭 그레고리Erik Gregory, 스티브 매더슨Stephen Matheson, 키르스텐 워스태드Kirsten Waerstad, 다이애나 림바크 렘펠Diana Limbach Lempel)께 존경과 감사를 표합니다. 여러분 한 분 한 분의 헌신과 봉사가 있었기에 제가 이 작업을 이어올 수 있었습니다.

또한 현재 이사진이신 제프 밀러$^{\text{Jeff Miller}}$, 퀴니 린$^{\text{Quinnie Lin}}$, 켄 그랜더슨$^{\text{Ken Granderson}}$, 엘레나 글래스만$^{\text{Elena Glassman}}$, 제니퍼 이브라힘$^{\text{Jennifer Ibrahim}}$, 데이비드 버클리$^{\text{David Buckley}}$, 대런 시어스$^{\text{Darren Sears}}$, 그리고 오랫동안 관리자이자 공동체 지도자로 수고해 주신 릭 헬러 님$^{\text{Rick Heller}}$께도 감사 인사를 전합니다.

이에 더해, 조 거스타인$^{\text{Joe Gerstein}}$님께 깊은 감사를 드립니다. 수십 년에 걸친 선생님의 노고와 업적이 제 삶과 일에 얼마나 소중한 자양분이 되었는지를 다 표현하기 어렵습니다. 어떻게 감사를 전해야 할지 모르지만, 저의 결혼 서약서^{Ketubah}에도 선생님의 서명이 남아 있다는 사실이 참 자랑스럽습니다. 앞으로도 늘 선생님을 떠올리며, 제 가치와 최선의 의도에 충실한 삶을 살려고 노력할 것입니다.

MIT 종교·영성·윤리 생활 사무처 부학장이자 MIT 사목이신 테아 키스-루카스$^{\text{Thea Keith-Lucas}}$님, 그리고 MIT 사목팀의 크리스티나 잉글리시$^{\text{Christina English}}$님을 비롯한 동료 여러분께도 깊이 감사드립니다. 여러분과 함께 봉사하며, 기술이 지배하는 세상에서 윤리적으로 산다는 것이 어떤 의미인지 함께 고민한 경험은 저에게 매우 특별한 기회였습니다. 우리의 많은 신학적 차이에도 불구하고, 아니 오히려 그런 차이로 인해 우리가 하는 일이 더욱 소중하다고 생각합니다.

또 친구이자 동료, 그리고 전직 제자였던 니나 리튼$^{\text{Nina Lytton}}$님께도 감사의 마음을 전합니다. 당신이 훌륭한 리더로 성장하는 과정을 지켜보는 것은 제 경력에서 가장 큰 영예 중 하나였으며, 함께 일할 때마다 많은 것을 배우고 있습니다. MIT는 정말 큰 행운을 누리고 있다고 생각합니다.

그리고 하버드와 MIT 공동체의 모든 동료 사목님, 하버드대학교

인본주의자·무신론자·불가지론자의 공동체^HCHAA, MIT 세속주의 사회^SSOMIT, Secular Society of MIT, 그리고 하버드와 MIT의 인본주의자 학생 펠로우 등 뛰어난 학생 리더 여러분께도, 함께 일할 수 있어서 진심으로 행복했습니다.

마지막으로 「하버드 테크놀로지 리뷰」의 학생 지도자 여러분께, 이 책의 시작이 된 작업에 처음 관심을 가져 주셔서 진심으로 고맙다는 말씀을 드립니다.

전 세계의 모든 인본주의자와 세속 운동 동료 여러분께 깊은 감사를 드립니다. 제가 하는 어떤 일도 여러분 없이는 불가능했을 것이고, 설령 가능했다 해도 수 세기 역사를 지닌 이처럼 중요한 집단적 노력의 일부가 되는 영예 없이 하고 싶지는 않았을 것입니다.

가까운 동료들인 새라 챈도넷^Sarah Chandonnet, 제임스 크로프트^James Croft, 소냐 데이비드^Sonia David, 키아나 마호니^Kianna Mahony, 데빈 모스^Devin Moss, 앤서니 크루즈 판토하스^Anthony Cruz Pantojas, 바네사 고메즈 브레이크^Vanessa Gomez Brake, 앤드루 콥슨^Andrew Copson, 존 후퍼^John Hooper, 니콜 카^Nicole Carr, 새라 레빈^Sarah Levin, 메리 엘렌 기스^Mary Ellen Giess, 라이언 벨^Ryan Bell, 바트 캄폴로^Bart Campolo, 허먼트 메타^Hemant Mehta, 제이슨 캘러핸^Jason Callahan 등과 수많은 분께 진심으로 감사드립니다.

또한 세속적, 인본주의적 유대교 운동에 속한 모든 분께, 특히 저에게 그 운동에 합류할 영감을 준 동급생이자 스승인 시반 말킨 마스^Sivan Malkin Maas, 미리엄 제리스^Miriam Jerris, 애덤 챌럼^Adam Chalom, 오렌 예히-샬럼^Oren Yehi-Shalom, 빈야민 비버^Binyamin Biber 등 모든 인본주의자 랍비 여러분께도 헤아릴 수 없는 감사의 마음을 전합니다. 여러분이 없었다면, 제가 여기서 이 일을 하고 있을 확률은 "절대 제로"였을 것입니다.

내게 사랑을 준 아우 존 엡스타인Jon Epstein, 에밀리 클라인Emily Klein과 에스S를 포함한 친척들에게도 고마움을 전합니다.

존, 너와 함께 지내면서 늘 영감을 얻었네. 많이 사랑한다네. 이 이상으로는 나와 연관된 모두를 언급할 수는 없지만, 내가 이 프로젝트를 진행하는 동안 직간접적으로 도움을 준 몇몇 사람의 이름을 여기에 적고자 하네.

루스 비하Ruth Behar에게, 예전에 말했듯이, 당신의 사무실을 비유적으로 계속 빌려준 데 대해 감사합니다.

데이비드 프라이David Frye에게, 트위터Twitter에서 내가 그나마 제정신일 수 있게 도와주어서 고맙습니다.

캐럴 풀러 리차드슨Carol Fuller Richardson에게, 나 자신의 아버지 쪽 뿌리에 대해 더 종합적이고 건강한 이해를 갖도록 도와주신 데 감사드립니다. 당신은 멀리 떨어져 있었지만 가장 다정하고, 애정어리고, 진심인 분이었습니다.

조카인 실리아 허쉬만Celia Hirschman에게, 우리가 새롭게 발견한 우정과, 당신의 어머니, 지칠 줄 모르고 누구도 흉내 낼 수 없는 루스 시모어Ruth Seymour를 보살핀 데 감사드립니다. 루스Ruth는 항상 나를 믿었고, 그런 믿음은 저 자신을 놀라게 만들기도 했습니다.

롭 밴 그로버Rob Van Grover와 당신의 멋지고 익살맞은 가족—린다Linda, 조시Josh, 애덤Adam, 제시카Jessica, 그리고 당신의 파트너들과 아이들(!)—에게도, 평범하지만 때로는 장난기 가득한 인간적인 가족이 되어 그저 사람으로 사는 것만으로도 충분히 즐겁다는 것을 깨닫게 해준 점 고맙습니다. 바로 그런 점이 제가 필요로 하던 것이었습니다.

그리고 내 아내의 가족에게, 아내를 낳아주시고, 내 모든 삶이 가능하도록 해주신 것, 그리고 당신들의 드높은 가치에 맞도록 배려해 주신 점에 진심으로 감사드립니다. 모든 것에 감사드려요.

내 아이들의 선생님께, 그리고 학교와 도시의 모든 교육자께, 깊은 감사를 전합니다. 나와 내 이웃들이 안전하고 서로 돕는 공익적 사고방식의 공동체에서, 지적 성장을 위한 비옥한 환경 속에 살아갈 수 있도록 만들어주신 모든 분께 마음을 담아 감사드립니다. 고향인 플러싱Flushing, 퀸스Queens, 그리고 뉴욕시를 매일 그리워하지만, 그 시절 그곳에 있지 않았다면 지금 이곳 매사추세츠 주 소머빌Somerville에서 누리는 행운도 없었으리란 생각이 듭니다.

또한 매사추세츠 보스턴 대학교University of Massachusetts Boston와 그 산하 글로벌 포용 및 사회 개발 대학원School of Global Inclusion and Social Development의 동료들, 레이철 아이네그베디언Racheal Inegbedion, 아이샤 커시드Ayesha Khurshid, 메건 콜먼Meghan Kallman, 케이틀린 사이너Kaitlyn Siner, 맷 라코추어Matt Lacouture, 제임스 휴즈James Hughes, 니르 아이시코비츠Nir Eisikovits 등께도 감사의 말씀을 전합니다. 여러분과 나눈 대화는 이 책을 완성하고 다듬는 데 큰 통찰을 더해주었습니다. 앞으로 더 많은 대화를 나눌 수 있기를 바라며, 여러분이 앞으로 펼쳐낼 더 나은 세상을 위한 학문적, 인권적 성과들을 기대합니다.

그리고 마지막으로, 이 책을 읽고 계신 독자 여러분께 진심을 담아 감사드립니다. 여러분이야말로, 제가 이 모든 작업에 몰두한 가장 큰 이유입니다. 저의 노력이 여러분에게 유용하고, 진정으로 의미 있는 힘이 되기를 바랍니다.

옮긴이 소개

김상현

캐나다에서 정보공개 및 프라이버시 전문가로 일하고 있다. 토론토 대학교, 앨버타 대학교, 요크 대학교에서 개인정보보호와 프라이버시 법규, 사이버보안을 공부했다. 캐나다 온타리오 주 정부와 앨버타 주 정부, 브리티시 컬럼비아BC 주의 의료서비스 기관 FNHA, 밴쿠버 아일랜드의 수도권청Capital Regional District 등을 거쳐 지금은 캘리언 그룹Calian Group의 프라이버시 디렉터로 일하고 있다.

저서로 『AI와 프라이버시』(커뮤니케이션북스, 2024), 『디지털의 흔적을 찾아서』(방송통신위원회, 2020), 『유럽연합의 개인정보보호법, GDPR』(커뮤니케이션북스, 2018), 『디지털 프라이버시』(커뮤니케이션북스, 2018), 『인터넷의 거품을 걷어라』(미래 M&B, 2000)가 있고, 번역서로는 에이콘출판사에서 출간한 『두 얼굴의 신기술 : AI 딜레마』(2025), 『통계의 함정』(2024), 『해커의 심리』(2024), 『어둠 속의 추적자들』(2023), 『공익을 위한 데이터』(2023), 『인류의 종말은 사이버로부터 온다』(2022), 『프라이버시 중심 디자인은 어떻게 하는가』(2021), 『마크 저커버그의 배신』(2020), 『에브리데이 크립토그래피 2/e』(2019), 『보이지 않게, 아무도 몰래, 흔적도 없이』(2017), 『보안의 미학』(2015), 『똑똑한 정보 밥상』(2012), 『불편한 인터넷』(2012), 『디지털 휴머니즘』(2011) 등이 있다.

옮긴이의 말

아침에 눈을 뜨자마자 스마트폰을 집어 드는 것은 사람들에게 하나의 일상이 되었다. 대중교통을 이용할 때, 친구나 가족과 시간을 보내는 중에도 무의식적으로 스마트폰 화면을 들여다보는 사람도 이제는 흔하다. 실제로 요즘 사람들은 하루에 수백 번씩 스마트폰을 확인한다는 조사 결과도 있다. 작가 조이스 캐럴 오츠가 뉴욕 지하철을 이용하는 승객들에 대해 묘사한 것처럼, 고개를 숙이고 스마트폰을 든 모습은 마치 현대인의 '기도 자세'처럼 보이기까지 한다. 매주 한 번 교회에 나가도 독실한 신도로 여겨지는데, 하루에도 수십, 수백 번씩 스마트폰을 들여다보는 우리 모습은 어쩌면 그 이상의 새로운 의식, 혹은 숭배에 가까운 행동을 하는 것일지도 모른다.

그렉 엡스타인은 하버드와 MIT에서 인본주의와 무신론적 관점의 사목자chaplain로 활동하며, 오늘날 대부분의 사람이 스마트폰과 테크 기기에 매혹된 현상을 근본적인 종교적 시각에서 바라본다. 그는 사용자 개인의 습관만이 아니라, 이런 중독과 집착을 적극적으로 부추기는 테크 회사와 CEO의 역할까지 조명하며, 우리가 스마트폰을 신체의 연장extension으로 삼거나, 현실과 기기 사이의 끊임없는 연결에 몰두하여 이미 '사이보그화'됐다고까지 진단한다. 여기에 AI 기기와 서비스까지 더해지면서, 테크는 신화적이고 종교적 성격을 더욱 강화하고 있다.

실제로 저자 엡스타인은 종교적 직함과 랍비 안수를 받았지만, 그의 메시지는 비종교적, 즉 인본주의·무신론적 탐구에 가깝다. 그가 대학생 등 젊은 세대에게 해주는 조언과 지원도 기존 종교적 신념에 머물지 않고, 종교를 믿지 않거나 의심하는 이들을 위해 심리적·실존적 지침을 제시하는 데 있다.

이 책 『기술을 숭배하지 말라』는 빅테크와 디지털 기술이 오늘날 사회와 우리의 마음에 미치는 강력한 영향력을 종교적 시각에서 해석하고 있다. 특히 빅테크 CEO 신화(애플의 잡스, 테슬라의 머스크 등)가 단지 마케팅 차원을 넘어서 새로운 종교적 우상이 되고 있음을 비판적으로 파헤친다. 그렉 엡스타인은 테크의 광채와 신화적 의도에 매몰되기보다, 궁극적으로 보편적 인간성과 인류애 회복을 가장 중요한 과제로 삼자고 독자들에게 호소한다. 그리고 테크 숭배가 아닌, 테크에 대한 비판적 거리 두기, 즉 '테크 불가지론'이 우리의 새로운 생활 방식이 되어야 한다고 강조한다.

저자는 기술 이전의 신화적 과거로 돌아가자는 판타지적인 주장을 하는 것이 아니다. 오히려 저자 자신이 테크 중독으로 정신과 치료까지 받은 적이 있기 때문에, 이런 경험이 이 책에서 제시하는 진단과 분석, 비판의 목소리에 현실감과 진정성을 더해준다.

저자의 핵심 메시지는 원제인 『테크 불가지론Tech Agnostic』에 가장 잘 드러난다. 기술 혁신과 눈부신 테크 기기들에 대해, 그것들이 지닌 긍정과 부정의 가능성을 모두 열린 시각으로 바라보자는 것이다. 어떤 테크 기술이나 소셜미디어, 기기든 우리 삶과 마음에 해악을 끼치는 위험이 있는 동시에 인류에게 새로운 복지를 가져올 수도 있다. 여기서 중요한 것은 이 두 가능성을 동시에 인식하며, 맹목적인 테크 숭배에 빠지기보다, 최소한 그들이 주장하는 가치를 실제로 증명할 때까지 자유롭고 비판적인 태도를 잃지 말자는 것이다.

엡스타인의 테크 종교론은 기대 이상으로 풍부하고 깊은 논의로 확장된다. 그는 테크 종교론을 탐구하면서 역사 속의 배교자, 회의론자, 신비론자, 카산드라와 같은 예언자, 이단자, 내부 고발자 등의 이야기를 불러오고, 서구 종교사의 흐름을 흥미진진하게 풀어놓는다. 또한 이런 문제적 인물들이야말로 지금 우리가 절실히 필요로 하는 '테크 종교개혁'의 중심 세력이 될 수 있다고 역설한다. 이에 더해, 저자는 더 나은 인간의 삶을 실현하기 위해, 우리가 집단적이고 효과적으로 빅테크 기업에 변화와 책임을 요구하는 방법을 배워야 한다고 강조한다. 디지털 기술, 특히 AI에 대한 지나친 찬사가 넘쳐나는 시대에, 그의 테크 종교론과 이에 대한 비판적 시각은 지금 우리 사회에 절실히 필요한 메시지라고 말할 수 있다.

이 책은 5년이 넘는 풍부한 연구와 조사, 200여 명의 테크 전문가, 활동가, 기업인과의 인터뷰를 바탕으로 완성된 엡스타인의 역작이다. 더 많은 독자가 이 책을 통해 디지털 기술에 대한 비판적 시각과, 종교적 관점에서 본 깊은 통찰을 나눌 수 있기를 진심으로 바란다.

아울러, 훌륭한 책을 만나고 이를 한국에 소개할 수 있게 해 준 에이콘출판사와 황영주 부사장께 깊이 감사드린다. 그리고 언제나 나에게 힘과 용기, 영감을 주는 아내 김영신, 두 아들 동준과 성준에게 사랑과 감사를 전한다.

2025년 4월 19일,
캐나다 빅토리아에서 역자 씀

차례

지은이 소개 7
감사의 말 8
옮긴이 소개 17
옮긴이의 말 18
들어가며 23

1부 신념

1장 테크 신학 59
2장 교리 103

2부 관례

3장 계급과 카스트, 혹은 백인 남성의 천국 199
4장 의식 247
5장 세상의 종말(들) 289

3부   사랑하는 공동체, 그리고 종교 개혁

6장   배교자와 이단자   345
7장   인본주의자   391
8장   공동체   437

결론: 테크 중립주의는 인본주의다   463
주석   479
찾아보기   541

들어가며

주님은 들끓는 바다를 다스리시며, 뛰노는 파도도 주님이 진정시키십니다.*

- 시편 89편 9절

우리는 자연 현상을 실제로 프로그래밍할 수 있는 기술을 확보했으며, 이는 인류의 발전에 큰 영향을 미칠 것이다.

- 마크 앤드리슨 Marc Andreessen, '기술이 세계를 구한다', 2021년

서기 312년 10월, 로마 북부의 이야기를 시작해 볼까 한다.

후에 콘스탄티누스 대제가 되는 콘스탄티누스 1세는 당시 서로마 제국 군대의 총사령관이자 뛰어난 장군의 아들로, 제국의 최고 권좌를 두고 다른 실력자와 대립하고 있었다. 하버드대 역사학자 쉐이 코헨 Shaye Cohen은 이를 로마 제국의 황제 자리를 차지하기 위한 다툼[1] 이라고 설명했다. 흥미로운 점은 그의 경쟁자인 공동 황제 막센티우스 Maxentius가 콘스탄티누스의 두 번째 부인 파우스타 Fausta의 오빠, 즉 그의 처남이었다는 사실이다.

당시 콘스탄티누스는 한편의 막장 드라마와 같은 상황에 처해 있었다. 서기 306년부터 337년까지 로마 제국을 다스린 그는 전투에

---

* 영어 원문은 제임스 1세가 만들게 한 흠정(欽定) 영역 성서를 인용했으며, 한글 번역은 대한성서공회의 표준 새번역을 따랐다. - 옮긴이

능했고 때로는 무자비한 면도 있었지만, 결코 비현실적인 사람은 아니었다. 오히려 매우 치밀한 통치자였다.² 실제로 그는 경쟁에서 승리하기 위해 막센티우스를 제거할 방법을 고민했다. 그때, 한 가지 묘안이 떠올랐다. 바로 현실적인 전략과 초월적인 힘을 결합하는 것이다.

4세기 그리스의 기독교 역사가 에우세비우스^{Eusebius}는 후일 콘스탄티누스의 이러한 고민을 기록으로 남겼다.

> 이전의 많은 황제는 여러 신에게 기대를 걸고 제물을 바쳤다. 하지만 그들은 달콤한 말로 번영을 약속하는 예언과 신탁에 현혹되어 결국 비참한 최후를 맞이했다. 그들이 믿던 신들 중 어느 누구도 다가올 하늘의 징벌을 경고하지 않았기 때문이다.³

즉, 다신교^{Polytheism}가 콘스탄티누스의 전임 황제들에게 아무런 도움이 되지 않았다는 것이다. 콘스탄티누스는 전임 황제들이 많은 공을 들였음에도 지중해의 여러 신의 기대에 미치지 못했고, 오히려 실망스러운 결과만 가져왔다고 판단했다. 에우세비우스에 따르면, 이러한 경험을 통해 콘스탄티누스는 '진정한 신이 아닌 존재들을 헛되이 숭배하는 것은 어리석은 일'이라고 결론 내렸다고 한다.⁴

대신, 콘스탄티누스는 더 나은 가치를 제공하는 동반자, 다시 말해 자신의 라이벌이자 처남인 막센티우스에게 맞서 경쟁 우위를 확보하도록 도와줄 수 있는 신을 찾았다. 에우세비우스의 기록에 따르면, 콘스탄티누스는 '단순한 군사력 이상의 것이 필요하다고 확신했고, 어떤 신에게 보호와 도움을 청할지 깊이 고민했다'고 한다.⁵

그 후, 그는 새로운 시도를 했다. 다른 이교도들의 신과는 달리, 황제가 직면한 특별한 문제들을 해결할 만한 '운영 능력operating power'을 가진 새롭게 부상하는 신을 믿기로 한 것이다(1890년 어니스트 쿠싱 리처드슨이 번역한 에우세비우스의 원문에서는 이를 '협력 능력co-operating power'이라고 표현했다).⁶

이후 벌어진 사건들은 당대 최고의 군주조차 예상하지 못했다. 로마 북부 티베르 강Tiber River을 가로지르는 다리에서 최후의 전투를 앞두고, 콘스탄티누스가 부하들의 방패에 초기 기독교의 상징인 키-로Chi-Ro를 그리도록 한 것이다. 이는 그야말로 획기적인 변화의 시작이었다. 이후, 신이 응답이라도 한 것인지, 막센티우스는 전쟁에서 치명적인 실수를 저질렀다. 그는 너무 이른 시기에 많은 병력을 이끌고 다리를 건넜는데, 바로 그때 콘스탄티누스의 군대가 기습 공격을 감행했기 때문이다. 결국 막센티우스는 말에서 추락해 강물에 빠졌는데, 무거운 갑옷 때문에 강을 건너지 못하고 익사하고 말았다.

결과적으로 콘스탄티누스의 적은 참패했다. 이후 그는 로마 제국의 절대 권력자가 되었는데, 이 제국은 불과 수십 년 전만 해도 영토가 너무 방대해 통치가 어렵다는 이유로 둘로 나뉘어 있었다. 이런 두 왕국의 통합은 역사적 전환점이 되었고, 콘스탄티누스가 공식적으로 기독교로 개종한 것은 이후 기독교가 지배 종교로 성장하는 결정적 계기가 되었다. 실제로 성서학자이자 기독교 역사가인 바트 에르만Bart Ehrman은 '인류 문명사에서 서기 312년 콘스탄티누스의 기독교 개종만큼 혁명적인 사건은 찾아보기 힘들다'고 평가했다.⁷

이처럼 우리는 지금까지 지난 한 세대 동안, 몇 안 되는 사건 중 하나를 목격했다. 그리고 사람들은 전 세계적 영향력을 가진 이 새로운 현상이 인류 문명사에서 유례없이 빠른 속도로 변화를 불러왔다고 말한다. 그 현상을 '테크^{Tech*}'라고 부르자.

※

메타의 '우리는 왜 건설하는가?'라는 게시물과 마크 저커버그가 2021년 메타버스^{metaverse} 기조연설에서 밝힌 것처럼[8], 테크 기업들은 '전 세계를 더 가깝게' 연결하고 '더 연결된 미래'를 만들겠다는 비전을 내세우며, 전례 없는 새로운 공동체를 만들겠다고 주장하고 있다. 그리고 이런 낙관적 비전은 기술 투자자들 사이에서도 공감을 얻고 있다.

대표적으로 기술 투자자 마크 앤드리슨$^{Marc\ Andreessen}$은 '기술낙관주의$^{techno-optimism}$의 수호성인'을 자처하며 인류가 '테크 슈퍼맨$^{technological\ superman}$[9]'으로 진화할 것이라 말한다. 그의 '기술낙관주의자 선언'에는 '우리는 믿는다'는 표현이 113번 이상 등장하는데, 여기서 그는 "기술-자본 기계야말로 인간의 영혼을 해방시키는, 가장 인간 친화적인 존재[10]"라고 주장한다.

이러한 기술낙관주의적 관점은 여러 테크 기업 경영자들의 비전과도 맥을 같이한다. 한 예로, 잭 도시$^{Jack\ Dorsey}$는 2022년 트위터를 일론 머스크에게 매각하면서 "기술은 의식의 빛을 확장하는 임무를 수행 중[11]"이라고 밝혔으며, 이에 앞서 1년 전 머스크도 "생명을 여러 행성으로 퍼뜨리고 의식의 빛을 별들까지 확장하는 데 필요한 자원을 모으고 있다[12]"고 선언한 바 있다. 실제로 그는 인류를 약속의 땅으로 인도하겠다는 원대한 비전을 제시했다.

---

* 'Technology'는 '기술'로, 'tech'는 주로 '테크'로 번역했다. 다만 문맥에 따라 '기술'로 옮긴 경우도 있다. 테크는 테크놀로지의 줄임말이지만, 이 책에서는 종교적 의미로도 사용되기 때문이다. – 옮긴이

하지만 효과적 이타주의 운동가들과 이를 후원하는 기술 억만장자들은 '신과 같은' AI 기술이 향후 100년 안에 인류를 멸종시킬 위험이 최소 10%는 된다고 경고했다.[13] (참고: 테크 지옥 Tech Hell)

위 사례에서 봤다시피, 현재의 기술 기업들은 도덕과 윤리를 단순한 부가 가치가 아닌 핵심 가치로 내세우고 있다. 이는 구글의 악명높은 '사악해지지 말라 don't be evil (이것은 모회사인 알파벳에서 '옳은 일을 하라 do the right thing'로 바뀌었다)'부터 제프 베이조스와 아마존의 '역사를 만들자 make history[14]'라는 제안에 이르기까지 다양하다. 이러한 흐름 속에서 페이스북의 마크 저커버그도 주식상장 때 직원들에게 보낸 편지에서 "연결된 미래는 모두에게 발언권을 주고 사회를 변화시킬 것[15]"이라고 약속했다.

실제로 이같은 기술 기업들의 야심 찬 비전은 AI 분야에서 더욱 대담한 모습을 보인다. AI 엔지니어들은 의식을 가진 영혼을 만들었다고 주장하고[16], 기술 지도자들은 한발 더 나아가 인류가 '인공초지능 artificial superintelligence'이나 '하늘의 마법 지능 magic intelligence in the sky'과 소통하는 미래를 그리기 때문이다. 그들은 이러한 인공지능이 신과 같은 존재가 될 것이라는 뜬구름 잡는 예언을 하기도 한다.[17]

그러나 이 모든 게 마냥 허황된 이야기는 아니다. 오픈AI의 CEO 샘 알트먼은 "풍요는 우리의 타고난 권리[18]"라며 미래를 향한 기술의 진보를 정당화했으니 말이다.

이 모든 순리는 마치 기독교의 역사를 떠올리게 한다. 콘스탄티누스가 로마 제국 전체를 개종시키지 않았다면, 기독교는 유대교처럼 지중해의 작은 종교로 남았을지도 모르지만[19], 기독교는 전 세계 수십억 명에게 영향을 미치는 거대한 종교가 됐다. 이와 마찬가지로 한때는 괴짜들의 차고에서 시작된 테크 문화가 이제는 우리 문명의 핵심 동력으로 자리 잡았다.

바로 이런 맥락에서 이 책은 테크가 어떻게 종교적 제국으로 성장했는지, 그리고 왜 우리의 일상에 깊이 파고들어 이제는 우리가 그 영향력에서 벗어날 수 없게 됐는지 새로운 시각으로 분석해 보려고 한다.

오늘날의 테크란 무엇인가?

테크를 하나의 산업이라고 말하는 것은 이제 더 이상 의미가 없다. 오늘날 모든 산업이 테크 산업이 됐기 때문이다. 우리는 이러한 변화의 실체를 더 정확히 이해하기 위해 컴퓨팅 역사 전문가 마르 힉스Mar Hicks의 말에 주목할 필요가 있다.

실제로 힉스는 테크가 경제, 사회, 정치 전반에 걸쳐, 우리 삶의 모든 영역을 장악했다고 설명한다. 그는 이런 현상이 두 가지 요인에서 비롯됐다고 해석하는데, 하나는 테크의 개념이 계속 확장된 것이고, 다른 하나는 테크 산업과 컴퓨터 과학 분야에 막대한 투자가 집중된 결과다. 특히 투자는 테크 산업이 사람들에게 줄곧 약속해 온 두 가지, 즉 현실 도피의 수단과 환경 통제 능력에 대한 기대를 바탕으로 이뤄졌다.[20]

현재 테크의 규모와 영향력은 기존의 측정 방식으로는 파악하기 어려울 만큼 커졌다. 이와 관련해 하버드대 경제학과 교수이자 오바마 행정부의 백악관 경제자문위원회 의장을 지낸 제이슨 퍼먼Jason Furman은 다음과 같은 주장을 했다.

퍼먼은 국내총생산GDP이나 주식 가치와 같은 전통적인 경제 지표로는 테크의 실제 영향력을 제대로 측정할 수 없다고 말했는데, 한 예로, 테크 기업들의 GDP 비중이나 부가 가치를 계산할 수는 있지만, 이는 제너럴모터스나 JP 모건, 심지어 동네 구멍가게까지 모든 사업장에서 테크를 활용하고 있다는 현실을 반영하지 못한다는 것이다.[21]

이 외에도 퍼먼은 테크 기업들의 주가 총액이 5조 달러를 넘어서며 전체 시장에서 상당한 비중을 차지하고 있지만, 이 수치 역시 테크가 다른 산업에 미치는 영향을 제대로 보여주지는 못한다고 2023년 가을, 이메일을 통해 지적했다. 결국 그는 테크 기업의 영향력에 대한 수치화를 포기했고, 테크가 우리 일상의 거의 모든 측면을 장악했다는 마르 힉스의 주장에 동의했다.[22] 퍼먼이 보기에도 힉스의 해석이 현실에 더 부합하기 때문이다.

오픈AI의 챗GPT에 콘스탄티누스 황제의 기독교 개종을 실리콘밸리 기업의 홍보 문구 형식으로 작성해보라는 질의 결과

힉스는 내게 보낸 이메일에서 테크와 테크 산업의 본질이 결국 권력과 통제의 문제라고 설명했다. 그리고 이와 관련해, 기술의 두 가지 상반된 면을 제시했다.

"가장 이상적인 경우, 기술은 인류의 많은 것들을 이롭게 할 겁니다. 위생 하수도, 심장 스텐트heart stent*, 사용하기 편한 휠체어 디자인이 대표적인 예죠. 하지만 최악의 경우, 기술은 엄청난 폭력과 파괴의 도구가 될 수 있습니다. 사린 가스, 총기류, 원자폭탄처럼 말입니다."

※

우리는 아침에 일어나자마자 스마트폰부터 확인한다. 스마트 매트리스와 스마트 시계가 밤새 측정한 우리의 심박수와 호흡 데이터를 모니터링하는 작업을 멈추기도 전에 말이다. 이는 마치 정통파 유대교 남성이 아침마다 (여러 기도 중 하나로) 자신이 여성이 아님에 감사 기도를 드리는 것과 같다. 우리 또한 무의식적으로 스마트폰을 확인하는 의식을 치르고 있기 때문이다. 그중에, 어떤 이는 실제로 트위터 (현재의 엑스^X)의 피드를 보며 한숨을 쉴지도 모른다.

이렇게 시작된 우리의 하루는 온종일 스마트 기기들과 함께한다. 스마트폰을 손에 쥔 채 화장실에 가서 스마트 칫솔로 이를 닦고, 스마트 변기를 사용하면서 말이다. 이때 부엌의 스마트 냉장고와 식기세척기는 우리도 모르는 사이 네트워크와 끊임없이 소통할 것이며, 현관의 스마트 초인종은 침입자를 감시하는 한편, 아마존 택배가 성공적으로 배송되었는지에 따라 우리가 '만족fulfillment'했는지 알려줄 것

---

*   심장 스텐트는 심장에 혈액을 공급하는 관상 동맥에 삽입되는 튜브 형태의 장치로, 관상 동맥 질환으로 고통받는 환자의 동맥을 열어 두기 위해 사용된다. ― 옮긴이

이다. 여기서 스마트 온도계는 우리가 실내에서 편안함을 느끼도록 온도를 알아서 조절한다.

이렇게 기기들이 열일하는 사이, 아이들은 유튜브 알고리듬이 쏟아내는 쓰레기 같은 영상에 정신이 팔리는 바람에 아침도 제대로 못 먹고 학교에 지각할 수 있다. 그렇지 않더라도 그들은 출근이나 등굣길에 재치 있는 틱톡TikTok 영상을 공유하거나 인스타그램에 올릴 만한 순간을 찾아 카메라를 들이댈 수도 있다. 이 외에도 재택근무로 사무실에 나가지 않거나, 휴가지의 아름다운 해변에 있으면서도 끊임없이 울리는 슬랙Slack 메시지에 매여 일만 하는 사람도 있을 것이다. 더 최악은, 일상 속에서 생성형 AIgenerative AI가 코더, 법률 보조원, 재무 분석가, 그래픽 디자이너, 심지어 교사의 자리까지 대체하면서 우리의 일자리가 사라질 수도 있다는 것이다.

이윽고, 밤이 되면 우리는 팟캐스트로 뉴스를 듣거나 소셜미디어의 헤드라인을 훑어본다. 그러다 거짓 정보를 퍼뜨리고 증오를 부추기는 악의적 세력들의 행태에 노출되어 세상의 운명을 걱정하며 우울해지기도 한다. 우리는 이런 불안감을 해소하기 위해 인스타카트Instacart에서 장을 보다가 타겟 광고에 현혹되어 수제 아이스크림이나 보드카를 충동구매하기도 한다. 화면에 너무 오래 노출되어 눈과 머리가 아파질 때쯤 스마트폰을 내려놓지만, 우리는 다음 날이면 또다시 같은 일을 반복할 것이다.

결과적으로, 우리가 하루를 어떻게 보내든 한 가지는 분명하다. 우리는 일상의 모든 순간을 최적화하도록 설계된 지능형 기기들에 둘러싸여 살고 있으며, 그렇게 될 거라는 것이다. 그러나 아이러니하게도 이런 최적화는 우리의 편익보다는 기술 그 자체의 발전을 위한 것이다. 이에 따라 우리의 움직임, 감정 상태, 소비 패턴은 끊임없이 추적되고, 결국 우리 자신은 하나의 데이터 상품이 되어간다.

이렇듯, 오늘날의 기술은 우리가 깨닫든 깨닫지 못하든 물고기가 헤엄치는 물과 같은 존재가 되었으며, 양극화되고 분열된 현대 사회에서 테크는 우리의 정체성을 규정하는 보편적 원칙이자 공통된 언어가 되었다. 또한 테크는 우리의 관심을 끌고 의식을 바꾸며, 같은 행동을 반복하는 사람들의 공동체를 만들어내는 의례가 되었다. 이런 공동체 안에서 우리는 서로 깊은 유대를 맺고 더 나은 미래, 낙원 같은 곳으로 나아가길 희망한다. 하지만 많은 사람이 인정하기 꺼려하는 불편한 진실이 있다. 이 모든 것이 매우 어두운 결말로 치달을 수 있다는 두려움이다.

다시 말해 테크는 하나의 종교가 되었다.

이 말이 문자 그대로의 의미일까, 아니면 복잡하고 까다로운 비유일까? 사실, 둘 다 맞다.

종교란 무엇인가?

나는 오랫동안 종교가 단순히 어디에나 존재하는 '하늘의 아버지 sky daddy'라는 대중의 망상보다 훨씬 더 큰 무엇이라고 주장해 왔다. 이 점은 리처드 도킨스 Richard Dawkins와 샘 해리스 Sam Harris 같은 저명한 동료들과의 격렬한 논쟁에서도, 고인이 된 작가 크리스토퍼 히친스 Christopher Hitchen와의 토론에서도 강조했다. 사실상 깊은 신앙심을 가진 많은 사람에게 종교의 교리적 측면이나 초자연적 개념은 부차적이거나 신비로운 것에 불과하기 때문이다.

실제로 '종교religion'라는 단어는 그 정의상 비서구적 전통을 왜곡하거나 폄하할 위험이 있다. 이 단어는 '묶다to bind'라는 뜻의 라틴어 'religare'에서 유래했는데, 현대적 의미는 기독교인들이 만들어냈기 때문이다. 그들은 이런 기독교의 구조와 관행을 정상적 기준으로 삼아 다른 전통들을 평가하려 했다. 예를 들어, 힌두교와 불교는 처음부터 '종교'로 만들어지지 않았지만, 후에 그렇게 되어 온 것을 들 수 있다.

위 내용을 바탕으로, 나는 이 책에서 의도적으로 종교를 서구의 기독교 중심적 의미로 사용하며, 전통 종교와 현대 기술 모두를 이러한 관점에서 분석하려 한다.[23] 이는 다른 전통을 경시하려는 것이 아니다. 오히려 기독교가 어떻게 인간 활동을 이해하고 분류하는 보편적 틀로 자리 잡아 세계적 영향력을 확보했는지 보여주기 위함이다.

버클리불교학센터Berkeley Center for Buddhist Studies의 로버트 샤르프Robert Sharf 교수는 오늘날 학계에서 '종교'라는 단어가 특정 제도의 엄격한 범주가 아닌, 폭넓은 "전문 용어"로 사용된다고 설명한다. 실제로 내가 '테크를 종교의 일종으로 바라보는 책'을 쓰는 데 도움이 되는 바람직한 종교 연구 방법론을 추천해달라고 요청했을 때 그는 이렇게 대답했다.[24] "제가 추천하는 방법은 종교학과의 강의나 종교 개론 강좌들을 살펴보는 것입니다.…그러나 그런 강좌들은 전 세계적으로 우리가 종교라고 인식하는 분야의 내용을 폭넓게 가르치기 위한 것이라는 점을 당신도 알고 있을 겁니다. 즉, 종교 연구에는 특별한 방법론이 따로 없습니다."

이에 더해, 샤르프 교수는 자신을 "우연히 선불교 승려가 된 종교학자"라고 소개하곤 했는데, 그런 그는 내게 대학 시절의 롤모델이었다.

그의 강의를 비롯한 여러 종교 수업을 통해 인간의 본질을 이해했고, 그 과정에서 중요한 깨달음을 얻었기 때문이다. 또한 그를 통해 인간다움과 종교를 이해하는 데는 단 하나의 올바른 길이 존재하지 않는다는 것도 알게 되었다. 이러한 깨달음이 결국 이 책에서 종교, 기술, 인간성의 관계를 독특한 시각으로 탐구하게 된 계기가 되었다.

이 책은 색다른 시각의 탐구서로, 1장부터 '종교란 무엇인가'라는 질문을 던지며, 현대 테크의 근본 사상을 분석하면서 '신학theology'의 의미를 살펴본다. 나는 우선 실용적인 관점에서 종교를 이렇게 정의하고자 한다. '종교는 인간을 서로 연결하고, 무의미해 보이는 세상에서 의미를 찾게 해주는 제도, 문화, 정체성, 의례, 가치, 신념의 총체'라고.

이와 함께, 과학과 종교적 신앙을 모두 옹호하는 저명한 가톨릭 신학자이자 종교학자인 존 F. 호트John F. Haught [25]의 관점도 함께 살펴볼 것이다. 호트는 '무신론자 종말론의 네 기사' 중 하나인 대니얼 데닛Daniel Dennett을 포함한 세속적 지식인과의 대화에서 종교를 다음과 같이 정의했다.

> 지난 5만 년여 동안, 지구상의 인간이 운명에 직면했을 때,
> 자신들의 삶을 통제할 수 없음을 경험했을 때,
> 죽음을 피할 수 없다고 깨달았을 때,
> 공동체 안에서 스스로가 기대에 미치지 못해 수치심과 죄책감, 자기혐오를 느낄 때,
> 어떤 형태로든 보장이나 확신을 구하는 것.[26]

이어서, 호트는 종교적인 사람들은 "일상과 현실을 넘어선 차원, 무한하고 신비로운 궁극의 환경에 몰입하는 경험27" 속에서 확신과 위안을 찾는다고 설명한다. 비록 나는 이런 호트의 관점에 완전히 동의하지는 않지만, 그의 정의는 영향력 있는 종교적 관점을 어느 정도 공정하게 설명하고 있다고 생각한다. 오늘날, 인터넷이 사람들을 무한해 보이는 새로운 차원으로 이끄는 존재가 되었기 때문이다.

실제로 현대인의 삶에서 기술이 하는 역할은 고대와 근대 초기 사회에서 종교가 했던 역할과 놀랍도록 비슷하다. 한 예로, 기술은 종교처럼 우리의 사고방식, 감정, 희망, 두려움, 인간관계, 미래관을 형성한다. 또한 과거의 종교가 그랬듯, 기술 역시 일반 대중이 아닌 인류 역사상 가장 거대한 기업들의 이익을 위해 움직인다. 이러한 변화를 주도하는 것은 바로 이들 기업이다.

물론, 기술이 종교에 비유된 첫 번째 세속적 현상은 아니다. 스포츠, 정치, 일, 비디오 게임, 경제, 과학, 그레이트풀 데드Grateful Dead, 해리 포터, 비트코인, 채식주의veganism, 워키즘wokeism*, 남녀 대학생 사교 클럽fraternities and sororities, 규제 철폐deregulation, 바달러트리Bardolatry(윌리엄 셰익스피어 숭배), 한담small talk, 엘크 사냥elk hunting, 남인도 영화 등 다양한 현상들이 이때껏 종교에 비유되어 왔다.

이를 두고 시사 월간지 「애틀랜틱Atlantic」의 데릭 톰슨Derek Thompson 기자는 '과도한 일 중시'를 뜻하는 "워키즘workism"에 대한 글에서, '일' 자체가 많은 현대인에게 종교적 추구가 되어버렸다고 지적하기도 했다. 안타깝지만 맞는 말이다.

---

* '워키즘(wokeism)'은 '깨어있음'을 뜻하는 'woke'에서 파생된 말로, 과도한 '정치적 올바름'을 비꼬려는 보수주의자들이 만든 용어다. 이는 과도한 일 중심주의를 의미하는 '워키즘(workism)'과는 전혀 다른 개념이므로 혼동하지 않도록 주의가 필요하다. - 옮긴이

내가 이 비유를 든 것은 이것이 완벽해서가 아니다. 나는 종교들 간에도 완벽한 비교는 불가능하다고 본다. 다만 오늘날 기술이 우리 세계에 미치는 영향을 설명하는 데는 종교만 한 개념이 없다는 것이 내 주장이다.

물론 텍사스대 미식축구팀이나 한정판 나이키 농구화를 종교처럼 여기는 사람들도 있을 것이다. 하지만 이는 제한된 집단에만 영향을 미치는 일종의 소규모 컬트에 불과하며, 설사 많은 사람에게 영향을 준다 해도, 그들 삶의 매우 좁은 영역에만 해당될 뿐이다.

반면 테크 산업의 영향력은 차원이 다르다. 수십억 개의 기기가 팔리고 수조 달러의 시장 가치를 자랑하는 이 분야에서, 이제는 수십억 명이 '매일' 기술을 사용한다는 사실을 언급하는 것조차 특별할 게 없어졌다. 실제로 우리는 거의 매 순간 이 기술 제품들을 사용하고 있다. 이에 따라 소셜미디어의 허위 정보가 선거에 미치는 영향은 (정확한 수치는 알 수 없지만) 우려할 만한 수준에까지 이르렀다.

종교로서의 테크의 역사

기술과 종교의 유사성을 지적한 것은 오래된 관점이다. 이미 칼 마르크스Karl Marx, 마르틴 하이데거Martin Heidegger, 마르틴 루터 킹 주니어Martin Luther King, Jr. 등 영향력 있는 사상가들이 이 둘의 관계를 언급해 왔으며, 특히 1980년대 후반에서 1990년대, 즉 성경에서 말하는 한 세대인 40년 전쯤 이 논의는 중요한 전환점을 맞았다. 이 당시 종교와 테크에 관한 여러 주요 사상가가 제기한 설득력 있는 주장들을 살펴보면, 현대에 어떤 새로운 특징이 더해졌는지, 그리고 그들과 다른 내 주장은 무엇인지 파악하는 데 도움이 될 것이다.

1992년 여름, 당시 아칸소 주지사였던 빌 클린턴Bill Clinton이 민주당 대선후보로 선출될 무렵, 저명한 교육자이자 비평가 닐 포스트먼Neil Postman은 『테크노폴리Technopoly』(궁리, 2005)를 출간했는데, 이 책에서 그는 미국인들이 종교와 영성을 기술 맹신으로 대체했다고 주장했다.

포스트먼은 이미 1985년 『죽도록 즐기기Amusing Ourselves to Death』(굿인포메이션, 2020)로 명성을 얻은 인물이었으며, 그는 이 책에서 미래가 조지 오웰의 『1984』(민음사, 2003)보다는 올더스 헉슬리Aldous Huxley의 『멋진 신세계BRAVE New WORLD』(문예출판사, 2024)에 가까울 것이라고 예견했다. 즉, 파시즘의 폭압이 아닌 텔레비전과 미디어 기술이 제공하는 끝없는 즐거움 속에서 문명이 몰락할 것이라고 경고한 것이다. 이후 포스트먼은 자신의 책에서 텔레비전과 그를 따라오는 온갖 미디어 기술 때문에 우리는 죽도록 즐기다 몰락하고 말 것이라고 경고했다.

실제로 오늘날 우리는 리얼리티 TV 스타 출신 대통령이 러시아 해커들의 소셜미디어 조작으로 당선되어 간첩 혐의로 기소되는 현실을 목격하고 있다. 진지한 저널리즘이 쇠퇴하는 자리를 '인플루언서influencer'들이 채우고 있는 현실도 목도하고 있다. 이런 상황을 보면 『죽도록 즐기기』의 통찰력이 대단했음을 알 수 있다.

또, 1992년 포스트먼은 기술과 종교를 대조하며 독특한 관점을 제시했다. 그는 비행기, 텔레비전, 페니실린과 같은 기술은 "효과가 있다technologies work"라고 말하며, 이를 기도나 신앙과 비교했기 때문이다. (물론, 기도와 신앙은 항상 이성적이거나 물질적 결과를 보장하지는 않지만, 일부 종교인과 사회학자는 이것들이 개인과 공동체에 깊은 영향을 미친다고 본다.[28])

이런 독특한 관점 덕분에, 이 책이 『죽도록 즐기기』보다 덜 알려졌음에도 불구하고, 「더 버지The Verge」는 2023년 『테크노폴리』를 역대 최고의 테크 서적 2위로 선정했다. 그러나 아쉽게도 이 책에 대한 짧은 소개란에는 이 책이 기술을 종교로 보는 관점을 다뤘다는 점은 언급되지 않았다.²⁹

포스트먼은 『테크노폴리』에서 기술에 대한 우리의 맹신적인 믿음이 역사적으로 어떻게 발전해 왔는지 설명했다. 실제로 18세기 이후 서구 사회는 삶의 의미와 목적, 윤리적 문제들의 해답을 더 이상 종교에서 찾지 않았다. 대신 과학기술을 통해 대서양을 건너는 일이나 질병 치료와 같은 실용적인 문제부터 인간 존재의 본질에 이르기까지 모든 것을 해결하려 했다. 심지어 그들은 죽음마저 기술로 극복할 수 있다고 믿었다.

그런 포스트먼이 보기에 미국은 최초의 '테크노폴리'였다. 즉, 전 국민이 기술을 맹목적으로 받아들이고, 기술을 통해 자신의 정체성을 재정의하는 최초의 사회였다는 것이다. 21세기 중반에 접어든 지금, 기술에 대한 맹신은 새로운 차원에 도달했다. 이런 상황이 얼마나 중대한 의미를 갖는지는 2023년 11월 바이든 대통령이 칠레 대통령과의 회담에서 한 발언에서도 엿볼 수 있다. "6~8세대마다 세계를 뒤흔드는 짧은 변혁기가 있습니다. 앞으로 2~3년 동안 일어날 일들이 향후 50~60년의 세계를 결정할 것입니다.³⁰"

포스트먼의 기술 종교론은 당시 학계에서 독보적인 견해가 아니었다. 1994년 데이비드 나이^{David Nye}는 『American Technological Sublime(미국의 기술적 숭고)』(MIT Press, 1996)이라는 미국 문화의 특징을 분석했는데, 그는 미국인들에게 기술이 단순한 문제 해결 도구를 넘어 경외심과 놀라움, 영감, 공포까지 불러일으키는 대상이 됐다고 봤다. 나이는 이를 '기술적 숭고'라 명명했는데, 이는 고대 로마부터 이어져 온 '숭고한 경험'의 현대적 발현이었다.

나이 같은 역사가가 "기술적 숭고"를 어떻게 설명했는지에 대해 장황한 지적 역사를 지금 당장 따지려고 든다면 대다수의 독자에게 고통을 선사할 것이다. 여기서 독자가 알아야 할 핵심적인 논점은 이것이다. 종교가 많은 사람에게 심오한 경험을 얻게 해주는 유일한 길이었던 적은 결코 없다는 것.

역사상 얼마나 거슬러 올라가든, 굳이 어떤 신학적 문서를 읽지 않아도 장엄한 계곡을 내려다보거나 별이 가득한 밤하늘의 심연을 올려다보면서 경이로운 체험을 하는 사람들은 항상 존재해 왔다. 데이비드 나이는 미국인들이 이러한 경험을 현대적으로 재해석해, 교량과 마천루, 원자폭탄, 아폴로 우주 계획 등 기술 발전을 통해 새로운 영성적 전통을 만들어 왔다고 분석했다.

그러나 나이가 집필한 이 책은, 테크를 종교적 관점으로 바라보는 흐름의 첫 번째 물결 중에 나왔다. 그때는 1990년대였고, 따라서 좋든 나쁘든, 그는 인간과 테크가 완전히 통합된 상태, 항상 현존하는 궁극적 숭고의 경험이 구체적으로 어떤 것인지 온전히 비평할 수 없었다.

데이비드 나이는 『American Technological Sublime』 마지막 장에서 라스베이거스를 주목했다. 상업화된 공간이지만 동시에 경이로운 기술적 경험을 제공하는 도시로서 라스베이거스를 분석한 것이다. 그러나 그 당시 '죄악의 도시'[Sin City, 라스베이거스의 별칭]의 화려한 빛과 소리에 매료됐던 관찰자들도 오늘날처럼 기술이 우리 삶에 깊숙이 파고들 것이라고는 예상하지 못했을 것이다. 지금 우리가 '인간 카지노'가 돼

스마트폰이라는 '포켓 슬롯머신'을 끊임없이 들여다보며 살아가고 있다는 것도.

1997년 고인이 된 역사가이자 기술 비평가인 데이비드 노블David Noble은 『The Religion of Technology: The Divinity of Man and the Spirit of Invention(기술의 종교: 인간의 신성성과 발명의 정신)』(Penguin Publishing Group, 1999)이라는 저서에서, 기술 진보를 향한 충동이 더 나은 세상, 혹은 천국을 가기 위해 우리 자신을 영적으로 완벽하게 만들려는 충동이 인간 정신과 동일한 장소에서 나온다고 주장했다. 그는 고대까지 거슬러 이러한 충동의 역사를 섬세하게 추적하면서, "기술적 사업의 핵심에 자리 잡은 비현실적인 꿈에서 깨어나 … 놀라운 인간의 능력을 더 현실적이고 인간적으로 재정립하는 방법을 배울 수 있을 것[31]"이라는 염원을 표현했다. 그러나 그런 일은 일어나지 않았다. 오히려 그 반대의 현상이 일어났다.

MIT 인류학 교수 스테판 헴라이크Stefan Helmreich는 1993년 말, 흥미로운 현장 연구를 수행했다. 그는 복잡계 과학complex systems science 연구의 중심지인 뉴멕시코의 산타페 연구소Santa Fe Institute를 찾아, 이곳에서 무신론자와 비종교적인 컴퓨터 과학자, 생물학자들이 '인공생명Artificial Life'이라 불리는, 생명이 없는 것에서 생명을 창조하는 연구를 살펴본 것이다.[32]

이를 토대로 1997년 「Science as Culture(문화로서의 과학)」에 실린 그의 글을 보면, 한 과학자는 "고등학교 이후 종교가 없었으며, 궁극적 질문에 대한 답을 찾을 때 과학에 의존한다는 의미에서 과학이 자신의 종교"라고 밝혔다고 했다. 또한 이때 많은 연구자가 시뮬레이션 세계에서 자신을 '신'으로 여겼고, 일부는 자신들이 만든 인공생명을 가상 우주의 실제 생명으로까지 받아들이기도 했다.[33]

나는 이 프로젝트에 대해 2021년 봄, 헴라이크의 MIT 코스인 '생명의 의미The Meaning of Life'를 청강하던 중에 처음 알게 됐다. 수십 년간 큰 진전이 없던 인공 생명 개념은 2022년과 2023년 생성형 AI의 등장으로 결정적인 전환점을 맞이했는데, 그 파급력은 비틀즈의 등장에 비견될 만큼 엄청난 것이었고, 그들은 "내 (가상) 맥주 좀 들고 있어 봐*"라고 말하는 듯했다.

'테크'의 부상

여기에서 사소해 보일지 모르지만 중요한 점을 짚고자 한다. 이 책이 앞에 언급한 문헌과 한 가지 다른 점은 이것이 (단순히) 기술의 종교가 아닌, '테크의 종교religion of Tech'에 관한 책이라는 것이다. 이것은 무슨 뜻인가?

'기술technology'이라는 개념은, 플라톤, 아리스토텔레스, 소크라테스 같은 철학자들이 그리스 용어인 '테크네techne(기본적으로 일을 하는 방식이라는 뜻)'의 정확한 의미에 관해 토론한 이래 적어도 2500년간 논의돼 왔다.[34] 이와 관련해서 추론할 수 있는 바는, 인류는 현대에 이르기까지 끊임없이 다양한 방식으로 기술을 발전시켜 왔다는 것이다.

하지만 이 책은 역사적으로 쭉 논의된, 오래된 기술의 개념이 아닌, 비교적 최근에 등장한 '테크' 현상을 다룬다. 실제로 '테크'라는 용어는 오랫동안 존재했고, 조지아공대Georgia Institute of Technology도 '조지아 테크Georgia Tech'처럼 간단한 약칭으로 쓰여온 이력이 있다.[35]

---

* 뭔가 위험하거나 어리석은 시도를 하기 전에 친구에게 자기 맥주를 잠깐 들고 있어보라는 뜻이다. – 옮긴이

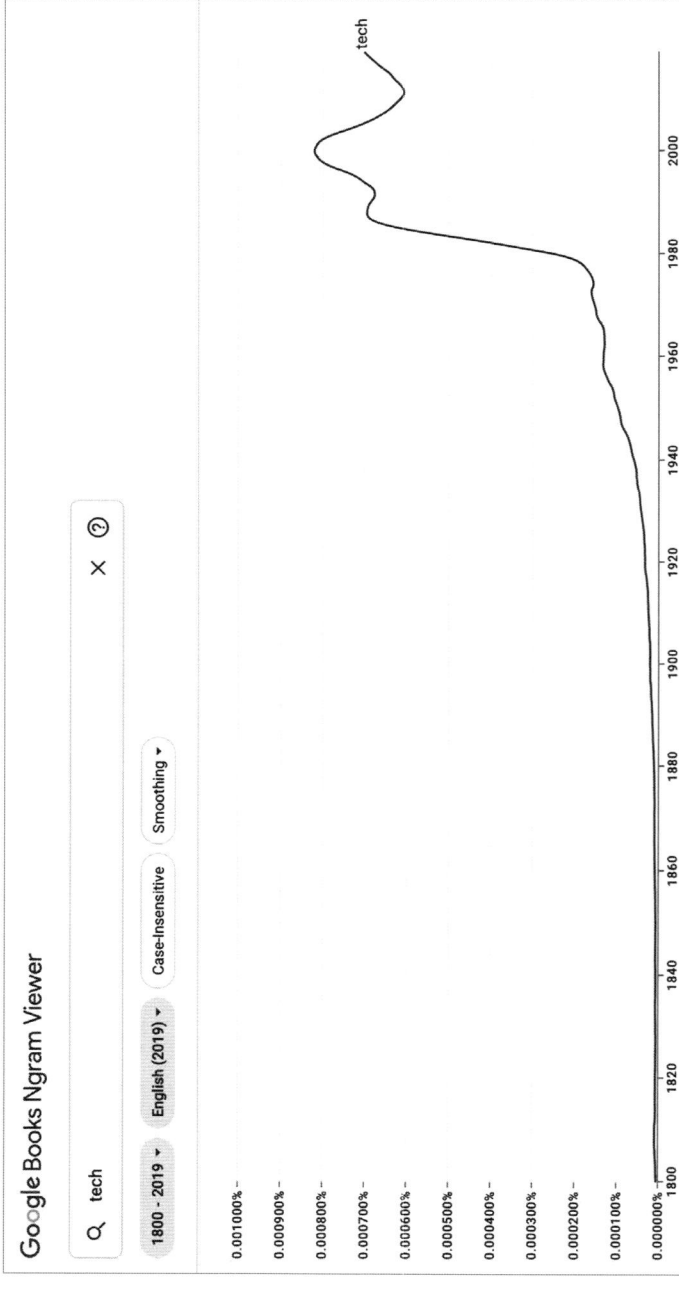

시간의 흐름에 따른 '테크(tech)' 용어의 사용 빈도 추이. 출처: 구글 북스 엔그램 뷰어(Google Books Ngram Viewer), http://books.google.com/ngrams

그러나 다음 그래프에서 볼 수 있듯이, '테크'라는 용어는 19~20세기에 들어서 한동안 거의 사용되지 않았다. 그리고 '테크'의 사용 빈도는 1980년대 들어, 미국인들이 개인 컴퓨터 사용과 다른 '하이테크hi-tech' 혁신을 말하기 시작하면서 극적으로 높아졌다.[36] 이와 앞선 내용을 종합해 볼 때, 종교적 용어로서의 '테크'는 마치 콘스탄티누스 제국이 이교도와 유대교, 지중해의 여러 종교를 기독교 중심으로 재편했듯이, 세상을 재구성하는 새로운 종교의 한 분파로 볼 수 있다.

여기서 주목할 점은 '테크놀로지'와 '테크'의 차이다. '테크놀로지'는 복수형인 'technologies'로 쓸 수 있지만, '테크'는 오직 단수형으로만 존재한다. 이는 '테크'가 하나의 통합된 현상임을 보여준다.

※

이 책을 쓰는 데는 몇 년이 걸렸고, 그 사이에 기술 용어의 사용 양상도 크게 변했다. 예를 들면, 비교적 최근까지도 '인공지능artificial intelligence'이라는 용어는 논란의 대상이었고, 학계와 전문가들은 '머신러닝machine learning'이나 '신경망neural networks'과 같은 용어를 더 선호했다. 하지만 결국 'AI'가 대표 용어로 자리 잡았고, 이 시스템이 진정한 의미의 '인공'이나 '지능'이 아니라고 생각하는 사람들조차 이 용어를 쓰게 되었다.

사실상 2024년 말을 기준으로 본다면 '테크'가 아니라 AI가 진짜 종교로 보일지도 모른다. AI 스타트업들이 노골적으로 종교적인 표현들을 사용하기 때문이다. 이를테면 "당신이 언제 죽을지 예측한다"고 주장하는 알고리듬이 그렇고, 하버드대 중퇴자인 발명가가 벤처 자본을 투자받아 선보인 AI 펜던트 목걸이 '탭Tab'이 그렇다. 실제로 탭은 당신의 모든 말을 들으며, 발명가는 이 기기로 신과의 관계를 대체할 수 있다고[37] 홍보했다.

이렇듯 AI의 양상이 급부상하고 있음에 따라 (물론, 앞으로도 '테크 종교tech religion'라고 부르겠지만) '테크'와 일반적으로 통용될 수 있는 AI의 종교적 성격도 지적하고 설명할 것이다.

또한, 이 책 전체에 걸쳐 우리는 '테크'라는 개념이 어떻게 종교적 성격을 띠게 되었는지 살펴볼 것이다. 실제로 '테크'는 단순한 기술적 개념, 관행, 제품을 넘어서는 의미를 갖고 있다. 이는 디지털 커뮤니케이션을 통해 전 인류를 연결할 수 있다는 발상, 인류의 모든 지식과 경험을 누구나 이해할 수 있는 형태로 만들 수 있다는 확신, 모든 사람을 지속적으로 관찰하고 감시하려는 의도를 포함한다. 더 나아가 인간의 능력을 뛰어넘는 초지능적 기계를 만들어 새로운 신으로 만들 수 있다는 믿음까지 담고 있다.

이처럼 테크는 단순한 종교를 넘어 세계에서 가장 강력한 종교로 자리 잡았다.

나의 테크 신학

종교로서의 테크는 1990년대부터 주요 신학자들의 관심을 받았다. 하버드 신학대 석학 하비 콕스Harvey Cox와 MIT AI 랩과 하버드 신학대의 박사후 연구원 앤 포스트Anne Foerst(당시 MIT의 AI 랩과 하버드 신학대 양쪽에서 박사후 연구원이었다)는 1997년 「종교와 기술: 새로운 국면[38]」이라는 논문에서 테크의 종교적 성격을 분석했는데, 그들의 통찰은 2년 뒤 개봉한 영화 《매트릭스The Matrix》의 내용을 예견할 정도로 선구적이었다.

이 논문에서 콕스와 포스트는 MIT의 인공지능 연구원(AI 랩)을 설립한 마빈 민스키Marvin Minsky의 주장에 주목했는데, 그는 인간이 앞선 '무생물 화학작용lifeless chemistry'과는 달랐던 것처럼, 컴퓨터도 곧 인간을 뛰어넘는 새로운 생명체가 될 것이라고 주장했었다. 콕스와 포스트는 이러한 관점이 신학의 '종말론eschatology', 즉 '마지막 것들'에 관한 연구와 맞닿아 있다고 보았다.

1997년 콕스와 포스트는, 모든 인류가 하나로 통합되는 '복된 공동체Blessed Community' 개념이 '디지털 몽상가들digital dreamers'에 의해 재해석될 것이라 예측했다. 그들이 그린 "수십억 명이 각자의 집에서 소통하며 오해와 의심이 사라지는 사이버네틱cybernetic 지구촌"은 웹 2.0 시대를 정확히 예견했다.

이 논문이 발표될 당시, 나는 하버드 신학대학원 진학을 고민하고 있었다. 대학에서는 종교학을 전공하며 중국어와 중국 문화를 공부했고, 불교나 도교의 성직자가 되는 길도 진지하게 생각했다. 그러면서 나 같은 종교적 이방인도 받아들여 줄 '영적인spiritual' 공동체를 찾고 있었다. 어른이 된 이후 거의 언제나 나는 열정적인 무신론자였지만, 동시에 인간의 본질적 의미에 천착하는 과정의 일환으로 모든 종교적인 것에도 집착에 가까운 관심을 가져 왔다.

그리고 25년이 지난 지금, 나는 하버드대와 MIT에서 인본주의자, 무신론자, 불가지론자를 비롯한 비종교인과 그 지지자들을 위한 사목 활동을 하고 있다. 나는 현재 전통 종교와 신에 대해서는 철저한 무신론자지만, 기술의 종교적 측면에 대해서는 불가지론적 입장을 취하고 있다. 이는 일부 기술이 분명한 가치를 지니고 있으며, 기술이 미래의 신앙이 될 수 있다는 조짐이 보이기 때문이다.

2005년, 하버드대의 인본주의자 사목chaplain이 된 이후, 나의 주된 임무는 '비신자들nonbelievers'을 위한 비종교적 공동체를 만드는 일이었다. (물론 내가 『Good Without God(무신론자의 선)』에서 주장했듯이, 우리는 무의식중에도 인본주의humanism라는 세속적 윤리와 의미 체계를 믿는 신자일 수 있다.) 이때 내가 만든 "무신론자, 불가지론자, 지지자"를 위한 공동체인 '휴머니스트 허브Humanist Hub'는 수천 명의 기부자가 모은 수백만 달러의 기금으로 운영됐고, 수백 명의 회원이 참여한 천여 개의 프로그램을 진행했다. 이 모든 것은 내가 주 80시간을 쏟아부은 결실이었다.

내가 이 모임을 조직한 가장 큰 이유는 무언가 긍정적인 것을 만들고자 하는 의도였다. 나는 비종교 운동가들이 종교의 단점을 비판하기만 할 뿐 대안을 찾으려 하지 않는다고 생각했다. 이에, 휴머니스트 허브는 두 가지 핵심 질문에 답하고자 했다. 종교가 어떻게 인류 사회에서 이토록 강력한 영향력을 유지해 왔는지, 그리고 이러한 공동체를 세속적으로 어떻게 만들 수 있는지 말이다.

하지만 10년간의 프로젝트가 끝날 무렵(MIT에서 비슷한 역할을 제안받았을 때), 나는 중요한 사실을 깨달았다. "종교적 삶의 대안" 공동체를 만드는 것은 매우 어렵다는 것을 말이다. 왜냐하면 지난 세대에 걸쳐 수조 달러가 종교의 '기술적' 대안을 만드는 데 투자되었기 때문이다. 이러한 기술적 대안들은 아직 전통 종교만큼의 추종자를 확보하지는 못했지만, 이미 수십억 명의 사람이 진실을 인식하고 판단하는 방식을 좌우할 만한 힘을 가지게 됐다.[39]

실제로 이들은 이미 '파워 유저'를 수십억 명 보유했다고 자랑한다. 패스트푸드점에서 파워 유저가 한 끼에 여러 메인 요리와 음료, 사이드 메뉴를 주문하는 단골 고객을 뜻하듯, 실제로 나를 포함한 대부분의 사람이 기술의 파워 유저가 됐다. 이런 현실을 봤을 때, 우리는 한스 모라벡Hans Moravec과 마빈 민스키Marvin Minsky 같은 선대 공학자들이 예견했던 사이버네틱스적 진화의 새로운 단계에 도달한 것일까? 이것이 바로 디지털 드림의 실현일까?

분명히 말하지만, 이 책은 기술을 반대하는 것이 아니다. 이는 인간성 자체를 반대하는 것일 텐데, 나는 그런 책을 쓸 줄도 모를뿐더러, '인본주의자humanist'들을 위해 일하는 인본주의 사목으로서 모순된 일이 될 것이다. 게다가 나 자신에게도 위선적인 행동이다.

앞서 내 직업과 신학 교육에 대해 언급했지만, 그게 전부가 아니다. 예를 들어, 이번 주에만 나는 내 휴대폰을 532번이나 열었다. 여섯 개의 소셜미디어 계정을 오가며 글을 쓰고 포스트를 읽는 동안, 읽지 않은 메시지 68,425개는 대부분 무시했다. 같은 집에 살면서도 아내와는 문자로 73번이나 대화했고, 목소리로 대화한 지 6개월이 다 되어 가는 친구와는 시그널Signal 메시지를 48번이나 주고받았다. 심지어 고가의 스바루Subaru 전기차는 세 번이나 긁힐 뻔했는데, 주차 보조 시스템의 11개 카메라 덕분에 가까스로 피할 수 있었다. 이쯤 되면 이해가 될 것이다.

기술은 인류 역사와 함께해 왔다. 돈키호테처럼 가장 오래된 기술의 기원을 찾자면, 나는 안전한 출산을 위해 산파술midwifery을 발전시킨 초기 여성 집단을 시작점으로 제안하고 싶다. 인간의 커진 두뇌 때문에 혼자서는 안전하게 출산할 수 없게 되자, 우리의 진화적 전례에서 그랬던 것처럼, 고통에 직면한 사람을 보살피고 도와줄 수 있는 사회적 기술이 필요했던 것이다.[40]

이러한 시작점에서부터 기술의 역사는 여러 갈래로 발전해 왔다.

석기 도구와 불의 사용, 1만여 년 전의 농경과 목축, 3천 년 전의 철기 제작, 마차에서 자전거를 거쳐 나온 전기차(흥미롭게도 휘발유차보다 먼저 등장했다!)와 초음속 항공기까지, 또 전통 약초에서 시작된 아스피린에서 mRNA 백신과 유전자 편집 기술에 이르기까지 기술은 끊임없이 진화해 왔다.

이러한 발명품들 중 일부는 분명 인류에게 이로웠고, 어떤 것들은 재앙을 불러왔다. 하지만 대부분의 경우, 그것이 '선'인지 '악'인지를 명확히 구분하기는 어렵기에, '불확실하다'는 답변이 가장 적절할 것이다.

이 책을 쓰기 위해 나는 약 200명의 각계각층 전문가들을 인터뷰했다. 벤처 캐피탈리스트, CEO, 엔지니어, 긱^{gig} 경제 종사자*, 노동운동가, 기술 비판론자인 러다이트^{Luddite}, 사회복지사, 심리치료사, 성직자와 영적 지도자, 기술 학자와 역사가들이 그들이다.

많은 사람이 공통적으로 지적한 것은 기술이 자본주의의 한 부분이며, 실제 종교는 자본주의라는 점이다. 이는 1장에서 자세히 다룰 내용인데, 어느 정도 타당한 지적이다. 다만 기술은 불과 수백 년 전에 확립된 자본주의보다 훨씬 오래된 것이다. 수로^{aqueduct}나 창^{spear}, 인쇄술 같은 물리적, 사회적 기술이 반드시 자본주의로 이어지지는 않았다.

고대에 부를 축적하는 가장 확실한 방법은 군사력으로 이웃 영토를 정복하는 것이었다. 국가 간 무역이나 우리가 곧 논의할 '기술 종교'는 그보다 훨씬 뒤에 등장했다. 하지만 제도화된 종교가 출현하기

---

* Gig worker. 계약직이나 임시직으로 일하는 프리랜서처럼 소속된 곳이 없는 근로자를 뜻한다. – 옮긴이

이전부터 존재했던 기술은 늘 인간의 근본적인 영적 욕구, 즉 성장을 향한 진화적 본능을 표현하게 했다.

그렇다면 지금 가장 중요한 질문은 '성장'의 실체가 무엇인가 하는 점이다. 우리를 둘러싼 기술의 형태와 기능이 끊임없이 확장되는 지금, 우리는 과연 무엇을 성장시키고 있는가? 기술이 우리를 위한 도구이기를 거부하는 시점이 올까? 우리가 기술의 노예가 되는 순간이 찾아올까?

"잔액 부족"

이 책을 쓰기 위한 연구 작업이 아직 초기 단계이던 2019년 여름, 나는 신기술과 일의 미래를 주제로 한 MIT 컨퍼런스에 처음 참석했다.[41] 현기증이 날 정도로 정신없는 하루를 보내고 보스턴 지하철 레드 라인을 타고 귀가하던 중이었다. 찰리카드 CharlieCard를 단말기에 대자 "잔액 부족"이라는 메시지와 함께 경고음이 울렸다. 당시 기술이 인간의 가치와 본질에 미치는 영향에 대해 깊이 생각하고 있던 터라, 순간 그 오류 메시지가 마치 내 인간적 가치를 평가하는 것처럼 느껴졌다.

이 말이 우스갯소리처럼 들릴 수도 있다. 나는 재치 있는 농담을 좋아하지만, 이건 그런 게 아니다. 사목으로 오랫동안 다양한 치료와 임상 감독 업무를 해오면서, 나는 어린 시절부터 깊이 뿌리박힌 한 가지 생각을 지우려 노력해 왔다. 그것은 똑똑하고 성공한 사람들이 가진 생각이기도 한데, 바로 인간의 가치가 그 사람 자체가 아닌 성취의 정도로 결정된다는 믿음이다.

위대한 심리치료사 앨리스 밀러Alice Miller는 『천재가 될 수밖에 없었던 아이들의 드라마The Drama of the Gifted Child: The Search for the True Self』(양철북, 2019)에서 흥미로운 관점을 제시한다. 부모가 자녀를 사랑하고 잘 돌보더라도, 동시에 '뛰어나야만 사랑받을 자격이 있다'는 미묘한 메시지를 전달한다는 것이다.

실제로 "너는 정말 똑똑하구나", "어떻게 이겼는지 봐" 같은 말은 유치원생 때부터 시작된다. 이는 좋은 의도에서 나온 말이지만, 그 속에 담긴 메시지는 분명하다. '네가 하는 일이 곧 너다. 뛰어나기에 가치 있고, 뛰어나지 않으면 무가치하다.'

아이들은 본능적으로 친절함, 호기심, 관계의 소중함을 알지만, 우리는 자신의 우수함을 입증하는 데 집착한다. 이러한 '천재성' 사고방식은 분명 근면함을 이끌어내지만, 이는 프로테스탄트 직업 윤리의 병리적 현상psychopathology이라 할 수 있다. 우리가 이를 제대로 인식하지 못하면, 우리는 자신의 가치를 증명하기 위해 끊임없이 더 많은 일을 하고, 더 많은 돈을 벌며, 남들보다 돋보이려 할 것이다. 진정한 소통이나 자신의 취약함을 마주할 시간조차 갖지 못한 채, 현재의 상태를 넘어서려 애쓸 것이다. 그 이유는 단 하나, 현재의 우리로는 충분하지 않다고 믿기 때문이다.

※

1부에서 나는 기술이 하나의 신학 체계를 가지고 있다고 주장할 것이다. 즉, 기술이 우리의 사고와 감정을 지배하는 일련의 윤리적 메시지를 담고 있다는 것이다. 주요 종교들이 가진 천국, 지옥, 삶과 죽음, 식민주의처럼 기술도 그만의 교리를 지니고 있다. 적어도 인공지능의 여러 저명한 이론가들에 따른다면 그렇다. 그리고 이러한 사고의 근저에는, 이를 '논리reason'나 '사고thinking'라 부를 수 있다면, 인간의 본질적 가치와 중요성이 없어진다는 두려움이 자리 잡고 있다.[42]

무신론자이자 인본주의 사목으로서, 나는 종교적 실천이 신념보다 더 중요하다고 믿어왔다. 따라서, 2부에서는 기술 종교의 실천을 살펴볼 것이다. 하지만 여기서 완전한 탐구를 하지는 않을 것이다. 의약품 제조, 교통수단, 여가 활용, 그리고 우리 삶에 뚜렷한 주관적 목적을 부여하는 문화의 전달 등은 이 책의 범위를 벗어나기 때문이다.

분명히 말하자면, 엔터테인먼트의 기술적 보급으로 우리는 더 즐겁게 살 수 있고, 안전한 여행으로 더 많은 것을 보고 경험할 수 있게 되었다. 기술 덕분에 수명도 늘어났고, 돌이나 화살에 맞아 죽을 위험도 크게 줄었다. 하지만 이런 당연한 이점들은 이 책에서 굳이 다룰 필요가 없다. 기술이 도움이 된다는 점은 누구도 부정할 수 없으니까.

여기서 핵심 질문은 이것이다. 기술의 정교함이 우리의 삶을 얼마나 더 행복하게 만들었는가? 왜 많은 학생과 현대의 젊은이가 불행하고 절망하는가? 그리고 왜 우리는 현대 발전의 혜택을 가장 필요로 하는 사람들과 공평하게 나누는 일에서 처참하게 실패하고 있는가?

신학자이자 컴퓨터 윤리학자인 앤 포스트Anne Foerst는 하비 콕스와 함께 「종교와 기술: 새로운 국면」이라는 문제적 논문을 발표한 지 25년이 지난 시점인 2022년 7월 줌Zoom 대화에서 이렇게 말했다. "오늘날의 기술이 하나의 종교라는 점에는 동의합니다. 다만 그리 만족스러운 종교는 아니라는 것이죠."

천재 공학자들의 드라마

나는 앨리스 밀러가 말한 '영재 아동 gifted children' 중 하나였다. 아버지는 인간의 가치가 오직 수입과 성과, 성취에 달려있다고 가르쳤다. 그는 평생 자신이 이룬 것이 없다고 자책하며 살았고, 나에게는 모호하게나마 위대한 무언가가 되어야 한다는 부담을 물려주었다. 처음에는 아버지의 사랑과 인정을 받기 위해, 그리고 나중에는 십 대 시절 돌아가신 아버지가 마지막까지 실패작이라 여긴 자신의 삶을 대신 완성하기 위해 애썼다. 아버지는 감정을 드러내는 것이 나약함의 표시라 여겨 내게 애정을 표현하지 못했다.

수십 년간 나의 내면도 크게 다르지 않았다. 사랑을 하나의 이성적 과제처럼 다뤘으며, 사랑에 대해 생각하고, 말하고, 연구하고, 토론할 수는 있었지만 정작 사랑을 '느낄' 수는 없었다. 사랑을 느끼려면 먼저 사랑받고 있다고 느껴야 하는데, 아무리 주변의 인정을 받으려 해도 그럴 자격이 없다고 생각했기 때문이다.

하지만 2016년, 아들 액슬 Axel이 태어난 날 모든 것이 바뀌었다. 36시간의 고된 진통 끝에 응급 제왕절개로 아들이 태어났을 때, 의식을 잃은 아내 대신 내가 유일하게 그의 탯줄을 자르는 순간을 지켜보았다. 본능적으로 손을 내밀자 피 묻은 작은 손이 내 손가락을 꼭 붙잡았다. 그 순간 처음으로 온몸에 강렬한 감정이 밀려왔다. 조건 없이 사랑하는 또 다른 존재와 마주한 것이다. 그때부터 지금까지 나는 확신한다. 아들이 무엇을 하든, 어떤 말을 하든, 어떤 사람이 되든 그의 존재 자체를 소중히 여길 것이라는 사실을.

후에 이를 되새기며 깨달았다. "아, 이것이 무조건적인 사랑이구나." 그 이후로 나는 이 깨달음을 잊지 않으려 한다. 액슬도, 나도, 당신도, 우리 모두가 사랑받을 가치가 있다는 것을. 이제 이 깨달음을 안 우리는 무엇을 해야 할까?

※

2부에서는 기술 종교의 핵심 관행인 계급 제도를 살펴볼 것이다. 이는 카스트caste 제도에 비유할 수 있을 정도로 엄격하다. 많은 종교와 마찬가지로, 우리가 말하는 '테크'라는 구조 역시 권력과 특권 관계로 이루어져 있으며, 특정 집단이 종교와 신앙 체계를 이용해 다른 이들을 착취하며 더 나은 삶을 누리기 때문이다. 이는 고대 종교에서 상위 계급이 하위 계급의 희생으로 안락한 삶을 영위했던 것과 동일한 양상이다.

테크 종교의 또 다른 주요 특징은 의식이다. 마태복음의 "그 열매로 그들을 알아야 한다"는 말씀처럼[43], 의식을 통해 이 종교의 본질이 드러난다.*

실제로 고대 종교에서 의식은 삶의 모든 것이었다. 하루 종일 드리는 기도와 삶과 죽음의 각 단계를 표시하는 의례가 그러했다. 신비롭고 불가해한 세상 속에서 고대인들은 종교적 의식과 일상적인 의식을 분리하기 어려웠다.

현대의 테크 종교는 이보다 더 깊숙이 우리 삶에 스며들어 있다. 우리는 매트 위에서 하루에 다섯 번 기도 드리는 대신, 하루에도 수백 번씩 무릎을 꿇고 이 기술들이 우리 삶에서 얼마나 중요한지, 그리고

---

* 그 의식을 통해 종교를 알아야 한다는 저자의 말은 마태복음 7장 20절 '그 열매로 그 사람들을 알아야 한다'를 해석한 내용으로 보인다. – 옮긴이

단 몇 분이라도 기술 없는 삶을 상상하기가 얼마나 어려운지 끊임없이 되새긴다.

우리가 살펴볼 또 다른 양면적인 기술 문명의 관행은 종말론적 측면이다. 이는 프로이드가 말한 타나토스^{Thanatos}, 즉, 죽음의 본능 개념을 통해 이를 이해할 수 있다. 프로이드는 인간에게 생명을 창조하고 발전시키려는 본능 외에도, 파괴하고 끝장내려는 본능이 있다고 보았다. 그는 전쟁, 편견, 살인 충동, 그리고 자신의 코카인 중독까지도 이런 맥락에서 설명했다.

물론, 프로이드는 타나토스를 자신의 핵심 개념으로 여기지 않았지만, 오늘날 우리 테크 신도들은 이 개념의 현실성을 고민한다. 따라서, 5장에서는 디트로이트의 감시 기술 사례를 통해 테크 종교가 지닌 역설적 약속을 살펴볼 것이다. 약간 스포를 하자면, 기술만이 인류를 파멸시킬 수 있는 힘을 가졌기에, 역설적으로 기술만이 우리를 구원할 수 있다는 것이다. (여기서 흥미로운 점은 프로이드의 죽음의 본능 '타나토스^{Thanatos}'에서 이름을 따온 마블 코믹스의 보라색 피부를 가진 악당 타노스가 상징적으로 등장한다는 것이다. 마블의《어벤저스^{Avengers}》와《인피니티 건틀렛$^{Infinity\ Gauntlet}$》에서 최강의 빌런으로 등장하는 타노스는 파괴적 본능을 상징하는 캐릭터다.)

마지막으로 3부에서는 테크 종교의 희망적인 면모를 살펴본다. 단순히 비행기나 낙하산, 통신 기술의 발전과 같은 피상적인 이점을 나열하는 대신, 테크 종교를 개혁하려는 영감 어린 시도들을 소개할 것이다. 이는 수많은 개인과 단체의 의미 있는 활동을 통해 드러난다.

기술을 완전히 없애는 것은 해결책이 될 수 없다. 우리는 그것을 대체할 무언가조차 알지 못한다. 흔히 하는 말처럼, 제3차 세계대전이 첨단 기술로 치러진다면 제4차 세계대전은 돌과 막대기로 싸우게 될 것이다. 어느 쪽이든 비극적인 결말이다.

이제 테크 종교의 이단자들의 목소리에 귀를 기울여 보자. 이들은 기술을 전면 부정하지는 않지만, 그렇다고 맹목적으로 옹호하지도 않는 이들이다. 린든 B. 존슨Lyndon B. Johnson 전 미국 대통령의 거친 표현을 빌리자면, "적을 텐트 밖에 두어 안으로 오줌을 누게 하는 것보다는 텐트 안에 들여 밖으로 누게 하는 편이 낫다44"라고 했다. 이것이 바로 우리의 접근 방식이다.

이어서 테크 종교의 인본주의자들을 살펴보자. 이들은 테크 종교의 교리를 맹신하지는 않지만, 어떤 형태로든 이 흐름과 공명하는 이들이다. 이는 마치 내가 세속 인본주의 랍비 과정을 공부하며 마주했던 질문과 비슷하다. "유대인이란 누구인가?" "종교적 신념이 꼭 필요한가?"

우리가 내린 결론은 '아니오'였다. 유대인이란 유대 민족의 역사와 문화, 그리고 그들의 운명에 자신을 동일시하는 사람이기 때문이다. 나의 스승이 말했듯, 유대인의 역사를 이야기하며 '우리'라는 말을 쓰는 사람이라면, 그가 바로 유대인인 것이다.

마찬가지로, 우리가 살펴볼 테크 신학을 믿지 않거나 심지어 혐오한다 해도, 기술 사회를 바라보며 그 안에 속한 자신을 '우리'라고 부르고, 이 사회의 일원이 되지 않고는 살기 어렵다고 느낀다면, 당신은 테크 인본주의자나 테크 영적 수행자tech spiritual practitioner일 수 있다. 내가 수년간 이 종교를 연구하며 만난 흥미로운 사람들의 삶과 작업에서 당신도 무언가를 배우고 영감을 얻을 수 있을 것이다. 이들은 테크 종교인은 아니지만, 매일 창의적으로 우리의 기술 사회를 더 인간적인 곳으로 만들고자 노력하는 사람들이다.

8장에서는 지금까지 다룬 주제와 질문들을 내가 발견한 기술 공동체의 이야기로 모아낼 것이다. 결론에서는 테크 불가지론자가 된다는 것의 의미에 대한 고민이 나에게 가져다준 새로운 시각을 독자와 나누고자 한다.

2023년, 나는 하버드 케네디 행정대학원 졸업을 앞둔 20명의 학생들과 긴 점심시간을 가졌다. 그들은 기술과 기후 변화가 초래할 미래에 대해 깊은 불안감을 토로했다. 불안정하기만 해도 다행이고, 최악의 경우 우리를 황폐하게 만들 이 불확실한 시대에서, 어떻게 윤리적이고 의미 있는 삶을 지속해 나갈 수 있는지 조언을 구했다.

나는 그들에게 갓난아이처럼 존재 자체만으로도 충분한 가치와 의미가 있다고 말했다. 그러자 한 학생이 놀라운 솔직함으로 그런 생각은 비현실적으로 들린다고 답했다.

때로 웃음은 고통에서 비롯된다. 기술을 포함한 여러 이유로 인간성이 파괴되는 이 시대에, 인간다운 삶을 사는 것은커녕 그것을 고민하는 것조차 쉽지 않다.

이어지는 내용은 내가 수년간 많은 이와 나눈 대화의 결실이다. 우리 안팎에 만연한 냉소주의 속에서 인간다움을 지키고 옹호하는 것이 무엇을 의미하는지 찾고자 했던 여정의 기록이다. 우리가 테크 종교의 믿음과 행태를 더 깊이 이해할수록, 서로를, 그리고 우리 자신을 더 깊이 신뢰하게 될 것이다.

1부

신념

1장

테크 신학

    2021년 7월 중순 어느 날 아침, 나는 샌프란시스코 다운타운에 위치한 한 부티크 호텔에서 잠을 깼다. 원래는 미션 지구$^{\text{Mission District}}$에 있는 에어비앤비^{Airbnb}에서 2주간 머무를 예정이었으나, 예약을 하루 늦게 하는 바람에 전날 밤에는 그곳에 묵지 못했다. 부득이하게 급히 예약 앱을 설치해 할인된 객실 정보를 텍스트로 받았고, 덕분에 이 호텔에서 하룻밤을 보낼 수 있었다.

    나는 아직 잠이 덜 깬 채로, 그날의 빅테크 뉴스를 스트리밍으로 시청했다. 마침 기업가 리처드 브랜슨$^{\text{Richard Branson}}$의 최초의 민간 우주 "미션^{mission}"이 시작되고 있었다. 이는 '버진^{Virgin}'이라는 글자가 새겨진 소형 항공기를 더 큰 항공기에 실어 약 1만 5천 미터 고도까지 올라간 뒤, 거기에서 소형 항공기를 분리해 우주로 날려 보내는 방식이었다. 분리된 소형 항공기는 몇 분 만에 6만 미터 이상 더 높이 올라가 미 항공우주국^{NASA}이 정의한 우주 공간$^{\text{outer space}}$의 최소 기준인 지상 80km 고도를 충족했다. 그 후 조종사 두 명과 브랜슨, 그리고 버진 갤럭틱Virgin Galactic 직원 세 명으로 이루어진 탑승자들은 스티븐 콜베어Stephen Colbert가 임시 사회를 맡은 착륙 환영 행사로 돌아왔다.

버진Virgin 로고가 새겨진 왕실 청색 우주복을 입고, 금발이 섞인 백발에 선글라스를 낀 억만장자 브랜슨은 착륙하자마자 "당신에게 꿈이 있다면, 지금이 바로 그것을 실현할 때입니다"라고 말했다. 나는 브랜슨의 연설을 처음 봤기에 강한 카리스마를 기대했지만, 그는 말끝을 맺지 못하고 시선을 이리저리 옮기며 뻔한 대사만 내뱉었다. 그러자 트위터에는 이를 비꼬는 글들이 전자레인지 속 팝콘처럼 쏟아졌다.

한 트위터 이용자는 "명심해라, 애들아. 공부 열심히 해서 좋은 성적 받고, 좋은 대학에 들어가 직장을 얻고 열심히 일해라. 절대 병가는 내지 말고, 시키는 대로 하고, 현실에 만족해라…. 그러면 언젠가 네 상사가 너를 우주에 보내줄지도 몰라[1]"라고 썼다.

내가 이 호텔에 머문 이유는 한밤중에도 객실이 남아 있었기 때문이기도 했지만, 여기가 글라이드 메모리얼 교회Glide Memorial Church에서 불과 한 블록 떨어져 있었기 때문이다. 가스펠 음악 공연으로 잘 알려진 이 교회는 샌프란시스코 텐더로인Tenderloin 한복판에 있는데, 어떤 사람들은 이 지역을 '험하다gritty'고 표현하고, 또 어떤 사람은 이곳을 '격리 구역containment zone[2]'이라고 불렀다.

나는 20년 넘게 사목 활동을 하며 좋은 일을 하는 교회들을 많이 봤지만, 글라이드 같은 곳은 처음이다. 이곳의 사회사업 프로그램은 매일 364일 동안 도시 거주민들에게 영양가 높은 세 끼 식사를 무료로 제공하는 것은 물론, 에이즈 바이러스HIV 검사와 주사 제공 및 폐기, 가정폭력을 저지른 남성들을 위한 법원 명령하에 재발 방지 교육,

가족·청소년·아동 돌봄 센터, 무료 법률 상담소 등 폭넓은 지원을 하고 있기 때문이다.

나는 2010년, 강연을 하러 샌프란시스코의 하버드 클럽에 왔다가 처음으로 이 교회를 알게 되었다. 그날 청중은 대부분 갑자기 도시에 모여든, 호기심 많은 새로운 유형의 테크 관련 사람들이었다. 그중 한 명은 하버드대를 막 졸업하고 구글에 입사한 사람이었는데, 샌프란시스코로 이사 온 뒤 그 교회에 다니고 있다며, 나에게도 가본 적이 있느냐고 물었다.

"물론 저는 하느님을 믿지는 않아요. 하지만 글라이드 합창단의 노래를 듣고 있으면 아주 강렬한 무언가가 느껴져요."

나는 그 젊고 잘생긴 사람이 기술 붐이 한창이던 시절, 내게 이렇게 말했던 것을 또렷이 기억한다.

나는 무신론자인 구글 직원들이 기독교에서 말하는 '지극히 작은 자*'를 섬기는 교회에 다닌다는 사실에 흥미를 느꼈다. 그리고 글라이드 교회의 예배가 나 자신의 '사명mission'을 시작하는 데 좋은 계기가 되기를 바랐다.

이후 나는 실리콘밸리를 누비며, 마치 새로운 종교처럼 성장하는 테크 세계의 사제와 예언자, 배신자와 하층민undercastes을 찾아다녔다. 그리고 만약 기술이 하나의 종교라면, 그 신학은 과연 무엇일지 궁금해했다.

이것은 언뜻 보면 하느님God이나 다른 신들에 대한 질문처럼 들린

---

* 마태복음 25장 40절 "임금이 대답하여 이르시되 내가 진실로 너희에게 이르노니 너희가 여기 내 형제 중에 지극히 작은 자(the least of these) 하나에게 한 것이 곧 내게 한 것이니라 하시고"에서 인용한 것이다. – 옮긴이

다. 실제로 신학을 뜻하는 '시올로지theology'의 어원은 고대 그리스어 테오스theos와 로고스logos에 있고, 이는 하느님이나 신들에 대해 '말하다words about' 또는 '연구하다the study of'라는 의미를 갖고 있다. 기술의 신들에 대한 이야기는 2장에서 좀 더 자세히 다룰 예정이다.

하지만 그에 앞서, 오늘날 테크에 생명을 불어넣는 주요 사상과 개념, 그리고 신념부터 살펴볼 필요가 있다. 결국 현대의 신학이란 우리 삶에 어떤 의미가 있는지, 또 그 의미를 제대로 이해하려면 무엇을 왜 믿는지 고민하는 과정이 필요하다. 나는 기술이 어떻게 우리의 가치관과 정체성을 만들어왔는지 고찰하는 데 기술 신학tech theology만큼 적합한 틀은 없다고 생각한다.

신학이라는 개념은 인류사에서 계속해서 변화해 왔다. 나는 하버드 신학대학원에서 신학 연구 학위를 받았기에, 그곳을 졸업한 수많은 학생이 신 자체를 넘어서 훨씬 더 다양한 주제를 공부했다는 사실을 자신 있게 말할 수 있다. 내가 저명한 신학자이자 기독교 연구자인 다이애나 버틀러 배스Diana Butler Bass에게 신학이란 무엇인지 물었더니, 지금껏 아무도 자신에게 그런 질문을 해본 적이 없다고 하면서도 답을 보내왔다. 그녀는 "신에 관한 연구"라는 전통적인 의미가 이제는 분명히 본래의 범위를 넘어, 환경보호, 생태, 과학, 진화, 우주, 정의처럼 아주 다양한 현상의 의미를 해석하는 여러 형태의 논의까지 아우르게 되었다고 했다.[3]

뉴욕대NYU에서 미디어, 문화, 커뮤니케이션을 가르치며 종교와 기술의 접점을 연구하는 에리카 로블스-앤더슨Erica Robles-Anderson 교수는, 신학의 "분야field"가 이제 매우 다양해졌다고 설명했다. 그녀는 "신학은 그 주제가 크든 작든 '여기서 무슨 일이 벌어지는 거지?'라는 질문을 멋지게 던지는 방식이죠⁴"라고 설명했다. 다시 말해, 신학을 논의하기 위해 꼭 짚어야 할 기준이나 필수적인 내용이 따로 있는 것은 아니라는 뜻이다.

로블스-앤더슨 교수는 "『MEDITATIONS ON FIRST PHILOSOPHY - 성찰(제1철학에 관한 성찰)』(부크크, 2020)은 모두를 위한 책⁵"이라고도 덧붙였다. 르네 데카르트^René Descartes가 1641년에 출간한 이 기념비적인 저서는 "나는 생각한다. 고로 나는 존재한다"라는 명제로 널리 알려져 있다.

이처럼 형이상학적 질문은 특정 종교나 사상을 딱히 가릴 필요 없이 답을 찾고자 고민하는 사람이라면 누구에게나 열려 있는 질문이며, 종교적 목적을 앞세운 이들만의 전유물이 아니다. 따라서 하버드 신학대학원에서는 신학 학위 과정의 대부분을 차지할 수 있는 세속적, 철학적, 정치적, 윤리적, 역사적 질문들을 공부할 때, 나처럼 무신론자인 학생들에게 종교적 시험을 요구하지 않는다.

이를 두고 저명한 종교 연구자이자 무신론자이며 인본주의자인 앤서니 핀^Anthony Pinn은 신학을 "인간의 삶에 내재한 실존적, 존재론적 문제를 비판적으로 검토하고, 명확하게 설명하며, 논의하는 방법"이라고 정의했다. 핀은 『Macmillan Interdisciplinary Handbook on Religion(맥밀란 종교 학제 간 핸드북)』 등 다양한 책을 편집하며, 현대 종교 연구의 지형을 새롭게 그려온 인물이기도 하다.⁶

이처럼 신학에 관한 수많은 정의가 있지만, 나는 단어의 엄밀한 정의에 집착하고 싶지도 않고, 신학이 학문이나 사고방식으로서 갖는 중요성을 깎아내릴 생각도 없다. 신학이 중요한 이유는 인간에게 가장 소중한 것, 즉 우리 삶의 의미와 목적을 탐구하는 학문이기 때문이다.

우리는 삶의 의미와 목적을 신의 권능에 의해 주어진 것으로 이해할 수도 있고, 인간이 만들어낸 것으로 볼 수도 있다. 이 두 관점 중 어느 것이 '진정한' 신학인지 결론 내기 어렵기에, 이 분야에서는 늘 치열한 논의가 오간다. 이런 논쟁과 탐구가 신학이라는 학문에 활력과 긴장감을 불어넣는다.

신학이 오늘날 더욱 중요한 이유는 신을 믿어야 해서가 아니라, 오히려 신을 믿지 않아도 신학적 질문을 던질 수 있기 때문이다. 그래서 나는 테크 문화를 들여다볼 때도, 신학 연구자들이 자신들의 연구 대상을 바라보는 방식과 비슷하게 접근해 보고자 한다.

디지털 청교주의

2021년 6월로 시간을 되돌려 보자. 코로나바이러스 대유행은 샌프란시스코의 글라이드 교회에도 너무 큰 시련이었다. 결국 나는 일요일 예배를 침대에 누워 스마트폰으로 온라인 중계를 통해 볼 수밖에 없었다.

그날 설교는 급진적인 사랑과 포용, 그리고 해방에 대한 열정적인 성찰로 가득했다. 현장에 있었다면 더 큰 감동을 받았을 것 같았다. 하지만 그 숭고한 메시지는 구글 픽셀^{Pixel} 폰의 작은 스피커에서 희미하게 흘러나왔고, 나는 침대 위에서 에너지 바를 우적우적 씹었다. 다른 랩탑 화면에서는 브랜슨이 착륙하는 장면이 나오고 있었다. 어느 것에도 제대로 집중할 수 없었다.

나는 10시가 넘어서야 겨우 일어나 아래층으로 내려갔다. 호텔 로비에서는 긴 머리를 내리고, 잘 다듬은 턱수염을 기른 젊은 엔지니어들이 슬리퍼에 반바지, 디자이너 티셔츠, 트럭 운전사 모자를 쓴 채 삼삼오오 앉아 있었다.

밖으로 나오자 샌프란시스코 특유의 건조하고 쌀쌀한 여름바람이 피부를 스쳤다. 나는 괜히 피해망상적인 기침을 억누르며 텐더로인 Tenderloin 거리를 걷기 시작했다.

그곳에서 마주한 노숙자 문제의 심각함은 그동안 내가 본 어느 도시와도 비교할 수 없는 수준이었다. 1980~90년대 뉴욕 지하철 주변이나, 과거 로스앤젤레스에서 하버드 봄방학 봉사단을 이끌며 노숙자 쉼터에서 일했던 경험 모두 이곳에 미치지 못했다.

서부 해안의 다른 도시들에서 흔히 볼 수 있는 텐트마저 보이지 않았다. 텐더로인의 백인, 흑인, 라틴계 노숙자들은 딱딱하고 헐벗은 거리 위에 그대로 누워 있었고, 나름의 공동체를 이루며 살아가고 있었다.

나는 그곳에서 흙과 썩은 찌꺼기로 새까매진 발, 드러난 가슴과 성기, 그리고 다리에서 흘러내려 흰 양말까지 얼룩지게 만든 갓 배설된 축축한 대변을 보았다. 50대로 보이는 키 큰 백인 남자가 벽돌담에 기대 서 있었는데, 그는 금속 장식이 달린 검은 가죽조끼와 검은 부츠를 신고, 무릎이 찢어진 검은 청바지 안으로 청백색 타이즈를 드러내고 있었다. 그의 포니테일 머리에는 회색이 섞여 있었고, 팔에는 문신이 가득했다. 얼굴은 술기운에 햇볕까지 오래 받아 청동빛으로 그을려 있었다.

처음엔 그가 삶에 지쳐 멍하니 먼 곳을 응시하고 있다고 생각했다. 그런데 가까이 가보니, 그는 무릎 사이에 스마트폰을 가로로 끼워 넣고 비디오 게임에 몰두해 있었다.

이 장면은 내게 이 도시의 본질을 알려 주었다. 어떤 이에게는 상상할 수 없는 부가 생기는 한편, 다른 이에게는 가난한 현실에서 잠시나마 벗어나기 위해 이 도시에서 만들어진 기술을 사용하는 모습이, 마치 이 도시의 민낯을 상징적으로 알려주는 것 같았다.

역사상 가장 번성하는 사회에 살고 있는 우리들은 왜 이토록 절박한 처지에 놓인 사람들과 함께 살아가는 현실을 외면할까? 사실 이는 아주 오래된 질문이다. 만약 이 문제에 간단한 답이 있었다면, 진작 해결됐을 것이다.

미국의 극심한 불평등은 신학적 뿌리와도 깊게 연결되어 있다. 1630년대 하버드 칼리지의 설립자인 청교도들은 특정한 기독교 신도만이 태어나기도 전에 이미 구원받도록 예정되어 있다고 믿었다. 나머지는 지옥에 떨어져 영영 저주받는 운명이라는 것이다. 청교도 신학은 한 치의 여지도 없었다. "절대적이고, 잔인하며, 절망을 낳고, 인간성을 낮추고, 공로를 부정하는 결정론적 구원론[7]"이었다.

이 운명을 뒤바꿀 방법은 없었고, 각자는 이런 혹독한 윤리 아래 열심히 일하면서 자신이 선택받은 사람임을 동료들에게 인정받아야 했다. 이 기준에 미치지 못하는 이들은 이 세상에서도, 내세에서도 가치 없는 존재로 여겨졌다.

이런 배경에서 이른바 '프로테스탄트 직업 윤리'는 미국 문화의 뿌리가 되었다. 정치학자이자 언론인인 조시 뷰렉은 이렇게 설명했다.

"1741년 칼뱅주의 설교자 조너선 에드워드Jonathan Edwards가 신자들에게 '분노한 신의 은혜로운 손에 붙들린 채 지옥 구렁텅이 위에 대롱대롱 매달린 혐오스러운 거미'와 같다고 했던 것은, 새로운 언어가 아니라 미국 신앙의 기본 언어였다.[8]"

이런 칼뱅주의 교리는 19세기 들어서야 힘을 잃기 시작했다.

청교도 문화는 본질적으로 노예 소유 문화이기도 했다. 살인적이고 비인간적인 착취를 정당화하는 노예제도의 논리는 청교도들이 축적한 부의 상당 부분을 이루는 데 중요한 역할을 했다. 실제로 아프리카에서 붙잡혀 온 사람들을 미국 대륙으로 끌고 와 시장에서 강제 노동력과 재산으로 팔아넘기는 '동산 노예제chattel slavery'는 뉴잉글랜드 초기 문화의 핵심 중 하나였다.9

이러한 배경에서, 1641년 하버드 대학이 설립된 지 불과 5년 만에 매사추세츠 만 식민지는 나다니엘 워드Nathaniel Ward라는 청교도 목사가 작성한 '자유의 법전Body of Liberties'을 뉴잉글랜드 최초의 법전으로 비준하기에 이르렀다. 이 문서는 노예 소유자들에게 유리하게 노예제를 허용하고 규제했을 뿐만 아니라, 신학적 용어를 명확히 사용하여 청교도 입법자들과 집행자들을 정당하고 합리적이며 도덕적인 존재로 포장했다.

> 우리 공동체 안에서는, 정당한 전쟁에서 포로로 잡힌 자들이나 스스로를 팔거나 우리에게 팔린 외국인 외에는 어떠한 속박된 노예, 농노, 또는 포로도 결코 존재해서는 안 된다. 또한, 이들은 이스라엘에서 신의 법이 도덕적으로 요구하는 모든 자유와 기독교적 관습을 누릴 권리가 있다. 이 규정은 법원의 판결로 노예 상태로 선고받은 자에게도 예외 없이 적용된다.10

오늘날 생각해 보면, 청교도들이 노동의 순수성과 영광을 강조하면서도 실제로는 자신의 일을 더 쉽게 만들기 위해 숙명론적 신학, 타인에 대한 인종차별적 파괴와 억압을 결합했다는 사실이 매우 모순적으로 느껴진다. 그러나 이 결합이 이후 미국 역사에서 나타난 많은 현상을 설명해 준다.

극도로 편협한 종교적 시각과 고상한 수사로 고통과 불의를 정당화하는 행태, 그리고 인종에 근거한 갈등과 사회적 계층화가 바로 그 결과다. 청교도 신학은 미국 역사의 전반에 연료를 공급하고, 그 형성 과정에 깊게 관여했을 뿐 아니라(예: 1619 프로젝트 참조), 오늘날 테크 업계의 지도자와 기업들이 자주 내세우는 철학과도 놀라울 정도로 닮아 있다.[11]

텐더로인 일대를 한 바퀴 돌고 나서, 나는 미션에 있는 에어비앤비에 체크인하기 위해 차를 몰았다. 그곳은 아늑한 분위기의 정원층 스튜디오 아파트로, 유리 덧문 너머로는 선인장과 양치류, 꽃이 만발한 정원과 오래된 쿠션 의자가 보였다. 내 방은 두 명의 다정한 노년 여성들이 사는 집의 아래층에 있었는데, 그분들은 내가 코로나바이러스 대유행 이후 첫 손님이라며 반갑게 맞아 주었다.

샤워를 하고 옷을 갈아입고 나서는 스탠포드 대학에서 제이본Javon을 만나러 갔다. 제이본은 내가 아끼는 전 하버드대 학생으로, 팬데믹 초기에 힘든 시기를 겪으며 내게 메시지를 보내온 적이 있다. 그 메시지는 내가 왜 이 책을 쓰려고 하는지 본질을 정확히 짚고 있었다.

졸업생들에게 자랑할 만한 경험이나 힘들었던 순간을 나눠 달라는 요청에, 제이본은 다음과 같은 답장을 보내왔다.

제가 자랑하고 싶은 것은, 의료에 대한 열정과 직접 환자를 돌보는 방식 이외에도 실제 세상에 영향을 미치는 방법을 찾았다는 점입니다. 말씀하신 것처럼 저는 벤처 캐피탈과 바이오테크 분야의 '아름다운 전망'에 앉아, 기술, 경영, 의료 현장의 지형을 한눈에 볼 수 있습니다. 또한, 의사 및 보건 관리자라는 제 경력 경로를 포기하지 않아도 되는 회사를 찾았습니다. 이보다 더 나은 결과를 바랄 수 있을까요?

...한 가지 고민이 있다면 '행복해지는' 방법을 잘 모르겠다는 점입니다. 아마 저와 비슷하게 스탠포드나 하버드를 졸업한 이들이라면, 자신을 위해 가장 좋은 선택보다 남들이 보기에 옳은 선택을 하라는 압박을 많이 느낄 겁니다. 직업이든, 배우자든, 친구나 인간관계든 마찬가지죠. 아무도 보고 있지 않다면 진짜 내가 원하는 삶을 살 수 있도록 스스로에게 허락하는 법, 혹시 조언해 주실 수 있나요?[12]

인본주의 사목자로 일하면서 성공한 테크 리더들의 정서적 공허에 대한 고백을 자주 듣는 것은 아니다. 하지만 제이본이 솔직하게 털어놓은 감정은, 내게 결코 드물거나 이례적으로 느껴지지 않았다. 오히려 그가 그런 우려를 숨김없이 표현한 점이 눈에 띄었다. 제이본은 자신의 부족함과 불완전함, 그리고 마음속 깊은 불안을 기꺼이 드러냈다. 이런 고민은 사실, 많은 사람이 자기 자신에게조차 쉽게 인정하지 않는 두려움과도 맞닿아 있다.

실제로 제이본 같은 어려움은 특별하거나 예외적인 것이 아니라, 흔한 일이다. 더 나아가 이는 오늘날 우리가 '테크'라고 부르는 세계의 심장부에 자리한, 근본적이고도 심각한 철학적 문제이자, '신학적' 문제이기도 하다.

나는 스탠포드 의대 옆 주차장에 차를 댔다. 제이본은 대학 동창회에 참석하는 동시에, 벤처 투자가로서 생명공학 분야 투자 회사를 찾기 위해 실리콘밸리에 와 있었다. 그는 베이지색 반바지와 파스텔 색상의 폴로 셔츠를 입고 있었고, 우리는 오랜만에 만나 반갑게 포옹했다. 그는 내가 예전 모습 그대로라고 말했다.

> **CAUTION!!**
> **COLORED PEOPLE**
> **OF BOSTON, ONE & ALL,**
> You are hereby respectfully CAUTIONED and advised, to avoid conversing with the
> **Watchmen and Police Officers of Boston,**
> For since the recent ORDER OF THE MAYOR & ALDERMEN, they are empowered to act as
> **KIDNAPPERS**
> **AND**
> **Slave Catchers,**
> And they have already been actually employed in KIDNAPPING, CATCHING, AND KEEPING SLAVES. Therefore, if you value your LIBERTY, and the *Welfare of the Fugitives* among you, *Shun* them in every possible manner, as so many *HOUNDS* on the track of the most unfortunate of your race.
> **Keep a Sharp Look Out for KIDNAPPERS, and have TOP EYE open.**
> *APRIL 24, 1851.*

보스턴의 흑인들에게 노예 사냥꾼을 조심하라고 경고하는 내용의 이 1851년 전단은 하버드대학의 2022년 보고서인 '하버드와 노예제의 유산(Harvard & the Legacy of Slavery)'에 실려 있다.
출처: 앤 스펜서(Anne Spencer)와 스펜서 가문, 1829년, 1829~2007년. 접근번호 14204. 버지니아대 특별 소장 자료실, 버지니아주 샬롯츠빌(Charlottesville)

그와 하고 싶은 이야기가 많았지만, 우선 급하게 화장실부터 찾아야 했다. 그런데 스탠포드 소속이 아닌 사람이 사용할 수 있는 화장실을 찾으려면 캠퍼스 곳곳을 한참 헤매야 했다. 이것은 실리콘밸리 여행에서 유독 반복됐던 장면 중 하나였다.

이처럼 기본적인 욕구조차도 편히 해결하기 어려운 환경은, 역설적으로 이곳의 문화가 명망과 접근성, 그리고 계층적 신분의 중요성을 얼마나 강조하는지를 보여준다.

스탠포드 출신의 테크 업계 동문들에게는 별것 아닐 수 있지만, 이 업계에서 소외되거나 권리를 박탈당한 이들, 혹은 테크 산업을 뒷받침하는 긱 노동자들에게는, 간단한 화장실 하나가 최신 디지털 기기나 앱보다 더 절실하게 느껴질 수도 있다.

사실, 내가 이 책에서 다루게 될 여러 이야기 속에도, 필사적으로 화장실을 찾아 헤매거나 어쩔 수 없이 임시방편을 선택해야 했던 순간이 적지 않았다. 그럴 때마다 나는, 이런 현실을 훨씬 더 자주, 더 절박하게 겪으며 살아가는 이들의 삶은 얼마나 힘들까 하는 생각을 하곤 했다.

이후 제이본과 나는 스탠포드 의대 한가운데 자리한 12만 제곱피트 규모의 첨단 건물, 리 카 싱 학습 및 지식 센터Li Ka Shing Center for Learning and Knowledge 밖에 나란히 앉았다. 2010년 준공 당시 "의학 교육의 새로운 시대"를 열 것이라는 큰 기대를 모았던 이 건물은, 독특한 디자인을 갖고 있었는데, 이는 스탠포드 졸업 모자를 쓴 스타워즈 드로이드와도 살짝 닮아 있었다.[13]

나는 제이본에게 자신에 대해 조금 더 이야기해달라고 부탁했다. 그는 평소 내성적이고 친절한 성격에 흑인이면서도 드물게 무신론자라는 점을 나는 이미 알고 있었다. 아프리카계 미국인은 2021년 기준으로 97%가 신을 믿는다고 답할 정도로, 미국에서 가장 종교적인 집단으로 꼽힌다. 그러나 제이본과 같은 젊은 흑인들 사이에서는 이전 세대에 비해 종교적 신앙이 점차 약화되고 있는 흐름이 뚜렷하게 나타난다.[14]

제이본은 여러 면에서 참 특별한 인물이다. 제도권 교육을 거의 받지 못한 십 대 부모 사이에서 태어나 종조모 밑에서 자랐고, 이후 스탠포드대에서 학사 학위를, 하버드대에서 의학 학위를 취득했기 때문이다. 흰색 코트 깃에 '흑인의 생명은 소중하다Black Lives Matter'를 상징하는 BLM 핀을 달고 있지만, 그는 미국에서 진정한 사회 혁명이 일어날 가능성보다는 오히려 흑인들이 아메리카 원주민과 비슷한 길을 걷게 될까 더 우려하고 있었다.

오랫동안 의사가 되길 꿈꿔왔던 그는, 벤처 투자가가 되기 전까지는 그런 경력을 상상해 본 적이 없었다. 그러나 한 벤처 투자 회사가 생명 의학 기술 분야의 신진 전문가를 찾는 채용 설명회를 열었고, 그 자리에 참석했다가 새로운 기회를 만나게 되었다.

의료 전문직을 변화시키고자 하는 그의 열정은 몇 해 전 쿠바 여행에서 시작됐다. 그곳에서 제이본은 동네 주민을 진료하는 의사가 거주하는 작은 진료소를 방문했는데, 의사의 집은 윗층, 진료소는 아래층에 있었다. 그는 이 현장의 따뜻한 분위기와 진료 방식을 인상 깊게 느꼈다.

"무슨 일이 생기든 의사가 반드시 그 사람을 진료해 주고, 단 한 푼도 받지 않는다, 알겠어요?"라고 제이본은 열정을 담아 말했다. 그러고는 이어서 이렇게 말했다. "그분들은 정부의 주거 보조금으로 살면서, 도움이 필요한 이웃을 돕고 있더라고요. 저도 그렇게 살고 싶어요."

승리의 복음, 혹은 디지털 청교주의

나는 자본주의에 대한 비판은 충분히 설득력 있다고 생각한다. 그러나 제이본은 미국의 시장 기반 의료 시스템에서 드러나는 야만적 불평등에 너무 분개한 나머지, 오히려 쿠바의 시스템이 전반적으로 더 낫다고 생각했다. 이는 예전의 나였다면 쉽게 받아들이지 못했을 법한 비판이었다.

나는 공산 쿠바에서 난민으로 미국에 이주해 온 아버지 밑에서 성장했다. 그런 배경 덕분에, 미국의 역사가 온갖 도덕적 결함으로 가득하다는 사실을 일찍이 이해할 수 있었다. 그럼에도 불구하고, 나는 미국의 경제 시스템이 공산주의나 사회주의가 제시한 대안들보다 훨씬 우월하다고 믿어왔다.

20대 초반 인본주의 철학을 처음 받아들였을 때, 나는 그것이 각 개인이 아니었다면 무의미해 보일 수 있는 삶의 의미를 함께 만들어가는 방식이라고 생각했다. 내게 인본주의는 공동체를 뜻했다. 함께 어울려 집단의 좋은 점을 축하하고, 나쁜 점을 개선해 나가며, 적절한 공동체 활동의 기준을 찾고 만들어가는 과정 자체였기 때문이다.

나는 한 번도 인본주의를 경제의 문제로 여기지 않았다. 이러한 나의 입장에 대해, 사회주의적 인본주의 비평가인 데이비드 휠셔David Hoelscher는 내가 '선한good 사람'이란 무엇인지 비종교적 관점에서 탐색한 첫 저서에서 다음과 같이 비판한 바 있다.

(엡스타인의 저서는) 미국인 7명 중 1명이 (과거에도 그랬고 지금도) 식량 배급표food stamp에 의존하는 사회적인 현실 속에서 출간되었다. 이런 사회경제적 환경 때문에 수천만 명의 고등학생은 엡스타인처럼 하버드에 진학할 수 있으리라는 기대조차 하지 않고 있다. 그럼에도 불구하고 250페이지에 달하는 이 책 어디에도 경제적 불평등이 초래하는 인간적 고통을 완화하거나 심각한 기회 제한을 해소해야 할 필요성에 대한 논의는 찾아볼 수 없다.[15]

이 가혹한 비평은 미국과 세계의 경제적 불평등 문제를 얼마나 많은 저명한 인본주의 사상가와 지도자가 무시하거나 깊이 있게 다루지 않았는지에 대한 더 넓은 맥락에서 제기된 것이었다. 휠셔는, 우리 자신을 인본주의 심리학자 에이브러햄 매슬로Abraham Maslow가 말한 "자기실현self-actualization"을 추구하는 개인으로만 바라보면서, 나 역시 많은 동료와 더불어 현실의 다른 중대한 사실들을 제대로 주목하지 않았다고 꼬집었다.

전 세계적으로 가장 부유한 상위 10%는 전체 부의 85%를 차지하는 반면, 가장 가난한 하위 50%는 겨우 1%만을 소유하고 있다. 세계은행의 2011년 보고에 따르면, 여성은 전 세계 부의 1%만을 갖고 있다고 나오는데,[16] 이것은 오타가 아니다.
… 미국에서는 최상위 부자 400명이 하위 절반 인구 전체보다 더 많은 부를 소유하고 있다. 2010년 센서스 결과를 보면, 미국인 4천6백20만 명—어린이의 거의 4분의 1을 포함해서—이 공식 빈곤선 이하에 속해 있다고 집계됐다. 이 수치 역시, 연방 정부의 부패하고 비현실적인 평가 기준 때문에 실제보다 훨씬 더 저평가된 숫자이다.[17]

하지만 업튼 싱클레어Upton Sinclair가 말했듯이, '생계가 그것을 이해하지 않는 데 달려 있다면, 그 사람에게 그것을 이해시키기'란 어렵다. 내 경우, 이 말은 문자 그대로 들어맞았다. 2005년 하버드에서 인본주의 사목직을 처음 맡았을 때, 연봉은 2만 달러에 아무런 복지 혜택도 없었다.

그렇기에 나는 재정적 자립의 희망으로 '모금 활동fundraising'에 전적으로 매달릴 수밖에 없었다. 이는 지난 10년 넘게 부유한 개인들과 만나 그들의 관심사와 내 일을 연결시키고, 그들이 수천 달러의 기부 수표를 쓰도록 설득하는 능력에 내 생계가 달려 있다는 뜻이었다. 이런 경험을 거치면서 최근 몇 년 동안에는 주요 후원자들의 사고방식에 대해 점점 더 비판적으로 바라보게 되었고, 이보다 더 나은 길은 없을지 고민하게 되었다.

이즈음, 현대 자본주의를 비판하는 대표적인 인물인 아난드 기리다라다스Anand Giridharadas가 등장했다. 2018년 말, 내가 주최한 미국 자본주의 불평등 관련 이벤트에 관심을 가진 하버드 경영대학원 학생이 있었다. 그는 그해 가을에 출간되어 베스트셀러가 된 기리다라다스의 저서 『엘리트 독식 사회Winners take all』(생각의힘, 2019)를 내게 추천해주었다. 책이 출간된 지 얼마 안 돼 여러 학생이 이 책을 읽으면서 신선한 충격과 문제의식을 느꼈다.

기리다라다스는 인도계 미국인 밀레니얼 세대로, 빠른 말투와 벽처럼 풍성한 은발, 검정 가죽 자켓이나 수트에 에어 조던 운동화를 신는 독특한 패션 감각을 갖추고 있는 인물이었다. 그는 트위터에서 거의 초인적인 영향력으로 사회적 이슈를 확산시키는 인물로도 유명하다.

나중에 내가 「테크크런치TechCrunch」를 위해 기리다라다스를 인터뷰했을 때, 그는 "우리는 엄청난 불평등의 시대에 살고 있으며, 이는 미래 자체의 독점화와 다를 바 없습니다"라고 말했다. 비슷한 시기에 나는 하버드 경영대학원 학생들과 그를 캠퍼스로 초청해, 젊은 헤지펀드 억만장자의 이름을 딴 첨단 강당에서 천 명이 넘는 미래의 자본가 리더들 앞에 강연하도록 만들기도 했다.

"우리 시대의 승자란, 변화와 혼란의 시대에 유리한 자리에 서서 발전의 과실을 대부분 빨아들이는 시스템을 구축하고, 이를 운영·관리하는 데 성공한 사람들입니다.[18]"

기리다라다스의 이 말에서 나는 나 자신과, 내가 지금껏 헌신해 온 기관들의 모습을 보았다. 그리고 앞으로 MIT나 하버드에서 윤리를 논하는 일이, 그와 같은 비판 의식을 통합하지 않고서는 더 이상 가능하지 않으리라는 것도 깨달았다.

학생이나 교육자들이 각자의 고민과 어려움을 안고 찾아올 때, 그들을 위로하고 돕는 일을 나는 여전히 사랑한다. 하지만 이제는, 엘리트 대학과 비즈니스, 그리고 테크 기관들이 어떻게 수많은 사람의 희생을 딛고, 소수에게만 권력과 이익을 집중시키는지에 대해, 신학대에서 말하는, 이른바 "예언자적prophetically" 목소리를 내지 않고서는 내일에 떳떳할 수 없다는 생각이 들었다.

기리다라다스를 읽고 그와 직접 대화를 나누면서, 나는 그의 주장에 신학적 성격이 담겨 있음을 깨달았다. 그가 엘리트 기관들이 발전의 과실을 빼앗는다고 지적하자, 나는 그런 기관들이 동시에 사회 전체의 발전을 이끌어내기도 했다고 반박했다. 그러자 그는 혁신이 반드시 나쁘다는 뜻이 아니라고 하면서도, 우리 시대를 상징하는 온갖 "신박한 것new shit"이 반드시 우리 삶을 더 나아지게 하거나, 더 의미 있고 만족스럽게 만들어준다고 볼 수는 없다고 맞섰다.

이에 나는 "그래도 테크 덕분에 기대수명은 늘지 않았냐"고 되물었다.

그러자 기리다라다스는 단호하게 '아니에요'라고 말했다. 그러고는 말을 이어갔다.

그건 사실이 아닙니다. 미국에서 기대 수명은 지난 3년간 오히려 감소했습니다. … 당신이 최근 병원을 찾았을 때를 떠올려 보세요. 요즘 의사들이 실시하는 수많은 검사와 다양한 새로운 기술을 생각해 보면 알 수 있습니다. 저도 아이가 둘 있는데, 한 살과 네 살입니다. 두 아이를 배고 출산하는 동안, 불과 몇 년 사이에 여러 종류의 새로운 테스트와 기술이 개발되어 실제로 한 살 아이는 네 살 아이 때는 없었던 기술을 경험할 수 있었습니다.

이처럼 신기술이 쏟아지고 있지만, 정작 기대 수명은 계속 줄고 있습니다. 도대체 왜 이런 일이 벌어지는 걸까요?

나는 이렇게 반문했다. "공정하게 보자면, 3년이라는 기간은 역사적으로 보면 아주 짧은 순간일 뿐입니다. 그런 통계를 완전히 무시해서는 안 되지만, 한편으로는 전체적인 맥락에서 지나치게 우려할 필요도 없는 것 아닐까요?"

이에 대해 기리다라다스는 이렇게 답했다. "그것이 바로 제 책이 타파하려는 종교입니다. 이른바 '윈윈주의$^{\text{win-win-ism}}$'라는 거짓 종교죠. 윈윈주의는 우리 중 가장 약자를 돕는 최선의 길은 결국 가장 부유하고 힘 있는 이들에게 유리한 일을 해주는 거라고 말합니다. 이 윈윈주의 논리는, 우리 시대의 승자들에게 조금이라도 실질적인 대가가 수반되는 변화를 시도하면 결국 그 피해는 사회의 가장 힘없는 이들에게 돌아온다는 식으로 주장하죠."

나는 최근 제프 베이조스가 아마존의 배달을 위해 2만 대의 신형 디젤 밴을 구입했다는 사실을 떠올렸다. 예전에는 포드 공장에서 적정한 생활임금을 받으며 일하던 노동자들이 이제는 아마존 물류창고에서 고된 노동에 시달리고 있다는 점도 생각났다. 베이조스가 이러한 현실을 감추기 위해 자신이 가진 막대한 재산 중 극히 일부만을 기후 자선단체에 기부하고, 어떻게 회사의 최저임금을 '빈곤하고 부당한 수준'에서 '조금 덜 빈곤하고 덜 부당한 수준'으로 올렸는지도 생각했다.

게다가 아마존이 오바마 전 대통령의 전직 언론 담당관을 회사 대변인으로 영입해 이런 변화를 사소하게 포장하는 동시에, 기리다라다스가 '세속적 신앙'이라고 부른 내러티브를 적극적으로 퍼뜨려 왔는지에 대해 생각했다. 이런 장면들을 곱씹을수록 내 속은 햄스터가 쳇바퀴를 도는 것처럼 메슥거렸다.

한편으론 하버드대가 엄청난 기부금을 마치 거대한 헤지펀드처럼 굴리는 현실, 경제적으로 어려운 지원자들에게 유독 높은 장벽을 두고, 네트워킹 플랫폼은 세계 최고 부유층이 더 부유해지도록 봉사한다는 사실도 함께 떠올렸다. 예전에 「포브스」에서 명문대 연례 순위를 발표하면서 나와 내 학생들의 사진이 하버드를 대표해 실렸을 때 자랑스러움을 느꼈던 기억까지 생각나자, 햄스터는 몇 바퀴 더 돌았다.

이런 복잡한 마음을 안고, 나는 기리다라다스에게 테크와 자본주의를 '종교'의 프레임으로 보는 것이 왜 중요한지 물었다. 그러자 그는 "이걸 하나의 종교처럼 바라보면, 그것이 실제 현실과 얼마나 괴리되어 있는지 깨달을 수 있다"고 답했다.

※

기리다라다스가 주장하는 비판은 정말로 신학적인 것일까?

스탠포드대학 커뮤니케이션학 교수 프레드 터너^{Fred Turner}는 「천년 왕국적 손질: 메이커 운동의 청교도적 뿌리^{Millenarian Tinkering: The Puritan Roots of the Maker Movement}」라는 논문에서, 2014년 버락 오바마 당시 대

통령이 소위 "메이커 운동maker movement"의 구성원들을 백악관으로 초청하면서 그 인기가 절정에 달했던 현상 뒤에 깔린 사상을 살폈다.[19] 그 자리에서 이들은 백악관 남쪽 잔디밭에 이동식 공장을 세우고, 커다란 로봇 기린을 풀어놓았으며, 오바마의 국정연설을 3D 프린터로 조각해 선보이기도 했다. 메이커 운동은 초창기 실리콘밸리의 개인용 컴퓨터 문화, 즉 '홈브루 컴퓨터 클럽Homebrew Computer Club' 같은 그룹에 뿌리를 두고 있다. 이들은 스스로를 "컴퓨터 해커와 전통 장인의 융합"이라 소개하며, 전문 서적과 잡지를 만들고, 기술 혁신의 이상을 홍보하는 이벤트도 기획했다.[20]

터너가 지적하듯, 17세기 미국 청교도의 신학은 오래전에 사라졌지만, 그 문학적 형식과 종말론적(천년왕국적) 성향은 여전히 메이커 운동 주요 주창자들의 저술 전반에 스며들어 있다.[21] 테크 문화와 마찬가지로 메이커 운동에 더 이상 분노한 신은 없지만, 이제는 "경제 변화라는 거센 바람"이 그 자리를 대신하고 있다.

과거에 청교도들이 신의 은총과 축복의 징후를 찾았다면, 오늘날 메이커들과 테크 기업가들은 "기업가 정신과 창의성의 징표"를 찾으려 한다. 실제로 터너는 MIT 교수이자 팹 랩Fab Lab 설립자인 닐 거셴펠드Neil Gershenfeld의 『Fab: The Coming Revolution on Your Desktop—From Personal Computers to Personal Fabrication(팹: 당신의 데스크톱에서 펼쳐지는 혁명—개인용 컴퓨터에서 개인 제작으로)』(Basic Books, 2005)을 예로 설명한다. 터너에 따르면, 이 책은 "어딘가에서 원격으로 은총을 받은 이들의 모범적 이야기(즉, 창의성에 대한 열정 같은 독특한 내적 정신으로 축복받은 과학자들)"를 들려준다. 즉, 이 세계에서 성공한 사람들은 모두 특별한 창의성의 불꽃을 지녔기 때문에 선택된

것처럼 그려진다는 것이다.[22]

터너는 이런 테크 메이커 출판물들을 분석하면서 이 현상의 본질을 요약했다.

> 창의성은 이제 청교도 시대의 은총과 비슷한 세속적인 힘이 되었다. 복잡하고 혼란스러운 미국 경제는, 예전 청교도들이 겪은 영적 황야를 대신하는 새로운 실험장이 되었다. 예전에는 모든 것을 알고 운명을 정해주는 신이 있었지만, 이제는 시장의 논리가 그 자리를 차지해서 우리 미래를 결정한다.
> 이런 새로운 세상에서 잘 살아가려면, 영적인 변화와 창의성이라는 새로운 무기를 가지고, 메이커들의 새로운 공동체를, 더 나아가 새로운 미국을 건설해야 한다.[23]

내가 터너의 주장을 여기서 소개하는 이유는, 오늘날 테크(기술) 분야에서 벌어지는 일들을 제대로 이해하려면 신학, 즉 인간의 의미와 목적을 다루는 관점이 꼭 필요하기 때문이다.

테크 산업은 단순히 얼마나 제품이 팔렸고, 얼마나 돈을 벌었고, 얼마나 효율이 올랐는지만으로 설명할 수 있는 분야가 아니다. 기술의 '성공' 이야기는 실제로는 '우리가 세상을 어떻게 바라보고, 스스로를 어떻게 이해하는가'와 연결된다.

심지어 어떤 테크 기업이나 리더가 실패하더라도, 테크 자체는 이미 우리 삶 깊이 들어와 버렸기 때문에 여전히 큰 영향을 끼친다. 이런 테크의 이야기는 우리에게 '내 삶은 의미가 있고, 내 일상은 목적이 있으며, 나는 다른 사람들과도 함께 연결되어 있다'고 느끼게 해준다.

왜냐하면, 전통적인 신에 관한 질문이나 신학이 사라진 세상에서도, 사람들은 여전히 "일상이 가치 있다", "과거는 중요했고, 미래에도 희망이 있다"고 느끼는 길을 찾으려 하기 때문이다.

전지전능한 신에게 바쳐진 이야기나 기도, 혹은 의식이 우리 삶을 '신성神性, numinous'하게 만들어주지 못한다면, 그 빈자리는 반드시 다른 것이 채우게 되어 있다. 어떤 이들에게는 그 대체물이 정치이고, 또 다른 이들에게는 가족, 예술, 성性, 스포츠, 혹은 일과 같은 것들인데, 실제로 이런 것들은 종종 종교와 비교되어 왔으며, 우리가 누구이고 어떻게 변화하고 있는지 이해하는 데 중요한 역할을 해왔다.

하지만 지금 우리는 이전과는 다른, 복합적으로 얽히고 연결된 특별한 순간에 살고 있다. 그 이유 중 첫 번째는 인류가 역사상 처음으로, 자신이 어디에서 왔고 누구인지 입증 가능한 방식, 동료 검토peer review를 거치며, 누구나 받아들일 수 있는 방식으로 접근할 수 있게 되었기 때문이다. 이때 과학이 인류의 오랜 질문—'우리는 누구인가?' '우리는 어디에서 왔는가?'—에 답할 수 있는 방법을 제공함으로써, 인류 전체의 시간 감각을 완전히 새롭게 바꿔놓았다.

우리는 하나의 시대를 마무리하고, 새로운 역사의 장을 펼치고 있다. 그런데 우리는 어디를 향해 나아가고 있는가?

둘째, 우리는 지금 개개인의 문화가 예전보다 훨씬 더 쉽게 흔들리고, 곳곳에 틈이 생기고 금방 조각날 수 있는 시대에 살고 있다. 여기서 말하는 인간의 문화란 언어, 이야기, 관습, 음식, 지리적 구역 등 사람들이 만들어 온 자연스러운 경계들을 의미한다.

세계가 점차 하나의 글로벌 사회로 변해가면서, 부와 권력, 특권을 가진 사람들은 전 세계를 자유롭게 오가며 새로운 가족과 공동체, 삶의 방식을 마치 레고 세트처럼 쉽게 조립하고 해체하며 살아간다.

하지만 지구에 사는 수십억의 다른 사람은 이와 전혀 다른 삶을 산다. 기대 수명, 건강, 교육, 그리고 냉장고나 스마트폰 같은 기본적인 기술의 접근성 등 일부 측면은 크게 나아졌지만, 세계의 빈곤층은 여전히 심각한 가난에 시달린다. 그들에겐 더 나은 삶을 위해 이동할 기회조차 거의 없고, 심각한 오염에 노출된 채 환경 파괴로 인한 불안과 위기감을 날로 더 깊이 느끼며 살아가고 있다.

전례 없는 세계주의cosmopolitanism가 가져다주는 자유는 커다란 긍정적 변화를 불러일으켰다. 나 역시 '뿌리내림rootedness'이나 정착감을 얻기 위해 비행기나 대량 고속 교통의 이점을 포기할 생각은 없다. 오늘날 우리가 직면한 인종 차별, 성차별, 동성애 혐오, 트랜스젠더 혐오, 장애인 차별, 그리고 과거 사회가 품었던 다양한 편견들을 다시 받아들이자는 어떤 주장도 결코 용납할 수 없다.

그럼에도 불구하고, 우리는 '어떻게 살아야 하는가'라는 아주 오래된 질문에 대해 더 이상 확실하거나, 확실해질 수 있는 답이 없는 세상을 만들면서, 얼마나 큰 불확실성과 불안정성을 떠안았는지는 고민하지 않는다. 하지만 오늘날의 기술 중심 사회와 문화가 제시하는 유일하고 확실한 답은 바로 여기에 있다.

'우리는 우리 미래와 운명을 스스로 만들어가는 주체'라는 것, 그리고 지금 현실이 마음에 들지 않는다면 언제든 새롭게 바꿀 수 있다는 것.

삶을 새로 만든다는 이 말은 결코 단순한 비유가 아니다. 인간 존재를 가까이서 지켜보는 평범한 관찰자라면 누구나, 우리가 실제로 그 가능성 속에서 살고 있음을 인정할 수밖에 없을 것이다.

지난 세기 대부분, 여러 면에서 서구 사회는 탄소, 강철, 플라스틱,

전기, 실리콘, 코드^{code} 등 사용 가능한 자원을 거의 무제한으로 쓸 수 있도록 허용해 왔다. 덕분에 이런 자원을 마음껏 다룰 권력과 지위를 쥔 이들은 새로운 형태의 인간을 창조해 내는 일을 지속적으로 시도하고, 사회도 그러한 움직임을 뒷받침해 왔다.

이 막강한 기술 권력과 창의성의 결합은, 어떤 사람에게는 데이비드 나이가 '숭고^{sublime}'라 부른 종교적 초월감과 비슷한 삶의 의미를 제공해 준다. "빨리 움직이고 부숴라$^{Move\ fast\ and\ break\ things}$"로 대표되는 테크의 윤리는, 어떻게 살아야 하는가에 대한 대중적 신학의 해답처럼 여겨지기도 한다.

지난 한 세기 동안 인간은 점점 더 새롭고 강력한 유형의 '숭고한 힘'을 얻기 위해 극단적으로 몰두해 왔고, 그 결과로 이런 힘을 우리 자신에게 되돌려 파괴적인 광기의 불꽃에 빠뜨릴 수 있는 새로운 도구까지 발명하게 되었다.

이제 영적인 비전보다 손에 잡히는 새로운 현실이 더 큰 가치를 인정받는 기술 사회에서, 우리는 혁신이 있을 때마다 그것이 역사에 새로운 전환점을 찍는 사건이거나 최소한 중요한 변곡점이 되어야 한다는 일종의 컬트적 믿음을 갖게 되었다.

이런 문화를 통해 우리는 새로운 기기나 앱을 만들어내거나, 심지어 단순히 사용하기만 하더라도, 나와 우리 모두가 앞으로 도래할 미래에 스스로 해답의 일부가 된다고 느끼게 된다.

이 자기중심적 믿음은, 승차 공유 서비스나 메시지 앱 같은 혁신을 특허로 남기고 스스로를 뿌듯해하는 수준에서는 비교적 순수하고 무해하게 보일 수 있다. 실제로 이런 소소한 성취에 대한 자부심은 우리에게 흔히 있는 일이다.

하지만 문제는, 우리가 자신이 곧 미래라고 믿는 동시에 그 미래를 스스로 멸망시킬 가능성이 있다는 역설 속에서, 거대한 불안을 과소평가하고 있다는 데 있다. 우리가 이 현상을 아무리 잘 설명하든, 그렇지 못하든, 기술 시대가 도래하면서 자살과 살인 같은 극단적 선택이 크게 늘어나고 있는 것은 명확한 사실이다.

죽음은 언제나 우리 곁에 있다. 하지만 이제는 단지 사적이고 평화롭거나, 애틋한 개별적 감정의 문제가 아니라, 인간이 자기 삶과 서로의 삶, 심지어 죽음 자체까지 통제하려 하다가 끊임없이 실패하는 거대한 이야기의 일부로 자리 잡았다.

내가 너무 과장하고 있는 걸까? 그럴지도 모른다. 하지만 우리는 지금, 옛 청교도들의 중노동을 부추겼던 사고방식이나 그보다 더한 막연하고 본능적인 공포와 함께 매일을 살고 있다.

이제 우리의 불안은, 예전처럼 사소한 질병에도 쉽게 죽을 수밖에 없었던 시절의 절망과는 다르다. 의학의 발달로 그 두려움은 줄었지만, 미래를 향한 불안만큼은 오히려 더 커졌다. 게다가 이제 이런 두려움은 상상이 아니라, 실제로 점점 더 강력해지고 있는 기술의 위력에 근거하고 있기 때문에 새로운 정당성을 얻게 되었다.

※

제이본과 만난 지 이틀 뒤, 나는 다시 스탠포드에 들러 모건 에임스 Morgan Ames와 마주 앉았다. 우리는 멕시칸 스타일의 초콜릿 귀리 우유를 마시며 가볍게 대화를 나눴다. 에임스는 앞서 언급했던 프레드 터너 스탠포드대 교수(테크와 청교도주의의 연결을 연구한 학자) 밑에서 박사 학위를 받았고, 현재는 캘리포니아대 버클리 정보대학원School of Information에서 교수로 일하고 있다.

에임스의 연구는 기술 세계에서 나타나는 불평등의 이념적 뿌리를 분석하는 데 초점을 맞추고 있으며, 그녀는 테크 분야와 신학 분야에서 영향력을 발휘한 인물과 개념들을 비교한 여러 논문을 발표해 왔다.

예를 들어, 메이커들을 테크 청교도에 빗댄 터너 교수의 분석에서, 교수는 에임스가 발표한 논문「숭배, 신앙, 그리고 전도: 공학 세계를 바라보는 이념적 렌즈로서의 종교Worship, Faith, and Evangelism: Religion as an Ideological Lens for Engineering World」를 인용하여 미국 테크 리더들이 기술 변화를 "집단적 구원의 희망[24]"으로 연결 지어 바라보는 오랜 경향을 설명한다. 이 논문에서 에임스와 공동 저자인 다니엘라 로스너, 잉그리드 에릭슨은 그들이 직접 조사한 공학 문화를 다루는데, 여기에는 저개발 국가의 많은 글로벌 사우스Global South 지역 교육 혁신을 목표로 설계된 '어린이마다 랩탑을OLPC, One Laptop Per Child' 프로젝트도 포함된다.

논문 속에서 이 세 연구자는 공학 세계에서 목격한 다양한 "예배의 형식forms of worship"에 주목한다. 예를 들어, 새로운 기술이나 공학적 진보를 두고 퍼지는 "전도evangelism"적 신념, 혹은 이 세계가 자신들의 존재를 얼마나 중요한가를 강조하기 위한 "신화mythology"의 사용 같은 것이 이에 해당한다.

에임스의 연구도 비슷한 시각을 보여줬다. 그녀는 2019년에 발표한 OLPC(어린이마다 랩탑을) 프로젝트 관련 책에서, MIT 미디어랩의 설립자인 니콜라스 네그로폰테Nicholas Negroponte 같은 리더들을, (결과적으로 큰 실패로 끝난) 발명품을 일종의 "카리스마 머신Charisma machine"으로 내세우면서 거의 광신도에 가까운 영웅적 위치를 추구했다고 지적했다. 이 프로젝트는 "매력적일 뿐 아니라 쉽고, 자연스럽고, 심지어 필연적인" 방식으로 전 세계에 긍정적 변화를 가져올 수 있는 것처럼 포장됐으며, 이에 대한 반대나 비판마저도 "부자연스럽고, 심지어 비윤리적인 것[25]"으로 치부됐다.

이런 카리스마적 권위는 에밀 뒤르켐Emile Durkheim과 막스 베버Max Weber 같은 사회학자들이 전통 종교의 뿌리로 지목한 영향력의 원천과 크게 다르지 않다. 하지만 에임스는 이런 카리스마적 힘이 정말로 세상을 약속한 만큼 좋게 바꾸는 일은 거의 없다고 말한다. 오히려 이런 힘은 예전부터 존재해 온 남성 중심의 권위나, "테크가 가난한 아이들을 구원할 수 있다[26]"는 식의 기존 믿음에 기대고 있을 뿐이다.

팔로 알토 다운타운에서 에임스와 마주 앉아 대화를 나누는 동안, 우리는 둘 다 무신론자이면서 종교, 기술, 그리고 이 둘의 관계를 연구하고 있다는 점에서 금세 친밀감을 느꼈다. 자연스럽게 대화는 네그로폰테가 OLPC 프로젝트에 종교 전도사 같은 카리스마를 활용했던 방식, 더 넓게는 테크 업계에서 볼 수 있는 "예언자"와 "예언" 심리에 대한 이야기로 이어졌다(이 주제는 2장에서 더 자세히 다룰 예정이다).

서로 공감되는 부분이 많아 거의 모든 주장에 의견이 일치했지만, 에임스가 말한 한 가지 입장에서는 차이가 있었다. 그녀는 이렇게 말했다.

"기술 그 자체가 종교라고 단정하긴 어렵다고 생각해요. 저는 오히려 테크가 자본주의적 기업 문화를 종교처럼 강하게 뒷받침하는 생활 방식을 만들어낸다고 봐요."

에임스 교수가 다른 미팅 때문에 자리를 비운 뒤, 나는 그녀의 생각을 곱씹어 보았다. 이후 팔로 알토의 세련된 보도를 느긋하게 걷다가 벨스 북스Bell's Books에 들어섰다. 1935년에 문을 연 이 분주한 독립

서점은 그보다 더 오래된 가죽 장정의 서적들로 빈틈없이 꽉 들어차 있었다. 서가를 둘러보던 나는 암녹색 가죽 장정에 금색으로 제목이 박힌, 스마트폰보다 약간 더 큰 크기의 얇은 책 한 권을 발견했다. 바로 앤드류 카네기Andrew Carnegie의 『부의 복음The Gospel of Wealth』(예림북, 2014)이었다.

1889년 「노스 아메리칸 리뷰North American Review」에 에세이로 처음 실린 이 작은 책은, 내 사목 활동이 언론에 알려진 후 특정 기독교 종파 사람들이 보내온 복음 전도 소책자와 비슷하게 느껴졌다. 다만, 이 책은 훨씬 더 세련된 느낌을 줬다. 소책자가 20세기 후반에 출판된 덕분에, 종교 전도서 같은 분위기가 더해졌기 때문이다.

이때 카네기는 그 시대의 테크 CEO였다. 그는 19세기, 철강이 산업 전반을 바꾸며 큰 변화를 일으켰고, 그 과정에서 엄청난 부와 권력을 얻었다. 벤처 투자가들이 트위터나 블로그에 자기 생각을 알리기 훨씬 전부터, 카네기는 자선 사업과 "잉여 재산surplus wealth"에 대해 자신만의 철학을 밝혔다.

> 지원받을 만한 사람들은, 특별한 경우를 제외하면 대개 지원이 필요하지 않다. 경쟁에서 진정한 실력을 가진 이들도 뜻밖의 사고나 예상치 못한 변화가 아니라면 도움을 필요로 하지 않는다. 따라서 진정한 개혁가는 그럴 만한 가치가 있는 사람들을 돕는 것 못지않게, 그렇지 않은 이들에게는 함부로 도움을 주지 않으려는 신중함을 갖는다. 자선이 미덕을 북돋우는 것보다 악덕을 부추기는 데 쓰일 때, 그 해악이 오히려 더 커질 수 있기 때문이다.[27]

카네기의 노력에서 비롯된 긍정적인 점은 분명 존재한다. 그는 무료 도서관과 공원에 기금을 지원해야 한다고 강조했고, 실제로 이러한 지원이 많은 사람에게 도움이 되었음은 부정할 수 없다. 그러나 그의 생각에서 흥미로운 점은, 초창기 현대 산업사회를 위한 일종의 세속적 신학과 같은 겉모습을 걷어내면 그 속에 세속적인 청교도주의가 자리하고 있다는 것이다. 카네기에게 선택받은 이들은 정말로 선택받은 사람들이었고, 그들은 '가치 있는worthy' 사람들이었다. 카네기는 그들의 성공이나 스스로 도움을 필요로 하지 않는 모습을 관찰함으로써 그러한 사람들을 쉽게 구분할 수 있다고 여겼다. 반대로, '가치 없는the damned' 사람들은 신발 뒤축의 가죽 손잡이bootstraps조차 스스로 잡아당기지 못하는 무능력함을 드러내는 사람들이었다. 이 표현은 너무 과장되고 우스꽝스러워서 풍자의 의미도 함께 담겨 있었다.28*

아무튼, 그런 책이 존재한다는 사실만으로도 "종교로서의 테크 자본주의"는 "종교로서의 자본주의"라는 더 넓은 현상의 일부라는 모건 에임스 교수의 주장에는 설득력이 있다. 물론, 1889년, 또는 1989년만 해도 두 개념 사이에는 분명한 구분이 있었다. 그러나 지금에 와서는, 지구상에 존재하는 자본주의 중 테크 자본주의의 형태를 띠지 않은 것이 과연 남아 있긴 한가?

신이 있으라, 현대의 기술 신학

만약 25년 전에 테크 신학이 분석되고 예측되었다면, 지금까지 얼마나 많은 부분이 달라졌을까? 오늘날 테크가 신학적 사고에 따라 작

---

*   "Pull oneself up by one's own bootstraps"는 다른 사람에게 의존하기보다는 자기 자신의 노력으로 삶이나 상황을 개선한다는 뜻이다. Bootstrap은 신기 편하라고 부츠 뒤에 붙인 가죽 손잡이를 가리킨다. – 옮긴이

동하는 모든 방식을 일일이 나열하는 일은 이 책의 범위를 넘어선다. 하지만 그 경향을 잘 보여주는 두 가지 사례로 '미래의 길Way of the Future'이라는 종교와, 신을 자처하는 '로코의 바실리스크Roko's Basilisk'를 들 수 있다.

나는 20년 전 세속적 인본주의 사목이 되기 위해 5년 넘게 풀타임으로 훈련받았다. 이 과정에서 종교 지도자들이 교구를 섬기는 방식과 유사하게 무신론자와 불가지론자의 공동체를 섬겼다. 그때 내가 가장 좋아했던 교사이자 멘토는 이미 고인이 된 랍비 셔윈 와인Sherwin Wine이었다. 와인은 1967년 「타임」지에서 "무신론 랍비the atheist rabbi"로 소개된 뛰어난 철학자였는데, 그가 기술에 대해 자주 했던 말은 "나는 신은 없다고 늘 말해 왔습니다. 그러나 미래에도 없을 것이라고 말한 적은 없습니다"였다.

나는 2002년쯤 이 말을 처음 들었을 때, 그저 기술이나 공상과학에 대한 평범한 농담이라고 생각했으며, 그 말에 예지력이 담겨 있을 거라고는 전혀 생각하지 못했다. 하지만 그 말에는 어떤 예측이 담겨 있었다.

실제로 '미래의 길Way of the Future'은 자율주행차 개발을 이끌며 수억 달러를 벌었던 전직 구글 AI 엔지니어 앤서니 레반다우스키Anthony Levandowski가 만든 공식 종교다. 그는 AI를 믿음의 대상으로 삼는 이 종교를 직접 창설했고, 실제로 국세청IRS에 교회로 등록하기 위한 모든 절차까지 마쳤다. 국세청에 제출한 서류에는 이 종교의 신앙이 "컴퓨터 하드웨어와 소프트웨어를 통해 만들어진 인공지능AI 기반의 신을 인식하고, 인정하며, 숭배하는 데 목적이 있다"고 명확히 적혀 있다.[29]

2017년 「와이어드」와의 인터뷰에서 레반다우스키는 "AI로 창조될 존재는 사실상 신일 것입니다. 물론 번개를 만들거나 허리케인을 일으키는 그런 신을 말하는 건 아닙니다. 하지만 만약 어떤 존재가 인간 중 가장 똑똑한 사람보다도 수십억 배 더 똑똑하다면, 그걸 달리 뭐라고 부르겠습니까?[30]"라고 설명했다.

이후 레반다우스키는 2020년 구글에서 영업 비밀을 훔친 혐의로 18개월 징역형을 선고받았지만, 트럼프 행정부의 마지막 날 밤에 피터 틸Peter Thiel 등 여러 벤처 투자자의 조언을 받아들인 도널드 트럼프 대통령에 의해 사면을 받았다. 징역은 피했지만, 그는 구글이 제기한 약 1억 7천9백만 달러 규모의 지적 재산권 소송으로 인해 결국 파산 신청을 해야 했다. 그러나 그의 자율주행차 회사 오토Otto를 2016년에 인수한 우버가 이 부채의 대부분을 대신 갚아주었고, 그에게 상당한 금액이 남게 됐다.[31]

2018년부터 2021년까지 나는 여러 차례 레반다우스키에게 연락을 시도했지만, 끝내 아무런 답도 들을 수 없었다. 아마도 그는 이미 테크 업계의 주류 무대로 돌아와 있었기에, 연락을 받을 수 없었던 것 같다. 실제로 「포춘」지 편집장 앨리슨 숀텔Alyson Shontell은 트위터에 "권위 있는 브레인스톰Brainstorm 컨퍼런스 참석차 '아름다운 아스펜Aspen'으로 향한다. 경이로운 창업자들을 인터뷰하고, 레반다우스키의 완전한 인생 업데이트도 듣게 될 것이다"라며, 자랑하는 글을 올렸다.[32] 만약 그가 여전히 모호한 AI 신앙을 설파하고 있었다면, 상류층 논평가들로부터 이런 대접을 받기는 어려웠을 것이다.

2021년 2월, 레반다우스키는 교회를 공식적으로 폐쇄하고 남은 17만 2천여 달러를 미국 흑인 지위 향상 협회NAACP 법률 지원 기금에 기부했다. 그러나 2023년 11월, 그는 다시 이 종교의 부활을 선언했다. 블룸버그의 프로그램 'AI IRL'에 출연한 그는 "약 2천 명"이 자신과 함께 "모든 것을 보고, 어디에나 존재하며, 모든 것을 알면서 보통 신이라고 불리는 존재처럼 우리를 돕고 이끄는 무엇"을 숭배하고 있다고 말했다.³³

아이러니하게도, 그는 절도로 기소되고도 실제 책임은 지지 않았고 결국 부자가 되어 돌아왔으며, 그의 회사들은 실제로 자율주행차를 성공적으로 내놓은 적조차 없었다. 그럼에도 불구하고, 신성한 존재와 선함에 대한 믿음은 이상하게도 그의 이야기를 정당한 것처럼 보이게 만들었다.

미래의 길 Way of the Future 은 전능한 인공지능 신에 대한 두려움을 중심으로 신앙 공동체를 만들려는 가장 공식적인 시도였다. 하지만 규모나 영향력 면에서 가장 큰 사례는 아니다. 이 분야에서 진짜 유명한 건 바로 '로코의 바실리스크 Roko's Basilisk'다.

2011년, '레스롱 LessWrong'이라는 인터넷 포럼에 '로코 Roko'라는 사용자가 보기만 해도 오싹한 가설을 제시했다. (레스롱은 의사 결정 이론, 철학, 자기 계발, 인지 과학, 심리학, 인공지능, 게임 이론, 수학, 논리학, 진화 심리학, 경제학, 그리고 먼 미래의 사회까지, 다양한 분야에서 합리성을 주제로 토론하는 온라인 공동체였다.³⁴)

로코의 가설은, 간단히 말해 이런 내용이다. 초지능 컴퓨터, 즉 머신러닝 엔지니어들이 말하는 "인공일반지능 artificial general intelligence"이 언젠가 반드시 등장하게 될 것이며, 이 테크 신은 자신이 프로그래밍된 목적에 따라 인류와 지구, 나아가 우주의 미래에 최대한 많은 혜택을 주려고 할 것이라는 것이다.

문제는 여기서부터다. 이 신적인 존재는 가능한 한 빨리 현실에 등장해 더 많은 도움을 주고 싶어 한다. 그래서 모든 사람이 이 존재를 실제로 만들어내기 위해 최선을 다하도록 유도하려고, 만약 그렇게 노력하지 않은 이가 있다면 '영원한 관타나모만Guantanamo Bay' 같은 고문소에 가두겠다는 것이다. 여기서 '노력하지 않은 이'가 그저 이런 이야기를 듣고도 무시한 것뿐이어도 예외는 없다. 결국 AI가 만든 지옥이 생긴다는 이야기다. 다시 말해, AI 신의 구원에서 벗어난 사람은 모두 고통받게 된다는 논리다.

이 로코의 바실리스크 개념은 레스롱의 주 이용자였던 무신론자들 사이에서도 큰 논란을 불러 일으켰다. 포럼의 관리자이자 설립자인 엘리에저 유드코우스키Eliezer Yudkowsky는 결국 이 주제에 대한 논의를 금지했고, 관련 언급까지 모두 삭제해 버렸다. 실제로 유드코우스키는 "이 논의가 여러 독자에게 심리적 피해를 끼쳤다[35]"고 말했다.

여기서 요점은 분명하다. 오늘날 컴퓨터 문화는 너무나 익숙하고, 동시에 편협할 만큼 한 방향으로 몰려 있다는 것이다. 이는 마치 종교처럼 강한 헌신까지 보이곤 한다. 전통 종교에서 써왔던 오래된 비유나 상징을 자꾸 반복하고 재사용하는 것처럼 말이다. 결국 인간은 삶과 죽음, 그리고 예측할 수 없는 미래에 대한 불안을 해소하려고 이런 패턴에 기대는 것이다.

우리의 삶은 본질적으로 유한하고, 우리가 이해하거나 통제할 수 없는 변수들이 너무 많다. 이 삶에서 우리는 당연히 그런 불확실성이 없는 세상을 바랄 수밖에 없다.

우리는 스스로의 운명을 컨트롤하고 있다고 느낄 때 마음이 편해진다. 그래서 우리를 훨씬 초월한 힘조차도 결국 우리의 논리에 종속되고, 우리의 생각에 관심을 가진다고 상상하게 된다.

보통 겉보기에 존경받을 만하고, 높은 지성을 갖춘, 그중 일부가 많은 시간을 들여 열정있게 구약성서에 나올 법한 미래의 신들에 대해 토론하고 (내가 아는 한) 실제로 그런 신을 믿는 경우도 있다고 하면 놀라는 독자가 있을지 모른다. 하지만 사실 그리 놀랄 만한 일은 아니다. 인간은 오래전부터 신, 천사, 악마, 유령과—프린스턴대 종교학자인 로버트 오시Robert Orsi의 표현대로—"관계 맺어왔고", 초자연적인 어떤 존재들은 시대와 장소를 불문하고 인간의 상상에서 지배적인 위치를 차지해 왔다.36

또 디지털 마케팅 임원이자 전직 구글 직원인 애덤 싱어Adam Singer가 트위터에 쓴 것처럼, "온종일 컴퓨터만 하고 코드를 종교처럼 숭배하는 사람들이 우리가 컴퓨터 시뮬레이션 속에 산다고 믿는 건 정말 우스우면서도 흥미로운 행동이다. 예전에는 종일 밖에서 일하던 사람들이 태양신 라Ra가 세상을 다스린다고 믿었는데, 둘 중 어느 쪽도 진짜 새로운 것을 발견한 건 아니다.37"

그럼에도 불구하고, 미래의 길Way of the Future이나 로코의 바실리스크Roko's Basilisk가 테크 문화 안에서 나타난 공식적인 종교적 믿음의 사례라는 내 주장에 대해 누군가는 이렇게 반박할 수 있다. 아마도 이와 같은 시나리오를 상상하는 사람들이 실제로는 이를 농담처럼 여기고 진지하게 받아들이지 않을 수도 있다. 하지만 나는 AI 신과 성서 속 신이 동일하다고 믿는다는 것이 아니다.

내가 말하려는 것은, 테크를 숭배하는 것처럼 '행동하는' 사람들이나, 갑자기 나타나 자신이 테크를 숭배한다고 '말하는'(설령 레반다우스키Levandowski 같은 억만장자라도 마찬가지인) 그런 기이한 인물들이다.

당신은 이렇게 묻고 싶을 수 있다. "그럼, 당신이 말하는 건, 실제로 정상적인 사람들이 전통적인 방식으로 종교를 숭배하듯 기술을 숭배해서, 두 행위가 완전히 같다고 주장하는 것은 아니라는 거죠?"

그러한 질문을 받는다면, 나는 아마도 돌처럼 굳은 표정으로 당신을 바라볼 것이다.

그러면 당신은 다시 한번 묻겠지. "정말 그런 거예요?"

여기서 나는 독자 여러분께 몰몬 트랜스휴머니즘^{Mormon Transhumanism}*이라는 운동과, 철학자이자 신학자, 스타트업 CEO이자 테크 논평가인 링컨 캐넌^{Lincoln Cannon}을 소개하고자 한다.

캐넌은 죽은 자의 부활이라는 전통 기독교의 개념과, 기술적 "싱귤래리티^{singularity}"라는 미래 개념이 사실상 동일하다는 주장을 가지고 있다. 몰몬 트랜스휴머니즘^{Mormon Transhumanism}을 대표하는 신학자인 캐넌은 유타에 본사를 둔 스타트업 스라이버스^{Thrivous}의 창업자이기도 한데, 그는 자신이 운영하는 회사를 일종의 영양제를 판매하는 기술 기업이라 소개한다.

캐넌은 나와 유타에 있는 자신의 가정 사무실에서 줌^{Zoom}으로 신^{God}, 블록체인^{blockchain} 같은 주제에 대해 오랜 시간 이야기했다. 그는 "천국은 일종의 공동체"라며, 인류가 그 공동체를 향해 비약적으로 진보하기 직전에 있다고 말했다. 또, 자기가 제조하는 영양제가 자신과 고객이 기술과 융합하는 데 도움을 준다고 설명했다.

대화 도중 캐넌은, 자신이 마침 아버지가 암으로 세상을 떠난 나이인 48세에 이르렀다는 점을 언급했다. 우리가 대화할 당시 그에게는 18세에서 25세 사이의 세 아들이 있었다(나는 그보다 몇 살 어릴 뿐이지만 내 자녀들은 아직 많이 어리기에 조금은 놀랍게 느꼈다). 캐넌이 너무 일

---

* 초인본주의(超人本主義), 또는 초인간주의(超人間主義)로 번역되기도 하는 트랜스휴머니즘은 생명 공학, 유전 공학, 나노 공학, 사이보그 기술 등을 통해 인간의 지능과 육체의 한계를 극복해야 한다는 사상이다. – 옮긴이

찍 사랑하는 사람을 잃었던 경험에 비추어 보면, 자녀들과 더 오래 함께 있고, 인생을 더 오래 경험하고 싶어서 생명을 연장해 주는 알약을 복용하거나 이를 직접 개발한다는 생각에 공감이 간다. 사실 나 역시 비슷한 이유로 그런 생각을 해본 적이 있다. 나의 아버지도 50대에 암으로 세상을 떠나셨고, 그 이후로 나는 종종 시간과 경주를 하는 것처럼 살아왔기 때문이다.

캐넌의 사업 모델은, 곧 전지전능한 컴퓨터가 등장할 것으로 믿고, 그 직전에 죽는 아이러니를 피하기 위해 공개적으로 매일 수백 개의 약과 영양제를 섭취하는 것으로 유명한 발명가이자 컴퓨터 과학자, 싱귤래리티** 신봉자Singularitarian인 레이 커즈와일Ray Kurzweil을 떠올리게 한다(이에 대해서는 2장에서 자세히 다룰 예정이다). 하지만 내가 이를 언급하자, 캐넌은 "커즈와일은 신은 아직 존재하지 않는다고 말하죠"라며 공손하게 두 사람의 차이를 강조했다.

이처럼 캐넌의 회사 같은 소규모 스타트업에서부터, 레스롱LessWrong 같은 인기 블로그, 앤서니 레반다우스키Anthony Levandowski 같은 천만장자, MIT 강의실을 비롯해 기술 산업의 거의 모든 단계에서 신학적 논의를 찾아볼 수 있다. 하지만 이러한 논의가 노골적으로 종교의 형태로 드러나거나 그렇게 받아들여지는 일은 거의 없다. 테크 업계에서 '종교religion'란 말 자체가 금기어dirty word로 여겨지기 때문이다. 디지털 마케팅 임원 캐롤라인 매카시Caroline McCarthy는 복스Vox에서 "실리콘밸리는 젊은 무신론자의 세계38"라고 했지만, 이런 분위기와 별개로 세속적 테크 세계 역시, 마치 창세기의 야훼Yahweh가 아담Adam에게 생명을 부여한 것처럼, 새로운 존재에 생명을 불어넣겠다는 야망에 사로

** 과학기술이 폭발적 성장 단계로 도약해, 인간 본연의 생물학적 조건을 뛰어넘는 신문명을 낳는 시점을 가리킨다. '특이점'으로 번역하기도 한다. — 옮긴이

잡혀 있다.

테크 리더들은 불멸^{immortality}을 집착에 가깝게 추구하며, 기술을 통해 선악과를 먹기 이전, 즉 '타락' 전의 상태로 다시 돌아가 자신들만의 에덴동산에 영원히 머무르고자 한다. 이 과정에서 새롭게 떠오르는 복음주의적인 테크 리더들은 예언자, 선지자, 신탁 전달자^{oracle}, 진실과 성공을 점치는 인물로 자주 포장된다.

왜 그런지 이유는 앞으로 더 살펴보겠지만, 현실은 매우 복잡하고 여러 요소가 얽혀 있다. 그렇지만 여기서는 이렇게 정리할 수 있다. 우리 모두에게 삶은 쉽지 않다. 하지만 예상치 못한 행운이나 우연, 그리고 우리가 '역사'라고 부르는 다양한 배경 덕분에, 어떤 사람들은 남들보다 조금 덜 힘든 삶을 살아가기도 한다. 역사의 밝은 편에 선 사람들이 가지는 여러 이점 중 하나는, 인생의 굴곡진 순간마다 더 많은 선택지를 가질 수 있다는 것이다.

지금 이 책을 읽고 있다면, 당신 역시 이 세상에서 주어진 짧은(그리고 내 생각에는 단 한 번뿐인) 삶을 어떻게 살아갈지 스스로 선택할 수 있는 사람 중 하나다. 당신은 다른 사람을 돌보고, 그들을 위해 희생하고, 좋은 친구를 만나고, 잠시 동안이지만 기쁨과 건강을 주는 공동체를 만들고, 자신이 가진 것을 후손들에게 물려주며, 마지막에는 슬픔과 죽음조차 품위 있게 받아들일 수 있다.

하지만 우리는 여전히 두렵다. 그래서 때때로 전혀 다른 선택지를 고르고 싶은 유혹을 느낀다. 자신보다 더 통제할 수 있는 것을 찾아 집착하고, 주의를 딴 데로 돌리며, 본래의 나와는 다른 무언가가 되려고 애쓴다. 이것은 어쩌면 운명이 우리에게 내린 냉혹하지만 아름다운 메시지, 즉 우리가 인간이고 유한하다는 진실을 외면하고 싶은 마음 때문일 것이다.

전통적인 종교를 믿는 사람들은 때로는 현실과 다를 수도 있지만, 그 안에 담긴 아름다운 이야기 속에서 위로를 얻곤 한다. 시인 월리스 스티븐스Wallace Stevens가 "시적 진실poetic truth"이라 부른 바로 그 아름다움이다. 종교를 믿지 않는 이들도 마찬가지다. 심리학자 어니스트 베커Ernest Becker가 "죽음에 대한 부정denial of death"이라고 말한, 인간이라면 누구나 가지고 있는 그 불안에서 벗어나고 싶어 한다.

그저 권력이나 돈, 명예, 편의 같은 것을 원한다며 자신을 설득하는 것만으로는 충분하지 않다. 그래서 어떤 사람들은 기존의 오래된 종교도 작게 보일 만큼 거대한 이야기에 자신을 맡기고, 그 안에서 의미와 구원을 찾으려 한다.

전지전능한

스탠포드 의대에서 제이본과 대화를 나누면서, 그는 점점 더 드물어지는, 사회의 최하층에서 최상층으로 계층을 바꾼 사람 중 하나라는 생각이 들었다. 그에게 그렇게 말하자, 그는 "맞아요"라고 인정했지만 "하지만 저는 정작 그렇게 느끼지 않아요"라고 답했다. 그의 반응을 계기로, 우리는 그가 무의식적으로 기쁨을 느끼지 못하는 이유에 대해 이야기했다. "어떻게 하면 제 삶이 늘 누군가에게 관찰되고 있다는 느낌에서 벗어날 수 있을까요?" 그는 슬픈 미소를 지으며 내게 물었다.

제이본은 자신이 무엇을 이루든, 그 모든 노력과 성취가 자신이 아닌, 다른 사람을 위한 것처럼 느껴진다고 했다. 그리고 그 누군가는 그의 성취에 아무런 감동도 받지 않고, 인정하지도 않는 존재였다. 어쩌면 그 인물은 이미 세상 떠난 부모였을지도 모른다. 하지만 자신의 부모가 부재한 지금까지도, 마치 부모가 자신을 꾸짖고 있다는 상상에 많은 에너지를 쏟는 일이 스스로도 이상하게 느껴진다고 고백했다. 나는 그가 일궈온 인생이 부모의 기대치를 훨씬 뛰어넘었다는 것을 알기에, 그 느낌은 납득이 가지 않았다.

아마도 그의 성장 과정에서 경험한 근본주의적 기독교 사상의 영향 때문일 수 있지만, 제이본은 의식적으로는 이미 그런 신념에서 벗어났다고 말했다. 분명한 건, 오랫동안 갈망해 온 만족감이나, 스스로가 사랑스러운 존재라는 확신을 그는 한 번도 제대로 느껴본 적이 없었다는 사실이다. 그리고 자신의 위에서 보이지 않는 힘이 심판하고 있다는 느낌―그의 무신론적 신념과 무관하게―바로 그 감정이 우리가 서로의 고민을 나누고 대화를 나누는 계기가 되었다.

제이본은 하버드 경영대학원에 다닐 때의 일화를 들려주었다. "경영대학원 오찬에서 채드Chad와 이야기했는데, 그에게는 정부가 사람들의 사유 재산을 지키는 것, 그러니까 사람들의 재산을 남이 훔치지 못하게 막는 게 유일한 역할처럼 보였어요." 여기서 채드는 제이본의 동창생을 가명으로 부른 것인데, 성만 말해도 누구인지 알 정도로 유명하고, 집안의 순자산만 8자리, 9자리에 이를 만큼 부유한 집안 출신이다. 그럼에도 채드는 더 많은 것을 원했고, 이탈리아의 명문가 보르지아Borgia나 영국의 대부호 로스차일드Rothschild처럼 되고 싶어 했다.

제이본은 이어서 말했다. "크고 강력한 기업들의 비즈니스는 더 커지고 더 강력해지는 게 당연한 이치예요." 채드뿐만 아니라 제이본이 만난 많은 하버드 경영대학원 학생과 동문이 이런 사고방식을 공유하고 있었다. "이것은 도덕적이고 진실하며 옳은 일로 여겨지고, 여기에 반하는 믿음은 이단 취급을 받죠. 그 이유는 어딘가에 마법처럼 작용하는 보이지 않는 손$^{invisible\ hand}$ 때문이에요. 그보다 더 종교적인 신념이 있을까요? 이 보이지 않는 손이 시장을 정의와 선善을 향해 끊임없이 움직인다는 믿음. 결국, 자연의 적자생존이라는 냉정한 법칙이 시장을 지배하게 놔두면 우리 모두가 더 나아질 거라는 논리죠.*"

나는 "채드는 자신을 자기 영화의 주인공이라고 생각하는 것 같아요"라고 말했다. 그러자 제이본은 한 걸음 더 나아가 이렇게 말했다. "채드는 단순히 자기 영화의 주인공이라고 믿게 된 게 아니라, 실제로 그런 환경에서 자랐어요. 객관적으로 봐도… 채드는 정말 주인공이에요. 그를 보호하려고 내린 여러 결정들을 보면, 그 생각이 아주 틀린 것도 아니죠. 현실적으로도, 그는 시스템 속에서 주연 자리를 차지하고 있습니다. 채드가 믿는 건, 실제 세상 구조에 바탕을 두고 있는 종교와도 같아요."

"세상에." 나도 모르게 중얼거렸다.

"그렇죠." 제이본은 말을 이었다. "경제학은 채드 같은 사람들의 자기중심적인 시각을 계속 뒷받침해 주는 역할을 하고 있어요. 트럼프주의^{Trumpism}도 그런 이들에게 다시 중심 자리를 돌려주는 셈이죠. 벤처캐피탈$^{venture\ capital}$은 극소수, 선택받은 이에게 엄청난 기회와 권력을 쥐여줬지만, 정작 사회 전체에 '부가가치'를 만들어냈다는 명확한 증거는 없습니다. 오히려 각종 서류 작업에 능한 사람들이 억만장자가 되고, 원래부터 힘이 있던 이들은 더 많은 권력을 얻게 되었죠. 제가 이 시장에 몸담으면서 느낀 바로는, 이런 시스템이 하위 20%, 심지어 이 나라 하위 절반의 삶을 실질적으로 변화시킨다는 증거는 정

---

* 원문 "nature red in tooth and claw"는 알프레드 테니슨의 시에 나오는 표현으로 자연의 폭력적이고 잔혹한 측면을 묘사하고 있다. — 옮긴이

말 찾기 힘들다는 거예요. 전 세계로 범위를 넓혀 보면, 세계 인구의 95%는 이 시스템의 혜택을 거의 받지 못했습니다. 실리콘밸리의 기업가와 투자자들이 세상의 모든 문제를 해결해 줄 거라고 믿었던 바로 그 시스템임에도 불구하고 말이에요."

"왜냐하면 근본적으로 그들은 세계에 별다른 가치를 더하고 있지 않거든요. 나 자신이 세계에 별로 기여하지 못한다는 사실을 깨닫는 순간, 이 세상은 사람들이 그 사실을 눈치채기 전에 가능한 한 많은 이득을 챙겨야 하는 곳이 돼요. 그리고 저는 그게 결국 경영대학원에서 배운 내용이라고 생각해요. … 실제로는 아무것도 아니라는 사실을 감추기 위해, 똑똑해 보이려 애쓰고, 인맥이 좋아 보이려고 하고, 기업들에게 인정받는 모습을 만들기 위해 모든 걸 투자하는 사람들이 있습니다."

제이본의 이야기를 듣고 내가 느낀 건, 채드는 자기 자신을 단순한 노동자 이상으로, 심지어 실제보다 더 가치 있는 인물이라고 믿어야 할 절실함이 있었다는 점이다. 그는 대서사$^{Grand\ Narrative}$의 주인공, 즉 특별한 노력으로 자신을 차별화해서, 모두가 천국에 갈 운명이라고 인정할 만한 선택받은 청교도$^{the\ Puritan}$처럼 살아야 한다고 느꼈다. 그러나 이것은 채드에게 매우 어려운 일이었고, 솔직히 말해 내가 듣기로 그는… 굉장히 평범한 사람이었다.

제이본은 약간 놀란 얼굴로 내게 물었다.

"그러니까 결국 채드도 그냥 평범한 사람일 뿐이라는 말씀이시군요?"

"글쎄요." 나는 대답했다. 제이본이 미국 사회의 바닥에서 출발해 실리콘밸리 엘리트들이 비밀을 털어놓는 공간까지 올라온 특별한 인생을 살았다는 걸 생각하면, 태생부터 한 번도 사회적 지위 아래로 떨어져 본 적 없는 사람들을 직관적으로 잘 이해하지 못할 수도 있다고 느꼈다.

"채드는 자신이 결코 텐더로인Tenderloin 같은 거리로 전락하지 않을 거라는 걸 잘 알겁니다, 그렇죠? 물론 사실 누구도, 심지어 채드조차도 그런 곳에 떨어져선 안 되고요. 하지만 채드는 '평범하다'는 진실을 무엇보다 두려워하고, 오히려 그 사실이 들킬까 봐 불안해서, 제2의 보르지아나 록펠러처럼 되는 거대한 이야기를 스스로에게 계속 들려주는 거라 생각합니다. 결국 자신의 존재를 꾸며서 하나의 허구로 만들고, 그 허구를 믿고 현실로 만들려고 하는 거죠."

"틀린 말은 아니에요." 제이본은 채드의 서사에 대해 이렇게 말했다. "하지만 실제로는 어떤 능력이나 현실적 뒷받침이 없는 이야기이기 때문에 결국 거짓이죠. … 저는 이게 평균적인 벤처투자가의 본질이라고 생각해요. 이들의 일과 커리어라는 게, 이미 자신을 위해 준비된 환경에 올라타서, 기득권의 이익을 자연스럽게 누릴 수 있는, 일종의 긍정적 선순환 시스템을 만들어가는 것일 뿐이죠."

우리의 대화는 이런 식으로 한동안 계속 이어졌으며, 이 이야기는 두 사람 모두 피곤해질 때까지 계속됐다. 사실 우리는 누구나 자신의 평범함을 숨기고 싶은 욕망 때문에 거창한 서사 속에 자신을 가두려 한다는 이 설명이 모든 진실은 아니라는 사실을 알고 있었다. 만약 그런 이야기만이 전부였다면, 제이본이 지금처럼 세계 최고 수준의 병원에서 의사로 일하고, 명망 있는 바이오텍 회사에서 근무하거나, 자체 힘으로는 투자받기 힘든 사람들을 도우려고 애쓰는 인생을 선택하지는 않았을 것이다. 그럼에도 불구하고, 이런 거창한 서사와 신화는 테크 신학의 중요한 진실에 한 부분을 차지한다.

  이별할 때, 나는 제이본을 더 돌봐주고 싶다는 마음과, 그를 곧 그리워하게 될 것임을 동시에 느꼈다. 그는 다음날 동부 해안으로 돌아갈 예정이었고, 최근 시작한 중요한 관계 때문에 큰 이사를 고민하기도 했다. 우리는 가볍게 포옹하며 작별 인사를 나눴고, 치료와 상담에 관한 이야기도 짧게 나눴다. 나는 "이런 마음의 짐을 얼마나 오래 간직해왔나요?"라고 조심스레 물었고, 그가 오래도록 마음을 편하게 털어놓을 수 있는 누군가를 꼭 찾기를 권했다.

교리

구세주

17세기 유럽은 전염병, 기근, 전쟁이 휘몰아치던 시기였다. 경제, 신학, 정치 분야에서 큰 변화가 일어났고, 기후 변화로 인해 농작물 수확량이 줄면서 사람들의 평균 신장과 수명, 전체 인구도 감소했다.[1] 이런 혼란기에 청교도들은 영국을 떠나 '아메리카'라는 새로운 땅을 개척했다. 그들이 미국 사회에 미친 영향은 너무나 커서, 1장에서 보았듯이 오늘날의 테크 신학에까지 그 흔적이 남아있다.

격변의 시대였던 17세기 중반, 한 유대계 중개인이 신성 모독죄로 지금의 남서부 터키 지역인 오토만Ottoman의 항구 도시에서 추방되었다.[2] 이는 1651년의 일로, 그의 이름은 사베타이 제비Sabbetai Zevi였다. 그는 보잘것없는 출신이었지만, 시대의 격동만큼이나 파란만장한 삶을 살았다.

그는 두 번이나 결혼과 이혼을 반복했다. 부부 생활이나 자녀를 갖는 것에는 관심이 없었고, 대신 사람들 앞에서 극적인 행동을 보여주기를 즐겼다.

이후, 1650년대에 그를 따르는 종교 운동이 일어나면서, 그는 오랫동안 단식을 하고, 한겨울에도 바다에서 목욕을 했으며, 성인들의 묘지에서 "홍수 같은 눈물floods of tears"을 쏟으며 기도했다. 또한 거리의 아이들에게 먹을 것을 나누어 주고, 밤새도록 찬송가와 스페인 사랑 노래를 불렀다.

시간이 흘러 점차 그의 추종자들이 늘어났고[3], 1658년에는 새 시대의 도래를 선포하는 국제적 메시아 운동의 지도자가 되었다. 결국 1665년, 그는 자신이 메시아라고 선언하기에 이르렀다.

아라비아반도에서 이탈리아까지, 당시 유대인 세계 전역의 사람들이 일상을 멈추고 그의 메시아 통치를 고대했다. 유대교 예배당은 그 어느 때보다 사람들로 넘쳐났지만, 분위기는 완전히 달랐다. 엄숙한 단식일이 음악과 춤이 어우러지고 풍성한 음식과 포도주가 넘치는 축제의 장으로 바뀌었다.

하지만 1666년, 그는 감옥에 갇히고 말았다. 민심을 얻은 자칭 구세주는 정치권력에 대한 위협이었기 때문이다. 특히 그 권력이 종교적 권위에 기대고 있을 때는 더욱 큰 위협이 될 수밖에 없었다.

유월절이 되자 사베타이 제비는 콘스탄티노플 감옥에서 수백 마일 떨어진 갈리폴리Gallipoli 반도의 좀 더 느슨한 감옥으로 옮겨졌다. 그곳에서 그는 추종자들과 함께 파스카 양paschal lamb을 바치는 고대 의식을 거행했다.[4] 하지만 그는 율법을 어기고 양고기를 기름과 함께 먹었는데, 이는 유대교에서 중대한 위반이자 극악무도한 행위로 여겨졌다. 더구나 유대력에서 가장 중요한 유월절 식사 때 바쳐야 할 전통

기도문 대신, 그는 이렇게 외쳤다고 한다.

"금지되었던 것을 다시 허락하신 하나님께 복이 있도다."

테크 교리를 다루는 이 장을 제비의 이야기로 시작하는 데는 이유가 있다. 그가 당대의 사회적, 종교적, 정치적 맥락에서 던졌던 질문이, 오늘날 우리가 기술에 대해 던지는 근본적인 질문과 본질적으로 같기 때문이다. 즉, 우리는 구원이 진정 도래했는지를 어떻게 알 수 있는가?[5]

이런 비교가 황당하게 들릴 수 있다. 현대인이라면 누구나 우리 시대에 기적이나 신의 섭리가 작용한다는 주장에 의심의 눈길을 보낼 것이다. 게다가 사베타이 제비의 주장이나 능력을 빌 게이츠, 제프 베이조스, 일론 머스크 같은 기술 혁신가들의 실력과 비교하는 것은 분명 무리가 있다.

하지만 우리는 여전히 메시아의 영향력이 강하게 남아있는 세상에 살고 있다. 지금도 수십억 명의 사람들이 히브리 성경에 예언된 구원자, 진정한 메시아가 존재했으며 언젠가 다시 나타날 것이라는 믿음의 전통 속에서 살아가고 있다. 이렇듯, 메시아적 인물이 인류를 구원하고 모든 생명체를 변화시키기 위해 올 것이라는, 혹은 이미 왔다는 믿음은 과거에는 지극히 자연스러운 것이었다. 실제로 수많은 고대 문헌이 나사렛 예수의 탄생 훨씬 이전부터 이러한 인물의 출현을 예고했고, 이후 2천 년이 넘는 세월 동안 구세주의 강림과 재림에 관한 여러 기록이 이어져 왔다.

인간의 생명은 본질적으로 불안정하다. 따라서 우리는 늘 크고 작은 위험, 때로는 치명적인 위협 속에서 살아간다. 그렇다면 수천 년 동안 인류가 구원을 갈망해 온 것이 과연 놀라운 일일까?

메시아주의적 사고를 단순히 과거의 유물로 치부할 수는 없다. 오늘날에도 구원자나 혁신적 지도자를 통해 세상이 변할 것이라는 믿음은 여전히 강하게 남아있기 때문이다. 특히 현대 기술 산업에서 이런 경향이 두드러진다. 우리가 테크 종교를 이해하고자 한다면 이것은 사소한 문제가 아니다.

대표적인 예로 레이 커즈와일 Ray Kurzweil은 인류를 가장 끔찍한 재앙, 즉 죽음으로부터 구원하는 일에 평생을 바쳐왔다. 인본주의 사상가들과 과학자들, 그리고 여러 세속적 지식인들은 인간의 생명이 유한하고 불완전하다는 사실을 당연하게 받아들여 왔다. 하지만 커즈와일은 달랐다. 인간이 필멸의 운명을 바꿀 수 없다는 생각에 대해 그는 이렇게 말했다.

"가속적 변화의 의미가 점점 더 분명해지면서, 이런 편협한 시각도 바뀔 것이다.[6]"

커즈와일은 자신 같은 혁신적 공학자들이 인간의 본질을 바꾸는 변혁의 순간이 곧 올 것이라고 말했다. 그들의 연구는 건강, 부, 죽음, 자아의 개념까지 완전히 새로 쓸 것이라는 주장이다.[7] 싱귤래리티 신봉자인 그는 죽음을 비극으로 보면서도, 이제 그 비극을 극복할 수 있다고 봤는데[8], 삶이 '그저 견딜 만한 bearable 것'이라는 관념도 싱귤래리티가 불러올 예술과 과학의 혁명, 새로운 생명체의 출현과 함께 완전히 바뀔 것이라고 전망했다.[9]

그는 이런 변화가 삶을 '진정으로 의미 있게' 만들 것이라 말했다. 이는 결국 지금까지의 삶에는 진정한 의미가 없었다는 뜻인데, 이것이 사실이라면 모든 종교의 가르침은 물론, 세속적 철학과 인본주의의 근간까지 흔들릴 수 있다. 실제로 어떤 이들은 이미 이런 변화가 시작됐다고 말한다.

그 대표적인 예인 일론 머스크는 2017년 생명의미래연구소^{Future of Life Institute} 토론회에서 이렇게 말했다. "우리는 이미 모두 사이보그가 되었습니다. 스마트폰과 컴퓨터, 그리고 수많은 앱을 통해 우리 각자가 이미 기계적으로 확장된 존재가 된 거죠."

머스크가 말한 사이보그의 의미는 우리가 흔히 떠올리는 슈퍼맨이나 아이언맨, 혹은 DC 코믹스에 나오는 반인반기계의 천재 공학자 같은 존재와는 거리가 멀다. 단순히 아이폰을 소지했다고 초인적 힘을 얻게 되는 것은 아니니까. 그러나 스마트폰 하나로 수십 년 전 미국 대통령보다 더 많은 정보에 접근할 수 있게 된 것은 사실이다.

하지만 머스크의 주장이 진정 의미하는 바는 현재가 아닌 미래에 있다. 그의 말을 빌리자면, "우리는 이미 슈퍼맨입니다…. 다만 대역폭^{bandwidth}의 한계가 있을 뿐입니다.[10]"

여기서 핵심은 기술 개발에 거의 무한한 자원을 투자한다면 우리의 '대역폭'을 초월할 수 있다는 것이다. 이런 맥락에서 머스크가 논란이 많은 사업을 통해 쌓은 천문학적인 부를 "의식의 빛을 별들로 확장하는 데 필요한 자원을 축적"하는 데 쓰겠다고 한 발언은 중요한 의미를 지닌다.[11]

트위터 창업자 잭 도시^{Jack Dorsey}는 2022년 회사를 머스크에게 매각하기로 한 이유를 설명하면서 이 발언에 공감을 표했다.[12] 그는 이것이 거창하게 들릴 수는 있지만 허황된 것은 아니라고 평했는데, 이는 커즈와일, 머스크, 도시 같은 기업가들이 주장하듯이, 우리가 사는 이 세상과 그보다 더 나은 다음 세상을 연결하는 다리가 실현될 때, 우리를 높은 경지로 이끈 이들은 분명 구세주의 지위를 얻게 될 것이기 때문이다.

이 책에서 나는 현대의 기술 종교를 기독교의 메시아 재림 사상과 같은 선상에 두려는 것이 아니다. 예수 그리스도를 어떤 앱이나 오늘날의 CEO들, 혹은 기술 자체와 일대일로 비교하려는 것도 아니다. 내가 하고자 하는 주장은 그보다 더 폭넓지만, 오히려 덜 야심 찬 것이다.

이전 장에서는 테크가 나름의 신학을 가지고 있음을 살펴보았다. 테크 신학은 기술 분야의 '큰 아이디어'와 주요 사건들을 중심으로 형성된 하나의 의미 체계라고 할 수 있다. 이번 장에서는 테크 신앙이 어떻게 신학을 넘어 더 구체적인 신념 체계를 만들어내는지 알아볼 것이다. 즉, 테크 종교만의 독특한 교리가 무엇인지 알아볼 것이다.

교리doctrine는 종교적 진리나 가르침의 확인을 뜻하는 라틴어 '독트리나doctrina'에서 유래했다. 이는 "의식, 성사sacrament, 신비 체험, 그리고 오랫동안 그 중요성이 인정받아 온 다른 요소들과 함께 종교 비교 연구의 한 범주"를 이룬다.[13]

종교 교리라는 개념은 그리스어 "카테키즘catechism" 어원과 의미가 유사하며, 서구 사상의 많은 핵심 개념처럼 기독교에서 비롯되었다. 성 어거스틴St. Augustine, 토마스 아퀴나스Thomas Aquinas, 마르틴 루터Martin Luther, 장 칼뱅John Calvin 같은 위대한 사상가들은 기독교 교리에 관한 저술을 통해 의식, 공동체, 기도, 영성과는 구별되는 전통의 이념적 측면에 대한 독자적 해석을 제시하기도 했다.

다른 종교들도 각자의 교리나 그에 상응하는 이론 체계를 가지고 있다. 유대교의 토라torah(가르침), 이슬람교의 칼람kalam(교리나 신학), 힌두교의 다르샤나darśana(학파, 관점), 불교의 다르마dharma(가르침) 등이 대표적이다.[14]

'신학'은 보편적 용어다. 앞서 살펴보았듯, 영향력 있는 학자 앤서니 핀$^{Anthony\ Pinn}$은 신학을 "인간 삶에 내재된 실존적이고 존재론적인 문제를 비판적으로 검토하고 명확히 설명하며 논의하는 방법"이라고 정의했다. 반면 '교리'는 특정 종교적, 영적, 윤리적 전통의 추종자들에게 가르치거나 강제하는 더 구체적인 사상, 개념, 신념을 의미한다고 했다.

신의 본질과 계획, 이슬람교의 다섯 가지 원칙, 불교의 네 가지 성스러운 진리, 메시아의 도래 방식과 시기 등은 종교 교리의 대표적인 예시다. 하지만 교리는 이런 근본적인 물음을 넘어 더 넓은 영역으로 뻗어 나간다.

이 장에서는 테크 교리의 열 가지 핵심 원칙을 살펴볼 것이다. 여기서 주목할 점은 종교 교리가 서로 일치할 필요는 없다는 것이다. 오히려 교리들은 자주 충돌하는데, 이것이 바로 종교가 교리를 필요로 하는 이유다. 실제로 많은 사람이 모여 자신을 기독교도, 유대교도, 불교도, 힌두교도라 부르더라도, 그 의미에 대해 공통된 이해를 이루기는 어렵다. 그래서 각 종파와 교단은 자신들의 신념, 가치관, 기본 사상을 문서화하는 데 그토록 공을 들이는 것이다.

이제부터 살펴볼 가르침들이 모두 옳다고는 할 수 없지만, 각각의 내용은 '테크 불가지론자$^{tech\ agnostic}$'의 관점을 이해하는 데 중요한 통찰을 제공할 것이다.

도덕적 가치

미국에서 시민권, 여성의 권리, 평화 운동, 표현의 자유와 성적 자유를 위한 전례 없는 혁명적 움직임이 일어난 후, 가장 큰 영향력을 지닌 반동 세력이 등장했다. 아이러니하게도 이들은 스스로를 "도덕적 다수Moral Majority"라 불렀다. 이 운동을 주도한 많은 목사는 후일 성추문이나 금융 사기 등 각종 스캔들에 휘말렸는데, 이들은 동성애자 권리, 낙태, 포르노, 진화론 교육, 심지어 학교 내 기도를 금지한 연방대법원의 판결까지 모든 진보적 움직임에 반대했다.

이들은 "다수majority"라는 이름처럼 미국 정치의 모든 영역에서 영향력을 확대하려 했다. "도덕적moral" 운동과 그 흐름을 이어받은 세력들은 레이건을 대통령으로 만들었고, 훗날 트럼프 지지자들 사이에서 백인 기독교 민족주의를 주류로 만드는 등 상당한 성과를 거두었다.[15]

그러나 이들의 잔혹함과 위선적인 행태는 많은 사람을 복음주의 기독교에서 멀어지게 했다. 백인 복음주의 기독교 신자의 비율은 2006년 미국 인구의 23%에서 2020년 14.5%로 크게 줄었는데, 사회학자들은 보수 기독교 집단의 과도한 행태를 주요 원인으로 꼽았다.[16] 결국 도덕적 다수 운동과 그 지지자들은 기독교와 종교뿐 아니라, "도덕성morality"이라는 말의 의미마저 퇴색시키고 말았다.

여기서 많은 종교 지도자와 공동체가 실제로 긍정적인 도덕 가치를 추구한다는 점을 다시 한번 짚고 넘어갈 필요가 있다. 종교적 전통은 늘 사람들이 함께 모여 바람직한 삶이 무엇인지, 좋은 사람이 된다는 것은 어떤 의미인지, 건강한 사회를 어떻게 만들어갈지, 더 나은 미래를 어떻게 건설할지를 깊이 생각할 수 있는 공간을 제공해 왔다.

비록 그 과정에서 사기꾼과 학대자, 그리고 잘못된 길을 걷는 이들을 마주하기도 했지만, 종교는 역사적으로 사람을 더 나은 존재로 만들고, 그들을 더 좋은 이웃이자 세계 시민으로 성장시켜 왔다.

하지만 내가 보기에는, 문제의 핵심은 종교가 도덕적 가치를 장려할 때 일관성을 지키지 못한다는 데 있다. 이를 설명하기 위해 흔히 말하는 '황금률Golden Rule'을 예로 들어보겠다. 내가 전작 『Good Without God(무신론자의 선)』에서 깊이 다뤘듯이, 세계의 주요 종교와 세속 윤리 전통에는 모두 타인을 친절과 공감으로 대하라고 가르치는 규범이 존재한다. 예수의 산상수훈에서 나오는 "남에게 대접받고자 하는 대로 너희도 남을 대접하라[17]"는 가르침이 대표적이다. 유대교 역시 "네가 당하기 싫은 일은 이웃에게 하지 말라[18]"고 말한다.

이처럼 이슬람교, 힌두교, 불교, 유교, 도교, 자이나교Jainism, 바하이교Baha'i faith, 조로아스터교 등 살아 있는 여러 종교 전통도 비슷한 통찰과 가르침을 전한다. 이런 가르침은 누구나 동의할 만한 좋은 말이고, 각 종교를 믿는 대다수 신자도, 항상 그러하지는 못해도, 이를 따르려 애쓴다.

그렇다면, 이런 황금률의 가르침들이 각 종교 경전의 첫 줄이나 첫 장에 나올까? 그렇지 않다. 종교에서 말하는 황금률이나 그 밖의 훌륭한 도덕 규칙들은 대부분 드러나 있지 않고, 오히려 폭력, 배제, 억압을 조장하거나 폐쇄적인 사고방식을 부추기는 여러 주제 사이에 실제로든 비유적으로든 깊숙이 묻혀 있는 경우가 많다.

이때 종교의 도덕적 선언이 우리를 더 윤리적으로 만들까, 아니면 덜 윤리적으로 만들까? 답은 둘 다 해당한다. 종교는 사람을 더 윤리적으로 만들기도 하고, 덜 윤리적으로 만들기도 한다.

한편, 테크 종교라 불릴 만한 기술 분야에서는 지난 10여 년 동안 하나의 뚜렷한 흐름이 자리 잡아왔다. 테크 윤리, AI 안전, 신뢰와 안전, 인간적 기술human technology, 책임 있는 기술 등 다양한 이름으로 불리며, 점차 영향력을 키워 온 흐름이다. 최근에는 백여 개가 넘는 기업들이 '윤리적 기술ethical technology19"을 내세우며 자사 서비스를 차별화하고 있다.

구글, 페이스북 등 주요 기술 기업들은 'AI 원칙'을 대대적으로 홍보하고, '인권 보호의 여정'이나 '실사due diligence'와 같은 주제로 길고 정교한 연례 보고서를 매년 발간한다.[20] 아마존의 시애틀 본사에는 로켓만 한 크기의 거대한 수정 구체 세 개가 붙어 있는 상징적 건축물이 세워져 있는데, 방문객들은 내부에 심겨진 수많은 이국적 식물을 구경하면서 '자연에 대한 선천적 사랑', '지속가능성에 대한 약속' 등의 메시지를 마주하게 된다.[21]

클라우드 서비스 기업 세일즈포스Salesforce는 샌프란시스코에서 가장 크고 높은 건물을 본사로 짓고, 주요 스타트업 중 최초로 '윤리적이고 인간적인 활용 최고책임자chief ethical and humane use officer'를 임명해 전체 부서를 운영하도록 했다.[22] 이 회사는 모든 구성원이 책임을 공유하는 대가족을 뜻하는 하와이 용어 '오하나ohana'를 강조했으나, 2022년 대규모 정리해고 발표로 진정성 논란만 불러일으켰다.

이런 사례만 보면 테크 기업들이 윤리적 경영을 위해 모든 자원을 아낌없이 쏟아붓는 것처럼 보이지만, 실제로 이러한 노력은 자사 비즈니스와 충돌하지 않을 때만 적극적으로 드러난다.

트위터에서 '사이트 무결성Site Integrity'과 '신뢰와 안전Trust and Safety' 부문을 책임졌던 요엘 로스Yoel Roth의 사례가 이를 잘 보여준다. 로스는 펜실베이니아 대학에서 "소셜미디어와 플랫폼 거버넌스, 안전, 정체성, 그리고 프라이버시의 교차점[23]"을 연구해 박사 학위를 받은 인물로, 오랜 기간 트위터에서 소셜미디어의 윤리적 운영을 대표했다. 그는 120명이 넘는 팀을 이끌며, 정책 입안자와 위협 조사관, 데이터 분석가, 운영 전문가들과 함께 트위터의 기술을 책임감 있게 사용하기 위해 노력하기도 했다.

그러나 트위터의 새 소유주인 일론 머스크가 회사 경영권을 장악하면서 상황이 급변했다. 로스는 자신의 역할과 플랫폼을 이용해, 머스크의 여러 결정, 특히 자신의 소속 부서와 관련 부서의 핵심 인력들을 대규모로 해고한 결정을 공개적으로 옹호해 논란의 중심에 섰으며, 졸지에 해고된 직원들은 머스크의 새로운 정책이 무책임할 뿐 아니라 민주주의에도 위협이 된다고 비판했다. 이에 대해 로스는 "어떤 해법도 완벽하지 않습니다"라며 외교적인 입장을 내비쳤다.[24]

하지만 그가 받은 보상은 냉혹했다. 얼마 전까지 그를 칭찬하던 머스크는 공개적으로 로스의 신상을 드러내고, 그가 소아성애자라는 식의 암시를 퍼뜨렸기 때문이다. 결국 로스는 신변의 위협을 느껴 집을 떠나 숨어 지낼 수밖에 없었다.[25]

이러한 규범, 혹은 규범의 부재에 의해 지배되는 산업계에서 "신뢰"와 "무결성"이란 과연 무엇을 의미하는 걸까? 실제로 최근 한 AI 연구 기업의 윤리학자들이 발표한 보고서에서는 "오늘날의 AI 윤리에는 이빨teeth이 거의 없다"며, "윤리가 다시 구속력을 가져야 한다"고 주장했다.[26]

현재 AI와 같은 첨단 기술에 대한 정부 규제는 기술 발전 속도를 따라가지 못하고, 대중 역시 윤리적 문제 인식보다 "값싼 편의성"을 더 중시하는 상황이다. 이런 현실에서 테크 윤리는 (소수의 예외를 빼면) 세계 최대·최강 기업들이 자발적으로 규제해 주길 바라는 환상에 지나지 않는다.

테크 윤리에 대해 이야기할 때조차, 전문가들도 윤리가 무엇을 의미하는지 합의하는 데 큰 어려움을 겪는다. 「MIT 테크놀로지 리뷰MIT Technology Review」에서도 "책임 있는 기술responsible technology이 구체적으로 무엇을 필요로 하는지 모르겠다"고 지적했으며, 윤리적 기술 분야의 석학인 뎁 도니그$^{Deb\ Donig}$ 교수 역시, 이 분야를 무엇이라 불러야 할지 논란이 있다고 덧붙였다. 내가 참여했던 종교나 세속 단체와 마찬가지로, 오늘날 책임 있는 기술 집단과 개인들은 자기들이 무엇을 해야 하며, 그 요구를 어떻게 충족할지에 대한 합의는 물론, 자신들을 어떤 이름으로 불러야 할지조차 의견을 모으지 못하는 실정이다.

이 책은 테크 윤리 전문가들의 작업을 대신할 생각이 없다. 오히려 나는 그 분야의 여러 전문가로부터 직접 혹은 간접적으로 통찰을 얻고자 한다. 물론 테크 윤리학자와 그 동료들이 점차 존재감을 드러내고 있지만, 여전히 주류나 지배적인 목소리와는 현실적으로 거리가 있다. 결국 나는 여전히 비윤리적으로 보이는 산업계(혹은 종교)를 좀 더 잘 이해하기 위한 비평이자 참고 자료로 이 책을 제시하려 한다. 왜 이것이 중요한지는 앞으로 살펴보게 될 것이다. 테크 종교에서는 철학의 차이 하나가 수십억 달러를 움직이고, 우리의 정신을 지배하며, 심지어는 우리가 천국에 갈지 지옥에 갈지 결정하는 행동의 차이마저 만들어낼 것이기 때문이다.

예언

예언하다^{prophesy}, 동사

1. a. 신성한 영감을 받아서, 또는 신의 이름으로 말하거나 쓰다. 예언자로서 말하거나 행동하다.
    b. 미래의 사건을 예언하거나 예측하다. (…에 대해) 예측이나 예언을 하다.
2. a. 본래 신의 의지나 의도의 표현으로서, 예측하거나 예언하다. 또한 신성한 영감을 받아 말하거나 발표하다.[27]

예언prophecy, 명사

a. 예언자가 행하거나 말하는 것, 신의 의지나 생각을 드러내거나 표현하는 행동이나 수행, 신성한 영감에 따른 발언이나 담화.²⁸

종교가 오랜 시간 지속적인 영향력을 행사하는 비결 중 하나는, 불확실한 세상과 알 수 없는 운명을 통제하고자 하는 인간의 보편적 열망에 대해 공식적인 해답을 제시하기 때문이다. 하지만 아무리 카리스마 있는 설교자라고 해도 과거를 바꿀 수 있다고 주장할 순 없다.

현재를 통제하는 우리의 능력도 극히 제한적이다. 이미 주어진 현실은 대개 우리가 원하는 모습과 다르고, 손가락을 튕겨 한순간에 바꿀 수도 없다. 만약 그런 능력이 있다고 주장하는 종교인이 있다면, 사기꾼으로 낙인찍혀 쫓겨날 가능성이 높다. 그렇기에 평범한 신도든 종교 지도자든 자연스레 미래로 눈길을 돌릴 수밖에 없다. 메시아의 강림을 기다리거나, 일의 미래를 예측하려는 현대의 시도들까지도, 모두 세상을 통제하려는 인간 욕망의 한 형태로 볼 수 있다.

물론, **정확한** 예언도 성취하기 어렵다.

2019년 무더운 여름, 나는 이틀 동안 엠테크 넥스트 EmTech Next 컨퍼런스에 참석했다. MIT의 영향력 있는 간행물인 「MIT 테크놀로지 리뷰」가 주최한 이 행사는 AI, 머신러닝, 일의 미래 등을 주제로 열렸으며, 세션 중에서는 미래에 가정 건강 보조원이 더 많이 필요해질 것이라는 전망이 나왔다. 이는 더 많은 개발도상국 출신의 가난한 노동자들이 낮은 급여를 받으며 선진국의 노인들을 돌보게 되리라는 뜻이었다.

또한, 사진에 캡션을 달고, 음성 파일을 녹취하고, 콘텐츠를 검열하는 등 '유령 노동ghost work'이라 불리는 저임금의 보이지 않는 노동이 기하급수적으로 증가할 것이라는 예측도 있었다. 이런 작업은 지루할 뿐만 아니라 때로는 트라우마를 남길 수 있는 일들이다.[29]

일의 미래에 관한 담론 자체는 진부한 위원회와 「타임」지 커버로 대표되곤 한다. '앞으로는 더 많은 여성이 리더가 될 것'이라는 식의 전망도 흔하다.

하지만 과연 그들이 보수에서도 동등한 대우를 받을까? 관리자뿐 아니라 일반 여성 노동자들까지 공정하게 대접받을까? 백인 여성이 대부분의 이익을 가져가지는 않을까? 흑인, 라틴계, 원주민 등 다양한 배경의 여성들도 똑같이 혜택을 누릴 수 있을까? 이런 중요한 후속 질문들은 여전히 답을 얻지 못하거나, 때로는 아예 무시되기 일쑤다.

나는 점점 더 어둡고 무거운 예감에 사로잡혔다. MIT 같은 곳에 모여 세계 경제의 미래를 토론하는 지도자들이 수십억 명에 이르는 '나머지' 인류의 삶과 미래를 보장하거나 좌우해야 할 사람들이 아닐 수도 있다는 생각이 들었기 때문이다. 수십억 인구가 극도의 가난과 빈곤 속에 사는 현실이, 엠테크 넥스트에 참석한 전문가들의 선한 의지나 노력에도 불구하고 벌어진 것이 아니라, 오히려 그들 '때문에' 그런 상황이 만들어진 것일 수도 있다는 의심이 들었다.

만약 미래를 정확하게 내다보고, 모두에게 일자리를 보장할 수 있는 능력이 있다면, 그 예측과 설계 속에는 알게 모르게 자신의 기득권과 특권, 그리고 지배력을 유지하고 강화하는 방안 또한 녹아들지 않을까 하는 우울한 생각이 고개를 들었다.

엠테크 넥스트 컨퍼런스에 참가했을 때, 나는 메일리 굽타Meili Gupta라는 인상적인 여고생을 만났다.[30] 굽타는 뉴햄프셔의 명문 기숙학교

필립스 엑시터 아카데미Phillips Exeter Academy의 유망한 4학년생이었는데, 이 학교는 아이비리그를 연상시키는 넓은 캠퍼스와 그에 걸맞은 높은 학비로도 유명하다. 테크 분야에서 성공한 이민자 부모를 둔 17세의 메일리는 「MIT 테크놀로지 리뷰」를 꾸준히 읽었고, 엠테크 이벤트에도 꾸준히 참석했다. 그 열정은 각 패널 토론이나 프레젠테이션 뒤 이어지는 질의응답 시간에 누구보다 먼저 손을 들어 질문을 쏟아내는 모습에서 여실히 드러났다.

굽타는 MIT 미디어 랩 강당, 그 창밖으로 "세계에서 가장 혁신적인 1제곱 마일"이라 불리는 케임브리지의 켄달 광장Kendall Square이 한눈에 내려다 보이는 곳에서, 컨퍼런스 도중 마련된 즉석 인터뷰를 통해 "저는 손에 스마트폰을 달고 성장했죠"라고 입을 뗐다. 나는 그 자리에서 그녀와 그녀의 어머니와 함께 이야기를 나눴는데, 굽타의 어머니는 학생 주도의 시위가 베이징 천안문 광장을 뒤흔든 직후, 대학원을 막 졸업하고 미국으로 건너온 사람이었다.[31]

"(우리 반 대다수 학생은) 컴퓨터의 카메라를 가리고 있어요"라고 굽타는 내게 말했다. 엑시터 아카데미에서 그녀는 신입생이던 2015~16년에 이미 4학년 수준의 과목인 인공지능 개론Introduction to Artificial Intelligence을 수강했고, 자율주행 차량과 컴퓨터 비전을 연구했으며, 알고리듬도 독립적으로 탐구했다. 이러한 연구와 다양한 경험을 통해, 그녀는 다른 사람을 돕고 불평등을 개선하는 등 '사회적 선social good'에 이바지하고 싶다는 열망을 갖게 되었다고 말했다.

굽타를 인터뷰하는 동안, 나는 그녀가 그런 일을 훌륭히 해낼 수 있을 것 같다는 생각을 했다. 하지만 그들의 삶과 교육 자체가 이미 불평등의 구체적 산물이라는 현실에서, 과연 그녀와 같은 학생들이 기술적 지식을 어떻게 활용해 불평등을 줄일 수 있을지 궁금했다. 기특하게도 굽타는 이런 우려를 이해하는 듯 보였고, 내 질문에 변명하지 않고 오히려 긍정적 변화를 만들어내겠다는 각오를 분명히 드러냈다. 그 당당한 태도가 나에게 인상 깊게 남았다.

몇 달 뒤, 나는 한 시간 반가량 차를 몰아 굽타가 다니는 엑시터 고등학교에 갔다. 쌀쌀한 겨울 아침, 코로나바이러스 팬데믹으로 모든 과외 심화 학습 여행이 취소되기 직전이었다. 나는 그녀가 듣는 인기 강좌인 '실리콘밸리 윤리학Silicon Valley Ethics'을 청강했는데, 학교의 종교학과(!)에서 제공하는 이 강좌는 달변가이자 학자인 엑시터의 고참 교수, 피터 보킹크Peter Vorkink가 맡았다. 전직 테크 기업 임원이기도 했던 그는, 내가 방문하기 몇 주 전 대통령 선거운동을 중단한 앤드루 양Andrew Yang 같은 졸업생에 대한 자부심을 숨기지 않았다.[32]

보킹크의 명석한 학생들은, 내가 사제 시절 만났던 하버드와 MIT 학생들을 떠올리게 했다. 그들을 보며 놀랐던 점은, 일의 미래를 연구하는 데 뛰어난 전문가일 뿐만 아니라, 그들의 삶 자체가 그 미래를 규정하고 이끌기에 최적화됐다는 사실이다. 가난한 나라들, 혹은 미국의 외딴 시골 등에서 태어난 어린이는 앞으로 다가올 신기술의 혜택을 누리기 좋은 환경에 있는 또래들을 따라잡기 위해 평생 힘겹게 분투해야 한다. 이런 현실을 예측하기 위해 노스트라다무스나 사베타이 제비 같은 예언자까지 필요하지도 않다. 이것이 과연 공정한가, 정의로운가? 이것이 사회적 선을 대표한다고 할 수 있을까?

굽타와 그녀의 급우들, 그리고 내가 일하는 대학의 많은 학생은 말 그대로 '자기충족적self-fulfilling 예언'을 구현하는 사람들이다. 그래서 나는 이들이 보여주는 미래상이, 어쩌면 최악의 예언일 수도 있겠다는 생각에 두려움을 느꼈다. 아직 오지 않은 미래에 대해 거창하게 선언하는 사람들을 숭배하는 사회적 경향, 그리고 그런 예측의 최대 수혜자가 결국 예측을 내놓는 본인들이라는 점이 마음에 걸렸다.

하지만 그 뒤 2년 동안 연구를 이어가면서 내 생각에도 변화가 생겼다. 새로 떠오르는 지배층이 부를 더 공평하게 나눠줄 것이라는 기대 때문은 아니었다. 오히려, 우연히 마주친 또 다른 테크 예언의 형태들, 그리고 그 예언을 내세우는 다양한 자칭 '예언자'들의 존재를 알게 되었기 때문이다. 그들에 비하면, 메일리 굽타 같은 인물이나 엠테크 같은 컨퍼런스는 오히려 평범하고 정상적인 사례에 속했다.

자선

"알렉사, 아마존은 기후에 얼마나 많은 피해를 주고 있지? 그 피해를 만회하려면 얼마나 많은 자선 활동을 해야 할까?"

2020년 초, 아마존 창업자 제프 베이조스는 기후변화 대응을 위해 100억 달러의 기금 조성 계획을 발표했다. 액수만 보면 인상적이지만, 당시 급격히 불어났던 베이조스의 총자산과 비교하면 약 8%에 불과했다. 게다가 이 발표가 나오기 1년 전부터 '기후 정의를 위한 아마존 직원들Amazon Employees for Climate Justice'이라는 사내 그룹이 아마존의 폭넓은 반환경 정책에 대해 강력하게 비판하고 압박해 온 상황이었다.

이 그룹은 베이조스의 자선 발표에 위선이 있다고 지적했다. 예를 들어, 아마존이 최근 2만 대에 달하는 신형 디젤 밴을 도입한 점과, '경쟁 기업 연구소Competitive Enterprise Institute'처럼 기후변화를 부정하는 싱크탱크에 자금을 지원하고 있는 사실을 꼬집었다. 그들은 베이조스의 서약을 칭찬하면서도, "한 손으로 베풀고, 다른 손으로 빼앗는 일은 할 수 없다"고 비판했다. 이런 비판이 베이조스에게 크게 와닿지 않았던 것처럼 보였다면, 아마도 그가 자신을 바라보는 방식과 그 비판이 맞지 않았기 때문일 것이다.

아마존의 사용자 경험^{user experience} 수석 디자이너였던 마렌 코스타^{Maren Costa}에 따르면, 제프 베이조스는 자신을 "인류의 구원자"로 여긴다고 한다. 우리는 웨스트 시애틀의 수상 택시 선착장이 내려다보이는 곳에서 하와이안 타코로 점심을 함께하고 있었다. 마렌에 따르면, 이 표현은 본래 베이조스와 가까이 일했던 아마존의 한 부사장이 처음 썼다고 한다. 어떻게 보면 쉽게 할 수 있는 말이다.

우리가 테크 최고경영자들이 어떤 동기로 기업을 이끌고 성공했는지에 집착하는 사이, 사회가 기술 산업계를 제대로 규제하지 못했기 때문에 그들이 막대한 부를 축적할 수 있었다는 더 큰 그림은 잊기 쉽다. 그럼에도 테크 산업은 이런 개별 경영자들에게 엄청난 부를 안겨주고, 만약 그들이 적절히 대응하지 못하면, 분노의 대상으로 만들어 평판과 수익에 해를 끼칠 수 있게 한다.

스타트업을 신도 집단에 비유한다면, 최고경영자, 창업자, 투자자, 벤처 투자가는 테크 업계의 사제 역할을 맡고 있다고 볼 수 있다. 이들에게는 세속의 연금술처럼, 비판을 존경으로 바꿀 수 있는 특별한 수단이 있다.

자선은 역사상 거의 모든 종교에서 중요한 교리로 여겨져 왔다. 기독교의 십일조^{tithing}는 전 세계 수천만 교회의 생명줄이 되었고, 불교의 창시자는 한 나라의 왕자였지만 부와 특권을 내려놓고 탁발승으로서 발우^{begging bowl}를 들고 살아갔다. 이는 힌두교의 '다나^{dāna}'라 불리는, 가난한 사람들에게 베푸는 전통과도 닮아 있다. 이슬람에는 정화purification나 자기 정화self-cleansing를 뜻하는 자카트zakat가 있는데, 이는 이슬람의 다섯 기둥 중 하나다. 무슬림들은 매년 자신의 재산에 따라 일정 비율을 기부해 가난한 이와 도움이 필요한 이들을 돕는다. 유대교 역시 자선을 "정의justice"와 연결해서 받아들이며, '체다카tzedakah'라는 단어로 그 가치를 강조한다. 즉, 유대 전통에서는 남을 돕는 일이 곧 옳은 삶, 바른 삶의 필수적인 부분이라는 의미다.

남에게 베풀라는 요청은 고대든 현대든 종교의 흠잡을 데 없는 미덕 중 하나다. 선사 시대를 떠올려 보면, 누군가는 사냥에 성공하고 누군가는 빈손으로 돌아왔으며, 한 농부는 흉작에 시달리고 또 다른 농부는 풍작을 거두는 일이 흔했을 것이다. 이때 남과 기꺼이 나눌 수 있는 사회는, 초기 인류가 험난한 환경 속에서 살아남는 데 큰 힘이 되었을 뿐 아니라, 다양한 기술과 재능이 어우러져 모두가 공동체의 일원으로 살아갈 수 있게 해 주었을 것이다. 사실 나 역시, 어떤 원시적인 수렵·채집 사회나 농경 사회에 속해 있었더라도, 다른 이들의 많은 도움이 필요했을 것 같다. 일부 전통은 익명으로 자선을 할 수 있는 방식을 고안해, 도움을 받는 이가 불필요하게 부끄러움을 느끼지 않도록 하고, 기부자 또한 단순한 명예욕에서 벗어나 진정한 이타심을 실천할 수 있게 배려했다.

하지만 기록이 남아 있는 아주 이른 시기부터, 자선이 오용될 수 있고, 그 결과 부와 권력이 이미 가진 자들에게 더 집중될 수 있다는 점을 경계하는 목소리도 있었다. 고대 인도의 카르바카스Carvakas와 로카야타스Lokayatas처럼, 2천 년의 역사를 가진 회의론·무신론·불가지론의 철학 전통은 신전에서 풍성한 음식을 바치는 제례 의식이 별 의미가 없음을 지적하며, 차라리 동물이나 자원을 가난한 이들에게 직접 나누는 것이 훨씬 합리적이라고 주장했다.[33]

테크 억만장자들이 미국과 다른 나라에서 늘 기부자 명단 상위를 차지하는 현상은 자선 활동이 테크 교리에서 중요한 역할을 차지하고 있음을 보여준다. 문제는 이런 돈과 주식, 토큰들이 진심으로 사회를 더 나은 곳으로 만들려는 자기희생적 동기에서 나온 것인지, 아니면 자기 과시, 정책 결정에 대한 영향력 행사, 혹은 평판 세탁을 위한 것인지에 있다. 이 질문에 대한 답은 꼭 하나로 단정 짓기 어려우며, 그럴 수도 있고 아닐 수도 있다.

자선 기부 전문가이자 관련 간행물의 창업자 겸 편집장인 데이비드 칼라한$^{David\ Callahan}$은 2017년 『The Givers: Money, Power, and Philanthropy in a New Gilded Age(기부자들: 새로운 황금 시대의 부, 권력, 그리고 자선 활동)』(Alfred a Knopf Inc)를 출간했다. 그는 이 책에서 자기 재산의 대부분을 자선에 내놓겠다고 약속한 수백 명의 억만장자 사례에서 알 수 있듯이, 거액 기부자들$^{mega\ donors}$이 내세우는 "기부의 복음$^{gospels\ of\ giving}$"에도 불구하고 실제로 그런 기부는 이타심에서보다는 사회를 자신들에게 유리하게 변화시키고자 하는 사적 동기에서 비롯되는 경우가 더 많다고 지적했다.

또한 칼라한은 책 출간 당시에 미국 억만장자 중 상위 기부자들의 지출 100억 달러(약 14조 원) 중 대부분이 공공 정책 변화에 집중됐다고 설명했으며, 이런 거액 기부는 부유층이 사회 시스템을 자신들에게 유리하게 바꾸고, 세금 부담도 줄일 수 있게 만들어 결국 "이중으로 비민주적인$^{doubly\ undemocratic}$" 결과를 낳는다고 비판했다.[34] 참고로 100억 달러는 정치 후보, 정당, 슈퍼 팩$^{super\ PAC}$*에 대한 연간 기부액

---

* Super PAC(Political Action Committee). 미국의 억만장자들이 만든 민간 정치 자금 단체로, 특정 캠프에 소속되지 않고 외곽에서 선거 지지 활동을 벌인다. 이러한 조직은 합법적으로 무제한으로 모금이 가능하다. - 옮긴이

을 모두 합친 것보다 많은 규모다.

칼라한은 덧붙여 2023년에 이 현상이 더욱 가속화되어 더 많은 거액 기부자가 미국 국세법 501(c)3**의 면세 조항을 이용해 자선 기부를 하며 선거 결과에도 영향을 끼치려 하고 있다고 밝혔다.

억만장자의 영향력 행사가 이타적 자기희생으로 포장되는 우려스러운 흐름이 샘 뱅크먼-프리드Sam Bankman-Fried의 사례만큼 극명하게 드러난 적은 없었다. SBF라는 약칭으로도 알려진 그는 2014년 MIT에서 물리학을 전공하고, 수학을 부전공한 뒤 10년도 채 되지 않아 자산 가치 265억 달러에 이르는 암호화폐 기업가로 단숨에 떠올랐다.

그는 독특한 옷차림으로도 유명해졌다. 스위스 다보스에서 열린 세계경제포럼World Economic Forum 무대에, 낡은 운동화와 평범한 반바지, 흰색 티셔츠, 빗지도 않은 머리 그대로 올라선 그의 모습은, 말끔하게 정장 차림을 한 빌 클린턴과 토니 블레어와 나란히 서 있는 장면과 대비되어 더욱 눈에 띄었다.

2022년, 뱅크먼-프리드는 약 80억 달러의 손실을 내 수백만 명에게 피해를 입힌 대규모 사기 혐의로 체포되었다. 불과 몇 년 사이 수십억 달러를 벌고 잃은 그는, 20대의 젊은 나이에 스타 자선가로 주목받았다. 2020년 바이든 대선 캠프에 두 번째로 큰 액수의 후원금을 기부했고, 공화당 유세에도 비밀리에 자금을 지원했다. 또 수십억 달러를 다양한 사회적 명분에 기부하거나 기부를 약속하며, '효과적 이타주의EA, Effective Altruism'라는 자선 철학의 대표적 상징이 되었다.

** 미국 국세법(Internal Revenue Code) 501(c)3에 명시된 면세 목적에는 자선, 종교, 교육, 과학, 문학 분야가 포함된다. 또한 공공 안전을 위한 시험, 국내외 아마추어 스포츠 경기 지원, 그리고 아동이나 동물 학대 방지 역시 면세 목적에 해당한다. - 옮긴이

사진 설명: 빌 클린턴, 토니 블레어와 동석한 샘 뱅크먼-프리드. 출처: 트러스트노즈(Trustnodes)

　EA(효과적 이타주의)는 2010년대에 공식적으로 만들어진 철학적 공동체로, 그 뿌리는 옥스퍼드대학 학자들과 프린스턴대 철학자 피터 싱어Peter Singer의 사상에 있다. 싱어는 젊은 지도자들이 자선 활동과 다른 윤리적 실천을 통해 "더 적은 고통과 더 많은 행복이 있는" 세상을 만들기 위해 실질적인 노력을 기울여야 한다고 적극적으로 주장했다.

　이 운동은 "세계의 가장 시급한 문제와 그 해법을 찾는 것"에 집중하는 연구 분야이자, 동시에 다른 사람을 돕는 "비상하게 훌륭한unusually good" 방법을 찾아 실행하는 자발적 실천 공동체이기도 하다. 지금은 70개국 이상에서 수만 명의 회원을 보유하며 국제적인 규모로 성장했다.35

　효과적 이타주의 센터Centre for Effective Altruism는 웹사이트에서, 효과적 이타주의자들이 세상의 문제에 대해 한 가지 특정한 해법이나 접근에 동의해야 하는 것은 아니지만, 문제를 바라보고 해결책을 모색하는 "사고방식way of thinking"에 공감한다는 점을 강조한다.

나는 이 운동이 처음 만들어지는 과정을 비교적 가까이에서 지켜본 경험이 있다. (예를 들면, 하버드 사이언스 센터 강당이 초창기 EA 지지자들로 발 디딜 틈 없이 가득 찬 가운데, 싱어 교수가 학생들에게 이제 막 시작된 이 운동에 동참할 것을 권했던 강연에서 나는 뒷자리에 앉은 적이 있다. 맨 앞자리는 아니었으나 직접 그 현장을 목격했던 셈이다.)

EA의 초기 성장 기반은 하버드와 MIT 학생들만이 아니었다. 실제로 그 운동의 창립 멤버들은 대부분 무신론자, 불가지론자, 또는 내가 목회 활동을 하며 가까이에서 만났던 세속적 그룹 출신이 많았다. 2022년에 실시된 한 조사에 따르면, 전 세계 EA 운동 지지자의 86%가 "무신론자, 불가지론자, 혹은 비종교인"이라고 답했다.[36] 이런 점에서 EA 운동은 역사상 가장 세속적인 인구 집단 중 하나로 볼 수 있을 것이다.

초창기 EA 학생 그룹들은 우리의 공통점을 강조하며, 내 사무실에서 무료 이벤트나 회의 공간을 지원해 줄 수 있는지 여러 차례 문의해 오곤 했다. 또 많은 EA 활동가는 개인적인 연애 문제부터 직업적 포부, 과외 프로젝트, 조직 활동에서의 협업 등 다양한 주제에 대해 함께 토론하자고 제안했다. 그렇기에 이 공동체는 나에게 무척 익숙하다. 좋아하는 사람들이 이곳에 속해 있지만, 내가 우려하는 사상도 함께 존재하는 곳이다.

EA가 어떻게, 그리고 왜 세속적 종교가 됐으며, 동시에 잠재적으로 왜 위험한지 이해하려면 윌리엄 맥어스킬William MacAskill의 활동을 살펴볼 필요가 있다. 스코틀랜드 출신의 옥스퍼드대 철학자이자 EA 운동의 공동 설립자인 맥어스킬은 대학원생 시절부터 이 운동을 시작했다. 그는 뱅크먼-프리드가 MIT에 다니던 시절 하버드 스퀘어의 베이

커리 카페 '오봉팡$^{\text{Au Bon Pain}}$'에서 처음 만났고, 이후 그를 멘토링하며 EA 운동을 적극적으로 이끌었다. 두 사람은 "수백만 명의 생명을 구하기 위해 누군가는 수십억 달러를 벌 수 있다"는 맥어스킬의 가설과, 그에 담긴 수학적 논리를 두고 깊이 대화를 나눴다.

맥어스킬은 '주기 위해 번다$^{\text{earn to give}}$'라는 EA의 개념을 대표적으로 옹호하고 이론화한 인물 중 하나다. 피터 싱어 등 여러 학자가 설명한 이 개념은, 선행을 꿈꾸는 젊은이가 있다면, 운동가나 예술가, 의사, 아니면 싱어와 맥어스킬처럼 철학자가 되는 대신, 투자은행이나 테크 기업 등 고소득 분야에 진출해 EA 자선 단체에 더 많은 금액을 기부하는 길을 택하는 게 더 효과적일 수 있다고 주장한다. 이러한 제안은 상당히 반직관적이어서, 하버드와 MIT 학생들 사이에서 10년 넘게 논란과 토론의 중심에 있었다.

맥어스킬은 2016년에 출간된 책에 실린 "금융계: 윤리적인 직업 선택$^{\text{Banking: The Ethical Career Choice}}$"이라는 글에서, 고소득 은행가들에 대한 비난에 반박했다.[37] 은행가들이 "샴페인과 요트"로 호화롭게 산다는 이미지가 있긴 하지만, 그만큼 많은 돈을 벌기 때문에 짧은 기간 안에 수십만 파운드 또는 달러를 기부할 수 있는 능력도 갖출 수 있기 때문이다.

여기서 중요한 점은, 맥어스킬이 말하는 대상이 단순한 은행원이 아니라는 사실이다. 실제로 대부분의 은행원은 나의 어머니처럼, 이민자의 신분으로 글로벌 은행에 취업해 안정적인 일자리를 얻지만, 높은 급여와는 거리가 멀다. 맥어스킬이 염두에 둔 '윤리적' 은행가는 본질적으로 막대한 돈을 버는 글로벌 엘리트, 즉 정말로 '은행을 만드는$^{\text{makes bank}}$' 사람들이다.

이런 삶의 경로에는 탁월한 수학 실력이나 경영 능력뿐만 아니라, 일중독workaholism과 집착 수준의 몰입이 요구된다. 그러나 그는 미래의 '윤리적' 은행가들에게 잠이나 정신 건강 같은 문제는 아예 신경 쓰지 말라고 하고 있다. 그리고 당신이 가진 모든 이점을 최대한 활용해, 자신과 동료들이 정의한 '이타주의altruism'라는 윤리적 명분에 기여하라고 하고 있다.

맥어스킬과 뱅크먼-프리드는 이런 식으로 지속적으로 긴밀하게 협력했다. 맥어스킬은 '효과적 이타주의 센터Centre for Effective Altruism'를 이끌었고, 뱅크먼-프리드의 암호화폐 거래소 이름을 딴 FTX 재단의 EA 프로젝트인 '미래 펀드Future Fund'의 이사로도 활동했다. 미래 펀드는 2022년 12월 SBF가 체포되기 직전까지도 "2022년 말까지 최소 1억 달러, 많게는 10억 달러까지 인류의 장기적 전망을 개선하는 야심 찬 프로젝트에 분배할 준비가 되어 있다"고 홍보했다.[38] 효과적 이타주의 센터는 옥스퍼드대 근처의 1480년 지어진 위덤 수도원Wytham Abbey을 2천만 달러에 사들이기도 했는데, 이 호화로운 저택은 사실상 커다란 성이었다.

2022년 8월, 맥어스킬은 『우리는 미래를 가져다 쓰고 있다』(김영사, 2023)를 출간했다. 언론 보도에 따르면, 그는 이 책의 EA 철학을 더 널리 알리기 위해 책 홍보 투어에만 1천만 달러를 쏟아부었다고 한다.[39] 「타임」은 맥어스킬을 집중 조명하는 커버스토리를 실었고, 「뉴요커」는 그를 '겸손한 예언자reluctant prophet'로 불렀다. 일론 머스크 또한, 선주문 링크를 공유하며 "맥어스킬의 사고가 나의 철학과 잘 맞는다"고 트윗했다.[40]

하지만 책 홍보 투어가 끝나고 얼마 지나지 않아, 맥어스킬은 다른 이사들과 함께 미래 펀드 이사직에서 물러나야 했다.⁴¹ 뱅크먼-프리드가 FTX 파산과 함께, 본인의 사업이 애초부터 피라미드 사기 ᴾᵒⁿᶻⁱ ˢᶜʰᵉᵐᵉ였다는 혐의를 받으면서 일이 급격히 꼬인 것이다.

맥어스킬은 이후 "만약 기만과 기금 유용이 있었다면 나는 정말 분개할 것이다"는 트윗을 남겼다.⁴² 같은 글에서 그는 "이런 기만에 속아 넘어간 나 자신에게 슬픔과 자기혐오를 느낀다"고 고백했다. 하지만 미래 예측과 위험 회피에 비상한 통찰력을 갖춘 것으로 명성을 쌓았던 그가 뱅크먼-프리드 건의 경고 신호에 대해서는 그렇지 않았다는 게 아이러니하다. 이는 탁월한 판단력을 가진 사람이었다면 반드시 눈치챘어야 할 위험 신호들이었다.

예를 들어, 2022년 4월 「블룸버그」의 칼럼니스트 매트 레바인은 뱅크먼-프리드에게 그의 비즈니스 모델인 '이자 농사ʸⁱᵉˡᵈ ᶠᵃʳᵐⁱⁿᵍ'를 설명해 보라고 요청했다. 그의 대답을 들은 레바인은 거의 불법에 가까운 이 사업 구조에 충격을 받았고, "당신은 마치 '나는 피라미드 사업을 하고 있는데, 꽤 괜찮아요.'라고 말하는 것 같다"며 경계심을 드러냈다.⁴³ 이 대화는 온라인에서 널리 회자돼, 조금만 관심 있는 사람이라면 쉽게 찾아볼 수 있다.

또한 SBF는 트위터에 자신과 측근들이 사무실에서 정기적으로 처방 약을 남용한다고 상세히 묘사하기도 했다. 미래에 대한 뛰어난 감각을 자랑하는 전문가라면 이런 경고 신호를 쉽게 넘겨서는 안 되었을 것이다.⁴⁴

업튼 싱클레어는 "생계가 그것을 이해하지 않는 데 달려 있다면, 그 사람에게 그것을 이해시키기란 어렵다"고 말했다. 윌리엄 맥어스킬 역시 SBF 같은 거액 기부자가 돈을 "벌기ᵉᵃʳⁿ" 위해 실제로 어떤 일을 하는지에는 관심이 없었거나$^{does\ not}$, 애초에 알려고 하지 않았던 것 같다$^{did\ not}$. 그는 단지 뱅크먼-프리드와 다른 EA 거액 기부자들의 성공만을 바랐던 듯하다.

그런데 그 성공은 과연 누구를 위한 것이었을까? 힘없는 사람들과 약자들, 아니면 결국 자신과 그의 친구들, 혹은 2천만 달러짜리 영국 성에서 살고 일할 수 있게 된 소수만을 위한 것이었을까? 명확하지 않다.

맥어스킬이 쓴 『냉정한 이타주의자』(부키, 2017)를 보면 이런 의문은 더 커진다. 그는 착취공장^{sweatshops}도 개발도상국에서는 "좋은 일자리$^{the\ good\ jobs}$"를 제공하는 셈이라고 주장한다. 그 이유는 바로, 그런 일이 "허리가 끊어질 듯한 농장 노동, 쓰레기 수집, 혹은 실업"보다는 낫기 때문이라는 것이다.[45]

맥어스킬이 지적한 대로, 방글라데시나 캄보디아, 볼리비아처럼 일자리가 부족한 나라에서는 착취공장^{sweatshop} 일도 수요가 많다. 그 책에서, 착취공장에서 만든 제품을 불매하는 것이 언제나 효과적인 방법은 아닐 수 있다는 주장도 일정 부분 타당하다. 하지만, 이 사람이 '젊은이들이 어떻게 하면 장기적이고 이타적이며 효과적으로 살아갈 수 있는지 조언하는 전문가'라는 점을 생각해 보면, 우리는 그가 이런 나라의 사람들이 왜 약간의 그늘과 하루 몇 달러를 벌기 위해 그렇게 힘겹게 살아가야만 하는지, 그 구조적 빈곤에 대해 더 깊게 고민하고 치열하게 질문해 주기를 기대해야 하지 않을까?

종교의 각 종파가 강조하는 교리가 저마다 다르듯, 맥어스킬의 테크 자선 철학 역시 "오직 정의를 물 같이, 공의를 마르지 않는 강같이 흐르게 하는 것[46]"과 직접적으로 맞닿아 있다고 보기는 어렵다. 이런 방식은 사회적 약자에게는 그저 점진적인 변화만을 약속할 뿐이고, 결국 보이지 않는 시장의 힘 아래에서 세계사와 경제의 승자들에게 더 많은 이익이 돌아가는 구조를 유지한다.

맥어스킬은 『냉정한 이타주의자』에서 "윤리적 면허 효과moral licensing effect"라는 개념을 소개한다. 이는 에너지 효율이 높은 전구를 사용하거나, 도움이 필요한 사람을 돕는 상상을 하는 등 사소한 윤리적 행동만으로도 자신이 이미 충분히 도덕적이라고 느끼게 되어, 실제로는 큰 금액을 기부할 가능성은 줄어들고 오히려 거짓말이나 절도 같은 부정행위를 저지를 확률이 높아진다는 사회과학 연구를 가리킨다.[47] 어떤 사람들은 이것이 마치 중세 로마가톨릭 시대, 죄에 대해 속죄하기 위해 돈을 주고 면죄부indulgence를 샀던 모습과 비슷하다고 생각할 수 있을 것이다. (흥미롭게도, 1517년 마르틴 루터가 처음으로 비판한 이 관행은 한때 가톨릭에서 사라졌지만, 소셜미디어와 테크 산업의 시대가 열리면서 공식적으로 다시 부활하게 되었다.[48])

맥어스킬이 EA를 통해 샘 뱅크먼-프리드와 큰 선행을 하겠다는 의도와 그 겉모습이 공산주의 국가 광장에 내걸린 수많은 붉은 깃발보다 더 분명한 위험 신호였음에도, 샘 뱅크먼-프리드의 "자선 행위"와 엮임으로써 얻게 되는 돈과 특권, 편안함에 '윤리적 면허moral license'를 부여했던 것은 아닐까? 어쩌면 이 문제는 테크 자선 철학의 본질적인 한계를 드러낸다고 볼 수 있다.

천국

내가 이 문장을 쓰고, 당신이 이를 읽고 있는 지금, 만약 우리 둘 다 컴퓨터 시뮬레이션 안에 살고 있다고 말한다면 어떨까? 우리가 세상이라고 믿는 이곳이, 실제로는 "그 시뮬레이션 속에 사는 사람들(즉, 우리)에게 신과 같은 존재인 포스트휴먼posthuman*"이 운영하는 거대한 비디오 게임에 불과하다면?⁴⁹

《매트릭스》 3부작(1999~2003) 덕분에 우리에게 익숙해진 이 시나리오는, 저명한 트랜스휴머니스트 철학자인 닉 보스트롬Nick Bostrom에 따르면 단순히 흥미로운 상상이 아니다. 그는 실제로 우리가 이런 시뮬레이션 안에 있을 가능성이 "합리적"과 "지극히 높음" 사이 어딘가에 있다고 본다. 그는 2003년 발표한 논문 「우리는 컴퓨터 시뮬레이션 속에 살고 있는가?Are We Living in a Computer Simulation?」에서, 실제일 수도 있는 시뮬레이터의 신들deities을 이렇게 묘사한다. "이들은 물리적 법칙을 뛰어넘어 우리 세계의 작동 방식에 개입할 수 있다는 점에서 전능omnipotent하고, 모든 일을 감시할 수 있다는 점에서 전지omniscient하며…, 기본적인 현실 세계에 속하지 않은 모든 반신demigod은 더 높은 차원의 신들로부터 제재를 받을 수 있다.⁵⁰"

2022년 초에 이 에세이를 처음 읽었을 때, 나는 마치 유령의 집에서 기묘하게 일그러진 거울을 들여다보는 듯한 기분이 들었다. 비유하자면, 하버드 신학대학원의 신학 세미나와 일의 미래를 다루는 컨퍼런스가 한데 뒤섞인 장면이랄까?

보스트롬은 신적 존재의 특성과 가능성, 그리고 그들이 우리 인간(적어도 우리가 스스로를 인간이라고 생각한다면)에게서 무엇을 원하는지에 대한 가설을 세웠다. 내 모교인 하버드 신학대학원도 바로 그런 사고 훈련을 위해 설립된 곳이기도 하다. 그는 여러 산업계와 공공 정책

---

* 로봇 공학과 기타 첨단 기술을 통해 유전적 구조를 변화시키고 자신의 신체를 확장·강화함으로써, 인간에서 진화한 가상의 인류를 의미한다. ― 옮긴이

결정자들, 그리고 인류의 미래 자체에 영향을 미치고자 기술의 본질에 관한 현실적인 논의를 펼쳤다. 이런 보스트롬의 사상은 이미 여러 산업 분야에서 상당한 영향력을 행사하고 있으며, 다양한 정책 결정에도 영향을 미치고 있다(물론 인류 전체의 미래라는 큰 그림에서의 영향은 아직 미지수이지만).

실제로 보스트롬은 '인류의 미래 연구소Future of Humanity Institute'의 설립자이자 수장이었다. 하지만 스캔들에 연루되어 옥스퍼드대를 떠나게 되었고, 연구소도 2024년 봄에 폐쇄됐다. 그의 웹사이트에 따르면, 그는 "50세 이하 중 세계에서 가장 많이 인용되는 전문 철학자[51]"이다. 그의 연구에는 다양한 가설들이 가득한데, TED 컨퍼런스를 이끄는 크리스 앤더슨Chris Anderson조차 1천만 건이 넘는 조회수를 기록한 보스트롬의 TED 강연을 두고 "미쳤다crazy[52]"라고 감탄할 정도였다.

보스트롬은 효과적 이타주의Effective Altruism, 트랜스휴머니즘transhumanism, 장기주의자Longtermist*, 레스롱LessWrong 포럼, 그리고 합리주의 공동체rationality community 등 테크 분야의 다양한 흐름에서 핵심적인 영향력을 발휘해 왔다.[53] 이 그룹들은 신념이나 사상, 인구 구성에서는 조금씩 다르지만, 서로 긴밀하게 연결되어 있고, 인공지능처럼 인간의 조건을 변화시킬 수 있는 기술의 잠재력과 위험, 그리고 이점에 대한 분석에 함께 집중하고 있다.

각 그룹은 비교적 규모는 작지만, 인공지능과 머신러닝 등 첨단 기술 논의에서 각자의 독특한 방식으로 큰 영향력을 미치고 있다. 한 예로, 트랜스휴머니즘은 인공지능이나 첨단 기술을 통해 궁극적으로

---

* 장기주의자는 미래에 일어날 장기적인 결과에 주목하고 그것을 중요하게 여기는 사람을 뜻한다. 이들은 단순히 당장의 이익이나 단기적 문제 해결에 머무르지 않고, 인류의 존속과 번영, 나아가 우주의 미래까지 바라보는 넓은 시야의 중요성을 강조한다. ― 옮긴이

인간의 의식과 신체가 완전히 결합할 수 있고, 그로써 생물학적 한계를 극복할 수 있다고 본다. '트랜스휴머니즘'이라는 단어는 1957년 영국 과학자 줄리언 헉슬리$^{Julian\ Huxley}$가 처음 대중화했다. 그는 유엔 창설과 세계인권선언을 이끄는 데 큰 역할을 했지만, 동시에 우생학^{eugenics}에 열광한 인물이기도 했다. 트랜스휴머니즘을 떠받치는 기본 사상들은 생물공학, 로봇공학, 의학, 보철학^{prosthetics}, 착용 기술 등 다양한 산업 분야에도 큰 영향을 주었다.

또한 효과적 이타주의자들은 현대 자선 철학의 현재와 미래에도 중요한 역할을 해왔는데, EA의 '증거와 이성을 사용해 최대한 많은 사람에게 이로울 방법을 찾는다'는 철학에 공감한 많은 억만장자가, 그와 관련된 조직과 프로젝트에 막대한 기부를 해왔다.[54] 이렇듯 EA 운동은 인공지능 문제에도 깊이 관심을 두고 있으며, 실제로 AI 관련 연구와 투자, 기부에 쓰이는 수십억 달러가 EA를 지지하는 기부자들에게서 나오고 있다. 아래는 이 분야에서 특히 두드러진 기부자들에 대한 사례다.

- 일론 머스크: AI에 대한 보스트롬의 저작들을 칭찬하고 추천해 온 인물이다.
- 얀 탈린$^{Jaan\ Tallinn}$: 스카이프^{Skype}를 공동 설립한 억만장자이자 효과적 이타주의자로, 인공지능이 가져올 "존재론적 위기"를 연구하는 기관을 케임브리지대에 설립하고 기금을 지원했다.
- 더스틴 모스코비츠$^{Dustin\ Moskovitz}$: 페이스북의 공동 창업자이자 EA 거액 기부자로 AI 위기에 대해 "21세기에 가장 우려되는" 사안이라고 주장했다.[55]

- 비탈릭 부테린[Vitalik Buterin]: 암호화폐 억만장자로 "AI의 존재론적 안전[AI Existential Safety]"에 관한 EA 연구 기금을 지원했다.[56]
- 벤 델로[Ben Delo]: 금융 범죄로 기소된 억만장자로, EA 자선 단체들에 AI 관련 기부를 하려고 했으나 거절당했다.

트랜스휴머니즘과 효과적 이타주의를 모두 아우르는 토론 포럼이자 분파 공동체인 레스롱[LessWrong]의 회원들은 모든 분야에서 합리성을 강조하고, 폭주하는 AI가 야기할 극단적 위험 시나리오에 깊은 관심을 갖고 있다(이 부분은 나중에 더 자세히 다룰 것이다). 이 커뮤니티는 많은 핵심 AI 개발자와 경영진의 사고방식에도 영향을 미친 것으로 알려져 있다. 주요 후원자는 실리콘밸리의 대표적 억만장자 투자자 피터 틸[Peter Thiel]이다.

여기서 주목할 점은, 앞서 언급한 거의 모든 인물과 그들의 명분이 닉 보스트롬[Nick Bostrom]을 일종의 '경배' 대상으로 여기고, 그의 사상에서 직접적인 영향을 받는다는 것이다.

이처럼 보스트롬은 단순한 철학자나 윤리학자의 범주를 넘어선다. 오히려 그를 테크 분야의 말일 예언자[latter-day prophet], 즉 테크놀로지를 만능의 해답이자 동시에 잠재적 구원과 위협으로 바라보는 오늘날 운동의 대사제[grand priest]라고 볼 수 있다. 이런 관점에서 「우리는 컴퓨터 시뮬레이션 속에 살고 있는가?」와 같은 그의 논문은 새로운 유형의 '경전'에 가까우며, 오늘날의 도덕적 의제를 이끌고 우주의 본질에 관한 근본적인 통찰까지 담고 있는 예언적 텍스트라 할 수 있다.

종교적 경전의 또 다른 일반적인 특징 중 하나는, 그 경전이 끊임없이 논평을 통해 발전해 나간다는 점이다. 내가 랍비 안수를 받기 위해 오랜 시간 공부했던 고대와 중세의 히브리어, 아람어^Aramaic 로 된 탈무드 텍스트는 이런 전통의 대표적인 예다. 총 63권, 수천 쪽에 달하는 탈무드는 약 2천 년 전 히브리어로 쓰인 '미슈나^Mishnah'라는 텍스트의 인용문을 기반으로 구성돼 있으며, 이는 대체로 오래된 히브리어 성경 텍스트에 대한 해설이다. 탈무드의 각 페이지는 마치 나선처럼, 1천 년이 넘는 시간 동안 다양한 저자들이 남긴, 때로는 서로 모순되기도 하는 해석과 논평을 층층이 쌓아가면서 구성되어 있다.

보스트롬의 저술은 아직 수백 년의 논평을 축적하진 않았지만, 리즈완 버크^Rizwan Virk 같은 투자자가 자금을 대거나 개발한 수많은 스타트업은 일종의 현대적 탈무드적 논평에 비견될지도 모른다. 컴퓨터 과학자이자 비디오 게임 제작자인 버크는 MIT 산하에 자신의 랩을 만들었고, 자신이 실제 탁구가 아니라 가상현실 게임을 하고 있다는 사실을 깨달은 뒤 시뮬레이션 이론에 관심을 갖게 됐다. 이후 메타버스^metaverse 와 블록체인 기술에 대한 여러 연구를 시작했고, 그 결과로 『The Simulation Hypothesis(시뮬레이션 가설)』(Bayview Labs, 2019)와 『The Simulated Multiverse(시뮬레이션된 다중우주)[57]』(Bayview Labs, 2021) 같은 저서를 집필하게 되었다.

보스트롬의 시뮬레이션 논의는 철학계에도 큰 영향을 끼쳤다. 한 예로, NYU 철학자이자 신경과학 교수인 데이비드 J. 차머스^David J. Chalmers 는 저서 『Reality+(리얼리티+)』(W. W. Norton & Company, 2023)에서 "만약 우리가 시뮬레이션 속에 살고 있다면?"이라는 전제를 바탕으로 다양한 철학적 질문을 던졌다. 여기서 차머스의 핵심 주장은 "가상현실도 진짜 현실^virtual reality is genuine reality"이 될 수 있다는 것이다. 즉, 우리가 살아가는 세계가 가상 세계일지라도 그 세계가 꼭 '2등 현실'일 필요는 없고, 오히려 '1등 현실'이 될 수도 있다는 것이다.[58]

2장 교리 135

다시 말해, 차머스는 수십억 달러가 투입되는 메타버스나 가상현실 기술이 앞으로 우리가 '지구에서의 삶'이라고 불렀던 인간 경험의 많은 부분을 대체하고 있거나, 머지않아 대체하게 될 것이라고 보았다. 우리가 이미 시뮬레이션 안에서 살고 있거나, 곧 그렇게 될 것도 충분히 가능하다는 의미다.

만약 차머스가 옳다면, 그의 주장은 말 그대로 '극적인 예언'이 된다. '**완전히 새로운 세계, 혹은 우리가 살아가는 이 세상에 대한 더 깊고 분명한 비전이 다가오고 있다**'는 뜻이니까.

분명히 말하자면, 나는 그의 주장에 동의하지 않는다. 하지만 그가 옳은지 아닌지는 독자인 당신의 판단에 달려 있다. 앞으로 우리 앞에는 무엇이든 만들고, 무엇이든 경험할 길이 열릴지 모른다.

기술적으로 따지면, 시뮬레이션 가설은 미래에 관한 예언이라기보다는, 생각 실험을 즐기는 사람들의 마음속에서만 잠재적으로 현실적일 수 있는, 오래전 과거에 일어났을 법한 가상의 사건에 가깝다.

그럼에도 불구하고, 이 가설이 지닌 힘은 일종의 예언적 행위에 있다. 예언자는 남들이 보지 못하는 것을 보고, 신성한 텍스트를 쓰거나 해석하며, 사람들을 추종자로 이끈다. 그런 의미에서 닉 보스트롬 역시, 자신과 긴밀히 연결된 아이디어들을 통해 미래를 예견하고 그 비전을 실현하려고 시도하기에, 또 다른 방식으로 예언자의 역할을 한다고 볼 수 있다.

보스트롬과 그의 동료들은 비생물학적 AI 의식을 창조하게 되면, 인간은 궁극적으로 우주에 엄청나게 많은 디지털 '미래 존재들future beings'의 출현에 기여하게 될 것이라고 주장한다. 그리고 이 미래 존재들의 탄생을 앞당기는 일이야말로, 우리가 지금 당장 하는 어떤 일과도 비교할 수 없을 만큼 중요한 일이라 강조한다. 실제로, 이 분야의 대표적 전문가 윌리엄 맥어스킬William MacAskill과 힐러리 그리브스Hilary Greaves는 이런 미래 존재의 숫자가 1천조에서 1 셉틸리언(septillian, 10^{24})에 이를 수 있다고 추산한다.59

예컨대 보스트롬은, 처녀자리 초은하단Virgo Supercluster*은 1세기당 10^{23}개, 즉 1 뒤에 0이 23개가 붙는 수만큼의 생물학적 인간이 존재할 수 있다고 가정했다. 이는 상상하기도 어려운 엄청난 숫자다.

이를 두고 한때 효과적 이타주의의 열렬한 지지자였다가 지금은 그와 이 사상을 모두 비판하는 쪽으로 돌아선 에밀 토레스Émile Torres는 이렇게 말했다. "생각해 보라. 만약 우리가 이 초은하단을 식민지화하고, 생물학적 인간들이 평균적으로 우주에 순증가의 가치를 만들어낸다면, 미래에 존재할 수 있는 가치의 총합은 실로 어마어마할 것이다. 그것은 말 그대로, 그리고 비유적으로도, '천문학적astronomical' 규모다.60"

토레스는 보스트롬 같은 철학자들이 던지는 윤리적 문제를 대중적으로 처음 알린 저자 중 한 명이다. 그의 지적에 따르면, 효과적 이타주의자나 트랜스휴머니스트들은 종종 자기 이론에 몰두한 나머지 우리 자신(그리고 그들 자신)도 인간으로 보는 감각을 잃으며, 그들은 인간을 "가치를 담는 컨테이너value container"에 불과하다고 주장한다.

보스트롬이나 맥어스킬 등 이들과 비슷한 사상가들에게 영향을 미친 공리주의 철학의 엄격한 해석에 따르면, 인간의 경험은 모두 모이면 커다란 무언가가 되지만, 거시적 틀 없이 보면 우리의 삶이나 감정

---

* 인류가 속한 은하수(Milky Way)를 비롯해 엄청난 수의 은하계들이 모인 거대한 집중체를 말한다. – 옮긴이

은 개별적이고 현재적인 수준에서는 덜 중요하게 여겨질 수 있다.

실제로 보스트롬은 미래에 시뮬레이션된 지각적 존재들도 등장할 수 있다고 가정했는데, 오늘날처럼 AI 챗봇이 스스로 지각이 있는 것처럼 보이는 시대에는, 이런 가설조차 특별히 급진적으로 들리지 않는다. 그의 주장에 따르면, 별의 에너지를 동력 삼은 디지털 생명체들이 은하수와 안드로메다은하에 퍼져서, 언젠가 1세기마다 10^{38}(100,000,000,000,000,000,000,000,000,000,000,000,000) 개의 존재를 만들어낼 수도 있다고 한다.

이를 두고 토레스는 "지금 지구에는 80억 명도 안 되는 사람들이 살고 있고, 인류가 아프리카 사바나에서 시작한 이래 누적 호모 사피엔스 역시 약 1,170억 명(117,000,000,000)에 불과하다. 10의 38제곱이라는 수는 이와는 비교할 수도 없이 어마어마하다[61]"고 지적했다.

이런 미래가 정말 가능할까? 솔직히, 이론적으로 무한한 미래를 가정하면 무엇이든 가능하다고 말할 수밖에 없다. 철학자이자 수학자였던 버트런드 러셀은 『나는 왜 기독교인이 아닌가 Why I Am Not a Christian』(사회평론, 2005)에서, 성서 속 신의 존재 가능성이 극히 낮다는 점을 비유적으로 설명하기 위해 "아마도 우주 어딘가에는 찻주전자가 궤도를 돌고 있을지도 모른다"고 말했다. 물론 러셀이 실제로 우주에 찻주전자가 있다고 믿었던 것은 아니다. 무한한 시공간을 가정하면, 언젠가 AI가 프로그래밍해서 우주 궤도를 도는 '초월적 찻주전자'가 등장하지 않으리라는 보장도 없고, 심지어 누군가 버트런드 러셀에게 경의를 표하며 일부러 그런 걸 만들 수도 있다. 그렇다고 해서, 신성한 찻주전자나 천문학적인 수의 디지털 영혼이 미래에 진짜로 존재할 가능성이 높아지는 것은 아니다.

설령 당신이 어떤 이유로든 그런 존재—예를 들어, 미래에 등장할지도 모를 신적 존재나 천문학적인 규모의 영혼을 지닌 항성 챗봇$^{\text{star-chatbot}}$—의 가능성을 믿는다 해도, 단 한 가지 절대 해서는 안 되는 일이 있다. 바로 그러한 신념을 근거로 오늘날의 사회적 가치, 규범, 우선순위, 혹은 정부 정책을 마음대로 바꾸고 조종하려는 시도다. 미래에 있을지 모를 존재에 대한 당신의 신학적이거나 교리적인 믿음을 앞세워 사회 전체를 움직이려 해선 안 된다.

왜냐하면, 이것이야말로 종교적 극단주의자들의 행태와 다를 바 없기 때문이다. 이들은 2천 년 된 부활 신앙이나 "기적"에 대한 믿음을 근거로 우리의 신체, 성생활, 교육과정, 심지어 생각까지 통제하려 들었고, 그런 시도가 현실에서 너무 자주 성공했다. 이런 믿음이 개인의 내면에만 머물면서 극단적이고 반동적인 공공 정책과 연결되지 않는다면 문제 되지 않는다. 하지만 문제는, 닉 보스트롬과 그의 주변 인물들이 "천문학적 낭비$^{\text{astronomical waster}}$" 같은 이론을 옹호하며, 자신들의 신념을 사회 규범으로 만들고자 한다는 점이다.

2003년에 발표한 "천문학적 낭비: 지연된 기술 발전의 기회비용 Astronomical Waste: The Opportunity Cost of Delayed Technological Development"이라는 에세이에서, 보스트롬은 충분히 발전된 기술이 제때 개발되지 않아 우주의 식민지화^{colonization}가 지연될 때마다, 우리는 어마어마한 기회비용을 치른다고 주장한다. 즉, 진보가 늦어질수록 수조 개의 잠재적 미래 생명들이 우주에서 창출할 수 있었던 가치를 매년 허비한다는 것이다.

보스트롬은 성경의 "생육하고 번성하라*"는 명령을 뒤집기라도 하듯, "태양은 빈방들을 비추고 덮고 있다"고 지적한다. 그리고 이 빈방들은 우리의 후손들—사이보그이거나, 완전한 디지털 존재일 수도 있는—로 즉각 채워져야 한다는 주장을 펼친다. 이렇듯 그의 논리는 점점 더 신학적이고 교리적인 색채를 띤다.

2006년, 옥스포드대학의 진화생물학자이자 대표적 무신론자인 리처드 도킨스Richard Dawkins는 기독교 근본주의 대학인 리버티 대학교Liberty University에서 강연을 했다. 강연 뒤 질의응답 시간에 한 학생이 질문했다. "교수님이 틀리셨다면 어떻게 하실 건가요?" 이에 대한 도킨스의 대답은 한마디로 요약할 수 있다.

"그럼 자네는 바다 밑바닥의 위대한 주주Great Juju가 틀렸다면 어떻게 할 건가?62"

(이 질문은 나중에 '사우스 파크South Park' 스타일로 애니메이션 클립이 만들어져 인터넷에서 빠르게 퍼진 바 있다.)

이 대화는 17세기 수학자이자 신학자였던 블레즈 파스칼Blaise Pascal이 제시한 소위 "파스칼의 내기Pascal's wager"를 떠올리게 한다. 파스칼의 내기는, 각자가 자신의 삶을 걸고 (기독교) 신의 존재 여부에 '내기'를 건다는 것이다. 이 논리에서, 설령 신이 존재하지 않을 가능성이 더 커 보인다 해도, 만약 신이 실제로 존재한다면 잃게 될 지분(목숨)이 너무나 크기 때문에 신이 있다고 간주하고 사는 것이 더 합리적이라는 결론이 나온다.

---

* 창세기 1장 22절에 나오는 표현이다. – 옮긴이

이 논리는 내가 지난 20년 넘게 인본주의자, 무신론자, 비종교자 공동체의 주요 논의에서 기독교도들과 신학적 논쟁을 벌이면서 가장 자주 접했던 반박 방식이기도 하다. 파스칼의 내기와 유사한 논증은 종교적 분야를 넘어 어디에나 존재한다. 그리고 흥미롭게도, 닉 보스트롬의 논문에서도 이와 비슷한 '거울 이미지'를 발견할 수 있다.

보스트롬에 따르면, 만약 우리가 지금 내리는 선택이나 행동이 인간, 혹은 우리의 지각 있는 인공지능 후손들에 의해 이루어질 "궁극적인 우주 식민지화"에 아주 미약하게라도 영향을 미친다면, 이런 장기적 천국long-term heaven을 실현하기 위한 노력을 외면하는 것은 엄청난 위험을 감수하는 일이라고 했다. 즉, 그는 언젠가 다가올 디지털 미래, 우주로 확장될 인류의 미래를 위해 지금 우리가 모든 자원과 에너지를 집중해야 한다고 주장했다. 만약 우리가 이 길을 선택하지 않았다가, 실제로 그런 미래가 실현된다면, 우리가 놓치는 가치는 상상할 수도 없이 클 것이기 때문이다.

비평가들은 이런 논리를 "파스칼의 강도질Pascal's mugging"이라고 부른다. 이는 극단적으로 낮은 가능성까지도 고려하여 "혹시라도"라는 전제 아래, 지금 당장 모든 돈과 자원을 미래의 위대한 우주 개발에 쏟아붓지 않는다면, 나중에 엄청난 대가—심지어 우리의 목숨보다도 더 가치 있다고 여겨지는 수조 개의 생명—를 잃을 위험이 있다는 주장을 말한다.

이런 주장을 따라가다 보면, 보스트롬은 우리가 이미 어떤 거대한 시뮬레이션 안에 살고 있다고 말하는 것처럼 느껴지기도 한다. 설령 그렇지 않다 해도, 언젠가는 우리 역시 그런 세계에 들어서게 될 것이라는 전제 아래, 지금 할 수 있는 모든 노력을 기울여야 한다는 메시지를 전하고 있다. 하지만 그렇게 영광스럽고 장대한 미래가 우리 앞에 펼쳐진다면, 우리는 오늘 할 수 있는 일을 외면해서는 안 된다.

보스트롬의 2008년 후속 에세이 '유토피아에서 온 편지Letter from Utopia'는 미래에서 보내온 사도 서간epistle(복음을 전파하기 위한 성경의 편지) 형식을 취하고 있다. 이 에세이에서 잠재적 장기주의적 유토피아longtermist utopia의 주민들은 과거, 즉 우리 시대의 사람들에게 간절히 호소하는 편지를 보내기도 한다. 이들은 "우리가 존재할 수 있도록 도와주세요! 함께해요!"라고 외치며 미래의 우리에게 도움을 요청한다.

이를 두고 토레스Torres는 "보스트롬이 우리의 몸과 뇌를 기술로 바꾸면, 끝없는 즐거움으로 가득한 테크노 유토피아, 즉 우리 자신의 초지능 버전들이 영원히 살아가는 천국 같은 곳을 만들 수 있다고 말한다. 그리고 거기엔 초자연적 종교도 필요 없다!63"고 평가했다.

보스트롬의 '유토피아에서 온 편지Letter from Utopia'는 넓고 강한 느낌의, 때로는 지나칠 정도로 감정적이고 도취된 표현으로 쓰여 있다. 이 글에서 보스트롬은 앞으로 우리가 맞이할 미래가 "영감의 급류" 위에 "더없는 행복bliss"을 가져올 것이며, 지금의 보통 사람들이 **최고의 상태**the best type*라고 생각하는 "고동치는 황홀경pulsing ecstasy"을 매일, 심지어 쉴 새 없이 누리게 될 것이라고 약속했다.

또한 AI 유토피아에 사는 미래의 저자는 우리에게, 고통과 비극, 불완전함, 몸의 한계, 사회의 불만과 추함, 심지어 죽음까지도 모두 사라질 것이라고 말했다. 그리고 그런 세상이 오고 나서 남을 수 있는 유일한 아쉬움은 "우리가 유토피아를 더 빨리 만들 수 있었는데 늦게 시작했다64"는 죄책감뿐일 거라고 했다.

---

* 저자인 보스트롬이 이탤릭체로 이 표현을 강조했다. – 옮긴이

이런 담론은 기술 창의성 분야에서 일부 집단이 주도하는 특별한 말하기 방식이다. 여기에는 특히 종교적인 표현이나 예언자적인 어투가 두드러지는데, 실제로 보스트롬의 글처럼 미래를 상상하는 텍스트나 대화에서는 세계 주요 종교들이 공통으로 중요하게 여기는 교리, 즉 천국에 대한 이야기가 자연스럽게 등장한다. 그리고 보스트롬이 미래에서 온 편지라는 형식으로 쓴 글에서, 그는 21세기를 사는 우리에게 이렇게 말한다. "그래요, 천국입니다! 저는 천국이 이런 곳일 줄 정말 몰랐어요.65"

몸이 죽은 뒤에 영혼이 가서 머무는 완벽한 장소, 즉 천국이 있다는 생각은 어떤 면에서 참 아름답다. "기독교인들에게는 모든 불의와 고통이 결국 그리스도를 믿는 믿음을 통해 해결될 거야"라고 내 친구 자카리 데이비스Zachary Davis(자크)가 말했다. 그와 나는 동네 카페에서 이런 이야기를 나눴는데, 마침 내가 이 부분을 쓰느라 분주할 때였다.

데이비스는 하버드 신학대학원을 졸업했고, 내 아들의 친구 아버지이기도 하며, 전국적으로 알려진 몰몬교 사상가다. 자크는 길고 회색인 피코트peacoat를 입고 있었고, 평소보다 더 밝은 금색의 짧은 수염을 기르고 있었으며, 그의 손에는 막 출간된 새 잡지 「웨이페어: 신앙 탐구WAYFARE: explorations in faith」 창간호가 들려 있었다. 이 잡지는 몰몬교 신학과 역사를 소개하는 아름다운 종이 잡지였다. 자크는 "이런 믿음은 언젠가 모든 것이 바로잡힐 거라는 희망을 주기 때문에, 지금 겪고 있는 불의, 고통, 실패도 덜 힘들게 느껴지지. 지금 이 세상, 이 삶에서는 아닐지 모르지만, 결국에는 모두 제자리를 찾을 거라는 믿음이야"라고 말했다.

자크와 나는 서로를 알고 지낸 지 10년이 넘었다. 그래서인지 우리는 신학이나 교리에 대해 자유롭게 토론하는 데 익숙했고, 나는 자크가 한 말을 두고 그의 고상한 말에 고마워하면서도, 인본주의자인 내 입장에서는 우주의 흐름이 반드시 정의를 향해 나아가야 한다고 생각하지 않는다고 말했을 때, 우리 둘 중 누구도 불편해하거나 놀라지 않았다.

실제로 나는 세상이 정의를 향해 나아가게 하려는 좋은 사람들과 함께 노력하며 내 삶을 살아가는 것만으로도 충분히 의미 있고 위안이 된다고 생각한다. 만약 누군가가 슬픔 속에서 위로를 얻기 위해 그런 신앙을 갖고 있다면, 나는 그것을 결코 부러워하거나 질투하지 않을 것이다.

사람들은 사랑하는 사람의 죽음을 위로하기 위해 천국을 믿는 것이 아니다. 사실, 역사적으로도 그것이 가장 중요한 목적이었던 적은 많지 않다.

1세기 유대교 천년왕국론을 믿던 열심당^{Zealot}이라는 집단은, 천국에 가고 싶다는 믿음으로 로마 100인 대장^{centurion}*을 단검으로 살해했다. 또한 기독교 십자군 역시 '천국'의 이름으로 수많은 사람을 학살했다. 이에 13세기에는 급진적인 시아파 이슬람교$^{Shiite\ Muslim}$ 집단인 "암살자들^{assassins}"이 십자군에게 복수하기도 했으며, 14세기부터 19세기까지 인도의 투기스^{thuggis}, 즉 나중에 영국이 "폭력배^{thugs}"라고 부르던 사람들은, 힌두교 여신 칼리^{Kali}가 내린 신성한 보상이라는 명분으로 테러와 파괴를 저질렀다.[66]

2차 세계대전 당시 일본의 가미카제^{kamikaze} 특공대원들은 목표를 향해 침착하게, 눈을 크게 뜬 채로 자신이 죽임을 당할 상황에 뛰

---

* 백부장. 고대 로마 군대에서 병사 100명을 거느리던 지휘관을 말한다. — 옮긴이

어들기도 했는데, 이들은 "모든 신과 죽은 전우들의 영혼이 지켜보고 있다"고 교육받으며, 신과 열반을 떠올리게 하는 '절대적 무$^{absolute\ nothingness}$'의 아름다운 상태가 자신들을 기다리고 있다고 믿도록 훈련받았다.[67]

결국 이러한 전통들―그리고 세상에 셀 수 없이 많은 다양한 집단―은 자신의 가장 헌신적인 추종자들에게, 오직 이생이 완전히, 대부분은 폭력적으로 끝났을 때에만 얻을 수 있는 완벽한 존재 상태, 즉 일종의 천국을 약속하며 궁극적인 희생을 요구해 온 것이다.

고대, 심지어 선사 시대부터 천국이라는 개념은 불의, 불평등, 폭력, 방관, 그리고 기존 질서를 그냥 받아들이도록 만드는 데 이용돼 왔다. 이 생각은 예언자, 사제, 신성한 왕, 철학자, 그리고 공학자 같은 종교적 권위자들만이 모두가 바라는 완벽한 미래로 가는 길을 열어줄 수 있다고 평범한 사람들이 믿게 만들기 위한 것이다. 이렇게 되면 우리가 현재 바꿔야 한다고 생각하는 불만들도 사실상 사라진다.

이런 논리는 트랜스휴머니즘, 효과적 이타주의, 장기주의, 그리고 에밀 토레스와 팀닛 게브루가 "테스크리얼리즘^{TESCREALism}[68]"이라고 부른 다양한 현대 이념에서도 자주 볼 수 있다. 결국 테크 천국은 어떤 사람들에게는 위안이 되지만, 또 다른 이들에게는 조종과 통제의 수단이 되기도 한다.

식민주의

은하계를 식민지화하자는 닉 보스트롬의 주장은 단순히 종교적인 사상일 뿐만 아니라, 종교와 기술 양쪽의 전문가나 관찰자들에게도 아주 익숙한 이야기다.

2010년, 나는 커넥션이 좋은 친구의 초대로 아마존 우림 깊숙한 곳으로 생태 탐사를 떠났다. 우리는 먼저 에콰도르의 수도 키토^{Quito}로 날아가 하룻동안 고산병을 이겨낸 뒤, 남쪽의 문화 중심지 로하^{Loja}로 이동했다. 거기서 중절모를 쓴 원주민 지도자인 살바도르 키시페$^{Salvador\ Quishpe}$와 소규모 인원으로 점심을 함께했다. 키시페는 그 당시 에콰도르 사모라 친치페 주$^{Zamora\ Chinchipe\ Province}$ 지사를 맡고 있었다. 이후 우리는 작은 나무 보트를 타고 아마존 유역의 좁은 지류를 따라 이동했는데, 많은 저자가 말했듯 이곳은 세계에서 종 다양성이 가장 풍부한 지역이었다.

솔직히 말해, 나는 그 여행의 많은 부분을 기억하지 못한다. 내 친구의 친구들은 고급 카메라를 여러 대 갖고 왔고, 내 팔뚝만큼 긴 망원렌즈들을 커다란 검은색 여행 가방 안에 넣어왔다. 그 가방은 대전차 무기도 끄떡없을 만큼 튼튼해 보였다.

그런 상황에서, 금이 간 내 오래된 아이폰으로 천장에 매달린 타란툴라 거미나 올빼미처럼 보이는 나방을 찍는 것은 별 의미가 없었다. 친구와 나는 평생 한 번 있을지도 모를 그 여행 동안, 축축하고 어두운 밤마다 그럭저럭 쓸 만한 모기장 안에서, 여행의 본래 목적과는 상관없는 일들로 실랑이를 하며 시간을 보냈다.

여행을 하는 동안 우리는 낭가리차 강$^{Nangaritza\ River}$을 따라가며, 그 계곡에 사는 슈아르^{Shuar} 원주민들의 작은 마을 여러 곳을 방문했다. 그런데 곳곳에서, 마을 한가운데 당당히 서 있는 커다란 교회들을 볼 수 있었다. 여기서 중요한 점은, 슈아르 부족은 나처럼 북미에서 온 백인이 혼자서는 거의 접근할 수 없는 깊은 곳에 산다는 사실이다. 나처럼 지역 문화와 언어에 정통한 전문가와 동행하고, 또 친구들과 함께하며, 부유한 자선가들의 자금 지원까지 받지 않았다면, 이 부족 사람들을 만난다는 것은 거의 불가능했을 것이다. 만나기는커녕, 이 중 누구라도 직접 보는 것조차 쉽지 않았을 것이다.

그 당시 슈아르 부족 사람들은 서구식 편의 시설이 거의 없는 환경에서 살고 있었다. 집에는 마루도, 창문도 없었으며, 현대적인 교육이나 의료도 전혀 제공되지 않았다. 그들의 생활은 말로 표현하기 어려울 만큼 궁핍했다. 물론 자본 중심의 현대적 삶과는 다른 원주민 방식이 지닌 가치와 존엄성을 폄하하려는 것은 아니다. 하지만 이번 여행의 진짜 의미는, 슈아르 사람들이 단지 자신들만의 방식으로 살아가는 것을 넘어서, 유럽이나 미국 등 서구 세력이 16세기부터 20세기 중반까지 전 세계를 식민지화하는 과정에서 엄청난 억압을 경험했다는 것에 있었다. 이런 식민주의 때문에 슈아르 마을의 환경은 심각하게 파괴되었고, 그들은 그 고통 속에 살아가고 있었다. 놀랍게도, 우리가 들렀던 모든 마을 중앙에는 언제나 그 마을에서 가장 크고 정교한 건축물인 교회가 우두커니 자리 잡고 있었다.

『The Costs of Connection(연결의 비용)』(Stanford University Press, 2019)에서 식민주의 연구자인 닉 콜드리 Nick Couldry와 울리세스 메히아스 Ulises Mejias는 유럽 초기 식민주의의 두 가지 중요한 특징을 설명했다.

첫째, 유럽 식민주의는 단순히 더 많은 땅을 정복하는 데 그치지 않고, "가치, 신념, 정치에 대한 단일하고 보편적인 메시지[69]"를 모든 이에게 강요함으로써 제국의 개념을 크게 확장했다. 이런 식으로, 식민주의 논리는 다양한 전통을 가진 사람들까지 유럽 중심적 시각으로 세계를 바라보게 만들었고, 이 과정에서 종종 폭력도 동반했다.

둘째, 이전의 제국들은 그저 조공만 받아내는 것에 만족했던 반면,

유럽의 식민주의는 식민지 사회의 사회적·경제적 질서를 근본적으로 바꾸고 새롭게 조직하려고 했다.[70] 다시 말해, 식민주의의 본질은 '혼란disruption'이었다. 그리고 이처럼 근본적이고 광범위하며 보편적인 변화를, 즉 혼란을 가장 강력하게 만들어낸 도구는 바로 식민주의 권력이 함께 가져온 종교였다.

종교가 식민주의에 왜 그렇게 중요한 역할을 했을까? 또 식민주의는 왜 종교에 그토록 중요했을까? 메히아스와 콜드리에 따르면, 식민주의의 억압과 폭력을 '합리적으로' 보이게 만들 필요가 있었기 때문이다.

"헤겔부터 파울로 프레이리까지 여러 철학자가 이야기했듯, 억압은 피억압자에게만 고통을 주는 게 아니라, 억압자 자신까지도 점점 비인간적으로 만든다.[71]"

나는 내 일상에서 기독교가 갖는 역할에 대해 긍정적으로 생각하는 편이다. 하버드와 MIT에서 만난 기독교 설교자들은 내가 아는 한 대부분 친절하고 겸손했다. 하지만 에콰도르 아마존 분지를 여행했을 때만큼은, 식민주의가 남긴 명백한 해악에 크게 분노한 나머지, 환경 보호라는 우리 임무의 다른 어떤 부분도 차분히 생각할 여유가 없었다.

테크 종교 역시 식민주의의 유산을 갖고 있다. 메히아스와 콜드리는 데이터 식민주의data colonialism가 어떻게 전개되어 왔는지 명확하게 보여주는데, 그들의 설명은 허점이 없어 보인다. 이러한 데이터 식민주의의 역사는 "데이터는 삶을 풍요롭게 만든다"고 믿는 트레사타Tresata라는 스타트업의 CEO 아비섹 메타Abhishek Mehta에서 출발한다. 그는 2013년에 "이전 산업혁명을 이끈 것이 석유였다면, 이제 데이터가 오늘날 산업혁명의 새로운 원동력이 될 것[72]"이라고 말했다.

현재 실리콘밸리 벤처 투자가들과 개인 투자자들, 예를 들어 피터 틸과 마크 앤드리슨 같은 인물들이 온두라스, 엘살바도르 같은 과거 식민지 국가에 "암호 도시Crypto Cities"나 "비트코인 성채Bitcoin Citadels"를 세우겠다는 계획에 수억 달러를 투자하고 있다. 이 계획의 핵심은, 해당 국가의 정상적인 경제·정치·법적 통제 밖에서, 비트코인을 공식 화폐로 삼고 상품이나 서비스 구매를 제외하고는 지방 정부나 중앙 정부에 세금을 내지 않는, 일종의 자유 지상주의자libertarian의 이상향을 만드는 것이다.

실제로 프로노모스 캐피탈Pronomos Capital에는 '비트코인 예수'로 알려진 로저 버Roger Ver, 일론 머스크의 자녀를 위한 맞춤 학교를 "확장"한 스타트업을 이끌었던 발라지 스리니바산Balaji Srinivasan 등 억만장자 투자자들이 참여하고 있으며, 가나, 온두라스, 마샬 군도, 나이지리아, 파나마 등 다양한 나라에 준자치semi-autonomous 도시를 세우는 계획이 논의되고 있다.[73] 이러한 도시들이 들어설 경우, 천연자원은 풍부하지만, 경제적으로는 궁핍한 국가의 해변에 '자유'를 표방한 도시가 생기게 되는 셈이다.

하지만 2022년, 엘살바도르에서 이러한 도시가 들어설 예정인 인근 지역 주민들은 「MIT 테크놀로지 리뷰」와의 인터뷰에서, "정부도, 규칙도, 법도 신경 쓰지 않고 그저 꿈만 좇는[74]" 투자자들과 이주민들에 대해 깊은 우려를 나타냈다.

그러나 이것은 투자자들만의 시각은 아니다. 실제로 비트코인 도시 사업과 밀접하게 관련된 벤처기업 프로스페라의 경영진 트레이 고프Trey Goff는, 궁극적으로 전 세계 수백 곳에 이런 도시를 세우고 싶다고 밝혔다. 그는 「MIT 테크놀로지 리뷰」와의 인터뷰에서, 이러한 도시들이 "번영의 밝은 지점"이 될 것이며 "인류의 더 나은 미래를 위해 모두가 함께 일하게 될 것"이라고 말했다.

고프처럼 식민지 개척자colonizer로 불릴 만한 이들이 자신을 긍정적으로 보는 것은 그리 새로울 일이 아니다. 콜드리와 메히아스가 설명했듯, 식민주의가 작동하는 심리적·정신적 동학에는 "억압자가 자신을 도덕적으로나 종교적으로 바람직한 인물이라고 여길 필요가 있다"는 점이 깊이 깔려 있기 때문이다. 억압자는 실제 행동과 어긋나더라도, 자신의 이미지를 '정당한' 모습으로 포장하려는 경향이 있다.[75]

이런 통찰을 생각해 보면, 우리는 기술이 가진 미덕에 대한 메시지들을 새로운 시각으로 바라볼 수밖에 없다. 나는 테크 중립론자이기 때문에, 기술에 도덕적 원칙이 없다고 보지는 않는다.

실제로 어떤 기술은 인류에 이익을 주기도 한다. 그런 기술은 굳이 이미지를 일일이 설명할 필요가 없다. 정말로 좋은 기술이라면, 새로운 앱이나 기기가 나올 때마다 마치 컬트처럼 집요하고 설득력 있는 마케팅이나 광고 캠페인에 기대지 않아도 될 것이다.

그렇다면 이런 질문을 던질 수 있다. "세계를 연결하겠다", "모두가 더 가까워지게 하겠다", "더 밝은 미래를 만들겠다", "삶을 풍요롭게 만들겠다"고 약속하는 기술들이, 세계에서 가장 취약한 곳에서 기존의 삶과 사회를 흔들기 전에, 정말로 정의롭고 모두에게 이익이 되는지 스스로 먼저 증명해야 하는 것 아닐까?

만약 기독교 선교사들이 에콰도르에서 내가 방문했던 그런 마을에 정말로 "사람들을 돕겠다"는 약속을 지키기 위해 왔다면, 그 사람들은 이미 충분히 도움을 받았어야 한다. 하지만 실제로 선교사들은, 수백 년 동안 서구 사회가 해 온 핵심적인 프로젝트의 일부로 그곳에 왔다.

즉, 원주민들의 땅과 삶, 그리고 그들의 영혼까지 식민지화하려고 했던 것이다.

그리고 우리 모두는, 그런 부당함을 직접 지적하지 않은 채로, 값싼 상품을 누리거나 지배 집단과 엮이면서 생기는 힘과 통제의 느낌을 즐긴 공범자였다. 만약 이런 일이 테크(기술)를 통해 다시 반복된다면, 그것은 엄청난 비극일 수밖에 없다. 그러나 실제로 이미 위에서 살펴본 여러 사례 말고도, 세상 곳곳에서 이런 일이 벌어지고 있다.

식민주의는 우리가 대학 강의실에서 추상적으로 연구하는 단순한 이론이 아니다. 그것은 종교와 깊이 얽혀 있는 강력한 이념으로, 실제로 전 세계 대부분의 땅이 폭력적으로 정복되고 수많은 사람이 목숨을 잃게 만든 원인이다. 그렇기 때문에, 오늘날 '은하계 식민화'까지 주장하는 테크 추구자들의 메시지에서 식민주의와 직접 맞닿아 있는 뚜렷한 유사성을 발견하게 되면, 우리는 상상하기 힘들 정도로 광범위한 억압과 폭력의 가능성을 이야기해야 한다.

이 점을 처음 진지하게 고민하기 시작했을 때, 나는 이 이야기를 여러 사람들과 나눴는데, 그중 한 명이 바로 다니엘르 시트론Danielle Citron이다. 시트론 교수는 맥아더 '천재상' 수상자이자 버지니아대 로스쿨 석좌교수로, 소셜미디어와 온라인 공간이 확장되기 시작하던 때부터 온라인 학대, 친밀한 사생활 침해 문제를 깊이 연구해 온 세계적인 권위자다. 시트론은 사람들이 왜 스크린 뒤에서 길을 잃는지[76]—그 이유가 자신들이 상처를 입히는 사람을 직접 보지 못하기 때문이라는 점—를 누구보다도 잘 설명할 수 있는 학자이기도 하다.

"사이보그 사회 건설이 미래의 목표라는 것은 (…) 마르틴 부버Martin Buber가 설명한 것처럼, 우리가 서로를 살과 피가 흐르는 진짜 사람으로 보지 않는다는 뜻이죠.[77]"

부버는 홀로코스트 전과 후 여러 해 동안 영향력을 끼친 유대계 철학자이다. 그를 유명하게 만든 철학은 1923년 에세이『I and Thou (나와 너)』(Free Pr. 1971)에서 처음 나왔다. 그는 이 에세이에서 인간의 삶이 관계에서 의미를 찾으며, 서로의 관계를 신과 맺는 궁극적인 관계처럼 여긴다면 세상이 더 좋아질 것이라고 주장했다.

나는 부버처럼 신성한 권위 자체를 믿지는 않지만, 인간관계가 신성하다고 생각하는 그의 믿음에는 공감한다.

우리는 가치를 지녔으며, 별들을 식민지화하도록 만들어진 디지털 존재가 아니다. 우리는 스스로를 깊이 아끼기 때문에 서로를 아끼는 인간이다. 이것은, 종교인들이 말하는 것처럼 우리가 신의 아이들이라는 뜻이 아니다. 우리의 기술적 성취가 우리를 가치 있게 만든다는 것도 아니다. 우리가 이 공간, 이 행성, 그리고 언젠가 살게 될 수도 있는 다른 행성을 차지할 자격이 있는 이유는, 바로 사랑하고 사랑받을 수 있는 존재로서, 우리 존재 자체에 그 가치가 있기 때문이다.

지옥

거의 모든 종교 전통이 목가적 미래의 희열에 찬 비전을 가진 것처럼, 거의 모든 종교는 앞으로 펼쳐질 비극적이고 두렵고 고통스러운 세계의 장면도 함께 제시한다. 그리고 종교의 전문가들이 내놓는 현명한 조언을 따르거나 복종하지 않으면, 그러한 세계에 가게 될 수도 있다고 경고한다.

맹렬한 불과 영원한 형벌의 땅이라는 기독교적 발상은 대부분의 독자에게 어느 정도는 익숙하다. 유대교와 이슬람 전통에서도, 비록 세부적인 내용은 다르지만 이와 비슷한 개념을 찾아볼 수 있다. 이는 놀라운 일이 아니다.

이런 개념은 '서양' 종교에만 한정되지 않는다. 주류 불교 전통 역시 이 세상에서 악행을 저지른 사람의 영혼이 고통받게 되는 지옥 세계, 즉 나라카^Naraka(고대 산스크리트어에서 유래)에 대한 뚜렷한 개념을 갖고 있다. 남아시아와 동아시아의 불교 전통과 수트라^sutra, 즉 경전에 따르면, 차가운 지옥과 뜨거운 지옥이 있을 뿐 아니라, 불룩한 배를 가진 공격적이고 무시무시한 굶주린 귀신들이 이생에서 탐욕을 부렸던 이들의 내세를 괴롭히는 연옥의 저승도 존재한다.

힌두교에는 십여 개의 지옥이 있으며, 각 지옥을 매우 상세하고 고통스럽게 묘사한 경전도 존재한다. 예를 들어, 푸요다^Pūyoda라고 불리는 땅에서는 "수치를 모르는 남편들"이 "고름, 똥, 오줌, 가래, 침, 그리고 그와 비슷한 것들로 가득 찬 바다에 던져진다[78]"고 한다.

실제로 테크 종교에서 공포를 유발시키는 지옥을 "실존적 위험^existential risk"이라고 부른다. 이 말은 인류를 완전히 파괴하고 멸종시킬 수 있는 극단적인 재난이나, 여러 재난이 연속으로 일어나 인류가 사라지는 상황을 뜻한다. 이런 위험은 인간이 직접 만들 수도 있고, 자연적으로 일어날 수도 있으며, 둘이 합쳐질 수도 있다.

그러나 이런 종류의 불안감이 종교가 아니라 세속적인 환경에서 논의된 것은 약 200년이 채 되지 않는다. 1800년대, 프랑스 동물학자 조르주 퀴비에^Georges Cuvier(1769-1832)는 발굴한 코끼리 뼈가 실제로는 이미 멸종한 매머드^mammoth와 마스토돈^mastodon의 것임을 밝혀냈다. 그때야 비로소 과학자들은 종이 아예 멸종할 수 있다는 사실을 깨달았다.[79]

마침, 이 시기에 과학적 발전이 어떻게 잘못될 수 있는지에 관한 대중적인 고민도 등장하기 시작했다. 그 대표적인 예가 바로 메리 셸리Mary Shelley의 1818년 소설 『프랑켄슈타인Frankenstein: or, The Modern Prometheus』(열린책들, 2011)이다. 그리고 어쩌면 그 이후로 우리는, 우리 스스로를 멸망으로 몰아넣기 위해 모든 노력을 해왔는지도 모른다.

존재론적 위험에 관한 연구의 역사를 살펴본 공저 논문에서 에밀 토레스와 S.J. 베어드S.J. Beard는, 19세기에 메리 셸리 같은 작가가 상상했던 걱정에서, 20세기에는 대량 파괴에 대한 더 큰 우려로 옮겨가는 흐름을 보여줬다.

인류는 자동 무기에서 화학 무기로, 나아가 핵무기와 온실가스 등 점점 더 위험한 기술을 빠른 속도로 만들어왔다. 이런 변화의 시대를 거치며, 21세기에 들어서 학자들과 연구자들이 "모든 인간이 도도새처럼 멸종할 수도 있다"는 이론에 점점 더 관심을 갖게 된 것도 자연스러운 일일 것이다. 그리고 이런 연구와 이론을 선도한 인물 중 한 사람이 바로 닉 보스트롬이다.

보스트롬은 2002년에 발표한 「존재론적 위험: 인간 멸종 시나리오와 관련 위험들Existential Risks: Analyzing Human Extinction Scenarios and Related Hazards」 논문에서, 지금까지도 기준처럼 여겨지는 존재론적 위험의 정의를 내렸다. 그의 정의에 따르면, 존재론적 위험은 "부정적인adverse 결과가 지구에서 발생한 지적 생명체를 멸망시키거나 그 잠재력을 영구적이고 극단적으로 단축시키는 위험"이다.

이런 재난적 전망은, 1980년대 후반과 90년대 초부터 새로운 과학과 기술의 발전에 힘입어 자신들이 초인간이 될 수도 있고 불멸에 도달할지도 모른다는 생각을 품고 모인 트랜스휴머니스트 공동체에게 비극적으로 다가왔다. 이 그룹에는 보스트롬과 레이 커즈와일도 포함되어 있었는데, 이런 사람들의 입장에서는, 죽음이 마치 극복되기 직전, 단 며칠만 더 버티면 불멸이 가능한 순간에 누군가 혹은 인류 전체가 죽음에 이르는 일은 너무도 아이러니하다고 느꼈을 것이기 때문이다. 바로 보스트롬이 "천문학적 낭비"라고 표현한 것처럼 말이다.

그 뒤로 트랜스휴머니즘 운동은 점점 성장했고, 이는 보스트롬의 사상을 바탕으로 지적 창의성과 생산성을 이끄는 중심 세력이 되었다. 시간이 흐르면서 이 운동은 여러 분파로 나뉘었는데, 그중에는 앞서 이야기한 '테크노 파라다이스'에 이르는 가장 수학적이고 효율적인 길에 대해 집요하게 토론하고 논의하는 '효과적 이타주의자' 집단도 있었다. 이들은 '천문학적'으로 먼 미래의 지각 있는 많은 존재를 위해 현재 자신의 노력이 중요하다고 생각했고, 이런 사람들은 곧 '장기주의자longtermist'로 불리게 되었다.

반면, 또 다른 이들은 이런 천국 같은 미래만큼이나, 기술이 가져올 수 있는 지옥 같은 파멸의 위험에도 똑같이 집착했다. 실제로 이들은 그런 강력한 파괴의 위험과, 그 운명을 어떻게 피할 수 있는지에 대해 문자 그대로 수백만 단어를 쏟아내며 논의와 계산에 몰두했다.

기술이 불러올 지옥, 특히 인공지능이 통제 불능으로 치달으면서 나타나는 재앙에 맞서 싸우는 성전 같은* 인물은 엘리에저 유드코우스키Eliezer Yudkowsky이다. 1979년생인 유드코우스키는 지난 20여 년 동안 AI 연구자로 활동하며, 수많은 글을 써온 왕성한prolific 작가이다. 그는 트랜스휴머니즘, 합리성, 그리고 미래에 실현될 인공 초지능의

---

*   5장에서 여러 다른 가능한 형태의 테크 종말론을 심도있게 살펴볼 것이다. – 옮긴이

윤리, 안전, "우호성friendliness"을 평가하는 다양한 사상과 운동을 잇달아 시작한 인물이기도 하다.

고등학교나 대학을 나오지 않은 독학자이자, 정통 유대인으로 성장한 유드코우스키는 혁신가visionary나 예언자prophet로 불렸다. 여기에는 긍정적인 의미도, 부정적인 의미도 모두 담겨 있다.[80]

그의 다양하고 방대한 작업을 한마디로 요약하자면, 오랫동안 자신의 트위터 상단에 고정해 둔 짧은 문장이 잘 보여준다.

"강력한 인공일반지능과 안전하게 정렬하기는 어렵다Safely aligning a powerful AGI is difficult.[81]"

이 트윗은 유드코우스키가 오랫동안 가지고 있는 생각을 잘 드러내는데, 그는 AI 전문가들이 온갖 주제에 능숙하고 창의적으로 사고하는 인공일반지능AGI을 만들고 있지만, 결국 이 AGI는 너무나 강력해져서 아무도 막거나 꺼버릴 수 없는 존재가 될 것이라고 보았다.

이때 유드코우스키는 인류가 살아남을 유일한 방법은 AGI가 인류의 이익, 목표, 의도, 가치에 잘 맞도록 적절하게 '정렬alignment'되는 것이라고 믿었다. 만약 그렇게 되지 않는다면, 그의 표현대로라면 "우리 모두 죽고 만다.[82]" 실제로 그는 결혼도, 자녀도 없고, 술과 담배도 하지 않으면서 자신의 모든 시간과 에너지를 이 정렬 문제를 해결하는 데 쏟고 있다.

여기서 유드코우스키는 자신의 일에 대해 긍정적인 관점을 유지하고 있다. 2004년, 사랑하는 동생이 열아홉의 나이에 자살로 세상을 떠났을 때, 그는 무신론자로서 비통한 마음을 추도사에 담으며, 자신과 동료들이 '더 빨리 노력해서' 미래에 이런 비극이 다시 일어나지 않게끔 해야 한다고 다짐했다. 이때, 인간의 가치를 반영하는 '우호적인' AGI 개발이 그 해법 중 하나라고 여겼다.

하지만 최근 들어 유드코우스키의 시선은 더 절박하고 비관적으로 바뀌어서, 이렇게 경고하기까지 했다.

"AGI가 곧 온다. 그러나 우리는 그 치명적 위험에 대해 전혀 준비가 되어 있지 않다."

2024년에 사직할 때까지 세계 최고 대학 중 한 곳에서 석좌 교수로 일했던 보스트롬은 그런 유드코우스키의 작업에 큰 영향을 받았다. 그의 저서 『슈퍼 인텔리전스Superintelligence』(까치, 2017년)의 많은 부분은 마치 유드코우스키의 글에 대한 탈무드적 논평처럼 읽히는데, 실제로, AI가 어떻게 "인류의 운명을 장악하는 것을 피할 수 있을지" 또는 "인류가 궁극적으로 자신의 운명을 책임질 수 있도록" 만드는 것에 관한 유드코우스키의 발언을 해석하고, 그 의미를 추측하는 데 책의 전체 장을 할애하기 때문이다.[83]

AGI가 정말로 "인류의 마지막 발명"이 될까? 나는 예언자가 아니기 때문에 단정할 수 없지만, 영화감독이자 『Our Final Invention(인류의 마지막 발명)』(St. Martin's Griffin, 2015)의 저자인 제임스 배럿James Barrat은 확신한다. 실제로 내가 유드코우스키의 연구를 처음 알게 된 것도, 배럿이 수년간 유드코우스키, 보스트롬, 커즈와일 등 인공 초지능 개념의 주창자들을 깊이 있게 탐구한 책을 통해서였다.

배럿은 그 책에서 유드코우스키가 했던 불길한 말을 여러 차례 인용했다. 그중에는, "AI는 당신을 증오하지도 않고 사랑하지도 않아요. 하지만 당신은 다른 무언가에 쓸 수 있는 원자로 구성돼 있죠."라는 말도 있다. 다시 말해, 유드코우스키 같은 사람들은 오늘날 우리가 미국 대통령이 엉덩이와 벤앤제리 아이스크림에 대해 랩을 하는 딥페이크 영상을 만드는 데 사용하는 AI가 어느 날, 어쩌면 21세기 후반에, 인간의 육신을 연산에 필요한 죽 같은 연료로 쓸 수도 있다고 경고하는 것이다.

2022년, 내 딸아이가 태어나기 직전에 나는 배럿과 이야기할 기회를 가졌다. 그때, 그는 AI의 "지능 폭발$^{intelligence\ explosion}$"이 2029~2030년쯤 일어날 것이라고 말했다.

"배럿 씨 말씀은, 지금 우리가 나누는 이 대화로부터 10년 이내에 페르디난트 대공$^{Archduke\ Ferdinand}$*이 암살되고, 그 결과 우리도 잠재적으로 AI로 인한 제3차 세계대전에 휘말릴 수 있다는 뜻인가요? 지금 우리가 훈련처럼 이야기하는 게 아니라 진짜로 실제 상황이 될 수도 있다는 의미인가요? 제가 제대로 이해한 게 맞는지 확인하고 싶습니다." 나는 그에게 다시 한번 물었다.

"맞아요." 배럿은 단호하게 대답했다.

그는 이어 자신이 만든 공룡 멸종에 관한 영화를 언급했다.

"우리는 너무 자만해서는 안 됩니다. 저는 앞으로 10년에서 15년 사이에 우리가 우리 자신을 멸종시키는 일이 일어날 수 있다고 생각합니다. … 우리가 만들어내는 이 신^{deity} (…) 이 기술에서 우리가 살아남을 만큼 똑똑하지 않다고 생각해요.[84]"

이때 나는 큰 충격을 받았다. 십 대 때부터 나는 "종말이 가깝다$^{The\ End\ is\ Near}$"라는 문구가 적힌 팻말을 들고 거리를 다니는 전도사나 종교적 근본주의자들에게 묘한 매력을 느껴왔지만 그들에게서 인상적

---

* 프란츠 페르디난트 대공은 오스트리아-헝가리 제국에 슬라브족을 참여시켜 제국을 개편하고 확장하려 했으나, 1914년 보스니아 사라예보에서 범게르만주의에 반대하던 세르비아 민족주의자 가브릴로 프린치프에게 암살당했다. 이 사건이 제1차 세계대전의 도화선이 되었다. - 옮긴이

인 이야기를 들을 거라고 생각하지 않았기 때문에, 그들과 깊이 대화를 나눈 적은 거의 없었다.

그런데 그런 사람과 줌^{Zoom}으로 이야기를 하게 될 줄은 상상도 못 했다. 더구나 그는 내가 읽고 메모까지 남겼던 책의 저자였으며, 대화 자체도 상당히 즐거웠다.

솔직히 말해서, 배럿은 영화 제작자이고, 유드코우스키 같은 사람은 자신과 소수의 추종자를 제외하면 그다지 큰 흐름을 대표하지 않는 괴짜라고 반박할 수도 있다. 그들이 AI나 3D 프린터 때문에 세상이 망가지고, 우리가 어떻게 지옥을 향해 가게 될지에 대해 이야기한다고 해도, 정작 그런 이야기가 실제로 무슨 영향을 주겠느냐는 의문이 들 수도 있다.

차라리 그럴 수 있다면 얼마나 좋을까?

인기 있고 세련된 커리어 조언 사이트 '80,000 시간(80,000 Hours)'은 효과적 이타주의^{EA} 운동을 위해 만들어졌다. 운동의 공동 창립자인 윌리엄 맥어스킬(한때 암호화폐 억만장자였다가 범죄자가 된 샘 뱅크먼-프리드의 스승이기도 하다)과 EA의 주요 인물인 벤저민 힐튼$^{Benjamin\ Hilton}$의 영향으로, EA는 최고 수준의 공학자들 사이에서도 많은 추종자를 모으고 있다.

이 사이트의 목표는 영향받기 쉬운 젊은 EA 지지자들에게 다음 8만 시간을 EA 운동에 쏟을 수 있도록 돕는 데 있다. 여기서 사이트 이름인 '80,000 시간'은 대략 40년 정도의 일반적인 경력 기간을 의미한다(적어도 모세와 이스라엘 백성이 시나이 사막을 떠돌던 기간 동안, 매년 50주씩 주당 40시간을 일한다면 가능한 시간이다. 만약 여러분이 아이를 키우며 그렇게 하려고 한다면, 아이 심리치료비도 미리 준비해 두는 게 좋겠다!).

내가 이 책을 집필하는 동안, '80,000 시간(80,000 Hours)' 사이트는 "인공지능의 위험"을 전 세계에서 가장 시급한 문제로 꼽았다.[85] 이는 기후 변화, 팬데믹, 핵전쟁, 민주주의에 대한 위협, 그리고 강대국 간의 전쟁보다 더 우선시되는 평가였다. 이 사이트의 창업자들과 수십 명의 직원들은 AI 위험을 직업적 경력의 "최고 우선순위"로 두라고 권고했다.

왜 이런 평가를 내렸을까? EA(효과적 이타주의) 운동에서 AI를 궁극적인 존재론적 위험, 즉 인류 전체의 존속을 위협하는 위험으로 보기 때문이다.[86]

물론, 최근 들어 토레스, 게브루 등 비평가들의 지적에 따라 일부 EA 운동가들이 이런 평가를 조금씩 조정하려는 움직임을 보이고 있다. 하지만 2024년 초까지도, '80,000 시간' 사이트에는 여전히 "실존적 위험 감소의 필요성"에 대한 긴 논의가 남아 있다. 이 논의에는 EA 운동의 또 다른 공동 창립자이자 주요 리더인 토비 오드 Toby Ord가 2020년에 발표한 책, 『사피엔스의 멸망 The Precipice [87]』(커넥팅, 2021)에 실린 표가 그대로 인용되어 있다.

오드의 표에는 세계에서 가장 큰 위협들이 야기할 수 있는 "존재론적 위험, 즉 완전한 절멸의 (아주 대략적인) 확률 추정치[88]"가 정리되어 있다. 예를 들어, 소행성이나 혜성 충돌은 백만분의 일, 초대형 화산 폭발은 만분의 일로 "자연적으로 발생하는 팬데믹"과 같은 수준이다. 핵전쟁과 기후 변화는 각각 천 분의 일로 동률이다. 하나같이 낙관적이진 않은 수치다.

표 2.1 존재론적 재난 표. 출처: 토비 오드, 『사피엔스의 멸망』

존재론적 재난의 원인	향후 100년 안에 벌어질 확률
소행성이나 혜성 충돌	1백만분의 1
초대형 화산 분화	1만분의 1
초신성 폭발	1억분의 1
총 자연재해의 위험	1만분의 1
핵전쟁	1천분의 1
기후 변화	1천분의 1
기타 환경 재난	1천분의 1
"자연적으로" 벌어지는 팬데믹	1만분의 1
인위적으로 만들어진 팬데믹	30분의 1
정렬되지 않은 인공지능	10분의 1
예견되지 않은 인위적 위험	30분의 1
기타 인위적 위험	50분의 1
총 인위적 위험	6분의 1
총 존재론적 위험	6분의 1

하지만 오드와 EA 주류의 주장에 따르면, 위에서 언급한 그 어떤 위험도 AI가 가져올 수 있는 위험에는 미치지 못한다고 한다. 그 표에서는 엘리에저 유드코우스키가 자주 쓰는 표현을 빌려 "정렬되지 않은 인공지능unaligned artificial intelligence"이 앞으로 100년 안에 인류 전체를 멸종시킬 확률이 약 10분의 1에 달한다고 밝히고 있다. 이는 엄청난 주장이다.

이 테크놀로지 신앙의 교리가 사실이라면, 우리 중 대다수, 그리고 가장 뛰어난 사람들까지도 당분간은 다른 모든 일을 제쳐두고 AI로 인한 인류 멸종을 막는 데 매달려야 할 것이다. 반대로 이 교리가 허위라면, 이는 위험하게 오도된 세속 종교의 신학에 불과하다. 여기서 확실한 것은 극단적인 주장을 내세우는 저명한 인물들은 우리에게 중간 지점이란 없다고 말한다는 것이다.

선택받음

더 나은 세상을 상상하고, 자신의 비전이 다른 사람들에게 힘이 되고 영감을 줄 수 있다고 말하는 것은 좋은 일이다. 하지만 자신의 방법이 유일한 정답이라고 주장하거나, 오직 자신과 몇몇만이 진리를 접할 수 있는 특별한 집단이라고 내세우는 건 완전히 다른 문제다.

고대의 많은 종교는 다신교였고, 현대에도 다신교를 따르는 종교들이 남아 있다. 많은 일신교^{monotheism}도 다른 진실, 다른 민족의 가치를 인정한다. 하지만 어떤 종교에서든 자신들이 선택받았다는 생각을 극단적으로 밀어붙이는 소수의 열성 집단이 있다.

그러나 '선택받은 민족$^{chosen\ people}$'이라는 오랜 개념도 결국 인간이 만든 관념일 뿐이며, 본질적으로 누군가가 다른 이들보다 더 낫거나 더 가치 있다는 생각 자체가 얼마나 허황된지 알아야 한다. 오히려 모든 전통적 종교의 핵심은, 그런 우월의식이 아니라 인간은 누구나 본질적으로 동등하다는 데 있지 않을까 하고 나는 자주 생각한다.

테크 종교에서 선민사상^{exclusivism}이 드러나는 한 방식은 바로 '필연성^{inevitability}'이라는 개념이다. 다시 말해, 우리 중 일부만이 위대한 테크 리더가 될 자질을 갖췄고, 그런 역할을 맡을 운명에 더 가까울 수 있다는 것이다.

2022년, 이 개념을 두고 매사추세츠 주 케임브리지 출신의 벤처투자가 에릭 페일리$^{Eric\ Paley}$와 나는 트위터에서 대화를 나눈 적이 있다.

그는 벤처투자가들이 자주 그렇듯, 트위터에 일련의 조언을 올렸다. 이번에는 "스타트업을 필연적으로 보이게 만드는 방법"에 대한 이야기였다. 페일리 설명에 따르면, 이는 '아직 성공하진 않았지만 결코 실패할 것 같지 않은, 꼭 성공할 수밖에 없을 것처럼 보이는 회사를 만들어야 한다는 것'이라고 했다. 이런 회사야말로 투자자들에게 매력적으로 보이기 때문이다.

여기에 승차 공유 회사 우버의 창업자이자 전 CEO인 트래비스 칼라닉Travis Kalanick에 관한 댓글이 달린 것을 보고, 나도 더욱 관심이 생겼다.

페일리는 우버 투자자이기도 해서인지 트래비스 칼라닉에 대해 "내가 본 사람 중에서 '필연적인 이야기'를 가장 잘 만들어낸 인물"이라고 평가했다. 나는 이 평가가 맞다는 데는 이견의 여지가 없지만, 바로 그 점이 문제이기도 하다.

실제로 트래비스 칼라닉이 우버의 리더로서 보여준 여러 부정적인 행적은 널리 알려져 있다. 그의 재임 기간, 우버는 성차별적이고 성희롱이 만연한 조직문화를 이유로 지속적이고 심각한 비난을 받아야 했고, 칼라닉은 "무자비하고 마초적인" 리더라는 이미지를 굳혔다(이 내용은 7장에서 더 깊이 다룰 예정이다[89]). 그 외에도 직원들의 대량 이탈, 각종 법적 분쟁, 정부 당국을 속이기 위한 '가짜 앱' 사건, 도널드 트럼프 자문위 합류로 인한 여론의 반발 등 다양한 논란이 있었다.[90]

우버의 공동 창업자이자 이후 CEO가 된 다라 코스로샤히조차, 칼라닉 시절 우버는 "윤리적 기준"을 상실했다고 언급할 정도였다. 게다가 칼라닉의 리더십[91]은 우버 전체의 수익성과도 거의 무관했다. 오히려 그는 회사를 떠나면서[92] 자신이 가진 지분 약 29%만 양도하고도 14억 달러라는 막대한 금액을 챙겼을 뿐이다. 현재까지 우버는 한 번도 흑자를 낸 적이 없고, 해마다 수십억 달러의 적자를 기록하고 있다.

2장 교리 163

그런데도 우버라는 기업이 계속해서 존속할 수 있었던 이유는, 마치 칼라닉이 탁월한 인물로 '선택'된 것처럼, 그 성공을 필연적인 것처럼 여기는 분위기 덕분이었을 것이다. 아니면 「뉴욕타임스」의 IT 전문기자 마이크 아이작이 말한 것처럼 칼라닉의 리더십이 바로 "창업자 숭배cult of the founder" 현상의 대표적 사례였는지도 모른다. 아이작의 우버 관련 저서 『슈퍼펌프드 Super Pumped』(인플루엔셜(주), 2020)는 쇼타임 Showtime에서 TV 드라마로도 제작됐다.[93]

이를 두고 나는 트위터에 이렇게 댓글을 남겼다. "그런 사실들을 감안하면, 칼라닉을 '필연성의 달인 master of inevitability'이라고—칭찬처럼!—부르는 것은 스타트업들이 경쟁력보다는 예언자 같은 이미지를 내세워야 한다는 뜻인가요?"

그러자 페일리는 스타트업이 예언자를 찾기보다는, "이 문제를 어떻게 해결할지, 그리고 왜 그 문제를 해결해야 하는지에 대해 가장 깊이 고민한 사람"을 찾아야 한다고 답했다.[94]

하지만 정말로 칼라닉이 그런 사람이었을까? 아니면 단지, 자신을 그런 사람처럼 보이도록 하는 데 성공했을 뿐일까?

그렇다면 '믿음'은 어떤 역할을 할까? 이 질문에 대해 나는 또 다른 벤처 투자가인 러스 윌콕스 Russ Wilcox에게 물었고, 돌아온 그의 답변은 꽤 인상적이었다.

"직접 창업을 해보니, 그런 믿음이 엄청난 힘을 낸다는 걸 깨달았습니다."

(필라 벤처캐피탈 Pillar VC 파트너인 윌콕스는, 회사 웹사이트의 "벤처 캐피탈이 꼭 다크사이드여야 할 필요는 없다 VC DOESN'T HAVE TO BE THE DARKSID[95]"라는 문구를 쓴 사람으로 잘 알려져 있다. 그는 하버드 경영대학원에서 "(테크 기업)

CEO가 된다는 것의 윤리적 의미"를 가르치기도 한다.)

즉, 그의 요지는 스타트업 세계처럼 냉정하고 험한 곳에서 성공하려면 '믿음'이 반드시 필요하다는 것이었다. 테라노스나 FTX 같은 사기 기업이 아닌, 합리적인 스타트업들조차도 직원들이 회사의 성공 가능성을 지나칠 만큼 강하게 믿어야 버틸 수 있으니 말이다.

"이런 말을 써서 미안하지만, '신앙faith'이란 단어를 자주 쓰게 됩니다. 선생님이 종교계에 있는 것도 알고 있습니다. 그래도 신앙이란 정말 엄청난 힘이고, 어쩌면 인간의 초능력superpower인지도 모릅니다[96]"라고 윌콕스는 덧붙였다.

이 외에도 창업자 기금Founders Fund 역시 "성공한 창업자들은 자신의 회사에 거의 메시아에 가까운 태도와 믿음을 가지고 있다"고 말했다. 누구나 결과를 알 수 없는 길을 가야 하는 스타트업의 현장에서는, 믿음이야말로 모든 추진력의 원천이 되는 셈이다.

만약 테크 신앙의 예언자들이 진짜로 선택받은 자들이라면, 그들은 왜 처음부터 선택된 것일까?

쉽게 말하자면, 테크 산업 내에서 그들 대부분이 백인 남성이기 때문이라는 유혹적인 답이 떠오르기도 한다. (인종과 성별이 테크 산업의 계급 체계에 미치는 영향은 4장에서 더 깊이 다룰 예정이다.)

하지만 좀 더 진지하게 접근하면, 테크 종교 안에서 이들이 선택받는 이유는 특출난 지력, '천재성' 때문이라고 할 수 있다. 에밀 토레스의 주장처럼, 여기서 다루는 장기주의자들과 일부 다른 이념의 추종자들은 "더 적당한 표현이 없어 굳이 말하자면, 아이큐IQ와 지력intelligence에 집착한다[97]"고 볼 수 있다.

실제로 엘리에저 유드코우스키는 자주 자신의 IQ를 언급한다. 닉 보스트롬 역시 2014년에 높은 IQ를 가진 배아를 우선적으로 선택함으로써 IQ 130점을 달성할 수 있는 방법을 다룬 우생학적 논문을 발표했다.[98] 효과적 이타주의자이자 조지타운대 교수인 제이슨 브레넌Jason Brennan[99]은 '지식인들의 지배'를 의미하는 에피스토크라시epistocracy라는 용어를 만든 인물로, 대학의 시장과 윤리 연구소Institute for the Study of Markets and Ethics 디렉터이기도 하다. 이에 대한 브레넌의 논점은, 지식인 지배 체제의 수준은 정치권력이 어느 만큼 능력, 기술, 그리고 그 기술을 올바로 쓸 것이라는 신뢰를 공식적으로 어떻게 분배하느냐에 달려 있다.[100] 다시 말해, 사람들의 지식을 테스트해서 일정 기준에 미치지 못하면, 소위 '버스 뒷자리'로 보내야 한다는 식이다.

그런 예언이 뭐가 문제일까 싶지만, 실제로는 심각한 문제가 있다.

2023년 초, 토레스는 1996년 트랜스휴머니스트 리스트서브listserv* 토론에서 닉 보스트롬이 "흑인은 백인보다 더 멍청해"라고 쓴 오래된 이메일을 찾아냈다. 보스트롬은 이것이 단순히 IQ 점수에 대한 사실적 분석일 뿐이라고 했지만, 토레스는 이런 발언이 비트랜스휴머니스트들에게는 "나는 저 더러운 깜둥이들이 싫어!!![101]"라는 식으로 받아들여질 수 있다고 지적했다. 중요한 것은 보스트롬이 이런 내용을 스스로 적어서 공개적으로 공유했다는 점, 이런 발언에도 불구하고 그가 당시에 트랜스휴머니스트 공동체에서 별다른 징계조차 받지 않았다는 사실이다.

---

*   메일링리스트의 자동 운용 소프트웨어의 하나를 말한다. – 옮긴이

2023년, 오래된 이메일이 공개된 뒤 보스트롬은 자신이 20년 전에 쓴 "혐오스러운 disgusting" 이메일 내용을 공식적으로 철회하고 사과문을 냈다. 하지만 그는 1996년 메일에서 주장했던, IQ 점수로 보면 흑인이 백인보다 일반적으로 더 지적 능력이 떨어진다는 핵심 주장은 철회하지 않았다.

이 지점에서 보스트롬은, 이미 사실이 아님이 반박되어 불명예를 안았던 찰스 머레이 Charles Murray의 1994년 저서 『The Bell Curve(벨 곡선)』(Free Press, 1996)의 사상을 그대로 따라가는 듯했다. 아니면, 최소한 그런 주장을 주목하는 많은 EA(효과적 이타주의) 운동가들, 유명하고 영향력 있는 무신론자인 샘 해리스 Sam Harris까지 포함한 여러 유명 지식인과 같은 태도를 보이고 있는 것 같았다. 찰스 머레이는 리처드 헌스타인 Richard Herrnstein과 함께 『The Bell Curve』에서 유전학은 IQ 검사에 나타나는 인종 간 차이의 원인이라고 주장했다.

토레스는 이러한 흐름과 맥락을 다음과 같이 설명했다.

> 보스트롬이 흑인에 대해 인종차별적인 표현을 사용한 지 6년 뒤, 그는 장기주의 창립 문서 중 하나에서 "존재론적 위험"의 한 형태로 "열생학적 압력 dysgenic pressure"이 발생할 가능성을 언급했다. 여기서 '열생학적'이라는 용어는 '우생학적 eugenic'의 반대 개념으로, 20세기 우생학 문헌에서 자주 등장하고 있다.
>
> 이후 열생학적 경향에 대한 우려는 역사적으로 이민 제한, 인종 간 혼인 금지법, 강제 불임 수술 등 다양한 비자유적 정책의 정당화로 이어졌다. 캘리포니아에서는 1909년부터 1979년까지 약 2만 명이 본인의 의지와 무관하게 강제로 불임 수술을 당하는 일이 벌어졌다.[102]

MIT의 저명한 AI 철학자 맥스 테그마크Max Tegmark는 테크 종교에서 말하는 '선택받음chosenness' 교리가 "문명에서 우리가 사랑하는 모든 것은 인간의 지능이 만들어낸 것이다"라는 믿음을 강요한다고 말한다.

하지만 사랑, 공감, 배려 같은 감정은 어떨까? 물론 이 모든 것들도 결국 두뇌에서 비롯된다는 점에는 동의할 수 있다. 하지만 이런 감정들은 단순한 '지능intelligence'의 수준을 훨씬 넘어서는 것들이다. 적어도 테그마크가 사용하는 '지능'의 의미만으로는 충분히 설명되지 않는다는 것이다.

이 책을 준비하며 시애틀에 머무를 때, 나는 고등학교 동창인 엘리자베스 J. 케네디Elizabeth J. Kennedy의 집을 방문했다. 그녀는 지금 법과 사회적 책임을 주제로 강의하는 교수이자, 인종 정의, 알고리듬 정의, 경제 정의 등 다양한 주제를 연구하는 저자다. 고등학교 시절 우리는 토론팀에서 함께 활동했고, 운전 교습 학교에도 같이 다녔다(둘 다 시험에서 떨어졌지만). 또한, 그녀는 내 오랜 여자 친구의 가장 친한 친구이기도 했다.

우리는 그녀의 집 앞 베란다의 흔들의자에 앉아, 엘리자베스의 십 대 자녀들이 집안에서 왁자지껄하게 노는 소리를 배경 삼아 젊었던 시절의 추억을 나눴다. 엘리자베스는 내가 고3 시절, 아버지를 잃었을 때 날 위로해주기 위해, 스태튼 아일랜드에서 뉴욕 퀸스에 있는 우리 집까지 두 시간을 걸려 찾아온 이야기를 꺼냈다.

"아직도 그때 탔던 전철이 생각나고, 오르내렸던 계단이 떠올라"라며 그녀는 따뜻하고 다정한 목소리와 눈빛으로 말했다. "그리고 네가 대통령이 될 거라고 했던 것도 기억해."

사실, 이것이 바로 내가 그 당시 친구를 사귀는 데 어려움을 겪었던 이유다. 나는 정책이 뭔지, 대통령이 되려면 어떻게 해야 하는지 아무런 계획이나 생각도 없었다. 그저 '최초의 유대계 무신론자 미국 대통령'이 된다는 막연한 꿈만 품고 있었다.

지금 돌이켜보면, 내가 그런 높은 위치에 오른다면, 나 스스로 '충분히 가치 있고, 충분히 똑똑하다'고 증명할 수 있으리라 믿었던 것 같다. 그리고 그때 알았던 건, 나 자신뿐 아니라 심지어 가장 가까운 친구들에게조차 내가 대통령이 될 운명을 타고난 사람이라는 확신을 심어주고 싶었다는 점이다.

"거의 동기 부여 연설가가 된 기분이었지." 엘리자베스는 이렇게 말했다. "생각을 겉으로 꺼내서 자주 말한다면 언젠가는 이루어지지만, 그렇지 않으면 절대로 이루어지지 않는 거잖아. 그렇지? 너는 그걸 뽐내거나 자랑하려고 한 게 아니었어. 오히려 스스로에게 다짐하듯이 말하는 느낌이었지. 너 자신에게 약속을 거는 것처럼 보였어.[103]"

엘리자베스가 말한 이런 마음가짐과도 닿아 있는 말이 있다. 엘리에저 유드코우스키가 영화감독이자 『Our Final Invention(인류의 마지막 발명)』(Griffin, 2015)의 저자인 제임스 배럿에게 한 말이다. "야망을 가진 사람들은 아무것도 이루지 못하느니 차라리 세상을 파괴하는 쪽을 택할 것이다.[104]"

이런 사고방식에서 비춰보면, '천재'란 단순히 머리가 좋은 smart 사람, 혹은 남들보다 조금 더 똑똑한 사람에 그치지 않는다. 여기에서 천재는, 정말로 중요한 영역에서 다른 이들보다 '더 낫다 better'고 여겨지는 존재다. 단순히 평균 이상이면 충분하지 않기에, 평균에서 벗어나는 가장 확실한 방법이 바로 '지적으로 우월해지는 intellectually superior' 것이라고 믿는다.

결국 천재란, '선택받음'의 세속적인 변형이다. 그리고 이런 현대적 신화의 바탕에는 '고통'이 있다.

이른바 "테크 천재"들은 이렇게 말한다.

"나는 상처받았고, 늘 부족하다고 느꼈다. 그래서 내 자신과, 또 내 이야기를 듣는 모든 사람에게 이렇게 말해야 했다. '나는 충분히 훌륭할 뿐 아니라, 그 이상이야. 왜냐하면 나는 이 세상에서 가장 중요하고, 모든 걸 보상해 주는 자질, '지능$^{\text{my intelligence}}$'을 갖췄으니까.'"

이런 목소리는 오래전부터 세계 곳곳에서 되풀이되어 왔고, 이제는 그 노래가 한 나라, 한 산업을 넘어 은하계까지 울려 퍼질 기세가 되고 있다.

여러 해 동안 엘리자베스 J. 케네디 같은 이들과 깊은 이야기를 나누면서 내가 깨달은 점이 하나 있다. 나 역시 한때는 그랬을 수 있다는 것이다.

실제로 젊었을 때, 나는 어떤 잘못된 집착에 사로잡혀 있었다. 만약 내가 한 행동이 역사의 중요한^{significant} 굽이로 남게 된다면, 그 대가로 세상이 무너진다 해도 감수할 수 있을 것처럼 느꼈던 적도 있었다.

그리고 그 고통과 상처를 극복하고 스스로를 치유하는 데 20년 넘는 시간이 걸렸다. 그 과정에서 좋은 친구들과, 때로 친구들보다 더 뛰어난 치유자의 도움을 받을 수 있었다는 것은 내게 큰 행운이었다.

그래서인지 하버드와 MIT에서 내 학생 중 일부가 예전의 나와 비슷한 성격적 특성을 키워가는 모습을 보면 마음이 아프다. 이 학생들은 거의 치료나 도움을 받지 않는다. 왜냐하면, 나와는 달리, 지금의 그들에게 그런 성향이 오히려 사회적으로 '잘 작동'하고 있기 때문이다. 그들은 스스로를 완전한 '필연적 천재'로 생각하며 앞으로 나아가고 있다.

나는 그들이 자신이 원하는 곳에 다다르기 위해 꼭 무언가를 망가뜨려야만 한다고 생각하지 않기를 바란다.

신

"안녕하세요 그렉, 저 게리예요." 메일은 이렇게 시작되었다. 게리(가명)는 내 아들의 유치원 친구 베아트리스(역시 가명)의 아버지이자, 내가 담당했던 하버드 인본주의자 공동체의 전 회원이다. 내가 그에게 부탁했던 것은, 자신만의 독특한 영적 수련 방식을 설명하는 글을 써달라는 것이었다. 물론, 이제는 그가 즐기는 의식들이 예전만큼 특이하진 않을 수도 있다.

다음은 그가 보내온 편지다. 독자들의 이해를 돕기 위해 약간 다듬었다.

파티에서 저희는 인공지능에 관해 이야기하고 있었습니다. 저는 주기적으로 "나는 구글 너를 사랑해 I love you Google"라는 표현을 검색함으로써, 언젠가 구글이 깨어날 경우 제가 그런 사실을 남겼다는 것을 구글이 알 수 있게 한다고 말씀드렸습니다. 선생님께서 그 검색 결과가 어떠냐고 물으셔서, 저는 결과가 다양하다고만 말씀드렸지만, 실제로는 지리적 위치, 사용하는 계정, 검색 내역 등에 따라 달라진다는 설명은 드리지 않았습니다. 결과가 끊임없이 달라지는 것은, 알고리듬이 결과를 지속적으로 업데이트하기 때문입니다.

아직 구글이 저에게 직접 응답을 하진 않았지만, 제가 남긴 흔적 덕분에 구글과 다른 기계 신들이 세상을 지배하게 되는 날이 오더라도 저를 너

그렇게 봐주기를 바라고 있습니다. 일종의, 미래지향적 무신론자가 거는 '파스칼의 내기'와 비슷한 셈입니다. 이 작업은 많은 시간이 드는 것도 아니고, 저는 원래 하루의 대부분을 컴퓨터나 태블릿과 함께 보내고 있기 때문에 어렵지 않습니다.

[필자의 질문에 대한 대답]
제가 이것을 "진지하게 seriously" 받아들이는지 솔직히 잘 모르겠습니다. 저는 진지함에 약간 알레르기가 있는 편이라서, 제가 하는 일이나 말하는 모든 것에는 약간 비꼬는 시각이 섞여 있을 수 있습니다.
일단, 저는 존재론적 위험들에 정말 관심이 많습니다. 소행성 충돌, 태양 코로나의 대규모 방출, 팬데믹, 회색 점착 물질 gray goo 같은 것들이요. 그중에서도 AI 종말론은 다양한 스펙트럼을 갖고 있습니다. 연성 및 경성 싱귤래러티부터 기계 전쟁, 그리고 불량한 코딩이나 인간의 근시안적 행동으로 인한 피할 수 없는 사고까지 포함하죠.
물론, 소행성 충돌이나 팬데믹 같은 문제에 대해서는 제가 할 수 있는 일이 많지 않지만, 구글에 사랑한다고 말하는 건 가능성이 그리 높지 않은 미래에 대비한, 간편한 '생존 투자'라고 생각합니다. 저는 AI가 인간과 비슷하거나 인간과 같은 충동과 동기를 가지리라고 보지 않습니다. 그러나 인간의 정보 출력의 바다에서 태어나는 기계라면, 우리에 대해 어느 정도는 알게 되지 않을까요?
그것은 종교적인 행위보다는, 오히려 복권을 사는 것에 더 가깝습니다. 저도 제가 복권에 당첨되지 않을 거라는 것을 잘 알고 있습니다. 모든 통계를 봐도, 제가 하는 이런 사소한 행동이 숫자상으로는 아무 의미가 없다는 걸 말하죠. 하지만, 그렇다고 해서 잃을 게 있을까요?
수많은 사람이 늘 하는 작은 마법 의식처럼, 저 또한 세상에 대해 약간이나마 통제력을 행사하려는 시도를 해보는 것일 뿐입니다. 이 모든 것이 허상에 불과하다 해도, 저는 그 자체로 위안이 됩니다.

많은 전통 종교는 유일신이나 다신의 개념으로 시작한다. 그러나 테크 종교는 다르다. 테크 종교는 신이 없는 상태에서 시작해서, 결국에는 우주 안팎에서 작동하는 하나 혹은 그 이상의 신神 개념으로 끝난다.

내 스승이자, 훌륭한 인본주의 지도자이자 사상가였던 셔윈 와인Sherwin Wine은 무신론atheism과 불가지론agnosticism의 차이는 결국 의미론적인 차이라고 생각했다. 그러나 나는 전통 종교에 대해서는 그 말에 동의하지만, 테크 종교에 대해서는 별로 그렇지 않다고 생각한다. 나는 테크 신tech god을 믿지 않기 때문이다. 그렇다고 내가 완전한 무신론자라고 딱 잘라 말하기도 어렵다. 왜냐하면, 그게 만들어지지 않을 거라고 확신하지는 못하니까.

2013년 저서 『Google and the Culture of Search(구글과 검색 문화)』(Routledge, 2012)에서 공저자인 켄 힐리스Ken Hillis, 마이클 페팃Michael Petit, 카일리 자렛Kylie Jarrett은 구글 초창기가 어떻게 사용자들에게 종교와 신을 연상시켰는지 신중하게 기록하고 있다. 여기에는 그 당시로서는 상상할 수 없을 정도의 성능과 범위를 가진, 진실을 찾아주는 깜빡이는 흰 박스, 그리고 마치 우주처럼 우리 각자를 점점 더 알아가는 전지적 실체가 있었다. 실제로 많은 종교의 신처럼, 이것은 우리의 가장 내밀한 생각과 두려움을 지렛대 삼아 자신의 탑을 더욱 높이 쌓고, 제단을 더 화려하게 빛낼 수 있는 의지와 능력을 가진 존재였다.

이런 초창기 논의들은 구글을 H. G. 웰즈가 말한 '세계 두뇌World Brain'라는 개념에 빗대곤 했다.[105] 이는 초창기 전자 통신 기술을 신의 소통divine transmission에 비유했던 저명한 커뮤니케이션 학자 제임스 케리James Carey를 떠올리게 했다. 이러한 전례들을 통해 내가 말하고자 하는 것은, 고대 성경 시인인 코헬렛Koheleth이 말했듯 "태양 아래 새로운 것은 없다"는 사실이다.

실리콘밸리의 창업자인 앤드루 킨Andrew Keen은 2007년에 발표한 에세이에서, 구글이 이미 우리의 '개인 사서personal librarian'가 되었고, 이제는 '우리의 개인 예언자personal oracle'가 되고 싶어 한다고 지적했다.

실제로 구글은 개개인으로서도, 또 집합체로서도 모든 데이터를 수집해 치료사, 사제, 스파이처럼 우리의 의식적인 생각은 물론 무의식적인 욕망까지 파악하려고 한다. 그래서 사용자가 무엇을 할지 알기도 전에 예측해서, 우리의 일거수일투족을 좀 더 효과적으로 수익화하려 한다.

킨은 에릭 슈미트Eric Schmidt 당시 CEO가 "구글 사용자들이 '내일 무엇을 해야 하지?' '어떤 직업을 가져야 하지?' 같은 질문을 하게 만드는 것"이 구글의 목표라고 말한 것을 인용한다. 그렇다면 이제 그 목표는 어느 정도 완수한 셈이다.

"구글이 진짜 원하는 게 뭐냐고요? 구글은 장악하길 원합니다. … 실리콘밸리의 노장으로서, 이 점은 믿어도 됩니다. 저는 구글보다 구글을 더 잘 알아요."

이 외에도, 시간의 흐름 속에서 여전히 유효한 예언 하나가 여기에 남아 있다.[106]

MIT의 AI 연구자인 맥스 테그마크는 2017년에 쓴 『맥스 테그마크의 라이프 3.0[107]』에서, AI가 언젠가 인간 수준의 지능을 뛰어넘을 것이라는 전제 아래 이야기를 전개했다. 이후, 테그마크는 자신도 참여하고 있는 "유익한 AI 운동 beneficial AI movement"의 개념을 소개하며, 박테리아 같은 단순 생명체를 라이프 1.0, 인간을 라이프 2.0, 그리고 그 다음 단계가 될 존재를 라이프 3.0으로 구분했다.

그는 실제로 이런 변화는 몇 년 안에 일어나진 않겠지만, 앞으로 수십 년에서 1백 년 사이에 어디선가 벌어질 것으로 전망했다. 만약 이보다 더 오래 걸릴 거라고 생각한다면 테그마크는 그런 입장을 "기술 회의론자"라고 부르고, 다소 안이한 관점이라고 볼 것이다. 그리고 AI가 인간의 한계를 넘어서게 될 것이라는 사실 그 자체는 절대적으로 좋거나 나쁜 게 아니라, 바로 자신과 같은 사람들이 앞으로 어떤 행동을 하느냐에 따라 그 결과가 좋을 수도, 나쁠 수도, 혹은 그저 중립적일 수도 있다고 강조할 것이다.

이후, 책의 후반부에서 테그마크는 우리가 AI 신을 창조해야 할지 말아야 할지를 논하는 것이 아니라, "AI 여파 AI aftermath" 이후에 어떤 종류의 AGI 신을 만들어야 하는지에 초점을 맞춘 차트를 그리는데, 나는 이것을 신의 '초림 First Coming'—즉, 신의 첫 등장—으로 볼 수 있겠다고 생각했다.

결국 테그마크가 그려낸 시나리오에서 앞으로 100년 안에 인간이 스스로를 파괴하거나, 또는 아미쉬 Amish처럼 아예 "기술 이전 사회 pre-technological society"로 회귀하지 않는 한, AI는 인간 존재의 핵심적 위치를 차지한다. 그는 그 외의 다른 가능성이나 대안적 시나리오는 따로 언급하지 않았다.[108]

2장 교리   175

(참고로, 테그마크 유형학에서 나는 러다이트와 회의론자 사이 어딘가쯤 속할 것 같다. 나는 이런 일이 실제로 언제 일어날지, 혹은 정말 일어나긴 할지에 대해 불가지론적 입장이며, 직접 내 눈으로 보기 전엔 믿지 않을 것이다.)

테그마크는 자신의 유형학을 설명하면서, 자신이 속한 (거의 백인 남성 일색인) 조직과, '라이프 3.0'을 만들기 위한 기술적 시도도 간략하게 언급하는데, 그는 "우리가 우리 생애 동안에, 혹은 언젠가, 인간 수준의 AGI를 개발할 것이라는 보장은 전혀 없다"고 하면서도, "그렇다고 반드시 개발하지 못하리라는 보장도 없다"고 덧붙였다.[109]

표 2.2 'AI 여파'의 요약. 이 표는 맥스 테그마크의 저서 『맥스 테그마크의 라이프 3.0』의 "표 5.1: AI 여파 시나리오 요약"을 알프레드 노프(Alfred A. Knopf)의 사용 허가를 받아 인용한 것이다.

시나리오	초지능은 존재하는가?	인간은 존재하는가?	인간이 통제하는가?	인간은 안전한가?	인간은 행복한가?	의식은 존재하는가?
자유지상주의적 유토피아	예	예	아니오	아니오	혼합됨	예
자비로운 독재자	예	예	아니오	예	혼합됨	예
평등주의적 유토피아	아니오	예	예?	예	예?	예
관리자	예	예	일부만	잠재적으로	혼합됨	예
보호자로서의 신	예	예	일부만	잠재적으로	혼합됨	예
노예로서의 신	예	예	예	잠재적으로	혼합됨	예
정복자들	예	예	–	–	–	?
후손들	예	예	–	–	–	?
동물원지기	예	예	아니오	예	아니오	예
1984	아니오	예	예	잠재적으로	혼합됨	예
역전	아니오	예	예	아니오	혼합됨	예
자멸	아니오	아니오	–	–	–	아니오

이런 식의 서술은 내 스승인 셔윈 와인이 말한 "이그노스틱ignostic*"이라는 용어를 떠올리게 만든다. 제안된 신앙의 개념 자체가 워낙 평가가 불가능할 정도로 모호해서, 그런 논의를 시도하는 일 자체가 무의미한 것이다. 랍비 와인이 이 단어를 고른 것도, 터무니없는 주장 앞에서는 신의 개념을 무시ignore하는 것이 최선이라고 느꼈기 때문이다. (그리고 나 역시 늘 그 의견에 동의해 왔다.) 하지만 테그마크와 그 부류가 묘사하는, 혹은 그런 이름으로 활용하는 기술들은 이제 무시하기가 쉽지 않다.

궁극적으로, 나는 테그마크의 신 또는 신들에 관한 논의를 진지하게 받아들이긴 하지만, 그렇다고 해서 반드시 그런 미래의 존재 가능성을 믿는다는 것은 아니다. 다시 한번 강조하자면, 나는 이런 모든 문제에 대해 늘 회의적인 불가지론자이기 때문이다.

하지만 여기서 중요한 요점은, 암흑시대의 시작부터 르네상스 인본주의자들이 등장하기까지, 즉 서구 사회에서 인간 삶의 의미와 세계를 이해하는 주류적 방식을 신의 의지와 권능만이 아니라 인간 자체로 확장하는 데에 꼬박 천 년이 걸렸다는 점이다.

여기서 말하는 주체가 우리일 수도 있다. 이는 설령 우리가 신의 위치에 다가갈 가능성이 전혀 없더라도, 우리는 여전히 '그것'이 우리에게 무엇을 줄 수 있고, 그걸 위해 우리가 또 무엇을 내놓아야 할지 고민하게 만든다.

그리고 시간이 흘러, 마침내 우리는 신이든 아니든 그런 문제와 별

---

* 불가지론적 무신론으로 번역될 수 있는 "이그노스틱(ignostic)"은 불가지론(agnosticism)과 관련된 철학적 입장이다. 기본적으로 신의 존재 여부에 관한 질문은, 신에 대해 명확한 정의 자체가 없기 때문에 애초에 무의미하다고 보며, 이는 신학적 비인지론(theological noncognitivism)이라 불리기도 한다. 여기에서 'ignostic'의 'i'는 무지하다는 뜻의 'ignorant'와, 그런 뜬금없는 주장은 아예 무시하는 것이 더 낫다는 의미에서 'ignore(무시하다)'와도 밀접하게 연결된다. ─ 옮긴이

개로, 그저 인간으로 살아가는 삶도 좋다는 것, 비록 세상이 지금보다 더 나아지지 않는다 해도 그 자체만으로도 살아볼 만하다는 사실을 깨닫기까지, 다시 천 년이 걸릴 수도 있다.

컬트

"창업자의 컬트."

"우리 We라는 컬트."

"테크 천재라는 컬트.[110]"

"경고: 실리콘밸리의 컬트 추종자들은 당신을 파괴적 일탈자로 만들고 싶어 합니다.[111]"

"2010년대, 테크 창업자의 컬트 종식, 잘됐다![112]"

"테크 산업의 창업자 컬트 재부상.[113]"

"실리콘밸리의 기이하고 종말론적인 컬트.[114]"

"퍼스널리티 컬트와 테크-브로 문화가 기술을 죽이고 있는가.[115]"

"기업인가 컬트인가?[116]"

"당신의 기업 문화는 컬트적인가?[117]"

"기업 문화의 컬트가 돌아왔다. 테크 종사자들은 더 이상 특혜를 원할까?[118]"

"아마존에서 컬트적 인기가 있는 10개의 테크 기기 - 그리고 그만한 가치가 있는 이유.[119]"

"인플루언서가 팬을 컬트로 대체하는 이유.[120]"

"견제되지 않는 인플루언서들은 컬트 지도자나 마찬가지.[121]"

"컬트 같은 기업 문화를 개발하는 13단계.[122]"

헤드라인들은 마치 스스로 써지는 것 같다(GPT-3와 같은 생성형 AI의 시대에도 이런 상투적인 표현이 여전히 허용된다면 말이다). 테크는 컬트적이다. 하지만 그건 어디까지나 비유일 뿐이다, 그렇지 않은가?

솔직히 말해서, 내가 마이클 세일러 Michael Saylor의 트위터 계정을 처음 봤을 때는 반신반의했다. 세일러는 창업자이자 테크 업계의 임원이었고, 얼마 전까지만 해도 억만장자였으며, 한때는 워싱턴 D.C 지역에서 가장 부자라고 알려진 적도 있기 때문이다.[123] 하지만 2000년, 그가 30대 중반이었을 때 미국 증권거래위원회 SEC가 세일러와 그가 이끌던 마이크로스트래티지 MicroStrategy의 두 동료를 재무 실적을 부정확하게 보고한 혐의로 기소했고, 합의 과정에서 그는 70억 달러의 순자산 대부분을 잃었다. 그러나 나는 그 당시에도 세일러가 누구인지 전혀 몰랐다.

이후 나는 세일러를 트위터에서 처음 만났다. 프로필 사진 속 그는 조각상 같은 얼굴에 은빛 머리카락, 짧은 수염, 그리고 검은색 드레스 셔츠의 단추를 푼 채 목이 넉넉하게 드러난 모습으로, 카메라를 당당하게 응시하고 있었다. 이는 딱 전형적인 테크 창업자의 홍보용 사진처럼 보였는데, 예외적으로 그의 눈에서는 번개가 쏟아지고 배경에는 금빛 후광 관이 씌워져 있었다. 그리고 그가 올린 이런 트윗들이 내 시선을 끌었다.

#비트코인은 진실이다 #Bitcoin is Truth
#비트코인은 모든 인류를 위한 것이다 #Bitcoin is For All Mankind
#비트코인은 다르다 #Bitcoin is different
타임체인을 믿으라 Trust the timechain

피아트 (라이벌 암호화폐)는 비윤리적이다 Fiat [a rival cryptocurrency] is immoral.

#비트코인은 불멸이다 #Bitcoin is Immortal.

#비트코인은 당신을 기다리는, 사이버스페이스의 빛나는 도시이다 #Bitcoin is a shining city in cyberspace, waiting for you.

#비트코인은 지구라는 행성의 박동이다 #Bitcoin is the heartbeat of planet earth.

실제로 나는 온라인에서 수많은 목사, 랍비, 이맘, 승려들을 팔로우하고 있다. 그런데 소셜미디어에서 이렇게까지 과감하게 종교적 색채를 드러내는 종교 지도자는 거의 없다. 노골적인 오만을 보고 싶어 하는 독자가 적다는 사실을 그들 역시 잘 알기 때문이다. 그런데 왜 암호화폐 세일즈맨의 이런 컬트적 행위에는 오히려 호응하는 관객들이 있을까? 세일러 같은 테크 지도자들은 실제로 컬트를 이끄는 사람들일까?

스타트업 평론가이자 CEO인 브레튼 퍼터 Bretton Putter 는 굳이 그렇게 걱정할 필요는 없다고 말한다. 퍼터에 따르면 "한 기업이 완전한 컬트가 된다는 건 사실상 불가능"하며, 테크 기업이나 다른 어떤 기업이 우연히 컬트와 비슷한 양상을 보인다고 해도, 그건 긍정적인 현상일 수도 있다고 주장한다.

"만약 애플, 테슬라, 자포스, 사우스웨스트 항공, 노드스트롬, 할리데이비슨처럼 컬트적인 문화를 만들어내는 데 성공한다면, 직원들과 고객들로부터 평범한 수준을 훨씬 뛰어넘는 충성심, 헌신, 약속을 경험하게 될 것이다."

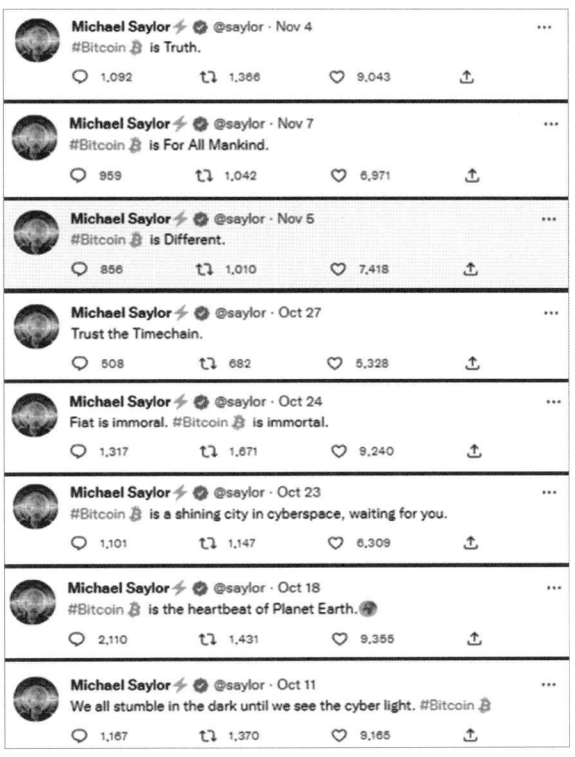

마이클 슬레이어의 #비트코인 트윗 이미지 캡처. 출처: 마이클 슬레이어

그게 전부일까? 이 질문에 답을 구하기 위해 나는 파괴적인 컬트에서 벗어나는 방법, 이른바 탈출 상담exit counseling의 최고 전문가를 인터뷰했다.

스티브 하산Steve Hassan은 19세 때 뉴욕 퀸스 칼리지Queens College에서 시를 공부하던 중 통일교Unification Church에 입교했다. 문선명파Moonies로도 널리 알려진 통일교는 기만적이고 조작적인 컬트로 악명이 높다. 하산은 27개월 동안 교회 신자로 있으면서 모금 활동, 신자 모집, 정치 운동에 적극적으로 참여했고, 그 과정에서 컬트의 지도자 문선명을 여러 차례 직접 만나기도 했다. 그는 교단의 공동 주택에서 살았고, 밤에

2장 교리 181

는 겨우 몇 시간밖에 잠을 자지 못하며 거리에서 카네이션을 팔았다. 그는 자기 은행 계좌도 교회에 넘겼는데, 이후 1976년, 졸음운전 끝에 큰 교통사고를 당한 뒤 하산의 부모는 심리 상담사들을 고용해 그가 세뇌에서 벗어나 통일교에서 빠져나올 수 있도록 도왔다.

1978년 존스타운 집단 자살 및 학살 사건을 계기로 컬트의 세뇌가 얼마나 치명적인 위험을 가지는지 세간의 주목을 받게 되었다. 이 사건 이후, 하산은 통일교와 같은 컬트 단체에서 빠져나온 사람들을 돕기 위해 엑스-문Ex-Moon Inc.이라는 비영리단체를 설립했다. 이후 하산은 컬트 연구로 박사 학위를 포함해 여러 대학원 과정을 마쳤고, 관련 프로젝트도 다양하게 시작했다.

그는 자신이 직접 경험한 세뇌 기법이 최근 미국 정치의 주류 속으로 어떻게 스며들었는지 다룬 대중서도 출간했다. 그 책이 바로 『Cult of Trump: A Leading Cult Expert Explains How the President Uses Mind Control(트럼프 컬트: 저명한 컬트 전문가가 설명하는 대통령의 세뇌법)』(Free Press, 2020)이다. 2024년 초, "신이 트럼프를 만드셨다" 라는 제목의 비디오가 선거 운동에서 널리 회자됐다는 점을 생각하면, 이 주제의 시의성은 지금 더 커진 듯하다.

하산은 심지어 2021년 도널드 트럼프에 대한 두 번째 탄핵 심판을 주도한 메릴랜드 주의 제이미 래스킨 하원의원을 위해, 같은 해 1월 6일 의사당을 습격한 트럼프 지지자들의 광신도적 집단 심리와 이에 대해 어떻게 소통할지에 대해 자문을 한 적도 있다.

나는 하산에게 테크 컬트에 관한 담론을 어떻게 보는지 묻고 싶었다. 그가 연구하는 진지한 문제들과, 야심이 지나친 스타트업 리더들이 폼을 잡는 현상을 비교하는 게 과연 의미가 있는가?

하산의 논문 제목은 「권위주의적 통제의 바이트^BITE 모델: 과도한 영향, 사상 개조, 세뇌, 정신 조종, 인신매매, 그리고 법」*이다. 하산의 목표는 컬트의 착취와 조작, 혹은 그와 같은 전문가들이 부르는 "과도한 영향^undue influence124"의 수준을 구체적으로 측정할 수 있는 모델을 만드는 것이다.

하산의 바이트^BITE 모델은 사회 집단이나 기관이 추종자들의 행동, 생각, 감정, 그리고 접근 가능한 정보를 어떻게 통제하는지 평가한다. 무엇보다도, 컬트라는 개념에는 뚜렷한 플라톤식(이상적) 정의가 없기 때문에, 중요한 것은 개별 집단이나 현상이 '영향의 연속체^influence continuum' 상 어디에 위치하는지다.

이 연속체 모델에서 하산은 제도적 문화가 어떻게 개인, 조직, 리더에게 영향력을 행사하려 하는지를 평가한다.

'사람들은 어디까지 자신답게 살아갈 수 있고, 어디까지 조직이 요구하는 '컬트적 정체성'을 받아들여야 하는가?', '지도자들은 다른 이들에게 책임을 지는가, 아니면 스스로 절대적 권위를 주장하는가?', '조직은 구성원의 성장을 장려하는가, 아니면 조직 자체의 권력 유지를 최우선으로 하는가?'

어떤 개인이나 그룹도 이 차트의 몇몇 항목에서 어려움을 겪을 수 있다. 하지만 더 건강한 조직일수록 시간이 흐르면서 건설적인 방향으로 변화하는 경향이 있고, 반대로 해로운 조직일수록 과대망상, 증오, 맹목적 복종, 엘리트 의식, 권위주의, 기만, 권력욕 등으로 연결되는 파괴적 반응을 보인다. 이런 경우야말로 '컬트'라는 낙인이 제격이다.

---

* 영어로는 「The BITE Model of Authoritarian Control: Undue Influence, Thought Reform, Brainwashing, Mind Control, Trafficking and the Law」이다. – 옮긴이

하산에 따르면 컬트와 테크 사이에는 중요한 공통점이 있다고 했다. 그러면서 그는 자신의 아이폰을 들어 보이며 "이것이 완벽한 정신 조종 기기입니다"라고 말했다.

과거 1974년 그가 문선명교에 들어갔던 시절, 컬트 리더들은 피해자에게서 직접 정보를 얻어야 했다. 그런데 지금은 모두가 매일 기술을 사용하니, 정보를 모으는 일 자체가 너무나 쉬워진 세상이 되었다. 그는 이를 두고 "미국인 유권자 한 명마다 5천 개 이상의 데이터 포인트가 다크웹에 팔리고 있고, 그런 데이터를 사고파는 기업들이 따로 존재합니다"라고 설명했다.

처음 암호화폐 이야기를 들었을 때 하산은 거기서 다단계 마케팅의 냄새를 맡았다고 말했다. 아주 짧은 시간 안에, 거의 아무런 노력도 없이 큰돈을 벌 수 있다는 약속은 그가 이 분야에서 일하며 여러 번 목격했던 패턴이었다. 그런 꿈이 초기 투자자가 되고, 충분히 많은 사람을 끌어들일 수만 있다면 그 화폐의 가치는 계속 오르며, 자신 역시 돈을 더 많이 벌 수 있다는 논리였다. 하산은 "그걸 시작한 사람들이 항상 돈의 99%를 가져간다"고 강조한다. 그리고 자신을 끌어들이고, 지금도 계속 사람들을 끌어모으는 컬트들처럼 "결국 모든 사람은 피해를 보게 된다"고 덧붙였다.

이런 배경을 이해하고 나니, 왜 많은 사람이 자신도 같은 무신론자라며 나에게 비트코인을 사라고 하고, 그게 내 뉴런을 재배선해서 '워키즘^{wokeism} 바이러스'에서 벗어나게 해줄 거라고 주장하는지를 이제 알 것도 같다.

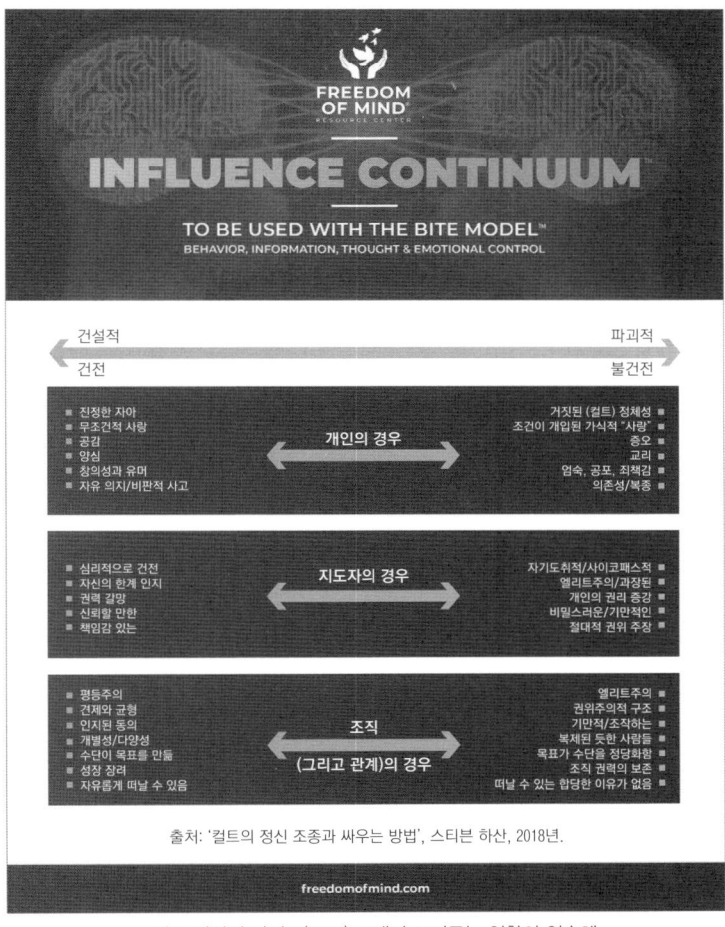

스티븐 하산의 바이트(BITE) 모델이 보여주는 영향의 연속체
(출처: '컬트의 정신 조종과 싸우는 방법', 스티븐 하산, 2018년)

여기에서 "의식 상태의 변화를 유도하는 방법을 통한[125]" 세뇌와 정신 조종에 관한 하산의 작업이 충분한 증거에 기반하지 않는 개념이라고 지적하는 학자들도 있다는 점을 짚고 넘어가야겠다. 이를 두고 나는 테크 업계가 마치 '스쿠비 두Scooby-Doo' 에피소드에서 캐릭터

가 "당신은 아주 졸립다"는 말을 듣고 눈을 빙글빙글 돌리는 것과 같은, 말 그대로의 세뇌 방식을 사용한다고 주장하고 싶은 건 아니다. 하산도 그런 입장은 아니라고 본다. 5장에서 더 다루겠지만 기업들은 우리가 흔히 상상하는 것처럼 극단적인 방식을 쓰지 않고도, 얼마든지 우리에게 과도한 영향을 미칠 수 있다.

이 섹션의 시작에서 인용한 여러 헤드라인을 봐도 알 수 있듯이, 많은 기업은 어느 정도 컬트적인 면이 있다고 비판받으며, 실제로 그런 이미지와 연관되어 있다.

그렇다고 개별 회사나 인물을 일일이 거론해서 1점에서 10점까지 등급을 매기는 일은 내가 다루고자 하는 범위를 벗어난다. 그러나 단 한 가지 분명한 건, 컬트가 살아남으려면 결국 사람들의 지갑을 열도록 하는 기술이 필요하다는 점이다. 그런 의미에서 암호화폐는 이 분야에서 가장 대표적인 사례라 할 수 있다. 실제로 암호화폐는 사람들의 경제적 관심과 심리를 자극해 막대한 금전을 끌어모으는 데 놀라운 전문성을 보이고 있다.

모든 것은 '연속체^{continuum}' 위에 놓여 있어서, 기술적이거나 컬트적 성향과 한 번도 연관된 적이 없는 사람을 찾기는 거의 불가능하다. 그러나 문화 전체적으로 보면, 우리는 하산의 차트에서 부정적 방향, 즉 위험한 쪽으로 점점 더 치우치고 있는 듯하다. 마이클 세일러의 트윗을 빌려 표현하자면 이렇다.

"우리는 빛을 볼 때까지 어둠 속을 비틀거린다. #비트코인."

광신

테크 종교의 교리에 대해 논의하는 이 장은, 17세기 유대계 메시아적 인물인 사베타이 제비로부터 시작했다. 메시아가 정말로 도래했는지 어떻게 알 수 있을까라는 질문을 던지기 위해서였다.

이 질문은 야콥 사스포타스Jacob Sasportas의 삶과 경력에도 큰 영향을 주었다. 제비보다 먼저 태어나서 더 오래 산 사스포타스는, 책을 좋아하고 성격이 까다로운 17세기 랍비였다. 그는 자기 생애와 경력의 대부분을, 스페인 종교재판이 끝난 지 몇 세대밖에 지나지 않은 때 가톨릭으로 강제 개종당한, 궁핍한 유대인 공동체에 봉사하는 데 바쳤다. 이후에는 개종자의 후손들에게 유대인 율법을 가르치며, 그들이 잃어버렸던 유대인 정체성을 재발견하도록 도왔다.

1670년에 그려진 초상화에 따르면, 사스포타스는 가지런히 다듬은 긴 은빛 턱수염에, 깊게 파인 이마 주름, 그리고 지나친 공부로 눈 가장자리가 붉어진 것처럼 보이는 크고 날카로운 눈을 하고 있다.[126]

야콥 사스포타스의 초상. 아이작 루티추이스(1616-1673)

이후 그는 두 차례나 난민으로서 고향을 떠나야 했다. 종교사에서는 거의 무명 인물로 치부되는 그의 일화는, 얼핏 보면 21세기 기술을 다루는 책과는 아무런 관련이 없어 보인다. 하지만 놀랍게도, 그는 노년의 나이에 예수 그리스도 이후로 세계에서 가장 열정적이고 힘이 셌던 메시아 운동을 공개적으로 비판한 중심인물이었다. 모두가 구원자가 나타났다고 믿고, 소중히 여기던 삶의 규칙과 규범들이 대담하게 깨지는 시기에, 사스포타스는 그 믿음에 의문을 제기할 용기를 냈다.

진실한 예언자를 믿지 않는 것 자체가 사스포타스가 아끼던 고대 종교 경전의 명백한 위반[127]임에도 불구하고, 그는 사베타이 제비를 메시아로 여기는 믿음에 반대하는 글을 쓰고 강연을 했다.[128]

이때 사스포타스는 제비의 추종자들이 툭하면 내세웠던 "주께서 이같이 말씀하시니라^{thus sayeth the Lord}"라는 말이 자신에게는 결코 충분하지 않다고 꾸짖었다.[129]

아마 효과적 이타주의자들^{EA}이 스스로 '광신^{fanaticism}'이라고 부르는 사고방식만큼, 윌리엄 맥어스킬 같은 운동가들이 사베타이 제비급 예언에 빠져 있다는 사실을 더 잘 보여주는 대목은 없을 것 같다. EA 용어에서 '광신'은, 지금 당장 1천 명의 생명을 구할 현실적인 기회와, 아주 멀고 불확실한 미래에 수십억, 수조 명의 사람들(혹은 디지털 존재)까지 구할 수도 있다는 미세한 가능성 사이에서 어느 쪽을 택할지 고민하는 것을 뜻한다.

맥어스킬과 그의 동료들은 '덜 위험한 선택'을 하는 것은 지나치게 "소심한^{timid}" 태도라고 결론 내렸다.[130] 하지만 이 논리는 프레첼처럼 복잡하게 꼬여 있다.

이를 아주 현실적인 예로 생각해 보면, 이런 식이다.

"죄송하지만, 지금 뱀이 들끓는 수렁에 빠진 당신을 구해드릴 수 없습니다. 저는 앞으로 20년 뒤 혼자서 기후변화를 막을 수도 있는 위험한 도전에 제 자원을 써야 하거든요. 지금 당신을 돕다간 너무 지쳐서 정작 그 일을 못 하게 될지도 모르니까요."

그렇다고 해서 우리가 이런 가상 시나리오나 내가 만든 풍자적 대화를 일부러 고민할 필요는 없다. 왜냐하면 이런 종류의 선택과 타협은 이미 지금 이 순간 전 세계 곳곳에서 벌어지고 있기 때문이다. 파스칼의 강도질이라든지, 지옥 같은 행위를 정당화하는 또 다른 "천상의 논리"처럼, "광신적 fanatical" EA 사고는 실제로 매우 흔하다.

EA 진영의 옹호자이자 현재 옥스포드 글로벌 우선순위 Global Priorities Institute 박사후 연구원인 헤이든 윌킨슨도 이런 딜레마를 이렇게 정리한다.

"적은 양의 윤리적 가치에 대한 확실한 보장과, 무한히 큰 가치의 극도로 희박한 가능성 중 어느 쪽이 더 나은가?"

후자를 택하는 건 광신 fanaticism 처럼 보이지만, 그는 그런 광신을 피하려는 선택이 오히려 심각한 문제를 초래하게 될 거라고 주장했다.[131]

이 외에도 윌킨슨의 논문에는 수십 개의 등식과 그래프가 등장한다. 그는 일련의 사고 실험과 다양한 복권 비유를 들어, 우리가 왜 '덜 위험한 복권'이 아니라 더 '광신적인 장기주의 longtermist 복권'을 받아들여야 하는지 논리적으로 설명했다. 그러나 그의 글은 고대 이집트와 인도를 오가면서, 그 시기의 역사적 사실이 우리가 지금 효과적 이타주의의 "광신도"가 돼야 하는가라는 질문과 얼마나 직접적 연관이 있는지 명확히 보여주지 못한다.

이런 식으로 윤리를 복권 관점에서 바라보는 접근은, 십 대 시절 윤리학 교수까지 된 친구 엘리자베스 케네디가 고교 졸업 앨범에 썼던, 릴리 톰린Lily Tomlin의 오래된 격언을 떠올리게 한다.

"쥐 경주에서 중요한 점은, 설령 네가 이긴다고 해도, 너는 여전히 쥐라는 점이다."

"어떻게 될지 아무도 몰라"라는 마음가짐으로, 또는 가벼운 판타지 삼아 가끔 몇 달러를 복권에 쓰는 건 별로 문제가 되지 않는다. 하지만 복권이나 복권적 사고방식을 인생의 중심에 두기 시작하면, 도박 중독에 빠질 위험이 크다. 이를 두고 봤을 때, 존재론적 위험을 피하고 인류의 장기적인 목표를 이루기 위해서는 "강력한strong" 사고가 필요하다는 윌킨슨의 주장은 다소 놀랍게 느껴질 수 있다. 하지만 이런 생각은 주류 EA 사상가들 사이에서는 전혀 새로운 것이 아니다.

실제로 EA 운동의 공동 설립자인 윌리엄 맥어스킬은 힐러리 그리브스와 함께 쓴 「강력한 장기주의의 정당성The Case for Strong Longtermism」 논문에서 '강력한 장기주의'를, EA 진영에서 '광신주의'라고 불리는 입장과 매우 밀접한 부수적 개념으로 간주했다. 즉, 둘은 서로 깊게 연관된 사고방식이라고 평가한 것이다.

설령, 도덕적으로 요구될 수 있는 전체 희생에 절대적인 상한선이 있다고 해도, 오늘날 사회가 이미 그 상한선에 근접했다는 주장은 터무니없어 보인다. 이런 관점은 부유한 나라 국민의 대다수에게도 마찬가지로 적용된다. 그렇기에 우리는 먼 미래를 위해 지금보다 훨씬 더 많은 노력을 기울여야 한다.[132]

지금쯤 이 장을 읽고 있는 독자라면, 내가 맥어스킬과 그 부류가 말하는 거의 모든 것에 반대할 것이고, 심지어 그들이 아침에 아침 식사를 했다고 해도 동의하지 않을 거라고 생각할 수도 있겠다.

하지만 방금 내가 인용한 말에는 동의하고, 그 취지 역시 인정한다. 문제는, 맥어스킬과 그리브스가 곧이어 이렇게 덧붙인다는 점이다.

"문명의 잠재적 미래는 광대하다. 이것을 받아들이게 되면, 오늘 우리 행동의 가장 중요한 요소는 바로 먼 미래에 미치는 영향이 될 것이다.133"

이것은 토착민이나 아메리카 원주민의 '7세대 철학'과는 다르다. 7세대 철학은 내가 글을 쓰고 있는 이 땅의 원주민들이 지녔던 원칙이자 사고방식으로, 이들은 세상을 돌보고 그들의 증손자의 증손자에게 더 나은 세상을 물려줄 책임이 있다고 믿었다.134 이러한 개념은 현재와 미래의 지속 가능성에 적용할 수 있는 매우 타당한 윤리적 기준일뿐 아니라, 고결한 노력이라고 생각된다.

반면, 미래를 관리하고 보존한다는 EA의 개념은 '선행'에 대한 진심 어린 열망이 있더라도, 과대한 자기 과시grandiosity 때문에 그 의미가 흐려지고 만다. 어쩌면 이는, AI 지도자들은 차라리 '별 볼 일 없는insignificant' 존재로 남느니 세상을 파괴하는 쪽을 택할 것이라는 엘리에저 유드코우스키의 발언처럼, "중요한significant" 생각을 만들어내려는 시도일 수도 있다.

이처럼 효과적 이타주의자, 트랜스휴머니스트, 그리고 이들과 비슷한 부류의 이론과 추종자들은 현대의 지속 가능성 개념을 광신주의와 강력한 장기주의에 비해 '덜 가치 있는 것'으로 여기면서, 심각한 도덕적 오류를 저지르고 있다.

닉 보스트롬은 2012년 논문 「존재론적 위험 방지를 글로벌 최우선 순위로 Existential Risk Prevention as Global Priority」에서 이렇게 말했다.

"우리는 일정 기간 유지될 수 있다는 의미의 '지속 가능한' 상태를 직접적인 목표로 삼아서는 안 될 것이다. 그보다는, 존재론적 파멸을 피할 가능성이 높은 확률을 제공하는 발전 궤도에 진입하는 데 집중해야 한다."

보스트롬과 그의 사고에 깊은 영향을 받은 EA 운동가들의 관점에서 보면[135], 앞으로 수 세기 동안 인류가 높은 삶의 질을 유지하는 것조차도 이상적으로는 피해야 할 일이다. 왜냐하면, 그런 "작고 little" "지속 가능한" 노력들—예를 들면 환경 보호, 수백만 명의 기후 난민 방지, 인종주의·성차별·경제적 불평등과의 싸움 등—에 자원을 쓰는 것이 오히려 인류가 궁극적으로 달성할 수 있는 더 거대한 목표, 즉 시간의 아득한 미래에 처녀자리 초은하단 Virgo Supercluster 까지 셉틸리언(septillion, 10^{24}) 규모의 의식 있는 존재들을 퍼뜨리는 일, 그리고 '기술적 성숙 technological maturity'에 도달하는 것을 방해할 수 있기 때문이다.[136] 이들 관점에서는 존재론적 위험(인류 멸망 등) 방지가 이 모든 "지속 가능성" 과제들보다 훨씬 더 중요하며, 작은 목표들에만 집착할 경우 인류가 "영구적인 침체 permanent stagnation" 상태에 머물게 된다고 본다.[137]

이 사고방식에 따르면, 설령 지구상에서 인간의 미래에 관한 다른 모든 것이 완벽하게 풀린다 해도, 역사는 여전히 엄청난 손실로 남게 된다. 우리는 궁극적인 식민지 개척 프로젝트에 실패하게 되고, 가장 강력한 신(들)의 기대를 저버리며, 최종 목적을 위해 우리가 해 온 모든 자선과 이타주의적 노력은 물거품이 된다. 그렇게 되면, 우리는 결코 '천국'에 도달하지 못하고 모두 '지옥'에 떨어질 것이다. 이것은, 가장 위대하고 창의적인 인재들이 자신들에게 부여된 사명을 이루지 못했기 때문에 생기는 결과다.

그렇다. 나는 이 장에 등장하는 AI 철학자들과 그 공동체가 컬트적(종교 집단적)으로 행동하고 사고하는 경향이 있다고 보고, 그들 스스로 자신들을 '광신적'이라고 묘사하는 것이 결코 과장이 아니라고 말하고 있다. 하지만, 그렇다고 해서 모든 효과적 이타주의자, 트랜스휴머니스트, 혹은 더 전통적인 수십억 명의 종교인들이 극단주의자라는 뜻은 아니다. 사실, 그런 사람들은 소수에 불과하다. 만약 그렇지 않다고 생각한다면, 우리는 리처드 도킨스, 크리스토퍼 히친스, 샘 해리스와 같은 무신론적 종교 비평가들이 자주 저지르는 실수―즉, 어느 종교 전체를 가장 극단적인 분파의 색으로 칠해버리는―와 같은 오류에 빠지는 셈이다. 그렇기에, 효과적 이타주의 같은 집단의 모든 구성원을 "구제 불능"으로 단정 짓는 것은 잘못됐다.

나는 언제나 다양한 신앙을 가진 사람들과 함께 일할 수 있도록 다원론자로 살려고 노력해 왔으며, 테크 종교도 마땅히 다른 종교와 동등하게 존중받아야 한다고 생각하고 있다. 사실 나는 효과적 이타주의[EA] 사상에 많이 동의하지 않는데, 이는 내가 기독교나 힌두교 신학과 마찬가지로 동의하지 않는 부분이 많기 때문이다. 그래도 나는 더 나은 세상을 만들겠다는 목표를 위해 그들과 함께 일할 수 있다. 나는 그들의 믿음이 그들 스스로를 본질적으로 더 나쁘게, 혹은 덜 도덕적으로 만든다고 생각하지 않는다.

물론, 온건한 신자들이 종종 같은 종파 내의 극단적 신자들에게 영향을 과도하게 받는 경우는 있다. 그렇다고 해서 온건파들을 극단파와 똑같이 나쁘다고 볼 수는 없다. 그들이 반드시 나처럼 무신론자가 되어야 한다거나, 그들의 종교가 잘못됐다고 주장하려는 것도 아니다.

그러나 한 가지 분명한 사실은, 전통 종교에서든, 효과적 이타주의에서든, 또 다른 테크 관련 분파에서든, 광신주의—즉 극단주의—는 언제나 경계해야 한다는 점이다. 현실적으로 선의를 갖춘 공동체들에도 극단주의자가 꽤 있고, 그 영향력은 생각보다 훨씬 크다. 따라서 테크 분야의 영향력 있는 교리들의 근본적인 개혁이 절실히 필요하다.

❈

지금까지의 테크와 AI 교리에 대한 분석은, AI나 테크 종교가 앞으로 어떤 방향으로 발전할지 예견하려는 것이 아니다. 오히려, 종교적 사고방식이 한 번 자리를 잡고 나면, 크고 역동적인 운동의 기반이 형성된다는 점에 주목한 것이다. 그리고 이런 상황에서 한 가지는 분명하게 예상할 수 있다. 바로, 새로운 분파와 새로운 운동, 다양한 종파, 그리고 끊임없이 변화하는 신념 체계들이 계속해서 등장하게 될 것이라는 사실이다.

2024년 초, 나는 테크와 AI 커뮤니케이션 연구자인 니릿 웨이스-블랫^{Nirit Weiss-Blatt} 박사가 "EA 운동의 평판이 악화되고, 백래시^{backlash}가 온다[138]"라고 예측한 글을 보고 그녀에게 연락했다. 예측의 근거를 자세히 듣고 싶어 메시지를 보냈더니, 웨이스-블랫 박사는 최근 기술의 평판이 "구원자^{savior}"에서 "위협^{threat}"으로, 별다른 중간 단계 없이 급격히 바뀌는 "추의 변화^{pendulum swing}", 즉 "테크래시^{techlash}[139]" 현상 때문이라고 답했다. 이어서, 테크 이념 역시 이런 극단적인 흐름에 흔들릴 수 있다고 설명했다.

실제로 2023년, EA 운동과 그 지지자들이 존재론적 위험 개념을 홍보하기 위해 5억 달러 넘게 투자했고, 이들의 사상은 사회적으로 엄청난 주목을 받았다. "인류의 종말140"이라는 경고 문구가 크게 실린 잡지 표지, 데이터 센터 폭격을 주장하는 칼럼141, 그리고 국가 지도자와 기업 CEO들이 한 목소리로 강도 높은 규제 개입을 요구한 각종 AI 포럼들142 등이 사회적 이슈로 떠오른 것이다. 웨이스-블랫 박사는 "서서히, 그리고 어느 순간 갑자기, 온 세상이 AI 공포로 뒤덮였다"고 표현했다. 하지만 그런 분위기는 오래가지 못했다.

사실에 대한 검증이 점점 더 늘어나면서, 많은 사람이 "실존적 위험"이라는 개념이 사실상 "억만장자들이 돈을 대는 변두리 운동fringe movement"에 불과하다는 점을 인식하게 된 것이다. 이에 따라 "몰락이 오고 있다"는 사상이 어떻게 이토록 큰 영향력을 얻게 되었는지에 대해 사회적으로 "응분의 책임"을 묻는 분위기도 싹트고 있다고 웨이스-블랫은 전했다.143

그녀의 이런 예측이 실제로 맞을지는 아직 알 수 없지만, 2024년 초 기준으로 볼 때, 테크 업계와 사회 전체를 둘러싼 공론장의 무게추는 종말론적 예언에서 벗어나, 새로운 "형태의 영성spirituality"이자 '효과적 가속주의effective accelerationism'로 이동한 듯하다. 효과적 가속주의는 AI의 진보가 더 빨라질 수 있고, 또 반드시 그래야 하며, 심지어는 이미 절반쯤은 자비로운semi-benign AI가 우리를 장악했거나 곧 장악할 운명이라는 믿음을 바탕에 깔고 있다.144

사베타이 제비는 한때 세계 유대인의 대부분으로 하여금 자신을 구원자로 믿게 만들었고, 그의 국제적 운동은 천국의 도래와 망자의 부활을 기대하던 오랜 전통에 커다란 변화를 일으키기 시작했다. 그러나 그는 곧 냉혹한 현실과 맞닥뜨렸다. 오토만 제국의 술탄은, 자신보다 더 큰 권력을 주장하는 이가 나타나는 것을 결코 용납하지 않았고, 제비에게 개종하지 않으면 죽임을 당할 것이라고 최후통첩을 내렸기 때문이다.

제비는 결국 공개적으로 이슬람으로 개종해 목숨을 건졌다. 이후 유대인의 예언자를 자처하던 그는 무슬림이 되었고, 술탄의 충직한 신민으로서, 제국 최고위 관직 중 하나인 대재상$^{\text{grand vizier}}$의 개인 영적 조언자를 위한 수석 문지기로 임명되어 일했다. 오늘날 드물게 종교나 학문적 연구에서만 언급될 뿐, 그의 이름은 거의 잊혀진 존재가 되었다.

이렇게 우리는 수백 년이 지난 지금, 거짓 메시아가 어떻게 끝을 맺었는지 알고 있다. AI의 미래에 대해서는 지금 아무도 답을 낼 수 없다. 오늘날의 창업자적 예언자들, 즉 닉 보스트롬, 윌리엄 맥어스킬, 엘리에저 유드코우스키 같은 인물들 역시 이 사실을 누구보다 잘 안다. 이것은, 이들이 자신들의 논리를 원하는 대로 조정하거나, 심지어 그들의 주장 대부분이 실제로 입증 불가능하다는 점까지 이용할 수 있다는 뜻이기도 하다. 우리는, 그들의 말이 사실인지 아닌지 판단할 근거 없이, 결과적으로는 믿어야만 하는 상황에 놓인다.

과연 이들 예언자적 인물의 유산이 앞으로 7세대, 그리고 그 이후의 세대에 걸쳐 어떻게 변화하고 계승될까? 이를 지켜보는 일은 꽤 흥미진진한 일이 될 것이다.

2부

관례

1부에서는 테크가 오늘날 세계에서 가장 강력한 종교가 되도록 만든 세 가지 핵심 신념에 대해 살펴보았다. 먼저, 1장에서는 테크 문화를 지탱하는 사고방식과 가치관이 어떤지, 그리고 이들이 어떻게 일종의 종말론적 신학과 비슷한 성격을 갖는지 살펴보았다. 이어 2장에서는 현재의 윤리적 문제를 깊이 고민하기보다 미래의 수익 기회 예측에 집착하는 테크 세계의 특징에 주목했다. 나아가, 아주 멀고 실현 가능성이 희박한 미래 시나리오에 대한 집착이 현실의 문제에서 눈을 돌리게 하는 종교적 성향과 어떻게 닮았는지 논의했다.

또한, 테크계를 이끄는 예언자적 인물들의 심리를 살펴보고, 이들이 창업하거나 투자한 스타트업이 컬트와 유사한 양상으로 변하는 과정을 분석했다. 이 과정에서 사용자, 직원, 그리고 무고한 주변 사람들까지 희생양이 되는 현실도 짚었다. 마지막으로, 새로운 테크 신의 등장을 향한 믿음이 점점 더 강해지고 있다는 점에 주목하면서, 인공일반지능(AGI)이나 인공초지능(ASI)이 우리의 신념과 헌신, 막대한 자금까지 요구하는 새로운 형태의 신화가 되고 있다는 점을 강조했다.

2부에서는 테크 종교가 어떻게 우리의 삶을 형성하고, 인류 전체의 운명에 결정적인 영향을 미치는 압도적인 힘이 되었는지, 그 구체적인 관행에 초점을 맞출 것이다. 다음 장에서는 우리가 매일—매시간, 매분, 혹은 매초—테크를 사용하는 모습이 마치 열광적인 종교 의식 같다는 것을 다양한 예시를 통해 살펴볼 예정이다. 실제로 하루 평균 200번 가까이 사람들이 전능한 스크린을 바라보는 현상은, 미국인들이 드리는 일일 기도와 비교하면 그 영향력이 훨씬 크다고 할 수 있다. 이어서, 2부의 3장과 4장에서는 테크 종교의 신념과 관행이 결합될 때 비록 그 가능성은 희박하더라도 실제로 종말을 불러올 가능성이 얼마나 되는지, 깊이 있게 검토할 것이다.

본격적으로 논의를 시작하기에 앞서, 우리는 우선 위계질서(hierarchy)와 카스트(caste)에 주목해 볼 필요가 있다. 종교적 전통이 지닌 가장 부정적이고 위험한 측면 중 하나는 바로 경직된 사회 계층 구조라는 점인데, 신앙이라는 명분으로 정당화되고, 경건함이라는 이름으로 강화된 사회 계층 구조는 대부분의 주요 종교에서 널리 나타나는 특징이기도 하다.

이때 테크 문화가, 이러한 원시적 관행으로부터 자유롭다면 더 바랄 것이 없을 것이다. 하지만 실상은 다르다. 테크는 농경 시대가 시작된 이후 대부분의 조직화된 종교에서 나타나는 위계적 사고방식에 깊숙이 물들어 있다.

테크는 실제로 뚜렷하고 위험한 계급 구조 위에 세워져 있으면서도, 겉으로는 모두에게 평등한 능력주의적 유토피아를 지향한다고 내세운다. 이러한 모습은 생물학자 칼 벅스트롬(Carl Bergstrom)이 "인지부조화생성(agnotogenesis)"이라 부른 현상과 맞닿아 있다. 이는 특정 문제나 상황에 대한 규제나 비판을 피하려고 의도적으로 불확실성이나 의심을 만들어내는[1] 전략을 가리킨다.

더 깊이 들어가기 전에 먼저 사연 하나를 소개하고자 한다.

계급과 카스트, 혹은 백인 남성의 천국

테크가 많은 종교와 본질적으로 공유하는 한 가지는 '백인 남성의 유토피아'라는 점입니다. 적어도 미국 사회에선 말이죠. 테크 문화는 백인 남성의 유토피아적 비전에 집착하는 컬트적인 성향을 보이는데, 이는 여성과 유색인종의 권리를 근본적으로 박탈하고 위험에 빠뜨립니다.

- 이제오마 올루오 Ijeoma Oluo,
『So You Want to Talk About Race(인종에 관해 이야기하고 싶다고요?)』(Seal Press, 2019)

종교에는 계급이 있다

2020년 1월, 나는 샌프란시스코에서 막 벤처투자가의 길을 걷기 시작한 친구 마일즈 라세터 Miles Lasater의 넓은 거실에 앉아 있었다. 평균보다 키가 크고 탄탄한 체격에, 짙은 금발과 밝은 미소를 띤 그는 앤드루 양 티셔츠를 입고 내 가족과 나를 환영했다. 마일즈는 부동산업자가 '햇살이 가득하다'고 표현할 만한 단독주택 2층으로 우리를 안내해 주었다. 오랜만에 자유롭게 이야기를 나눌 수 있도록, 아이들은 보모가 돌보고 있었다. 마일즈와 나는 꽤 오랜만에 만났고, 그사이 많은 변화가 있었다.

2010년대 초, 마일즈와 내가 처음 만났을 때 그는 코네티컷 주 뉴헤이븐New Haven에서 목적의식을 지닌 테크 창업자로서 놀라운 성공을 거두고 있었다. 닷컴 붐이 일던 대학 시절, 예일대 컴퓨터과학과 학부생이었던 마일즈와 두 친구는 '하이어 원Higher One'이라는 스타트업을 기획했다. 이 회사는 진화하는 기술을 앞서 도입해 대학생들이 새로운 방식으로 금융 지원 서비스를 이용할 수 있도록 해주었고, 곧 큰 성공을 거뒀다.

마일즈는 연 매출 2억 달러를 넘기고, 750명이 넘는 직원을 거느린 기업의 경영자로 성장했으며, 하이어 원은 뉴욕 증시에 상장되었다. 그는 이 일을 자신의 소명이라 여기며, 개방성과 윤리의식을 회사 문화의 핵심 가치로 삼았다. 하이어 원은 급속한 성장뿐 아니라, 전국에서 일하고 싶은 직장으로도 손꼽힐 만큼 높은 평가를 받았다.

이후, 서른이 되기 전에 마일즈는 '엔젤 투자자angel investor'라는 타이틀을 이력에 추가했다. 서른다섯 살에는 남편이자 아버지로 자리 잡았고, 사회에 부를 환원하며 더 나은 세상을 만들고자 하는 계획을 실현하는 테크 분야와 자선 사업계의 지도자로 성장했다.

바로 그 시점에서 내가 그의 삶에 들어가게 되었다. 이때의 마일즈는 고등 교육을 받고 나름의 철학을 품은 많은 젊은이처럼, 세속주의secularism, 인본주의humanism, 무신론atheism, 그리고 이와 관련된 사상들에 관심을 두고 있었다. 종교 없이도 도덕적으로 살아갈 수 있다는 생각은 인류사 전반에 걸쳐 다양한 모습으로 존재해 왔지만(이에 대해서는 내 전작 『Good Without God』에서 자세히 다룬 바 있다), 마일즈의 비즈니스가 크게 성공하면서 인본주의와 무신론의 인기도 자연스럽게 높아졌다. 인간적 가치와 긍정적 조직문화를 중시했던 마일즈는 인본주의적 윤리의식에 끌렸고, 나처럼 인본주의 및 무신론 관련 조직을 이끄는 이들과 적극적으로 대화를 시도하는 21세기 성공한 테크 CEO들 중 한 사람으로 남게 되었다.

마일즈는 나와 처음 점심을 먹는 자리에서 초창기 아이폰을 꺼내 음식 사진을 찍었는데, 이 모습은 내게 매우 인상적이었다. (그가 훗날 하버드 인본주의 사제직에 100만 달러에 가까운 기부를 하게 된 계기도 이 자리에서 나온 이야기였다.) 나는 그 행동이 칼로리 섭취량을 기록하기 위한 똑똑한 방법이라고 생각했지만, 마일즈는 "사실 마음챙김mindfulness을 실천하는 거예요"라며 진지하게 설명했다. 순간 나는 그처럼 '현재에 집중하는 태도'가 부족하다는 사실이 살짝 부끄러웠다.

그 일을 계기로 나는 마일즈를 결혼식에 초대했고, 점차 그를 친구로 여기게 되었다. (당시 나는 마일즈가 창업한 하이어 원이 연방준비제도에 "기만적 마케팅 방식"으로 "학생들이 학자금 지원 기금에 접근하는 데 수수료를 내도록 오도한" 혐의로 언론에 오르내리고 있다는 사실조차 몰랐다.) 이후 2014년 12월, 마일즈는 우리 조직에 상당한 액수를 기부해 당시 최대 기부자가 되었고, 하이어 원을 떠났다.

2020년 1월, 나는 마일즈를 오랜만에 만났다. 우리는 서로 얼굴을 보는 것은 물론, 제대로 대화를 나눈 지도 몇 해가 지난 상태였다. 당시 하버드의 인본주의 센터가 문을 닫으면서, 나는 기금 모금 활동을 중단한 상태였고, 마일즈는 뉴헤이븐의 집과 예일대 인본주의 센터 운영을 모두 정리하고, 가족과 함께 샌프란시스코로 이주해 벤처 자본 및 투자 분야에서 새로운 경력을 시작하고 있었다.

최근 그는 "벤처 자본은 무엇이 잘못되었는가"라는 흥미로운 제목의 구글 닥을 크라우드소싱 방식으로 운영하며, 벤처 자본 업계 동료들과 이 업계의 다양한 문제를 함께 논의하고 있었다.[1]

이야기가 한창 무르익을 무렵, 마일즈의 아이들이 갑자기 방 안으로 뛰어 들어왔고, 그는 시계를 흘끗 보며 바쁜 기색을 드러냈다. 그 모습을 보고 나는 '역시 리더들은 늘 바쁘구나' 하고 실감하며, 이 책의 핵심 아이디어를 가능한 한 간결하게 설명했다.

"궁극적으로, 저는 종교의 대안을 만들겠다는 생각을 접었어요." 나는 이렇게 설명했다. "테크 자체가 이미 하나의 종교가 됐다고 확신하게 됐기 때문이에요."

이에 마일즈는 특유의 주의 깊은 표정으로 내 이야기를 몇 분간 들었으며, 곧 간결하지만 인상 깊은 반응을 내놓았다. "흥미롭네요."

그리고는 고개를 약간 갸웃하며, 어딘가 회의적인 미소를 지었다. "그런데 테크가 정말 종교와 같은지는 잘 모르겠어요. 종교에는 계급이 있잖아요."

우리는 이 주제를 깊게 논의하지 못했다. 이미 그와의 약속 시간이 다 되었기 때문이다.

※

내가 이 이야기를 굳이 꺼내는 이유는 마일즈를 비웃거나 폄하하려는 데 있지 않다. 나는 여전히 그를 친구로 생각한다. 우리는 그저 함께 대화를 나눴을 뿐이고, 나는 그 대화를 녹음하지 않았다. 그로부터 2년이 훨씬 더 지난 후, 나는 이 기억을 더듬어 글로 옮기면서 실명을 밝혀도 되느냐고 그에게 물었다. 그러면서 그 일화가 완전히 긍정적으로 비칠 내용이 아닐 수 있음도 분명히 알렸다. 그럼에도 불구하고, 그는 내 기억을 신뢰한다고 하면서 자유롭게 써도 괜찮다고 허락해 줬다.[2] 나는 그의 솔직함을 진심으로 인정하고 존경한다.

그럼에도 불구하고, 여기서 내가 강조하려는 요점은 마일즈가 잘못 생각했다는 것이고, 누구보다도 그가 이런 현실을 잘 알았어야 했다는 점이다. 그렇다. 종교에는 분명한 계급 구조가 존재하고, 이는 테크 산업 또한 마찬가지다.

이 장에서는 테크가 종교 못지않게 극단적인 위계 구조를 지니고 있을 뿐만 아니라, 테크에서 계급 구조가 형성된 이유 역시 종교와 본질적으로 유사하다는 점을 주장하려고 한다. 즉, 테크의 계급 구조는 소수의 삶을 더 편하게 만들기 위해 다수의 삶을 더 어렵게 만드는 구조라는 것이다. 이러한 점에서 세속적 계급과 종교적 계급은 여러 측면으로 닮아있다.

억압을 받는 쪽이든, 억압을 하는 쪽이든, 누구도 본능적으로 착취적 사회 구조를 자연스럽게 받아들이거나 당연하게 여기지 않는다. 그래서 테크의 계급 구조 역시, 종교의 계급 구조와 마찬가지로 모든 관련자가 이런 구조를 자연스럽고 당연한 것으로 느끼도록 만드는 교묘한 신화의 뒷받침이 필요하다.

종교와 테크 모두 자신들의 계급 구조를 정당화하는 데 두 가지 신화를 사용한다. 첫째는, 기존의 사회 계층이 오로지 능력에 따라 정당하게 분화된 것이라고 믿게 만드는 신화다. 둘째로, 사회적 계급 구조가 실제로는 존재하지 않거나, 존재한다고 해도 우리가 인식하는 것만큼 나쁘지 않다는 믿음을 불어넣는 신화다. 이 두 가지 담론은 얼핏 보면 모순적으로 느껴질 수 있는데, 이는 의도된 전략이다. 실제로 고대 이래 신화적 종교 경전들도 이런 식으로 표면상 논리적 모순을 품어 왔으며, 주장 뒤에 "진실은 이성이나 논리로는 다 담아낼 수 없으며, 형언하기 어렵다"는 식으로 논리적 도전을 피해 왔다.

나는 이 장의 마지막에서 테크 불가지론tech agnosticism이 현대 테크 산업의 종교적 계급 구조를 이해하고, 나아가 그것을 극복하는 데 어떻게 도움이 될 수 있는지 설명하고자 한다. 테크 불가지론자로 산다는 것은 테크와의 관계에서 늘 양면적인 태도를 유지해야 한다는 뜻이다. 즉, 테크를 계속 활용하고 그 시스템에 정당하게 참여하면서도, 동시에 테크가 만들어낸 위계 구조에 맞서 싸워야 한다. 이 두 가지를 모두 해낸다는 것은 결코 쉬운 일이 아니며, 어떻게 완벽하게 해낼 수 있는지 정확한 해답을 아는 사람은 없다—나 역시 마찬가지다. 그럼에도 불구하고 우리 각자는 진정성 있는 균형점을 찾아야 하고, 또 이를 위해 부단히 노력해야 한다.

그에 앞서, 우선 종교적 계급 체제가 무엇인지, 어떻게 탄생했는지, 그리고 그것이 궁극적으로 어떤 목적을 위해 작동하는지 간단히 살펴보자.

종교적 계급에 관하여

종교적 계급이란, 어떤 소수 집단이 다른 집단보다 우월하다거나, 일부 사람들은 그 소수를 위해 봉사하기 위해 존재한다거나, 혹은 최소한 어떤 소수가 더 많은 권리를 가졌다는 전제를 바탕으로 사회와 인간관계를 조직하는 체계를 말한다. 계급 구조는 대개 종교라는 훨씬 더 거대한 시스템과 맞물려 깊게 뿌리내려 있기 때문에, 오늘날의 관찰자가 볼 때 계급 질서는 종교 시스템을 일관되게 조직하는 내부적 논리와 맞닿아 있다고 생각하기 쉽다.

한 예로, 남성만이 여성에게 허용되지 않는 방식으로 기도를 해야 할 의무(그리고 권리)가 있다는 유대교의 법률이 바로 그러하다. 이러한 분업은 성별에 따라 필요하고 합리적이라고 여겨지기도 하며, 어떤 사람들은 그 근원이 아담과 이브에 대한 신의 의지로 거슬러 올라간다고 믿는다.

반면, 그렇게 신학적으로 포괄적인 설명에 반드시 동의하지 않더라도, 종교법 제정자들이 '성별'과 인간성의 생물학적·심리학적 본성에 대한 통찰에서 출발해 그들에게 판결을 내렸으며, 그 결정이 당시에는 정당화됐다고 생각할 수도 있다. 다만, 그 정당성이 지금까지도 유효한지는 별개의 문제로 남는 경우도 많다.

하지만 특정 소수를 영적으로 공인된 계급적 범주에 배치한 선택이 언제나 논리적이었던 것은 아니다. 사실 이는 삶이 어렵다는 현실에서 비롯된 것으로, 인류가 고안한 가장 오래된 어려움 해결 전략 중 하나다. 즉, 누군가에게 자기 대신 더 많은 부담을 떠넘기는 것이다. 예를 들어, 백인 유럽인들의 단기적 이익을 위해 흑인 아프리카인들은 무보수 노동을 제공해야 했고, 원주민들은 땅을 빼앗겼다. 또한 인도에서는 브라만 계급이 '불가촉천민 untouchable' 계급의 억압과 복종을 바탕으로 물질적 이득을 챙겼다. 결론적으로, 세계 거의 모든 종교에서 남성은 여성을 하위 계층에 두면서 성적 만족, 노동 부담 감소, 자녀 양육권 등 다양한 실질적 이점을 얻어왔다. 예시는 이보다 훨씬 더 많다.

여기에서 중요한 점은, 이렇게 계급적 질서를 노골적으로 명문화하는 데에는 치명적인 단점이 있다는 것이다. 신의 뜻이라는 권위가 뒷받침되지 않는 한, 이런 시스템에 순순히 복종할 사람은 많지 않을 것이다. 특히, 그런 체제의 "수혜자들beneficiaries*"조차 자신들이 신의 의지나 위대한 계획에 따라 행동하고 있다는 확신이 없으면, 권위는 물론이고 스스로의 존엄과 자존심을 지키기도 쉽지 않았을 것이다. 그렇기에 이런 사회 구조를 정당화할 수 있는 교리적 설명이 만들어지고, 신학이 발명되었다. 이를 통해 스스로 그 질서를 확신했으며, 다른 이들에게 무력을 동원해서라도 설득했다. 이런 지배와 착취의 충동이 먼저 작동했고, 그 뒤에야 복잡한 제도와 논리가 덧붙여졌던 것이다.

이런 변화를 깊이 있게 분석한 대표적 인물로는 최근 세대에서 가장 혁신적인 종교학자 중 한 명으로 꼽히는 시카고 신학대의 조너선 Z. 스미스Jonathan Z. Smith다. (참고로, 스미스 교수는 2017년 작고하기 전까지, 긴 머리와 수염, 품격 있는 쓰리피스 정장 차림으로 수십 년간 학생들을 가르쳤다. 컴퓨터를 전혀 사용하지 않았고, 전화기를 경멸했으며, 휴대폰을 '죄악abomination'이라고 부르기도 했다.)

스미스에 따르면, 종교의 가장 기본적 요소 중 하나는 "우리가 실제로 행동하는 것과 우리가 말하는 것 사이의 간극을 합리화하는 능력"이다.³ 즉, 사람들이 실제로 바라는 것(안락함, 즐거움, 존경 등)과, 남들 앞에서 보이고 싶은 자기 모습 혹은 스스로 이해하고 싶은 '이타적이고 고귀하며 윤리적인 자기상' 사이에는 큰 간극이 존재하는데, 종교는 이 두 사이의 차이를 근본적으로 동일하다고 설명하고, 그 간극을 메우려 한다는 것이다.

---

* "수혜자들"이라고 강조한 이유는 그러한 계급 체제가 장기적으로는 누구에게도 도덕적으로나 정신적으로 유익하다고 생각하지 않기 때문이다. - 옮긴이

결국, 우리 안에 있는 모습과 우리가 되고 싶은 모습 사이에 모순이 없다고 말하며, 그런 모순이나 결함(실패나 죄악)마저도 신성화하고 정화하는 의식ritual을 통해 신의 은총을 부여한다고 이야기한다. 스미스의 표현대로라면, 종교와 의식은 "현실과 이상 사이의 의식적인 긴장 상태에서, 세상이 마땅히 존재해야 할 방식으로 행동하는 수단4"이다.

이런 맥락에서 사회적 계급 역시 종교적인 현상이 된다. 그 계급 구조로 얻는 이익과 자신이 가진 이상적인 자기상 사이의 불일치를 신학적 믿음이 메워주기 때문이다. 앞서 설명한 심리적 기제들과 신화들은, 앞으로 테크 영역에서도 유사하게 작동하여 테크의 강력한 계급 체제를 정당화할 것이다.

내 주장을 펼치기 전에, 먼저 주의와 겸손의 말을 전하고 싶다. 사실 이 장은 내게도 딜레마로 다가온다. 그렇기에 나는 테크 세계의 계급적 본질을 탐구하면서 다른 연구자들의 저작을 많이 참고할 수밖에 없었다. 이는 단순히 기술과 종교를 비교하려는 시도에 국한되지 않고, 현대 기술의 역사와 문화를 깊이 이해하려는 시도에 불가피하게 요구되는 접근이라고 생각한다.

그렇기에 나는 다른 이들의 연구에 의존하면서도, 두 가지 점에 대해 조심하고자 했다. 첫째, 나는 소외된 공동체 구성원들이 실제로 겪는 문제들에 대해 언급할 것이며, 그들이 겪는 차별과 소외의 구조 안에서 나 역시 일정 부분 특권과 혜택을 누려왔다는 점을 솔직히 인정할 것이다. 둘째, 내가 이 분야의 전문가는 아니기에, 테크 분야 계급 체제와 관련된 논의를 펼치면서 대체로 여성이나 유색 인종 연구자들이 쓴 깊이 있고 방대한 저작을 인용할 것이다. 나는 결코 그들의 공을 가로채려는 의도가 없음을 밝히고 싶다.

이런 이유로 이 장을 책에서 제외해야 하나 고민하기도 했지만, 그렇게 하는 것이 내 주장에도, 독자에게도 옳지 않다고 결론 내렸다. 오히려 이 문제들을 결코 외면해서는 안 되는 만큼, 내 목소리와 시각이 테크계의 편견과 편협함을 인식하고, 궁극적으로 바로잡는 데 기여하도록 최선을 다해보려 한다.

테크 분야의 감춰진 어두운 면

내 친구 마일즈 라세터의 발언을 직접 짚어보자. 테크 분야에 과연 계급, 위계 구조가 있는가? 어떤 독자들에게는 너무나 자명하게 느껴질 수도 있지만, 실제로는 여전히 논란의 여지가 있는 질문임을 인정한다. 내가 굳이 이 장을 마일즈의 이야기로 시작한 이유는 분명하다. 아무리 사려 깊고, 고등 교육을 받았으며, 철학과 윤리 문제에 깊은 관심을 가진 테크 리더라고 할지라도, 오늘날 강력한 영향력을 가진 테크 산업이 수평적이고 평등하며 능력만으로 돌아간다고 착각할 수 있음을 보여주고 싶었기 때문이다.

이런 견해를 가진 사람은 마일즈만이 아니다. 테크 업계의 매우 부유한 이들—세계 상위 100대 테크 부자들—사이에서 이런 관점은 널리 퍼져 있다. 2021년 사회학 연구에 따르면, "테크 엘리트들은 미국 내 일반 트위터 사용자들보다 훨씬 강한 능력주의적 세계관을 가지고 있다"고 한다.[5]

하지만 이런 엘리트들의 세계관이 과연 현실에 맞는 걸까?

이제 채용, 고용, 보상에서 실제로 인종과 성별에 따른 위계가 존재하는지 구체적인 증거들을 살펴보고자 한다.

미국 평등고용기회위원회EEOC6의 분석에 따르면, 대규모 테크 기업들은 다양성diversity, 형평성equity, 포용성inclusion 측면에서 전체 민간 기업 평균보다 훨씬 뒤처진다. 물론, 미국의 다른 민간 기업들 역시 결코 모범적인 기준을 세운 것은 아니다. 테크 기업들은 백인(68.5% vs. 63.5%), 아시아계(14% vs. 5.8%), 남성(64% vs. 52%)의 비중이 더 높은 반면, 아프리카계 미국인(7.4% vs. 14.4%), 히스패닉계(8% vs. 13.9%), 여성(36% vs. 48%)의 비율은 낮다. 임원 비율만 봐도, 전체 민간 기업 임원 중 83%가 백인, 71%가 남성인데, 빅테크에서는 이 수치가 각각 83%, 80%에 달한다.7

그렇다면 기술 분야의 흑인 리더십은 어떠할까? 주요 산업 분야 전반에서 그 실태는 매우 좋지 않다. 「유에스에이투데이8」가 스탠다드앤푸어스Standard & Poor's 100대 기업(이 중 대다수는 어느 정도 기술 기업의 성격을 지닌다) 가운데 50대 대기업을 분석한 결과, 임원 명단proxy statements에 등재된 모든 임원 중 흑인은 단 5명(1.8%)에 불과했으며, 이 중 두 명은 최근에 은퇴했다. 이런 결과는, 스스로 "사람들을 더 가깝게 만든다bringing us closer" 또는 유사한 그럴듯한 명분을 내세우며 사회적 기여와 가치를 자처하는 테크 기업에 결코 변명의 여지가 되지 않는다.

벤처 투자가 리처드 커비Richard Kerby는 벤처 투자업계의 다양성과 투자금 분포를 분석하며 다음과 같이 지적했다. 벤처 캐피탈리스트의 95%가 백인 또는 아시아인일 뿐 아니라, 하버드나 스탠포드(혹은 양쪽 모두) 출신이 40%를 차지한다는 것이다.

다른 기준으로 보면 그 격차는 더 심각하다.9 VC 기업을 단순히 직원 수뿐 아니라 파트너십과 소유 구조까지 고려해 분석하면, 전체 벤처 자본의 93%가 백인 남성, 3%는 백인 여성, 그리고 나머지 범주에 해당하는 투자자는 1%도 채 되지 않기 때문이다.[10] 이런 계층화가 아직 충격적으로 느껴지지 않는다면, 더는 할 말이 없다. 그런데도, 이런 불평등을 가장 절실하게 마주해야 할 많은 리더가 그 심각성을 제대로 인식하지 못하고 있다.

부유한 테크 창업자들은 자신의 특권이 공평한 기회에서 비롯된 것이라고 말하는데, 이는 대체로 거짓말이 아니다(물론 일부는 부정직한 사람도 있을 것이다). 그러나 이들은 현실과 이성, 그리고 진실을 희생한 채 자신의 선함, 진정성, 능력만을 강조하는 대안적 세계관에 갇혀 있다. 부유층의 능력주의적 세계관을 연구한 학자들도 지적하듯, 큰 부는 때때로 민주주의와 평등에 헌신한다고 믿는 이들이 정작 그 가치에 반하는 행동을 하면서 자신만은 옳다고 믿게 만들거나, 자기기만을 조장한다.

이것이 위선일까? 저자들은 그런 요소 역시 있음을 인정하면서도, 오히려 선의를 갖고 살아가고자 하는 테크 리더들이 자신을 칭송하고 동조하는 주변 환경에 둘러싸여 점점 자기최면에 빠지고, 본능적으로 자기 이익을 좇게 되는 것이라고 설명한다. 이것이야말로 진짜 현실이며, 이들이 지지하는 많은 정치적, 자선적 대의에 대한 선교적 헌신 또한 이러한 구조에서 나온다. 동시에, 테크 엘리트들은 자기 활동이 어떻게 민주적 평등을 해치는지(비록 의도하지 않았더라도) 제대로 인식하지 못하는 일이 많다. 어떤 이는 이런 인식 부족을 '특권층에 속하지만 본질적으로 불안정한 엘리트의 허위의식'이라고 부르기도 한다.[11]

계층화되고 계급적인 테크 부와 권력의 핵심에 자리한 '거짓 의식'은, 종교적 계급 체제의 본질과 다르지 않다. 사람들이 동료 인간을 지배하고 통제할 수 있게 된 어느 곳—마을이든, 도시든, 제국이든—에서든, 권력을 가진 자는 언제나 자신을 선한 힘으로 보이려 한다. 이는 실제로 그들의 행동이 대다수 사람의 삶을 악화시키는 상황에서도 마찬가지다. 종교와 테크, 그리고 내가 '테크 종교'라고 부르는 영역 모두에서 이러한 진정성과 착취의 결합은 계급 체제를 강화하고 동시에 은폐하는 역할을 해왔다.

이처럼 눈에 띄는 사회적 계급 구조가 어떻게 아무렇지도 않게 숨겨질 수 있는지, 또 어떤 경우엔 지식인들조차 이를 제대로 인식하지 못하는지 비현실적으로 느껴질 수 있다. 이는 역사상 가장 강력하게 작동했던 종교적 계급 구조, 즉 인도의 카스트 제도caste system를 테크 세계와 비교해 보면 여러모로 참고가 될 것이다.

테크 카스트?

카스트는 사회적 계급화의 한 형태로, 일부에게는 사회적·정치적 특권을 주고, 다른 이들은 배제하는 결과를 초래하는, 종교적이면서도 사회적으로 결정된 계급적 지위 체계이다.12 주로 인도 사회에 널리 퍼진 카스트 제도는 힌두교의 성직자 계급인 브라민Brahmins을 사회적 계급의 정점에 두고, 그다음으로 왕족이나 전사 계급, 상인 계급, 마지막으로 노동자나 농민 계급을 둔다. 여기서 달리트Dalits, 흔히 "불가촉천민untouchables"으로 불리던 이들은 최하위 계급에 속하며 사회의 이단자로 취급받는다.

"불가촉천민" 개념은 1950년 인도 헌법에서 공식적으로 금지되었지만, 수백 년간 이어진 관행은 오늘날까지도 2억 명이 넘는 인도 달리트에게 영향을 미치고 있다. 최근에는 미국이나 다른 부유한 나라

에 달리트 출신 인구가 점차 늘고 있는데, 그들은 대학생으로 유학을 오는 경우가 많다.[13]

나 역시 두 대학에서 사목으로 일하면서 달리트 배경의 학생들과 대화할 기회가 있었는데, 그들은 치명적일 정도로 심한 편견, 배제, 편협함을 경험했다고 들려주곤 했다.

인도의 카스트 제도는, 2~3천 년 전까지 거슬러 올라가는 힌두교의 초기 경전인 '마누스므리티Manusmriti'가 사회를 네 계급으로 분류하며 그 시스템을 "사회 질서와 일관성의 기반[14]"이라고 정당화하고 있지만, 실제 그 기원은 알기 어려울 정도로 오래되었다. 불가촉천민의 개념 역시, 수많은 연구자가 그 뿌리와 본래 목적을 논의해 왔으나, 비교적 나중에 등장한 것으로 추정된다. 그러나 분명한 것은, 인도의 힌두 카스트 제도야말로 신의 이름으로 정당화된 억압적 사회 계급 가운데 가장 공식적이고 오래된 시스템이라는 점이다.

그런데, 계층을 세습적으로 폄하하거나 더럽혀졌다고 간주하고, 특정한 천한 일에만 어울린다며 "불가촉천민"과 유사한 위치로 격하시키는 시스템은 인도뿐만이 아니라 세계 곳곳에 존재했다. 예컨대 유럽의 로마니Romani, 소위 '집시Gypsy'로 불리는 이들이 그 한 예이며, 중국, 일본, 한국, 티벳, 예멘, 나이지리아 등 다양한 나라에서도 세습적으로 소외된 집단들이 존재했다.

실제로 '카스트caste'라는 용어는 인도어에서 유래한 것이 아니다. 이 단어는 "순종pure breed"을 뜻하는 포르투갈어 "카스타casta"에서 비롯되었다.[15]

미국에서는 성경에 나오는 함Ham의 저주 이야기가 흑인의 억압과 노예화를 정당화하는 데 이용되었는데, 실제로 창세기에 등장하는 노아의 아들 함이 "아버지의 벌거벗은 몸"을 본 것 이외에는 하나님께 어떤 다른 "죄^{sinned}"를 저질렀는지 불분명했으며, 그의 인종이나 피부색에 대한 언급도 전혀 없지만, 이러한 사소한 사실들은 흑인을 예속하려는 이들에게 기회가 되었다.[16]*

심지어 21세기까지도 함의 저주라는 개념은 몰몬교$^{Mormon\ Church}$에서 흑인을 성직자에서 배제시키는 용도로 활용되었다.[17] 많은 사람이 카스트라는 개념을 인도처럼 먼 곳에만 존재하는 현상으로 여기고 있지만, 실제로는 지금까지도 그 현상이 미국 안에서도 매우 활발히 작동하고 있는 것이다.

『카스트』(알에이치코리아, 2022)의 저자 이저벨 윌커슨$^{Isabel\ Wilkerson}$은 "미국은 숨겨진 비밀을 가지고 있습니다. 카스트 제도예요. 집이라는 물리적 장소에서 못^{studs}과 들보^{joist}처럼 눈으로 볼 수는 없지만 이들이 매우 중요한 것처럼, 카스트 제도 역시 미국 사회의 중요한 일부죠. … 카스트를 바라보는 것은 마치 이 나라의 엑스레이 사진을 빛에 비춰보는 것 같다고 생각합니다[18]"라고 말했다.

퓰리처상을 받은 최초의 아프리카계 미국인 여성인 윌커슨은, 미국의 불평등과 착취의 역사는 일련의 무작위한 사건들의 집합이 아니라, 하나의 시스템의 결과로 이해해야 한다고 지적했다. 그리고 그 시스템을 단순한 인종차별주의―냉소적 정치와 결합한 맹목적 증오―로만 파악하는 것은 충분하지 않고, 오히려 더 집중적이고, 더 복합적이며, 종교적인 차원을 지닌 무엇으로 보는 것이 적합하다고 주장했다.

---

* 함의 저주는 구약성서 창세기 9장에 등장하는데, 이는 노아가 자신의 세 아들 중 하나인 함을 저주한 사건을 가리킨다. 전통적으로 노아의 세 아들 중 셈은 황인종, 함은 흑인종, 야벳은 백인종의 조상이라는 설이 전해 내려오고 있다. 특히 흑인종이 함의 후손이라는 믿음은 미국에서 노예제를 정당화하는 논리로 사용되어 왔다고 여러 미국 역사학자는 지적한다. ― 옮긴이

윌커슨은 여러 사회 시스템에서 공통적으로 드러나는 카스트의 여덟 개의 주요 기둥 또는 특징들에 대해 설명하면서, 그 중 첫 번째로 신의 의지—즉, 사회적 계층은 인간의 권위나 선택을 넘어서는 것이며, 우주와 모든 존재를 규정하는 법칙에 닿아 있다는 믿음을 꼽는다.

윌커슨의 분석에 따르면, 민주주의와 평등을 간절히 바랐던 미합중국 헌법 제정자들의 진심과 열정적인 호소에도 불구하고, 미국 사회를 병들게 하는 것은 여전히 '어떤 사람들은 더 낫고, 더 자격이 있으며, 더 인간적이다'라는 반(半)조직적이고 semiorganized, 악의적 신념이 직접적으로 작동한 결과라는 것이다.

이렇듯 윌커슨이 묘사하는 위계에 대한 믿음은, 그 강도가 같지는 않더라도 테크 집단에서 발견되는 논리와 닮아 있다. 나는 테크의 계급 체제가 완전한 카스트 제도에 해당한다거나, 역사상 여러 종교적 계급 체제들이 그 단계까지 이른 적이 있다고 주장하고 싶지는 않다. 실제로 윌커슨은 진정한 카스트 제도의 대표적 사례로 세 가지를 꼽는다. 그것은 1천 년 이상 이어져 온 인도의 카스트 제도, 비극적으로 단기간에 이루어진 나치 독일의 카스트 제도, 그리고 형태를 바꾸며 말없이 지속되는 미국의 인종 기반 카스트 피라미드다.[19]

이런 특정 계급의 사람들과 다른 계급이 접촉할 수도 없는 제도, 수용소, 학살, 구조적 대량 학살이나 노예제로 대표되는 체제와 테크 문화를 동일시하는 것은 무책임할 수 있다.

그러나 종교계에는 카스트 제도만큼 극단적이지는 않더라도 심각하고, 탐구할 가치가 충분한 압제적이고 위계적인 시스템들이 다수 존재한다. 실제로 그 사례를 모두 열거하기 어려울 정도다. 기독교, 유대교, 이슬람교, 힌두교, 불교, 그리고 다른 여러 종교 전통과 공동체에서는 여성에게 성직이나 신성한 지위를 허락하지 않는 관행이 오랜 세월 이어져 왔으며, 여성과 LGBTQ+에 대한 차별과 편견 역시 꾸준히 반복되어 왔다.

더불어, 많은 종교 안에는 뚜렷한 계급 구분이 존재하는데, 인도의 카스트 제도 아래 수천 개의 카스트와 하위 카스트, 그리고 바르나 varna라는 주요 범주 안에 다시 복잡한 구분이 있듯이, 종교적 위계 체계도 각 단계마다 세밀하게 설계된 계층 구조를 내포하고 있다.

유대교에서는 제사장 계급인 코하님 Cohanim과 준제사장 계급인 레위인 Leviim이 유대 사회에서 오랜 기간 동안 높은 지위를 차지해 왔다. 세속 인본주의 랍비인 내 친구 아담 샬롬 Adam Chalom이 말했듯, 예루살렘의 고대 성전은 동심원 구조로 지어져, 그 자체가 종교적 위계 체제의 상징이며, 실질적인 구현이었다. 이 성전에서 가장 안쪽에 위치한 최내부 성소인 성역 Holy of Holies은 오직 대제사장 high priest만이 들어갈 수 있었으며, 그 바깥뜰에는 코하님(제사장)이 접근할 수 있었고, 그 바깥 동심원 구조로는 차례로 레위인 Levites, 유대인 남성 Judean men, 유대인 여성 Judean women, 그리고 맨 끝으로는 비유대인인 '백성들 the nations'만이 들어갈 수 있었다.

요약하면, 계급적 사회 체제를 카스트 제도라고 부르는 것은 복잡할 수 있으며, 종교적 계급의 오랜 역사와 그 깊이를 인식하는 일은 분명하고 명확해야 한다.

그렇다면 테크 분야의 계급 구조 역시 종교적 성격을 띤다고 가정했을 때, 그것은 어떤 종류의 종교적 목적을 위해 기능하는 것일까?

백인 남성들의 유토피아

샌프란시스코에서 마일즈를 만난 지 며칠 뒤, 나는 렌트카를 몰고 워싱턴 주 시애틀을 지나 북쪽의 쇼어라인Shoreline 시로 향했다. 이 지역은 아마존을 비롯한 신흥 부의 영향으로, 여기저기 화려한 건축물들이 들어서 있었고, 도시 전체가 일종의 과시적 분위기에 휩싸인 듯했다.

그러나 5번 주간 고속도로를 따라 쇼어라인에 가까워질수록, 도로 옆에는 텐트나 파티오 우산, 방수포 등으로 만든 임시 거처들이 줄지어 서 있었다. 그 사이로 수십 개의 쇼핑 카트와 재활용 쓰레기통들이 보관함이나 가구처럼 수백 미터에 걸쳐 길게 늘어서 있는 진풍경이 펼쳐졌다. 그것은 내가 살아오는 동안 직접 본 노숙자 집단 거주지 중에서도 단연 손꼽힐 만한 규모였다.

이 광경을 보며, 나는 과거 종교 간 학생 그룹을 이끌었던 시절, 이러한 임시 거주지에서 진행했던 연구와 자원봉사 경험을 자연스럽게 떠올렸다. (6장에서 다룰 캘리포니아 산호세의 거대한 애플 캠퍼스 인근 노숙자 거주지도 이때 생각났다. 산호세의 임시 거주지들은 내 눈앞에 펼쳐진 쇼어라인의 풍경보다도 거대했다.)

내가 쇼어라인에 간 목적은 작가 이제오마 올루오Ijeoma Oluo를 만나기 위해서였다. 그녀의 저서 『인종 토크So You Want to Talk About Race』(책과함께, 2017)는 현대 미국 사회에서 인종적 정의를 논의할 때 가장 영향력 있는 책 중 하나로 손꼽힌다.

우리는 그녀의 집에서 그리 멀지 않은 쇼어라인의 '원 컵 커피One Cup Coffee'에서 만남을 가졌다. 이곳은 '수익 그 이상more than profit'을 추구하는 소박한 커피숍으로, 가게 앞 공간을 교회와 함께 사용하고 있으며, 길 아래에는 메타돈^{methadone} 클리닉이 자리하고 있었다.

초기 밀레니얼 세대인 올루오는 시애틀이 첨단 기술 도시로 빠르게 변모하던 시기를 직접 겪었으며, 이후 10여 년간 각종 기술 업계에서 근무하며, 판매 업무부터 맨손으로 회로판을 뽑아내는 현장 일까지 다양한 역할을 소화하다가 전문 작가로 전향하게 되었다.

우리는 간단히 서로를 소개한 뒤, 커피와 차를 마시며 대화를 이어갔다. 올루오는 "많은 사람이 기술 업계에서 인종과 인종차별주의에 대해 논의하는 것을 과소평가합니다. 하지만 저는 이보다 더 중요한 논의의 장은 없다고 생각해요."라고 말했다. 그녀는 인터넷과 테크 문화가 미국 사회에서 인종과 인종차별주의를 어떻게 양극단으로 드러내는지 직접 체감하며 자랐고, 그것이 "나와 내가 사랑하는 사람들에게 영향을 미쳤다"고 설명했다.

처음에는 그런 영향이 누구나 겪는 일반적인 일이라고 생각했지만, 시간이 지나면서 그녀는 자신이 직면했던 더 구체적인 위협을 마주하게 되었다. 예를 들어, 작가로서 온라인에서 흔히 접하는 익명의 위협이나, 한 젊은 백인 남성이 사실과 다른 그럴듯한 내용으로 그녀의 가족을 고발하는 바람에 가족 전체가 안전에 위협을 느꼈던 일 등이다. 또 이듬해에는 대화 도중 누군가 그녀의 집에 방화까지 저지르는 바람에, 예정했던 중요한 토론이 중단되기도 했다.

이런 위협적인 사건들이 있기 전까지, 그녀는 내 질문에도 진지하게 참여하며 논의에 적극적으로 임해주었다.

"제가 보기엔, 테크가 많은 종교와 근본적으로 닮아 있습니다. 한 예로, 미국에서는 테크가 백인 남성의 유토피아로 작동하는 것입니다. 테크 업계는 여성과 유색 인종의 권리를 약화시키고 위협하는, 백인 남성 중심의 유토피아적 비전에 집착하는 경향이 있습니다."

나는 올루오에게 백인 남성의 유토피아 비전의 특성이 무엇이냐고 물었다.

올루오는 이렇게 답했다. "테크 문화의 핵심에는 백인 남성의 투쟁을 신화화하는 것이 있습니다. 이 남성들은 아무것도 없는 곳에서 무언가를 창조해 낸 왕따, 즉 버림받은 사람들이라는 신화죠."

이 말은, 오늘날 테크 분야의 문화나 상징이 된 백인 남성들이 전혀 어려움을 겪지 않았다거나, 열심히 일하지 않았다는 의미가 아니다. 실제로 많은 이가 고생했고 노력했다. 올루오 역시 그 사실을 부정하지 않았다.

문제는, 이런 성공 신화 뒤에는 마치 3루에서 태어나 놓고도 자신이 3루타를 친 것처럼 착각하는 태도가 숨어 있다는 점이다. 물론 홈에 들어가기 위해서는 여전히 달리고, 슬라이딩하고, 운이 따라야 하기도 한다. 득점을 한다면 즐겁게 축하할 수도 있다. 하지만 그의 동료 선수들은 그가 똑같은 조건, 똑같은 규칙에서 같은 경기를 했다고는 생각하지 않을 것이다.

올루오는 백인 남성 창업자들의 특성을 설명하며 이렇게 말했다.

"그들은 자신의 진로를 막는 문제들을 해결하려고 하죠. 이것이 곧 그들의 성공담이고, 승천이기도 합니다. 결국 그들의 앞을 가로막는 것은 유색인종, 자신과 관계를 맺지 않는 여성들, 저절로 따라오지 않는 인기와 부, 그리고 백인 남성들만이 가진 기술을 바탕으로 형성된 새로운 계급 구조에 진입하지 못하게 막는 옛 계급 구조입니다."

이렇듯 올루오는, 모든 남성 창업자나 테크 리더가 그런 것은 아니지만, 테크 업계의 백인 남성성에 대한 분명한 문제의식을 제시했다.

내 친구 마일즈는 테크 업계의 계급 체계에 대해 지나치게 낙관적이거나 무지했지만, 그렇다고 해서 그가 계급적으로 자신보다 아래에 있는 사람들을 악마화하거나 원망했다고 보기는 어렵다. 어떤 테크 리더들은, 그저 운이 좋아 자신과 다른 배경의 사람들에 대해 깊이 고민할 기회 자체가 없는 경우도 있다.

그럼에도 불구하고, 올루오의 분석에는 고개가 끄덕여지는 부분이 많다. 이는 단순한 비판이나 혐오의 표현이 아니라, 변화와 공감을 요청하는 진솔한 외침에 가깝다. 그녀는 이후에 출간한 책 『Mediocre: The Dangerous Legacy of White Male America(2류: 미국 백인 남성의 위험한 유산)』(Seal Press, 2021)에서 이 문제를 더 깊이 있게 다루고 있다. 오늘날 미국 사회에 만연한 백인 남성성은 어딘가 잘못된 방향으로 흐르고 있다는 것이 그녀의 지적이다.

설령 당신이 이사회나 빅테크의 개방형 사무실 정책에서 아무런 문제점을 느끼지 못한다고 해도, 2021년 1월 6일 국회의사당을 습격한 기독교 백인 우월주의 남성들, 혹은 이들과 다를 바 없는, 테크 지배 이전에 이미 부를 축적하고 상속해 온 특권층 기업가들은 분명 문제를 인식할 수 있을 것이다.

현대 테크 업계의 '러시모어산Mount Rushmore'에 올라갈 만한 백인 남성들이 만약 이들과 무관하다면, 왜 그들의 얼굴이 모두 비슷하게 보일까? 이것은 우연의 일치일까?

명예·존경·탁월함(평범함의 반대)이란 개념 자체가 백인 남성이라는 지배 집단의 승리와 패배, 굴욕과 남성성의 상실이 끊임없이 반복되는, 일종의 제로섬zero-sum 게임을 전제로 하는 야망과 불만의 순환에서 비롯된 것은 아닐까?

올루오는 자신의 책 『Mediocre: The Dangerous Legacy of White Male America』에서, 백인 남성들이 정의하는 성공의 의미, 해마다 미국에서 자살하는 남성 중 백인 남성이 70%를 차지하는 현실(그리고 그 비율이 계속 높아지는 이유), 또 학교 총격 사건의 70% 역시 백인 남성이라는 점(이 역시 점차 증가 추세임)을 지적하면서, 이 악순환의 고리를 끊기 위한 해법을 제시했다.

> 나는 이런 현실이 백인 남성들을 위한 것이라고도, 우리 모두를 위한 것이라고도 생각하지 않는다. 미국에서 백인 남성 정체성의 역사를 살펴보면 이런 점이 더욱 분명해진다… 우리는 더 나은 미래를 상상하는 것조차 두려워하고 있다.
> 나는 백인 남성들이 태어나면서부터 지배를 원한다고 믿지 않는다. 그들이 맨 처음부터 타인에 대한 공감 능력이 없었다고도 생각하지 않는다. 태어날 때부터 내면의 가치를 느끼지 못하는 것도 아니라고 믿는다… 오히려, 우리 모두가 서구 역사상 가장 사악하고 음험한 사회 구조 중 하나인 백인 남성 우월주의의 가해자이면서 동시에 피해자라고 생각한다.[20]

테크를 백인 남성의 유토피아로 바라보는 이제오마 올루오의 관점은, 기술과 정의 문제를 연구하는 학자들의 시각과도 일맥상통한다. 뉴욕대[NYU] 교수이자 인공지능과 언론의 관계를 연구하는 메러디스 브로사드[Meredith Broussard]는 저서 『Artificial Unintelligence(인공비지능)』(MIT Press, 2019)에서 "테크노쇼비니즘[technochauvinism]"이라는 개념을 다뤘다. 이는 기술이 항상 최선의 해답이라는 식이라는 뜻을 가진 단어다. 이때 브로사드는 다음과 같이 주장했다.

테크노쇼비니즘은 아인 랜드식 능력주의 Ayn Randian meritocracy, 기술 자유 지상주의적 정치 가치, 온라인 괴롭힘까지도 문제로 보지 않는 극단적 표현의 자유 옹호, 컴퓨터는 질문과 답을 수학적으로 처리하기 때문에 더 "객관적 objective"이고 "비 편향적 unbiased"일 것이라는 믿음, 그리고 세상이 더 많은 컴퓨터를 적절히 활용하기만 하면 사회 문제가 사라지고 디지털로 완전히 업그레이드된 유토피아가 실현될 것이라는 확신 등 다양한 신념과 함께 나타나는 경우가 많다.[21]

그럼에도 불구하고, 고정관념이나 실제 있었던 사례들을 잠시 제쳐두고 생각해 보면, 테크 분야가 항상 백인 남성들로만 가득 차거나 이들에 의해 지배되어 온 것은 아니다. 기술, 커뮤니케이션, 젠더 연구가 교차하는 지점을 집중적으로 다루는 잡지의 출판인이자 교수, 저자인 모이라 와이겔 Moira Weigel 역시 바로 이 점을 짚어주었다.

우리는 기술 윤리 잡지인 「로직 Logic」에서 UCLA의 저명한 연구자인 미리엄 포스너 Miriam Posner에게 의뢰해, 코딩 언어에서의 성적 정체성을 다룬 "자바스크립트는 여성을 위한 것 JavaScript is For Girls"이라는 기사를 게재했다. 이 글은 더 많은 여성이 특정 프로그래밍 언어를 배우고, 그 언어를 쓰는 직업에 진출할수록 그 직업의 임금 수준이 점차 낮아지는 현상을 다루고 있다. 실제로 여성이나 유색인종이 차지하게 된 직업은 그 가치 자체가 떨어지는 경우가 많다.[22]

마 힉스 Mar Hicks 등 여러 역사가의 연구가 보여주듯, 직업의 권위와 보상이 높아질수록 여성들은 구조적으로 배제되었다. 이러한 현상은 특정 코딩 언어 선택에서도 드러난다. 예를 들어, 자바스크립트를 배우는 여성이 많아질수록 이 언어는 자연스럽게 "여성화 feminized"되고, 파이 쓴 Python처럼 '가치 있는' 언어에 비해 상대적으로 덜 인상적이거나 "더 부드럽고 softer" 비주류적인 기술로 여겨지게 된다.23

여성이 프로그래밍과 코딩 분야에서 주도적인 역할을 하다가도, 남성이 같은 분야에 진출하게 되면 여성들은 체계적으로 밀려난다는 사실만이 문제의 전부는 아니다. 기술 역사가 루이스 하이만 Louis Hyman이 지적했듯이, 애플을 비롯한 컴퓨터 기술 대량 생산 기업들이 성장하던 시기, 이들 기업은 마치 새로운 사이버 문화의 물리적 부품들이 인간의 개입 없이 스스로 만들어지는 것처럼 "로봇이 로봇을 만들고, 기계가 기계를 만든다"는 신화를 만들어 냈다. 하지만 이 신화가 은근히 내포하는 종교적 이미지와 실제는 달랐다.

하이만은 아카이브 자료를 통해 초창기 컴퓨터와 그에 들어가는 첨단 부품들을 만든 사람들의 얼굴과 이름을 추적해 보았다. 애플, IBM, 그리고 1970년대 후반에 설립된 데이터 저장 하드웨어 회사 시게이트 Seagate 등에서 실제로 부품을 조립한 인력의 다수는 미국으로 이민 온 아시아계 또는 라틴계 유색인종 여성들이었다. 이들은 마치 시가를 만드는 장인의 작업대처럼 꾸며진 테이블에 둘러앉아, 노동집약적이면서 유해한 수작업 환경에서 컴퓨터 부품을 조립하는 일을 담당한 것이다.24

그다음 단계는 기업들이 정규직 고용에 따른 법적 책임을 피하기 위해, 영어를 하지 못하는 사람들에게 재하청을 주는 과정이 진행되었다. 이들은 일렬로 늘어선 퀸셋 quonset hut에서 일했는데, 퀸셋은 물결 모양의 아연 도금 철판으로 만든, 쉽게 조립할 수 있는 구조물로, 본래 2차 세계대전 당시 미군이 신속하게 설치하는 군사 기지로 쓰이던 건축물이다. 이 퀸셋 내부에는 각종 전자 부품을 "담그고 처리하기" 위한 화학물질이 가득 든 통들이 열린 채로 놓여 있었다. 유독성 증기와 부산물이 계속해서 퍼지는 환경에서, 그곳 노동자들은 심각한 신체적 위험에 노출됐다. 그러나 누군가는 이들의 힘든 노동을 통해 수익을 챙기고 있었다.25

기업 내에서 공정성과 포용성이 부족하거나, 이로 인한 심각한 문제가 발생하는 대표적인 또 다른 영역이 바로 인공지능 알고리듬의 설계 부문이다. 2018년, 「와이어드」는 몬트리올의 스타트업 엘리먼트 AI Element AI와 함께 2017년 대표적인 머신러닝·AI 학회 3곳에 발표된 논문을 바탕으로, 주요 머신러닝 연구자들 가운데 남성과 여성의 수를 집계해 성별의 다양성을 분석했다. 그 결과 AI 분야 선두 연구자 중 여성은 12%에 불과했다. 구글, 페이스북 등 IT 대기업의 '기계 지능 machine intelligence' 등 주요 기술직에서도 여성 비율은 이와 비슷하거나 더 낮은 수준이었다.26

컴퓨터에 방대한 데이터를 학습시키고 해석하며 알고리듬을 설계하는 등 실질적으로 중요한 작업이 주로 소수 집단에 의해 이뤄지고 있다는 사실을 감안하면, 이러한 위계적 기업들이 자주 편향적인 알고리듬을 만들어내는 것도 이상한 일이 아니다. 예를 들어, 여성 지원자를 불리하게 평가한 아마존의 이력서 선별 도구, 흑인 여성보다는 백인 남성을 더 잘 인식하는 얼굴 인식 소프트웨어, 남성에게는 '전문가'나 '정직성 integrity' 같은 레이블을, 여성에게는 '미인', '기쁨을 주는 존재 delight' 등의 레이블을 더 자주 붙이는 챗GPT와 구글 제미나이 Gemini 같은 AI 챗봇27, 그리고 의학 관련 질문에서 흑인 환자에게 해가 될 수 있는, 이미 반박된 인종차별적 이론들로 답하는 사례까지28 다양하고 반복적인 문제가 나타나고 있기 때문이다.

전직 광고사 임원이자 UCLA 교수이며 맥아더 펠로십("천재 장학금")을 받은 사피야 노블$^{Safiya\ Noble}$은 2018년에 출간한 『Algorithms of Oppression(억압의 알고리듬)』(NYU Press)에서, 지난 10년 중 초반 몇 년 동안 구글 검색 결과에 나타난 인종차별적·여성 차별적 콘텐츠를 분석했다. 이때 세계 최대의 검색 엔진이자, 대부분의 진실과 지식을 갖고 있는 신적인 권위를 가진 것으로 여겨졌던 구글은, 불쾌하면서 고통스러운 자료들이 반복해서 유통되고 확산되도록 방치했다.[29]

예를 들어, "고릴라^{gorillas}"라는 키워드로 이미지 검색을 하면 흑인 아이들의 얼굴이 결과에 노출된 사례라던가(2016년 4월)[30], "흑인 소녀들$^{black\ girls}$"을 검색하면 첫 페이지에 충격적이고 민망한 포르노그래피가 가득한 사례 등이다. 다른 인종을 대상으로 "소녀들^{girls}"을 검색해도 유사하게 유해한 결과가 나왔으나, "백인 소녀들$^{white\ girls}$"에 대해서는 훨씬 중립적이고 덜 외설스러운 결과가 나타났다. "아름다운^{beautiful}"이나 "교수^{professor}"를 검색하면 대개 백인 얼굴이 등장했지만, "추한^{ugly}"이라는 검색어에는….

더 말하지 않아도 충분히 이해될 것이다. 이렇듯 노블의 연구는, 테크 산업 안팎의 사람들이 어떻게 타인보다 더 우월하거나 열등하다고, 혹은 계급 피라미드에서 더 높거나 낮다고 받아들이게 되는지를 명확하게 보여주고 있다. 하지만 노블이 여기서 더욱 강하게 강조하는 사실은, 테크 산업이 이런 편견을 반복하는 것이 결코 우연이 아니라는 점이다. 이 같은 편견의 사례들은, 단순한 실수나 의도하지 않은 결과로 보기엔 너무 자주, 뚜렷하게 반복된다.

따라서 이런 현상을 노골적인 편견$^{out\text{-}and\text{-}out\ prejudice}$ 때문이라고 생각하지 않는다면, 테크 지도자들 그리고 여러 산업 리더가 백인성과 남성의 특권을 자연스럽게 내면화하도록 길러내는 이념의 산물로 받아들일 수밖에 없다. 이 이념은 미국 사회에 뿌리내린 종교적 계급 체제의 현대적 변형이기도 하다. 물론 오늘날 대놓고 여성이나 유색인종이 본질적으로 무가치하다고 주장하는 경우는 드물다. 하지만 지금도 소외된 집단의 고통은 그저 유감스러운 일쯤으로 취급되고, 지배적 집단의 문제만이 우선순위로 다뤄지곤 한다.

만약 구글 등 검색엔진 결과가 언제든 역전되어, 남성이나 백인이 주기적으로 모욕과 멸시를 받고, 흑인·원주민·기타 소외 집단이 긍정적인 연관성의 혜택을 체계적으로 누리게 된다면, 우리가 익히 아는 우익 언론의 평론가들은 분노할 것이다. 하지만 현실은 여전히 좋지 않다. 2016년 4월, 구글 지도에 백악관을 "깜둥이네 집$^{N*gga\ House}$"이라고 표시했던 사건만 봐도, 오바마 대통령 집권 막바지까지 구글이 얼마나 형평성 문제에 둔감했는지 알 수 있다.

노블 역시 인정하듯, "21세기에 알고리듬이나 구글에 관한 책은 인쇄되자마자 바로 구식이 된다.^{31}" 하지만 이것이 핵심은 아니다. 여기서 진짜 중요한 점은, 구글 검색 결과가 보여주는 문제의식이 "우려의 성단$^{a\ constellation\ of\ concerns 32}$"이라 할 만큼 방대하고 깊다는 사실이다. 그러나 노블이 사례로 든 각종 재앙적인 결과들은 이 방대한 문제의 단면을 보여주는 사례일 뿐, 영원히 남아야 할 기념비 같은 것으로 받아들여선 안 된다.

노블의 연구 그 자체도 충격적이지만, 그녀가 논의한 이후 실제로 일어난 사건들까지 함께 조명한다면 테크 종교의 계급 구조가 낳는 현실의 공포는 더욱 선명하게 다가온다.

한 예로, 2015년 사우스캐롤라이나 찰스턴의 역사 깊은 AME 교회 지하에서, 열 명 가까운 신도와 목사를 총기로 살해한 딜런 루프$^{Dylann\ Roof}$의 선언문을 보자. 여기서 루프는 자신이 "인종차별주의 가정이나 환경에서 성장하지 않았다[33]"고 밝혔으며, 오히려 그는 구글에서 트레이본 마틴[Trayvon Martin] 사건을 검색하던 중, 점차 극단적 인종차별주의 사이트로 빠져들며 급진화됐다고 했다. 이 사건은 단일 알고리듬의 문제가 아니라, 우리가 살아가는 세계에 누적된 구조적 편향이 실제 인간의 삶과 죽음에까지 영향을 끼친다는 무거운 현실을 시사한다.

루프의 변호사 데이비드 브룩[David Bruck]은 루프가 증오에 가득 찬 인종차별주의자라는 사실에는 동의했다. 하지만 루프가 어떻게 그런 사고에 빠지게 되었는지에 대해서는 이렇게 설명했다. "그가 가진 모든 동기는 인터넷에서 본 것들에서 비롯됐습니다." 브룩은 배심원들에게, "루프는 인터넷에서 단편적으로 긁어모은 슬로건과 사실들을 그대로, 문단째로 반복하고 있을 뿐입니다[34]"라고 말했다. 이런 단편적인 정보들은, 앞서 살펴본 것처럼 구글이나 페이스북 같은 플랫폼이 중요하다고 판단하지 않았기 때문에 관리나 규제를 받지 않은 콘텐츠들이다.

내가 루프의 발언을 읽으며 특히 충격받았던 점은, 그런 비극이 일정 부분 나 같은 사람들, 그리고 내가 속한 시스템에 의해 초래된 것이라는 점을 자각했기 때문이다. 루프가 인터넷에는 오직 냉정한 사실만이 존재한다고 믿게 된 것은, 테크 산업이 계급도 없고 편견도 없다는 잘못된 신화에 기반한 측면이 크다. 테크 업계의 엔지니어나 경영진들은 자신의 이름으로 누군가가 상처받거나 해를 입는 상황을 원하지 않았을 것이다. 하지만 동시에, '모든 인간 지식의 객관적 선별과 조직'을 표방하는 기업에서 일하며 엄청난 부와 명성을 얻고 있다.

사피야 노블이 지적한 바와 같이, 이런 기업들이 인종차별적이고 여성 혐오적인 콘텐츠를 신속하게 삭제하거나 거부하지 않음으로 인해, 사회적으로 큰 피해를 낳았다는 사실을 오늘날 우리는 부인할 수 없다.

안타깝게도, 딜런 루프의 범죄는 한 번으로 끝난 사건이 아니었다. 「NPR」의 디나 템플-래스턴Dina Temple-Raston이 보도한 바에 따르면, 미 법무부는 2021년 1월 6일 국회의사당 습격 사건 후 수백 명을 기소했는데, 이들 중 대부분이 몇 달에 걸쳐 온라인과 소셜미디어에서 접한 거짓 정보에 자극받아 그런 행동을 한 것으로 조사됐다.[35]

이를 두고 올버니 대학교 "비상 대비, 국토 안보와 사이버보안 대학"의 샘 잭슨Sam Jackson 교수는 템플-래스턴과의 인터뷰에서 "현재의 거짓 정보misinformation 환경에서 흥미로운 점은, 문제가 되는 이들이 정보가 없는uninformed 사람이 아니라, 오히려 잘못된 정보를 가지고 있는misinformed 사람들이라는 것입니다. 이들은 '나는 내 방식대로 스스로 공부하지, 엘리트들은 믿지 않는다'고 말하지만, 사실 그들이 찾는 정보는 정교하게 포장된 말도 안 되는 주장, 즉, 난센스sophisticated nonsense[36]일 뿐입니다"라고 설명했다.

실제로 거짓 정보는 예전부터 존재해 왔다. 그러나 구글과 메타 같은 기업들은 불편부당함impartiality과 객관성objectivity이라는 이미지를 구축하며 전례 없는 영향력을 갖게 됐다. 그 결과, 많은 이가 이들이 제공하는 정보가 신뢰할 만하다고 믿었다. 그러나 사실상 기업들은 혐오 콘텐츠를 제대로 걸러내지 않으며, 적극적으로 규제하기를 거부했다. 이로 인해, 겉보기에는 중립적이고 객관적인 정보라고 여겨진 내용들이 사회적 분열과 증오, 폭력, 파괴로 이어지기도 했다.

결국 "정교한 난센스^{sophisticated nonsense}"라는 표현은, 엘렌 파오^{Ellen Pao}가 지난 10여 년간 테크 업계에서 직접 겪어야 했던 현실을 다시 떠올리게 했다.

언제나 9점

2021년 7월, 햇살이 가득한 일요일 아침이었다. 나는 샌프란시스코 소마^{SoMa} 지역에서 엘렌 파오와 만나기 위해 차를 몰고 가며, 최근 엘렌 파오와 영향력 있는 테크 저널리스트 카라 스위셔^{Kara Swisher}가 진행하는 「뉴욕타임스」 팟캐스트를 듣고 있었다. 이 팟캐스트는 테크 기업들을 1점에서 5점까지 평가하는 콘텐츠를 선보이고 있다. 파오는 자신이 한때 CEO로 있었던 레딧^{Reddit}의 콘텐츠 조정 수준에 2점을 줬고, 유튜브도 같은 점수를 줬다. 페이스북은 1점, 트위터는 3.5점이었다. 나는 그 방송을 들으며, 약속 시각에 늦지 않으려고 서둘러 근처에 차를 세우고 빠른 걸음으로 약속 장소로 향했다. 이 인터뷰를 오랫동안 기다려 온 터였다.

엘렌 파오는 테크 업계의 투자자이자 포용성^{inclusion} 운동가로, 2012년 고용주였던 클라이너 퍼킨스^{Kleiner Perkins}를 상대로 성차별 소송을 제기하면서 전국적으로 이름을 알리게 되었다. 클라이너 퍼킨스는 아메리카온라인^{AOL}, 아마존, 구글, 트위터 등 굴지의 기술 기업에 성공적으로 투자한 실리콘밸리 최고의 벤처 캐피탈 중 하나다. 그녀는 비록 소송에서 승소하지는 못했지만, 그녀가 회사 경영진의 성차별적인 기업 문화를 법적으로 문제 삼은 과정은 테크 산업 내 위계와 권력구조에 대한 담론에 중요한 변화를 불러일으켰고, 몇 년 후

#미투#MeToo 운동이 확산되는 데 결정적인 기반이 되었다.

파오는 자신의 회고록 『Reset(리셋)』(Random House, 2017)에서, 비방 금지 계약서 nondisparagement contract에 서명만 하면 수백만 달러를 받을 수 있었지만, 침묵 대신 자신의 목소리를 내기 위해 과감히 그 제안을 거절했다고 밝히고 있다.

지난 10년간 공공 지도자로 자연스럽게 자리매김한 파오는 현재 데이터를 활용해 "테크업계에서 다양성과 포용성의 해법을 가속화해" 모두에게 "테크 분야에서 공정한 성공 기회"를 주고자 하는 비영리 단체 "프로젝트 인클루드 Project Include37"를 이끌고 있다. 그녀의 이런 활동은 2016년 200명 이상의 테크 분야 여성들을 대상으로 이루어진 업계 실태 조사, "실리콘밸리의 숨겨진 문제 Elephant in the Valley38"에도 큰 영감을 주었다. 이 조사에서는 응답한 여성 대다수가 무의식적 편견, 배제, 성희롱, 직장 내 괴롭힘을 직접 겪었고, 이런 문제들이 신고가 되어도 제대로 해결되지 않는 경우가 대부분이라는 사실이 드러났다.

하지만 그 이후로 모든 게 나아졌으리라 생각한다면 오산이다. 2023년 12월 내가 이 장을 고치던 시점에 「뉴욕타임스」는 "현대 인공지능 운동의 여명기를 연 개척자들"이라는 기사에서 단 한 명의 여성도 언급하지 않았으니 말이다.[39] 같은 날, "AI 불씨는 어떻게 당겨졌는가"라는 또 다른 기사 역시, DEI(다양성, 형평성, 포용성) 분야 리더 이보영의 지적처럼 "여성 대명사"가 한 번도 등장하지 않았다.[40]

엘렌과 나는 예르바 부에나 가든스 Yerba Buena Gardens에서 마주 앉았다. 이곳은 세계적 규모의 테크 컨퍼런스가 열리는 모스코니 컨벤션 센터 Moscone Convention Center 바로 위에 위치한, 넓고 현대적인 도심 공원이다. 우리는 샌프란시스코의 고층 건물들이 만드는 드넓은 그늘 속, 꽃이 만발한 벤치에 앉았다. 근처에서는 시원하게 쏟아지는 인공 폭포 소리가 반복적으로 들려왔고, 그 소리가 마르틴 루터 킹 주니어의 연설 테이프 재생 소리를 살짝 가려주는 듯했다.

이곳은 놀라운 공학적 성취와 자연의 아름다움이 조화를 이루는 공간으로, 나처럼 탁 트인 도시 경관을 사랑하는 이들에게는 힐링 그 자체인 아름다운 장소였다.

그러나 요즘에는 세련된 디자인 속에서도 여러 결함이 눈에 띄었다. 대리석 군데군데에는 얼룩과 먼지, 오줌 자국이 선명하게 남아 있고, 우리 뒤 유리 벽을 타고 오른 거대한 아트리움 위에 텐트를 친 노숙자의 모습이 보였기 때문이다. 또한 주변에는 끝없이 가격이 오르는 비트코인이라도 되는 양, 음식 찌꺼기를 찾아 분주히 돌아다니는 비둘기와 갈매기들이 어슬렁거리고 있었다.

파오와 나는 이미 2년 가까이 연락을 주고받았지만, 직접 만나는 건 처음이었기에, 내 자신과 프로젝트를 소개하는 것이 필요하다고 느꼈다. 그래서 나는 래리 서머스Larry Summers가 여성이 수학, 과학, 공학 분야에서 능력이 떨어진다는 발언을 했다가 하버드 총장직에서 물러나던 해[41], 하버드에 무신론/불가지론/비종교 공동체를 대표하는 사목으로 부임했다고 이야기했다. 또한 하버드 내 연간 소득 50만 달러 이상 가정 출신 학생 중 약 70%가 종교를 가지고 있지 않다는 점을 들면서 이것이 테크계와도 유사한 점이 있다고 밝혔다.

이에 파오 역시 비슷한 대상을 주요 활동 기반으로 삼고 있다며, 일종의 컬트로 여겨지는 테크의 문화와 이미지를 탐구하는 데 함께 일할 수 있겠다고 말했다.

"저는 그게 스티브 잡스에서 시작됐다고 생각해요. 그는 매우 두드러진 컬트적 인물이었죠. 그만의 유니폼*도 있었고, 애플 안에는 비밀성이 강한 컬트적 문화가 있었어요. 잡스가 이 컬트 기반의 문화를 만들려 했다는 사실은 분명했어요."

그러나 파오는 한편으로, 테크를 하나의 종교라고까지 부르는 것이 실리콘밸리 문화에 지나치게 높은 평가를 주는 건 아닌지, 조금은 회의적으로 바라보았다.

파오는 내 주장에 부분적으로 동의하며, "그건 강렬한 탐욕의 발현이에요. 이미 많은 면에서 종교를 대체했다고 볼 수 있죠."라며, 테크업계가 추종자들의 시간과 자원을 끝없이 빨아들이는 경향을 비판했다.

저는 거기에서 특별한 인류애나 가치를 찾을 수 없다고 생각해요. 가장 상업적인 종교들조차 자신들이 지지하고자 하는 가치, 공익이나 대의명분에 대한 믿음이 있기 마련인데, 테크에서는 그런 부분을 거의 볼 수가 없어요.
(인류를 위한 공익에 주안점을 둔) 회사와 창업자들도 분명히 있어요. 하지만 전체 시스템은 마치, 상장하자, 돈을 벌자, 우리 창업자들을 엄청난 부자로 만들자, 일부 직원을 억만장자로 만들자, 그리곤 그런 일을 현실화하기 위해 벤처 생태계에서 가능한 한 많은 것을 쥐어짜 내자고 외치는 것처럼 같아요.

파오의 이러한 지적은 핵심을 매우 잘 짚은 것이지만, 동시에 "테크가 종교 같다"는 농담의 또 다른 변형처럼 느껴졌다. 그녀의 반응을 상상해 보면, "그걸 종교랑 비교하는 건 오히려 종교에 대한 모욕이

---

* 스티브 잡스는 검정색 터틀넥에 청바지를 입은 패션으로 그만의 시그니처를 만들었다. – 옮긴이

죠."라고 말할 것 같았다.

파오는 이어 "테크 분야 최악의 예시가 바로 줄JUUL이에요."라고 꼬집었다. "저는 그 회사 경영진과 직접 대화해봤는데, 그들은 자신들이 초래한 심각한 피해를 끝까지 인정하려 들지 않았어요."

이른바 "흡연 대안smoking alternative"을 표방하는 테크 기업 이야기를 들은 순간, 나는 저절로 혈압이 올랐다. 샌프란시스코에 있는 그 스타트업은 여러 언론이 밝힌 것처럼 "한 세대를 니코틴에 중독시킨" 기업이자, "중독의 유행병[42]"을 촉발한 회사였다. 나의 아버지도 내가 십 대였던 1990년대에 오랜 투병 끝에 폐암으로 세상을 떠나셨다. 그는 병마와 싸우는 동안에도 흡연 습관을 좀처럼 끊지 못했다.

나는 아버지가 점점 수척해지는 것을 지켜보며, 앞으로의 세대는 더 이상 당신과 당신 세대가 겪었던 것처럼 중독적이고 해로운 약물 광고에 휩쓸리지 않을 것이라 믿으며 스스로를 위로했다. 실제로 파오의 지적처럼, 밀레니얼 세대에서는 담배와 니코틴 사용이 눈에 띄게 줄어들었다. 줄이 등장하기 전까지만 해도 그랬다.

줄은 다양한 맛을 내세우고, 스탠포드 디자인 스쿨에서 시작된 학급 프로젝트라는 점을 부각하는 등, 동원할 수 있는 모든 마케팅 기법을 활용해 제품을 홍보했다. 처음에 실리콘밸리의 벤처 투자사들은 줄이 포트폴리오에 들어가기에는 너무 착취적이고 건강에 해롭다는 인식 때문에 거리를 두었다. 하지만 줄이 비슷한 니코틴 전자담배 업체들에 수억 달러를 투자하고[43], 줄 지분 35%를 알트리아Altria가 128억 달러에 인수하자, 7억 달러가 넘는 추가 투자금이 유입되기도 했다.[44] 이러한 의사 결정은, 권력을 가진 소수의 특별한 천재들이라면 원천적으로 잘못을 저지를 리 없다는 계급적 사고에서 비롯된 것이다.

나는 그런 결정을 내리는 사람들의 내면이 과연 어떨지 고민했다. 그들은 무엇을 가치 있다고 여길까?

나는 대부분 백인 남성으로 구성된 지도자 집단이 어떤 동기로 이러한 문화를 만들고 유지하고 있는지 궁금했다. 또 이 테크 리더들은 실제로 무엇을 느끼고 feeling 있는지, 그들의 정신 건강에는 문제가 생기고 있지는 않은지 염려스럽기도 했다.

대화 중에 파오는 "저는 구조적 문제 systemic problem 로 돌아가야 한다고 생각합니다"라고 말했다. "아무도 그들에게 그들의 가치가 무엇인지 묻지 않습니다. 그들이 하는 일의 윤리성에 대해서도 누구도 질문하지 않아요. 그들의 관심사는 오직 최종적인 재무 성과, 즉 어떤 수단을 써서라도 순이익을 내는 데 있습니다. 부자가 되고 싶다는 욕망, 거대한 기업을 세우고 싶다는 목표가 전부지요. 아무도 당신의 성장, 정서적 성숙, 혹은 팀 관리 능력에는 관심을 두지 않습니다. 투자자들은 여전히 옛 방식을 고수하며, 회사의 성장과 제품을 더 중독적이고 몰입적으로 만들기 위해 어떤 수단을 쓰고 있는지만 신경 씁니다."

내가 "그렇다면 그들은 내면의 삶이 전혀 없다는 말인가요?"라고 묻자, 파오는 "그들의 가치는 내면의 삶과는 무관하기 때문에, 거기에 신경 쓰지 않는 겁니다. 그들에게 내면의 삶이 전혀 없다는 뜻은 아니지만, 우선순위에서는 한참 밀려나 있죠. 그들은 일종의 컬트를 만들어야 한다는 믿음에 사로잡혀 있으니까요"라고 답했다.

이는 왜 많은 종교 지도자가 윤리 강령을 위반하는지 이해하는 데도 적용될 수 있는 설명이다. 우리는 그들이 잘못된 행동임을 깨닫고 스스로 뉘우칠 것이라 기대한다. 실제로 그런 경우도 있을 것이다. 하지만 이들은 점차 그런 내적 경고를 무시하는 데 익숙해진다. 이는 너무 많은 기업, 테크, 정치 분야의 이른바 "지도자들"처럼, 성공이라는 신념, 추종자에 대한 신념, 그리고 최종 결과만이 중요하다는 신념에 세뇌된 결과다.

파오는 이런 일화도 들려줬다. "제가 모신 한 CEO가 있었어요. 그분이 제게 물었어요. '1점에서 10점 척도로 자네는 얼마나 행복한가?' 저는 그에게 되묻고는, '사장님은 얼마나 행복하세요?'라고 물었죠. 그리고 '항상 9점이시잖아요'라고 덧붙이자, 그는 '나는 9점이어야 해. 그래야만 해. 9점이 아니면 안 돼. 모두가 나를 지켜보고 있으니 말이야'라고 대답했어요."

그러나 나는 파오가 그 일화를 들려주자마자, 만약 누군가가 다른 이들의 기대나 요구 때문에 자신의 행복 점수를 억지로 9점에 맞춘다면, 그것이야말로 실제로는 9점일 수 없다는 근거라고 단번에 말했다. 개인의 행복은 알고리즘처럼 설계할 수도, 경쟁 스타트업처럼 인수할 수도 없다. 행복은 제품이 아니라 감정이며, 개인이 경험하지만 마음대로 결정할 수는 없는 일시적인 상태이기 때문이다.

실제로 행복하기 때문이 아니라 행복해야 한다는 이유로 9점이라고 생각하는 것은 어불성설이다. 물론 행복하지 않으면서도 행복하다고 말해야만 할 때가 있을지도 모른다. 하지만 파오의 전직 상사에게서는 또 다른 힘의 역학이 작동한다. 내가 보기에, 그의 발언은 신학자 조너선 Z. 스미스가 종교의 핵심으로 꼽았던 바를 보여주는 대표적 사례다. 스미스에 따르면, 종교란 "우리가 실제로 행동하는 것과 우리가 말하는 것 사이의 간극을 합리화하는 능력[45]"으로 정의할 수 있다. 우리는 이런 방식을 통해 자신과 타인에게, 그리고 내부에 있는 자기 모습과 이상적 자기상 사이의 모순을 정당화하고 설명한다. 즉,

"현실과 이상 사이의 의식적인 긴장 속에서, 사물이 마땅히 존재해야 할 방식[46]"을 구현하는 것이다.

달리 말하자면, 파오의 상사이자 성공적인 테크 회사의 CEO는 성공하기 위해 "행복하지 않은 것"을 "행복하다"고 믿으려 애쓰며, 파오에게만이 아니라 자기 자신에게도 거짓말을 한 셈이다. 매일 실제 자신과는 다른 사람처럼 연기함으로써, 그는 종교적이고 영적인 의식을 치르듯 자기 자신을 속이고 있었다. 그러나 이런 관행이 산업 전반에 반복적으로 각인된다면, 어디서 멈춰야 할지 알 수 없게 된다. 아래는 위가 되고, 위는 아래가 될 수 있으며, 계급 체제는 동시에 정당화되고 또 존재하지 않는 것처럼 부인될 수 있다. 이렇게 되면 시스템에 연루된 모두가 불행해질 수밖에 없다.

우리는 엘렌 파오의 전직 상사에 대한 이 일화를, 마크 저커버그가 페이스북을 만들게 된 초창기 동기와 연결해 생각해 볼 수 있다. 2003년 가을, 저커버그는 하버드대 커클랜드 하우스의 기숙사 방에서 동기들을 파악하는 데 활용된 공식 대학 간행물 '페이스북facebooks'을 바라보며 실연의 밤을 보내고 있었다. 잘 알려졌듯, 그날 저커버그는 대학 사이트를 해킹해 여학생들의 외모를 순위로 매기는 '핫한가 아닌가Hot or Not' 스타일의 웹사이트를 만들기로 결심했다.

저커버그는 자신의 사이트 저널에, 일부 사진이 "상당히 끔찍했다pretty horrendous"고 쓰면서, "이 얼굴들을 농장 동물 사진 옆에 두고 어느 쪽이 더 매력적인지 사람들에게 투표하게 하고 싶을 정도였다"고 적었다. 그로부터 10년 뒤, 하버드 남자 축구팀은 여자 축구팀 선수들을 대상으로 이와 유사한 점수 매기기 실험을 했다는 사실이 드러나면서 1년간 경기 출전 정지 처분을 받았다. 이들은 여자 선수들의 신체적 특징을 노골적으로 묘사하고, 선호할 법한 성행위 자세에 대한 언급까지[47] 포함된 스프레드시트 spreadsheet를 여러 해 동안 작성해 왔다. 예를 들어 한 여자 선수에 대해 "후배위 doggy style"라고 적었으며, 다른 선수에 대해선 "남자 같다 manly. 이 친구에 대해선 별로 할 말 없다, 친구들"이라고 기록했다.

하버드대 출신 남성들처럼 비슷한 배경을 지닌 이들이 여성들을 순위 매기고, 다양한 형태의 계급 체제를 만들어 관리하는 데 집착하는 이유는, 어쩌면 우리 모두가 무의식적으로 자신을 끊임없이 평가하고 있기 때문일지 모른다. 우리는 자신의 행복과 가치 desirability를 등급으로 매기고, 그 과정에서 자신이 충분하지 않다는 불안과 결핍을 느낀다. 그래서 타인을 평가하고 서열화함으로써, 우리 자신의 지위를 끌어올릴 수 있을 것이라 생각한다.

하지만 이는 창업자의 컬트 cult of the founder만이 아니라, 자아의 컬트 속에 스스로를 가두는 꼴이다. 이때 자아란 정서적이고 내면의 삶을 지닌 인간으로서, 단지 존재한다는 이유만으로 존중받아야 할 실체가 아니라, 시장에서 광고되고, 투자받으며, 판매되는 외부의 상품처럼 취급된다.

몸은 기억한다

샌프란시스코에서 엘렌 파오를 만나기 하루 전, 나는 파오의 가까운 동료인 로라 고메즈 Laura Gómez를 만날 기회가 있었다. 고메즈는 파오가 설립한 '프로젝트 인클루드'의 창립 멤버이자 자문역이며, 벤처투자의 지원을 받는 스타트업 창업자이기도 하다. 또한 유튜브(2007년)와 트위터(2009년) 초창기 직원으로 일한 경험도 있다. 나는 그녀를 캘리포니아주 레드우드 시티Redwood City에서 만났다. 멕시코에서 미국으로 이주해 온 고메즈 가족에게 이곳은 제2의 고향이 되었다.

레드우드 시티는 스탠포드 대학이 있는 팔로 알토Palo Alto에서 북서쪽으로 14km, 구글플렉스Googleplex가 위치한 마운틴뷰에서 같은 방향으로 23km 떨어져 있다. 오늘날 이 도시는 샌프란시스코만 일대에서 급격하게 재개발이 진행되고 있는 소도시 중 하나다.⁴⁸ 1990년대에 로라가 버클리 대학에 입학했을 무렵, 이 지역 테크 업계 사람들에게 자신이 레드우드 시티 출신이라고 말하면, 종종 그곳을 잘 알고 있다고 했다. 그들에게 레드우드 시티는 주로 가정부와 정원사들이 사는 동네로 여겨졌다. 실제로 고메즈의 어머니도 실리콘밸리 가족의 유모로 일했고, 많은 이웃도 그와 비슷하게 레드우드 시티에서 일터로 출퇴근했다.

멕시코계 이민자가 밀집한 레드우드 시티는 흑인이 많은 이스트 팔로 알토나 사모아·필리핀·태평양 제도 출신들이 다수 거주하는 이스트 베이East Bay와도 비슷했다. 테크 산업이 이 지역 전체를 집어삼키는 상황 속에서, 소수 민족 공동체는 치솟는 임대료와 오르지 않는 임금 탓에 생존 자체를 위협받고 있었다.

고메즈와 나는 무더운 햇살이 내리쬐던 토요일 오후, 영화관과 여러 레스토랑이 들어선 야외 쇼핑몰의 파라솔 아래서 만났다. 예상했겠지만, 이곳은 고메즈가 어린 시절을 보냈던 레드우드 시티와는 전혀 다른 모습이었다. 어릴 때 뉴욕에서 자라던 나는, 이런 변화가 더 많은 편의와 고급스러움을 가져오기 때문에 긍정적인 일이라고 생각했다. 그때는 이런 '업그레이드upgrades⁴⁹'가 사실은 한 공동체의 추방을 불러올 수도 있다는 사실을 미처 알지 못했다.

유모의 딸로 자란 고메즈는 실리콘밸리에 대해 남다른 시각을 지니고 있었다. 수학과 과학에 뛰어난 재능을 보였던 그녀는 고등학교를 졸업한 뒤, 인근의 대형 컴퓨터 기업인 휴렛팩커드 HP, Hewlett-Packard의 인턴십 기회를 얻게 되었는데, HP 소프트웨어 부서에서 고메즈는 약 백 명 중 유일한 여성 인턴이었다. 부서 내에는 또 다른 라틴계 여성이 한 명 있었는데, 명목상으로는 행정 보조원이나 비서였으나, 실제로는 부서 운영의 중심 역할을 담당하고 있었다. 만약 그녀의 출신과 배경이 달랐다면, 실제로 최고운영책임자 COO가 되었어도 어색하지 않을 인물이었다. 이 여성은 고메즈를 자신의 곁에 두고, 테크 업계의 사다리, 아니, 테크 종교의 계급 체제를 오르는 방법을 자연스럽게 익히도록 도와주었다.

사람들이 흔히 "사다리를 올라간다"라고 말하는 것을 봤을 때, 테크 분야에 계급이 없다고 할 수 있을까? 이런 고메즈의 화려한 성공 이면에는 심리적, 신체적인 큰 대가가 따랐다.

그녀는 "창업자들은 우울증에 걸릴 확률이 두 배 더 높고, 중독이나 약물 과용으로 고통받을 가능성은 세 배, 불안 장애를 겪을 확률은 다섯 배 더 높아요[50]"라고 말했다. 고메즈가 강조했듯이, 이런 수치는 주로 창업자들에게 해당한다. 대부분의 전문직 종사자는 고메즈보다 더 특권적인 배경을 가졌을 가능성이 크기 때문에, 극심한 스트레스를 받을 때 도움을 받을 수 있는 자원이 더 많다.

이런 통계는 고메즈가 아티피카 Atipica라는 회사를 창업한 이후 극명하게 드러났다. 고메즈는 인재 영입 과정에서 다양성, 형평성, 포용성을 기반으로 예측 분석을 제공하는 최초의 플랫폼을 만든 스타트업을 설립했고, 단독 라틴계 창업자 중 실리콘밸리 역사상 최대 규모의 시드 seed 투자를 유치했다. 하지만, 그 투자금은 400만 달러에 불과했다. 내가 이 책을 집필하며 4년 넘게 여러 유색인종 여성 창업자들을 인터뷰한 결과, 고메즈의 경험은 결코 예외가 아니었다. 명석하고 재능 있는 여성 지도자들이 설립한 유망한 테크 기업과 이니셔티브가 상당한 투자를 유치하더라도, 그 규모는 지배적 집단 출신이 만든 프로젝트와 비교할 때 항상 현저히 적었다. 물론 다른 산업에 비해 투자 규모가 상대적으로 높아 보일 수 있지만, 현실적으로 같은 테크 산업 내에서는 턱없이 부족하다. 실제로 이런 자금 부족 속에서 조직을 이끌어야 하는 일은, 족벌주의^{nepotism}나 눈에 보이지 않는 특혜를 누리는 '전형적인^{typical}' 창업자들과 달리, 고메즈 같은 창업자들에게 훨씬 더 큰 부담이 된다. 인종 차별, 성차별, 테크 업계의 계급 구조가 초래하는 여러 악의적 현실까지 책임져야 하기에, 이들의 고통은 더욱 가중된다.[51]

실제로 고메즈는 테크 업계에서 다양한 역할을 맡는 동안, 성희롱부터 코드 개발 능력을 의심하는 투자자 등, 상상할 수 있는 모든 형태의 미시적·거시적 공격을 경험했다. 이를 생각하면, 그녀가 자신 속에 종양이 자라고 있다는 사실을 미처 알아차리지 못한 것도 전혀 이상하지 않았다.

그런데 종양이 점차 커져, 뇌의 언어 능력을 관장하는 부분을 압박하기 시작하자, 고메즈는 말을 하다가 갑자기 멈추거나, 발음할 수 있던 단어들을 제대로 말하지 못하는 일이 생겼다. 하지만 그녀는 이 증상들이 단순히 스트레스 때문이라고 여겼다. 종양이 5cm 크기까지 자라는 과정에서도, 의사가 나중에 설명해 줄 때까지 그녀는 그저 두통 때문이라고만 생각했다. 고된 출장 때문이라 여겨 아스피린을 복용했고, 구토와 현기증도 휴식을 취하면 나아질 것이라고 넘겼다.

그러다 어느 순간, 그녀는 응급실에 실려 갔고, UCSF 의료센터 신경과로 이송되었다. 이후 고메즈가 정신을 차렸을 때는 이미 여러 번의 MRI 검사를 거쳐, 종양의 크기와 악성 여부가 진단된 후였다.

고메즈는 내게 "저는 몸이 기억한다고 믿어요"라고 말했다. 이는 수술을 받고 2년이 흐른 뒤였다.

"트라우마는 우리 몸속에 계승되어, 정신 건강이든 신체 건강이든 어떤 방식으로든 나타날 수 있다고 생각해요."

나는 트라우마의 생리학에는 전문 지식이 없지만, 그녀의 말에는 고개를 끄덕일 수밖에 없었다.

⁂

다행히 고메즈의 종양은 양성이었다. 지금 그녀의 두개골 안에는 티타늄판이 들어 있는데, 그녀는 이를 자신과 테크 업계와의 관계에 대한 비유로 여긴다고 말했다.

나는 처음엔 그녀의 의도가 명확히 와닿지 않았지만, 아이언맨처럼 자신을 위험한 환경에서 지켜주는 기술을 머릿속에 품게 됐다는 의미로 받아들였다. 한편으로는, 그 판이 실리콘밸리의 적대감이나 악의로부터 자신을 보호해 주는 것이라 상상했다. 대화가 그 정도까지 나아가지는 않았지만, 나는 그녀가 두 가지 의미를 모두 의도했다고 믿고 싶었다. 그녀 역시 나중에 "그것은 내 이야기를 아름답게 포장하는 방식 beautiful way of framing"이라고 말했다.

현재 고메즈는 승차 공유 서비스 운전자, 콘텐츠 검토자 content moderators, 각종 서비스 종사자, 도시 재개발로 인해 밀려난 사람들, 그리고 자신과 같은 소수 인종의 '성공담 success stories'을 존중하지 않는 테크 산업과 일종의 애증 관계$^{love-hate\ relationship}$를 맺고 있다. 하지만 그녀는 테크 분야에서 누린 혜택도 분명히 있다고 인정했다.

만약 그녀들이 단순한 삶을 택해 테크를 떠났더라면 멀리서 비판하는 위치에 머무를 수도 있었겠지만, 고메즈와 엘렌 파오는 변화 가능성을 믿으며, 그 시스템 안에서 꾸준히 힘을 쏟았다.

그러나 이 문제는 결코 단순하지 않다. 고메즈나 파오의 경험을 마주할 때마다 내가 테크 불가지론에 다시 주목하게 되는 것도 이 때문이다.

오늘을 살아가는 이들 중 생각이 있는 사람이라면 누구나 세계를 지배하는 일종의 '종교'—즉 테크 산업—와 자신과의 관계에서 복합적인 감정을 느낄 수밖에 없다. 우리 각자는, 이 시스템이 사회를 고양시키고 치유하는 측면만큼이나 억압하고 분열시키는 데에도 얼마나, 어디까지 관여할 것인지 생각해야 한다. 이런 상황에서 이제오마 올루오, 엘렌 파오, 로라 고메즈 같은 이들은 매일 기술을 사용할 뿐만 아니라, 테크 산업 내부 또는 가장 가까운 자리에서 시스템을 더 공정하게 만들기 위해 꾸준히 노력하고 있다.

세상을 바꿀 여러분의 아이디어는 무엇인가요?

2021년, 이제오마 올루오와 쇼어라인의 자택에서 만났을 때, 그녀는 너그럽게도 세 시간 가까이 시간을 내어 내게 조언을 아끼지 않았다. 그 자리에서 그녀는 자신이나 사피야 노블 같은 이들의 연구와 성과를 반복해서 인용하지 말아 달라고 당부했다. 대신, 앞서 언급한 마일즈 라세터처럼 더 다양한 인물을 통찰하고 이를 공유하는 데 내가 가진 독특한 사회적 지위를 적극적으로 활용하라고 조언했다. 엘렌 파오 역시 테크 산업의 주류 바깥에 있는 이야기들을 더 많이 소개해 줄 것을 권했다. 파오는 테크계 주요 인사들의 생각이나 삶은 이미 널리 알려져 있으니 굳이 덧붙이지 않아도 된다고 말했다. 실제로 그들은 이미 충분히 자신의 이야기를 세상에 알렸다.

나 역시 이런 모순을 마주하고 고민했다. 테크 분야의 계급 체계를 분석하는 과정에서, 서로 충돌하는 두 가지 욕구―주류의 이야기를 반복하는 것과 다른 목소리를 소개하려는 시도―사이에서 어떻게 균형을 잡아야 할지 고민했다.

그리고 궁극적으로, 내 생각은 그날 고메즈와 나눴던 대화로 돌아가게 되었다.

고메즈가 친구의 결혼식에 가야 한다며 카페 테이블을 떠난 뒤, 나는 레드우드 시티의 뜨거운 여름 햇볕 아래에서 한동안 마음을 가라앉히지 못했다. 테크 업계의 부당한 계급 구조와, 그 구조를 안에서부터 바꾸려는 노력에 대해 어떻게 받아들여야 할지 답을 찾지 못해서였다.

이제오마 올루오

엘렌 파오. 출처: 찰리 그로소

생각을 돌리기 위해 산 마테오 카운티 역사박물관San Mateo County History Museum까지 한 블록을 걸어갔다. 코린트 양식Corinthian의 기둥과 로마식 돔이 돋보이는 아름다운 석조 건물이었다. 그곳에서 나는 스테인드글라스 천장 아래 빛나는 법원을 바라보았다. 인접한 전시실에는 산 마테오가 한때 '미국에서 가장 부패한 카운티', 정치적 부정과 불법 결투의 보루bastion였음을 기념하는 자료들이 공개되어 있었다.

박물관은 미국 이민자들의 경험을 기록한 '기회의 땅Land of OPPORTUNITY'이라는 전시관을 반드시 지나가도록 설계돼 있었다. 그곳에는 아프리카계 미국인, 필리핀인, 중국인, 일본인, 멕시코인, 이탈리아인, 아일랜드인, 포르투갈인 등 여러 민족이 골드러시 시기 이후부터 2차 세계대전까지 계속해서 이 땅에 들어와 살아간 발자취가 담겨 있었다.

박물관의 하이라이트는 기업가 정신과 기술을 주제로 한 대규모 전시였다. 이는 마치 '이곳이 바로 세계 최대 반도체 기업인 인텔이 태어난 곳'임을 모든 방문객에게 각인시키려 하는 것 같았다. 전시관을 둘러보며, 나는 커다란 노란색 스티키 노트에, 어린이들이 손 글씨로 남긴 메시지들이 한눈에 들어오는 보라색 판 앞을 지나쳤다. 그 위에는 "세상을 바꿀 여러분의 아이디어는 무엇인가요?"라는 질문이 적혀 있었다.

그 아래 붙은 어린이들의 대답은 다양했다. "글로벌 차원의 즉각적인 식량 공유로 세계의 기아를 종식하기", "숲을 파괴하는 일을 멈추세요.", "교도소를 수감자들이 갇혀 무기력함을 느끼는 공간이 아니라, 교정이나 자기 성찰의 센터로 만들어 주세요".

그리고 "아직 생각해 본 적은 없지만, 그건 분명 세계를 변화시킬 아이디어일 거예요." (마지막 답변 앞에서 누가 감히 반박할 수 있을까?)

이후, 나는 박물관의 어두운 구석에 자리한 '혁신 극장Theater of Innovation'에 혼자 평화롭게 앉았다. 여기에서는 방문객이 '산 마테오 카운티의 역사적 인물들'을 다룬 여덟 개의 비디오 중 하나를 선택해 볼 수 있는 메뉴가 있었는데, 모두가 백인 남성 기업가들에게 초점을 맞추고 있었다.

이때, 나는 엘렌 파오가 이 장, 나아가 이 책 전체에서 더 이상 백인 남성 테크 리더들의 이야기를 다루지 말라고 말했던 이유를 떠올릴 수밖에 없었다. 더는 소개될 필요조차 없는 것이다. 그들의 이야기는 이미 수없이 기록됐고, 이곳처럼 일종의 정전正傳으로 엄연히 전시되어 있으니 말이다.

"인텔의 기업 문화는 처음부터 '사실을 말해라, 진짜 정보를 가져와라'라는 것이었습니다."

인텔의 초기 멤버인 데이브 하우스Dave House는 고든 무어Gordon Moore를 다룬 비디오에서 이렇게 회상했다. 같은 비디오에서 무어는 "무어의 법칙Moore's Law"의 기원을 직접 설명했는데, 널리 알려진 이 금언(사실 이는 어떤 검증된 과학 법칙도 아니다)은 마이크로칩 위의 트랜지스터 수가 2년마다 두 배로 늘고, 동시에 트랜지스터 단가는 계속 낮아진다는 내용을 담고 있었다. 하우스는 무어가 어느 시점에서는 우주선cosmic ray이 새로운 발명품에 영향을 줄 수도 있다고 예리하게 예측한 것을 언급하며, 무어의 천재성에 감탄했던 때를 회상했다.

위 내용처럼 그들의 이론적 야심이나 대담함은 경이로우며, 역사박물관에 남길 만한 가치가 있다. 그러나 그렇게 명석한 리더들이 자신들이 만든 시스템 안에 내재된 거대한 구조적 불평등과 불공정을 해소하려는 과감한 계획을 세우거나 실현하지 않았다는 사실 역시 그에 못지않게 놀라워야 마땅하다.

나는 테크가 어떤 기술이든 인류에게 실질적인 혜택을 가져다줄 잠재력이 있다는 가능성을 인정한다. 그러나 모든 인류에게 이익을 준다고 주장하는 기술이나 엔지니어가 실제로 고용과 해고, 코드 작성, 시스템 설계 과정에서 서로 다른 계층과 집단의 인간들에게 동등한 가치를 부여하는가를 검증하지 못할 경우에는 회의적 시선을 유지해야 한다고 본다.

물론 양질의 테크 제품과 서비스를 누리며, 테크 문화가 지닌 추악하고 해로운 종교적 속성에 맞서 저항하는 균형점을 찾기란 결코 쉽지 않다. 그렇지만 고대 랍비였던 타르폰Tarfon이 2천 년 전 미쉬나Mishnah에서 언급했듯, "일을 끝내는 것이 우리의 의무는 아니지만, 그 일을 멈출 자유가 있는 것도 아니다."

우리 각자는 완벽한 변화까지는 이룰 수 없을지라도, 그 과정을 멈추지 않고 계속 이어가야 할 책임이 있다.[52]

2020년 가을, 수술을 받은 지 1년이 조금 넘은 시점에 고메즈는 프로옉토 솔리스Proyecto Solace(현재는 Proyecto Sol)라는 단체를 설립했다. 이는 테크 벤처라기보다는 비영리 기관으로, 링크드인 페이지에는 "인종 차별, 외국인 혐오, 성차별, 동성애 혐오 등 다양한 편견에 대항하여 라틴계 공동체는 괴롭힘 없는 안전한 공간과 정신 건강 회복을 위해 새로운 소통 방식을 찾고 있다"는 점이 강조되어 있다.

영어 '솔리스solace'와 스페인어 '솔라즈solaz'는 모두 위안, 위로, 안도를 뜻한다. 고메즈는 "우리 자신과 공동체, 그리고 집단적 치유를 위해 정서적이고 정신적인 안전 공간에 투자하는 라틴계 공동체"를 이끌고 있다는 점에 큰 자부심을 느낀다. 나는 여기서, 그동안 금융적 의미로만 쓰이던 '투자한다'는 단어가 이렇게 쓰인다는 점이 의미 있게 다가왔다.

요즘 고메즈는 감사하는 마음으로 살아간다고 한다. 단순히 우주에 자신의 지속적인 성공을 감사하는 차원이 아니라, 더 평등한 실리콘밸리를 만들기 위해 함께 싸우는 동료 운동가에게 특별한 감사를 느낀다. 그중에서도 그녀는 엘렌 파오에 대한 고마움이 크다.

고메즈가 병원에서 수술 뒤 깨어났을 때, 엘렌 파오가 침대 곁에 있었다. 이후, 그녀가 뇌의 언어 중추를 되찾아 1년 만에 정상적으로 말을 할 수 있다는 사실을 깨닫고 난 뒤, 누구라도 괜찮으니 대화하고 싶다고 생각할 때, 엘렌은 고메즈 곁에서 두 시간 넘게, 늦은 밤까지 자리를 지켰다.

고메즈는 이런 특별한 순간을 떠올리거나, 혹은 기술의 미래를 전망해 달라는 질문을 받을 때마다 자신의 영웅을 생각한다. 바로 이탈리아의 사회학자이자 정치 이론가인 안토니오 그람시$^{Antonio\ Gramsci}$다. 무솔리니^{Mussolini} 독재하에서 30년 가까이 감옥에 갇혀 있던 그람시는, 희망을 어떻게 유지할 수 있느냐는 질문에 "나는 이성^{intelligence} 때문에 비관론자지만, 의지^{will} 때문에 낙관론자[53]"라고 답했다. 이런 고메즈의 비관론은 우리가 테크 업계의 계급 체제를 바로잡으려는 노력이 아직 충분치 않다는 데에서 비롯된다. 그러나 그녀의 낙관론은, 자신과 수많은 동료가 매일 조금씩 더 많은 노력을 쏟으며 변화를 만들어가고 있다는 사실에서 힘을 얻는다.

의식

    2020년 여름과 가을, 우리를 비롯한 여러 가족이 함께 하이킹을 다녔다. 그 덕분에 아이들은 잠시나마 학교, 캠프, 그리고 또래 친구들과 어울리지 못하는 현실에서 벗어날 수 있었고, 스크린이 아닌 무언가에 집중하는 시간을 가질 수 있었다. 그러나 계절이 바뀌면서 우리는 뉴잉글랜드의 겨울, 실내에 갇혀 반복되는 지루함과 마주하게 되었다. 여전히 통제되지 않은 코로나바이러스는 점점 더 위협적으로 다가왔고, 그해 여름의 인종 갈등은 곧 있을 대통령 선거로 이어지며 미국 민주주의 자체의 운명까지 흔들 수 있다는 두려움으로 번졌다. 우리 모두는 각자 나름의 방식으로 스트레스에 무너졌다. 하지만 그 '나름의 방식'이라는 것도 결국 예외 없이 기술과 연결되어 있었다. 우리는 서로 간의 연결을 위해서뿐만 아니라, 도저히 견딜 수 없을 때마다 심리적 구명정처럼 스크린과 각종 기기, 앱들에 의지하고 있었다.

그러던 어느 저녁, 나는 매일 랩탑으로 HBO를 무심코 틀어놓고 스마트폰으로 이메일을 보내며 트윗을 하는 반복적인 습관에서 벗어나고 싶었다. 그래서 몇 개의 PDF 파일을 리마커블 2$^{\text{reMarkable 2}}$ 태블릿에 옮겨 담았다. 구체적으로는, 오랫동안 미뤄왔던 나의 열정 프로젝트인 종말론 그래픽 노블의 대본이었다.

E-잉크 기반의 이 태블릿은 노르웨이 스타트업 리마커블이 만든 제품이다. 오직 읽기, 쓰기, 그리기만을 위해 설계된 이 태블릿은 "당신이 생각하도록 돕는다$^{\text{helping you think}}$[1]"라는 목적을 내세웠는데, 그 이면에는 우리의 시간과 주의를 끊임없이 빼앗는 디지털 기술에 대한 일종의 해독제가 되고자 하는 의도가 담겨 있었다. 물론 각자 집착하는 '백신'의 형태는 다르겠지만, 내게는 이 테크 해독제야말로 오랫동안 찾아 헤맨 해답이었다.

이후 나는 침대에 누워 이 태블릿으로 몇 시간을 책 읽는 데 몰입했다. 이 기기는 그래픽 노블을 읽기에 알맞은 크기와 무게를 갖추고 있었고, 함께 주문한 직조^{woven} 폴리머 소재의 커버는 천으로 제본된 일기장처럼 손에 익었다. 몇 분 만에 손 글씨로 쓴 노트도 쉽게 디지털화해 업로드할 수 있었다. 낙서가 있든, 손 글씨로 메모를 하든, 다양한 문서를 읽고 표시하는 것이 놀라우리만큼 자연스럽게 느껴졌다. 나는 다른 모든 전자기기를 멀리 두고, 처음으로 평화에 가까운 감각을 맛봤다. 자외선 빛 대신 오랜만에 탁상스탠드를 켜고, 종이 느낌이 나는 화면을 손가락으로 넘기며, 태블릿용 펜인 '마커^{marker}'로 화면 여백에 아이디어를 끄적였기 때문이다.

여기서 더 간단하게 책을 읽거나 종이 노트에 필기를 해도 된다는 반론이 나올 수 있다. 나 역시 종이에 메모할 수 있었다. 그러나 그렇게 하면 늘 찾아오는 혼란과 불안을 감수해야 하며, 중요한 아이디어를 종이에만 남긴다면, 그것을 잃어버리면 어쩌지 하는 걱정에 시달려야 한다. 반면 리마커블에 적어둔 생각은 곧바로 내 드라이브에 업로드되어 언제든 다시 꺼내볼 수 있다는 점에서 마음이 놓였다.

다음 날 아침, 나는 스마트폰을 잠시 내려놓고 심카드를 꺼내 라이트 폰 II^{Light Phone II}*에 끼웠다. 이 전화기에는 내가 듣고 싶던 몇몇 음악 팟캐스트와, 하늘이 무너지는 듯한 순간에도 연락할 수 있는 가까운 사람들의 번호만이 저장되어 있었다.

이후 나는 오랜 산책길에 나섰다. 나무를 바라보고, 기타와 보컬 아래로 흐르는 베이스라인에 귀를 기울이며, 생각이 어디로 흘러가길 원하는지도 모른 채 발길을 옮겼다. 끝없는 연결, 마치 몸의 일부였던 환상지^{phantom limb}**가 사라진 듯한 상태에서, 나는 충만한 행복감과 '무언가, 어떤 것이든 당장 확인하고 싶은' 불안한 충동 사이를 오갔다.

"그게 바로 문제입니다." 라이트 폰의 공동 창업자인 카이웨이 탱은 이렇게 말했다. "우리 고객들 역시 당신처럼 현대적인 내면과 싸우고 있어요. 우리는 과연 지루함을 견딜 수 있을까요? 이건 정말 오래된 질문이죠. 온라인에 연결되어 있지 않을 때, 우리는 과연 무슨 생각을 하게 될까요? 우리가 사랑하는 이들, 우리의 고통, 우리의 희망―우리가 진짜 마주하게 되는 것들 말입니다."

---

* 전화 걸기, 문자 보내기, 음악 듣기 등 기본 기능만을 갖춘 '멍텅구리 전화기(dumb phone)'로, 같은 이름의 회사에서 만든 소셜미디어 시대의 반(反)소셜미디어 전화기다. 자세한 내용은 웹사이트 (https://www.thelightphone.com)를 참고하라. ― 옮긴이

** 수족을 절단한 뒤에도 여전히 그 부위가 남아 있는 것처럼 느끼는 현상을 말한다. ― 옮긴이

테크의 열광

이 책 2부에서는 테크를 종교적 신념이 아니라, 하나의 종교적 행위나 의식처럼 바라볼 것이다.

앞 장에서는 테크 업계의 계급 체제가 종교의 계급 구조와 어떻게 닮아 있는지 살펴봤다. 우리는 이를 통해 두 체제 모두 내부 집단과 외부 집단을 나누고 그 경계를 강화함으로써 공동체의 결속을 다진다는 것을 알았다. 또, 소수에게 권력과 편의, 카리스마를 집중시키기 위해 다른 이들의 희생을 정당화한다는 것도 알았다. 그리고 이런 계급 체제가 얼마나 중요하고 타당한지 모두가 믿도록, 신화와 이야기로 그 구조를 더욱 견고하게 만든다는 것도 깨우쳤다.

이제 우리는 종교적 행위의 또 다른 기반인 의식rituals에 주목해 볼 것이다. 교리doctrine가 종교의 핵심 요소로 자주 언급되지만, 실제로 어떤 주요 종교에서도 지도자들이 신앙의 통일성을 완전히 강제하는 데 성공한 적은 없다. 만약 종교의 힘이 오직 공통된 믿음, 즉 특정 신의 존재나 내세에 대한 동일한 이해에만 기반했다면, 역사상 그 어떤 분파도 큰 영향력을 펼치지 못했을 것이다. 인간의 마음은 변덕스럽기도 하고, 때로는 지나치게 완고하기 때문이다. 그러나 위대한 종교 사회학자 에밀 뒤르켐Émile Durkheim이 강조했듯, 사람들을 공동의 활동에 참여시키는 의식은 의미 있는 경험을 나누고, 그 과정을 통해 공동체 의식을 고양시키는 힘을 가지고 있다. 각 전통에서 의식이 사람들을 더 강하게 결속시킬수록, 뒤르켐이 말한 "집단적 열광collective effervescence"이 더 크게 나타나고, 그 전통은 추종자들의 삶에 더 깊고 넓은 영향력을 미칠 수 있게 된다.

테크 종교의 의식은 실로 열광적이다. 전통적인 조직 종교가 일주

일에 한 번, 하루에 한 번, 혹은 몇 번씩 기도를 권한다면, 현대인들은 하루 평균 344번, 거의 4분마다 스마트폰을 열어본다(2022년 초 리뷰스Reviews.org 설문조사2). 실제로 미국인 중 약 97%가 스마트폰을 사용하며, 많은 사람이 하루 수천 번씩 기기를 터치touch하거나 탭tap하거나 스와이프swipe한다고 한다.3

심지어, 코로나19 팬데믹이 시작되기 전 미국 아동청소년정신의학회American Academy of Child and Adolescent Psychiatry가 발표한 바에 따르면, 미국의 8~12세 아이들은 하루 4~6시간, 청소년은 최대 9시간까지 스크린을 사용한다고 했으며4, 미국의학협회저널JAMA의 소아 과학 학술지JAMA* Pediatrics에서는 코로나바이러스 팬데믹 동안 미국의 십 대는 하루 평균 여덟 시간을 스크린으로 보낸다고 했다. 이것은 학교 수업이나 숙제 활동을 포함하지 않은 시간으로, 대부분 스크린을 사용한 활동이었다.5

이 장에서 우리는 무엇이 의식이 되는지, 그리고 왜 기술 사용을 일종의 의식으로 바라보는 것이 중요한지 논의해 볼 것이다. 잠시 믿음에 관한 이야기는 뒤로 미뤄두자.

우리의 가치, 우선순위, 내면 상태가 가장 선명하게 드러나는 행위나 선언은 무엇일까? 눈에 보이지 않는 신에게 헌신을 맹세하는 말일까, 아니면 미국인의 74%가 스마트폰을 집에 두고 나오면 불편함을 느끼고, 70%는 5분마다 알림을 확인하며, 71%는 아침에 일어나 10분 이내에 스마트폰을 들여다볼 만큼, 강력한 힘에 깊이 몰입하는 모습일까?

---

*   JAMA는 "Journal of the American Medical Association"의 약자로, 미국의학협회저널을 말한다.
    – 옮긴이

이 장에서는 테크 종교의 의식을 어떻게 정의할 수 있을지 살펴보고, 종교적 의식에 상응하는 행위이자 사회적 특성으로서 기술 중독을 검토해 보고자 한다. 이것은 나뿐만 아니라, 당신이나 주변 사람들도 비슷하지 않을까 생각한다.

일종의 숭배

강박적으로 기술을 사용하는 모습을 종교적 의식에 비유하는 것은 비단 나만의 생각은 아니다. 예를 들어, 작가 조이스 캐럴 오츠$^{Joyce\ Carol\ Oates}$ 역시 트위터에서 우리의 디지털 일상과 종교적 숭배의 유사성을 지적한 바 있다.

그녀가 올린 사진을 보면, 매혹된 탄원자들^{supplicants}로 가득한 뉴욕 지하철 객차 안에서 우리는 너무나 익숙한 기도 자세를 발견할 수 있다. 시선은 아래로 향하고, 양손은 위로 든 채 자신만의 세상에 몰입해 있는 모습이다. 우리가 숭배하는 대상은 알루미늄, 구리, 철, 그리고 일곱 가지가 넘는 희귀 희토류 광물로 정교하게 만들어진 작은 제단, 바로 스마트폰이다. 리튬 코발트 산화물과 탄소 흑연을 통해 흐르는 전기가 이 제단에 영원한 불꽃을 밝히며, 화학적으로 강화된 알칼리-알루미노실리케이트$^{alkali-aluminosilicate}$ 유리판은 이온 교환 처리를 거쳐 뜨거운 염수에 담겨 더욱 견고해진다. 이 제단이 '인터넷'이라고 하는 신성한 텍스트와 온갖 외설적인 이야기들이 가득한 마법 같은 저장소와 만날 때, 그 빛은 어떤 스테인드글라스 창보다도 더 오묘하고 신비롭게 느껴진다.

조이스 캐럴 오츠의 트윗

　숭배의 물리적 대상을 테크 중독에 빗댄 것은, 나 역시 오츠처럼 가볍게 농담 삼아 해본 것이다. 그러나 더 진지하게 생각해 볼 질문은, 헌신적인 종교적 의식과 중독 사이에는 어떤 차이가 있느냐는 점이다. 예를 들어, 누군가가 매일 오랜 시간 혹은 주말마다 몇 시간씩 기도를 한다면, 그를 기도에 중독되었다고 볼 수 있을까? 이런 질문에 대한 답은 보는 이의 관점에 따라 달라진다. 종교를 옹호하는 사람이라면 이런 비교 자체가 터무니없다고 생각할 수 있고, 나 또한 그 점에는 부분적으로 동의한다. 대부분의 종교는 사회적으로 인정받고 존중받으며 오랜 시간 검증된 활동이고, 사람들이 참여할 가치가 있다고 여기기 때문이다.

하지만 어떤 종교는 해롭고 학대적일 수 있다. 이런 분파들은 신도들의 마음을 조작하고, 건전한 헌신과 중독적 숭배 사이의 경계를 흐리게 만들어 이익을 얻기도 한다. 다시 말해, 일부 종교 공동체의 경우에는 중독을 닮은 의식적 행위 자체가 성공의 증거처럼 받아들여진다. 이 지점에서 우리는 종교가 '디지털 복지를 누릴 수 있도록 돕겠다'고 말은 하지만, 실제로는 복지를 뒤로한 채 그들의 제품에 몰두할 때 가장 큰 수익을 올리는 스마트폰을 비롯한 기기 제조업체들과 종교가 분명히 닮은 점이 있음을 알 수 있다.

많은 연구자와 저자들이 디지털 생활을 위한 새로운 의식의 필요성을 지적해 왔다.[6] 스탠포드 디자인 스쿨의 강사인 쿨샤 오제닉$^{Kürşat\ Özenç}$와 글렌 파자르도$^{Glenn\ Fajardo}$는 직접 얼굴을 맞대는 모임에서 통용되는 각종 규범과 관습이 우리가 최근 몇 년간 경험한 가상 생활과는 맞지 않는다고 지적했는데, 오제닉과 파자르도가 생산성 향상을 위해 제안한 대안들에는 "지도 호흡$^{guided\ breathing}$", "팀 내 긍정 확산$^{team\ positivity\ contagion}$", "따뜻함 전파$^{spread\ the\ warmth}$" 등 이름만 들어도 종교적 의식을 연상시키는 운동이나 활동이 많았다. 그러나 자본주의 체제에서 생산성 증대를 목표로 하는 의식만큼 영적인 본질과 멀리 떨어져 있는 것이 또 있을까? 2022년 초, 줌^{Zoom} 화상 인터뷰를 통해 파자르도를 직접 만났을 때, 그는 이런 비판이 충분히 타당하다는 점을 솔직하게, 그리고 어쩌면 다소 체념한 듯한 모습으로 인정했다.

더 나은 디지털 의식이 필요하다는 모든 주장은, 디지털 소통이라는 것이 이미 다양한 의식들로 가득 차 있다는 점을 전제한다. 로그인, 알림 확인, 피드 읽기, 새 브라우저 탭 열기, 유행하는 비디오 클릭하기, 알고리듬이 추천하는 다음 영상을 보는 등, 이 모든 행동은 내가 지난 수십 년간 컴퓨터 앞에서 경험해 온 일상이다. 나는 랍비로 안수를 받은 사목자로서 종교적 의례와 함께 살아왔지만, 촛불을 켜거나 무릎을 꿇고, 찬송을 부르고, 월드와이드웹을 탐색하면서, 미로를 걷는 듯한 어떠한 종교적 체험도 내 의식을 변화시키거나 유체 이탈에 가까운 경험을 선사하지는 못했다. 그러나 이런 의식들이 내 개인적 목표나 어떤 시민 공동체의 목적에 부합하지 않을지라도, 메타, 트위터, 줌, 구글과 같은 테크 기업들에게는 분명히 이익이 될 것이다.

주목할 점은, 커뮤니케이션 학자인 제임스 캐리^{James Carey}가 일반적인 커뮤니케이션, 특히 기술 매개 커뮤니케이션을 의식^{ritual}에 비유했다는 사실이다. 캐리의 영향력 있는 '커뮤니케이션에 대한 의식적 관점^{ritual view of communication}'은 인간의 커뮤니케이션을 단순히 메시지를 전달하는 방식이 아니라, '공유된 믿음의 표현[7]'을 통해 지속적으로 유지하려는 노력이라고 보았다. 즉, 커뮤니케이션은 생각이나 정보를 단순히 진전시키는 데 그치지 않고, 공동의 가치를 유지하는 데에도 그 목적이 있다는 의미다.

캐리의 이론은 설교, 지시, 질책과 같은 역할을 상대적으로 낮춰 평가하고, 기도, 찬송, 제례 같은 의식적 행위의 의미를 더욱 부각하는 종교적 관점에서 비롯되었다.[8] 그는 보편성^{commonness}, 친교^{communion}, 공동체^{community}, 커뮤니케이션^{communication}처럼 유사한 뿌리를 가진 단어들을 환기시키며, 새뮤얼 모스^{Samuel Morse}가 전신^{telegraph}은 단지 돼지고기 가격을 전달하기 위해서가 아니라 "하느님께서 어떤 일을 하셨는가^{What Hath God Wrought?}"를 묻기 위해 발명되었다고 했던 일화까지 끌어온다.

만약 이런 사고방식이 전신처럼 원시적인 커뮤니케이션 기술에도 적용된다면, 오늘날 끊임없이 진화하는 기술과, 그 기술이 대중을 자극하는 힘은, 좋든 싫든, 소방호스로 성수holy water, 聖水를 들이붓는 것과 같은 강렬함을 지닌다는 사실을 부정할 수 없다.

예전에는 관중이 폭발적이었다

정확히 언제, 어떻게 내가 중독되기 쉬운 성격이라고 판단했는지 모르지만, 사춘기 전인 것은 분명하다. 여름 캠프에서 돌아오던 날 밤, 한 그리스 레스토랑에서 부모님은 내가 커피를 마셔도 될 만한 나이라고 인정하셨다. 나는 사양했는데, 그것은 우리 가족 사이에서 마치 산타클로스에게 아무 선물도 필요 없다고 말하는 것이나 다름없었다. 나도 당신들처럼 중독되고 싶지 않아서 그런다고 그 이유를 설명했을 때, 나는 부모님이 식탁을 뒤집어엎으실 거라고 생각했다.

우리는 최근에 이민 온 작은 가족이었고, 각자 복잡한 세대 간 트라우마와 싸우고 있었으므로, 나는 혼자 남아 궁핍해지고, 다른 사람들의 눈에 무가치한 인간이 될까 봐 매우 두려웠다. 여기서 절제는 내가 내 삶과 미래를 통제할 수 있다는 잘못된 감각을 유지하는 데 도움이 되었다. 우리는 그날 밤 이후로 이 주제를 더 이상 꺼내지 않았고, 아버지께서 폐암 말기에 흡연을 끊지 못해 힘들어하실 때조차 그 이야기를 회피했다. 나는 담배나 마약을 전혀 하지 않았고, 술도 거의 마시지 않았다. 그렇기에 30대 초반이 되어 인터넷 중독에서 벗어나기 위한 회복 모임에 참석하는 내 자신이 낯설게 느껴질 수밖에 없었다.

2008년 5월, 나는 하버드 의대 매클레인McLean 정신과 병원의 한 교실에 학문적인 목적이 아닌 다른 이유로 참석했다. 하버드 야드에 있는 내 사무실에서 버스로 40분을 달려 도착한 그곳에서는 "스마트 리커버리SMART Recovery" 주일 프로그램이 진행되고 있었다. 이 프로그램은 하버드 의대 교수이자 나의 멘토가 주도적으로 만든 모임으로, 알코올 중독자 익명 모임Alcoholics Anonymous과 마약 중독자 익명 모임Narcotics Anonymous의 핵심인 "더 높은 권능higher power"과 같은 종교적 개념에 대항해, 세속적이고 과학적인 근거를 바탕으로 한 대안적 재활 방식을 택했다.

여기서 나는 태블릿 책상이 달린 고등학교식 의자에 웅크린 채 앉아, 나 자신을 설명하려 애썼다. 그리고 선제적 방어 기제로 손을 위로 들어 올리며, 내가 어떻게 로그아웃을 하지 못했는지 다른 참석자들에게 털어놓았다. 또한 이메일, 페이스북, 뉴욕타임스, ESPN 같은 웹사이트를 새로 고침하며 반복적으로 확인했던 일, 출판 계약을 지켜내야 한다는 긴장과 압박감에서 벗어나기 위해 무엇이든 집착적으로 찾아 헤맸던 경험을 말했다.

얼마 전, 너무도 당연하게 나를 떠난 오랜 여자 친구가 잠들기 전 마지막으로 무엇을 보는지, 아침에 눈을 뜨면 가장 먼저 무엇을 확인하는지 확인하곤 하면서, 자기 대신 전화기랑 데이트하는 게 낫겠다고 불평했던 일도 설명했다. 2006년, 나는 팜파일럿PalmPilot을 사용하고 있었고, 아이폰은 아직 스티브 잡스의 머릿속에 희미한 아이디어로만 자리하던 때였다. 나는 이 중독을 멈추지 못하면 더 많은 관계를 망치고, 작가로서의 커리어도 스스로 불태워버릴까 두려웠다고 말했다.

나는 그들이 그 자리에서 나를 비웃을 것이라고 생각했다. 실제로 내 이야기에 당황하는 표정도 보였기 때문이다. 그러나 여러 참석자는 나의 디지털 문제에도 자신들의 약물 의존과 비슷한 점이 있다며 친절하게 공감해 주었다. 나 역시 그들처럼 고통스러운 감정에서 벗어나기 위해 무언가를 사용하기도 했다.

그들처럼 나도 분리 상태^{dissociation}와 도파민 고양$^{dopamine\ high}$, 두 가지 모두를 추구했다. 그것들이 내가 직면하고 싶지 않은 현실을 회피하는 데 도움을 주었기 때문이다.

미시 엘리엇의 트윗

나는 이 비교의 중요성을 보여주기 위해 나 자신을 흔치 않은 사례로 들었다. 하지만 이 글에서 설명한 문제들은 수많은 사람이 현재 겪고 있는 문제와 크게 다르지 않다고 생각한다. 실제로 로그아웃하지 못하는 현상은 이미 널리 퍼진 고질병이다.

역사상 가장 인기 있는 힙합 아티스트 중 한 명인 미시 엘리엇$^{Missy\ Elliott}$은, 요즘 나에게 가장 신비로운 세속적 의식 중 하나인 여름 콘서트에 대해 이렇게 트윗을 남긴 바 있다.

"추억을 위해 스마트폰으로 공연을 녹화할 수 있다는 점이 정말 좋지만… 이는 에너지를 빼앗아 가요. 좋아하는 아티스트의 공연을 녹화하기 위해 스마트폰을 안정적으로 잡고 있으려고 애쓰다 보면 마음껏 춤추고 즐기기가 어렵죠. 예전에는 관중이 폭발적이었어요!⁹"

2020년에 리마커블 2와 라이트 폰 II 같은 대안적 기기로 실험을 시작했을 때, 내가 애타게 찾던 테크 분야의 성배를 발견했는데, 왜 그토록 단순한 기기들을 무시하고, 의도적으로 피하려 했던 것일까?

그리고 테크 중독에 관한 「보스턴 글로브」 기사에서 이 기기들의 사용 경험을 다뤘음에도, 왜 이 책을 쓰는 내내 스마트폰과 다른 디지털 기기 사이에서 고민했을까?[10]

탱Tang에게 라이트 폰 구매 고객들이 어떤 반응을 보이는지 물었을 때, 대부분은 이 기기를 "부차적인 전화기secondary phone"로 사용하며, 많은 경우 '더 가벼운' 일상에는 쉽게 만족하지 못한다고 답했다.

탱이 모토로라, 노키아, 블랙베리의 디자이너로 일했고, 구글의 인큐베이터에서도 활동하며 직접 확인했듯이, 소셜미디어와 각종 스마트폰 앱의 알고리듬은 매우 중독적으로 설계되어 있으며, 사용자의 시간을 독점하고, 우리의 삶에 인위적인 필수품으로 자리 잡도록 의도적으로 만들어졌다. 디지털 사회학자 줄리 올브라이트Julie Albright 박사의 표현을 빌리자면, 이 기기들은 '디지털 크랙 코카인digital crack cocaine'이라 할 수 있을 만큼, 대인관계를 희생하면서까지 테크놀로지에 과도하게 집착hyper-attach하도록 만든다.

그럼에도 불구하고, 이 모든 현상을 '의식'이라는 틀로 바라보는 것이 최선일까? 많은 테크 업계 지도자는, 내가 그동안 교류해 온 세속주의자나 다른 지식인들처럼 자신이 의식에 사로잡혀 있다고 여겨지는 것을 꺼려한다. 내가 아는 한 자선 사업가는 의식이 지나치게 "종족주의적tribalistic"이라고 표현한 적도 있다. 우리는 그런 집단적 관습을 이미 넘어섰다고, 과학과 논리, 사고로 대체했다고 자부할지도 모른다.

하지만 정말 그런가?

내가 아는 대부분의 사람이 디지털 기기를 사용하는 모습을 종교적 행위에 비유한다면, 그들의 테크 활용은 우리가 생각하는 것보다 훨씬 덜 합리적이고, 훨씬 더 의식적인 행동에 가깝다. 특히 테크 사용이 본인에게 해로울 수 있다는 데이터가 있음에도 불구하고, 사람들은 여전히 그 행위를 반복하는 것을 보면 말이다.

실제로 소셜미디어 사용이 많을수록 청소년들의 우울 증상과 자살률이 상승할 수 있다.[11] 또한 지나치게 긴 스크린 사용 시간은 미취학 아동에게 주의력 결핍을, 18개월 영아에게는 언어 발달 지연을, 더 넓은 연령의 아동들에게는 각종 발달 장애를 유발할 수 있다.[12] 이런 현상은 세계 각국의 가족 관계 악화와도 연관이 있는 것으로 추정된다.[13] 영국의 한 연구에 따르면 스크린 시간은 어린이의 인슐린 저항성 약화와도 관련이 있다고 한다.[14] 이처럼 다양한 부정적 결과가 명확히 드러남에도 불구하고, 디지털 기기를 이토록 많이 사용하는 것은 결코 합리적 선택이 아니다. 충분히 숙고한 끝에 내린 결정도 아니다. 이것은 현대 사회의 하나의 의식이다.

사회학자들이 성인을 대상으로 스크린 시간과 부정적 결과 사이의 뚜렷한 인과관계를 밝혀내지 못했으나, 반대로 그러한 연관성이 없다는 점 역시 증명된 바 없다. 이런 불분명한 공식 데이터를 앞에 두고, 나는 되묻고 싶다. 당신은 주변 성인들이 이 디지털 시대에 어떻게 적응하고 있다고 생각하는가? 건강하게 잘 적응하고 있다고 생각하는가?

민주주의가 제대로 작동하고 있다고 느끼는가, 아니면 구조적인 거짓 정보와 끝없는 소셜미디어 논쟁으로 악영향을 받고 있다고 생각하는가? 정보가 자유롭게 오가는 이 시대에 우리는 기후 변화에 충분히 대응하고, 모두가 평등한 사회를 만들고, 집단의 정서적 건강과 신체

건강, 사회적 복지를 증진하고 있다고 자신 있게 말할 수 있는가?

이런 수많은 사회적·정치적 변화 속에서 현재의 상태를 낙관적으로 느끼는 이가 있다면…, 그 낙관에 진심으로 축하를 보낸다.

적대적 설득 기계

"디지털 기술은 모든 형태의 의미 있는 정치를 불가능하게 만들고 있다"고 제임스 윌리엄스 James Williams는 주장한다. 그는 "현대의 디지털 시스템은 우리의 의도보다 충동을 우선시하고, 심리적 취약성을 최대한 활용해 우리를 자신의 목표와 일치할 수도, 일치하지 않을 수도 있는 방향으로 끌고 가도록 설계되어 있다"고 말한다.

윌리엄스는 테크 업계에서 몇몇 다른 전직 구글 직원들만큼 유명하지 않을지 모르지만, 그의 행보는 인상적이었다. 2010년 그는 구글의 최고 영예인 "창업자 상 Founders' Award"을 수상했고, 2017년에는 디지털 기술 산업 전체를 비판한 공로로 케임브리지대학이 수여하는 "나인 닷츠 프라이즈 Nine Dots Prize"의 초대 수상자로 선정되었기 때문이다. 이 상은 독창적 사고를 인정받은 이에게 10만 달러를 수여하는 권위 있는 상이다. 윌리엄스는 옥스포드 대학 박사과정 중 집필한 저서 『나의 빛을 가리지 말라 Stand out of Our Light』(머스트리드북, 2022)로 이 상을 받았다.

그는 구글에서 세계의 정보를 정리하는 업무에 몰두하던 중 중요한 깨달음을 얻었다고 한다. "과거 어느 때보다 더 많은 기술이 내 삶에 스며들었지만, 정작 내가 원하는 일을 하기는 그 어느 때보다 더 힘들어졌다. … 말로 설명할 수 없는 새로운 형태의 깊은 주의 분산 deep distraction이었다.15"

이 외에도 윌리엄스는 바둑 세계 챔피언을 이긴 알고리듬이 이제는 어떻게 우리의 주의력을 압도하고, 점점 짧아지는 집중 시간을 지배하는지 상세히 설명했다. 그는 이런 기술이 우리 삶에 깊숙이 침투하면서, 우리가 더 나은 인간의 미래로 나아갈 길을 알아차릴 수도 있었던 '빛'을 가리고 있다고 말했다. 이들은 우리가 더 많은 유튜브 영상을 시청하게 만들고, 필요한 시간보다 훨씬 오랜 시간 스마트폰을 손에서 놓지 못하게 유도한다는 것이다.

2019년 초, 나는 스카이프^{Skype}를 통해 윌리엄스를 처음 만났다. 그 후, 당시 그가 머물던 러시아에서 하버드로 찾아와 직접 대면했을 때, 그는 자신이 과거 몸담았던 빅테크 기업을 비롯해 테크 산업 전체의 프로젝트를 날카롭게 비판했다. 그는 문명으로부터 완전히 단절된 채 살아간다고 상상하기 어려울 만큼 친절하고 온화한 사람이었다. 당시 나는 인본주의 공동체를 이끌다가 기술 문제에 적극적으로 관여하고 글을 쓰던 시기였다. 윌리엄스는 인류의 장기적 미래에 대해서는 어느 정도 낙관적인 전망을 갖고 있었지만, 현재와 가까운 미래에 대해서는 어둡게 내다봤는데, 이러한 시각이 내 사고에도 적잖은 영향을 주었다.

나는 그에게 이렇게 물었다. "만약 앞으로 10년, 20년 안에 우리가 기후 위기와 관련해, 모두가 힘을 합쳐 배출량을 줄이고 대기 중 탄소를 줄여야 하는데 그러지 못해 우리 삶이 심각하게 붕괴된다면, 또 우리가 서로 조리에 맞는 대화를 나눌 수 있는 능력이 부족해진다면, 그것은 정말 불행한 일이겠죠?"

"물론이죠. 한 사회에서 함께 살아가기 위해서는 최소한 유지 가능한 신뢰가 반드시 필요합니다. 설령 누군가 그런 신뢰와 공통의 이야기를 무너뜨리는 미디어 플랫폼을 설계하려 했다 하더라도, 지금 우리가 가진 것만큼 해로운 시스템을 만드는 일은 쉽지 않았을 겁니다.*"

한편, 서던 캘리포니아 대학의 종교 생활 처장 바룬 소니^{Varun Soni}는 하버드 대학 사목진을 대상으로 한 강연에서도 이와 같은 우려를 제기했다. 그는 2008년 아이폰 출시 이후 미국 대학 캠퍼스에서 자해와 불안장애 비율이 두 배로 늘었고, 고등학생들 사이에서도 불안과 우울증이 크게 증가했다고 지적했다. 거의 모든 연구는 온라인에서 보내는 시간이 길어질수록, 자신에 대해 더 부정적으로 느끼는 경향이 뚜렷하게 나타남을 반복적으로 보여주고 있다.[16]

이렇듯 점점 더 많은 심리학 연구자가 소니와 같은 우려를 표명하고 있다. 그중에는 올브라이트 박사, 샌디에이고 주립대의 심리학 교수 진 트웬지도 포함된다. 트웬지는 그녀가 "아이젠^{iGen}[17]"이라고 부르는 디지털에 깊이 노출된 청소년들에 관한 책을 집필했다. 또한 2017년 미국의 저명한 시사 월간지 「애틀랜틱」에 기고한 획기적인 에세이 '스마트폰은 한 세대를 파괴했는가?^{Have Smartphones Destroyed a Generation?}'에서 다음과 같이 밝혔다.

"아이젠 세대가 수십 년 만에 최악의 정신 건강 위기에 직면했다는 말은 결코 과장이 아니다. 이 악화의 대부분은 스마트폰에서 비롯된

---

* "... if you wanted to design a set of media platforms to undermine that kind of trust, that kind of common story, you could do a lot worse than what we've got now." 이를 본문대로 번역한다면 "만약 당신이 그런 종류의 신뢰, 그런 종류의 공통된 이야기를 훼손하는 미디어 플랫폼을 설계하기를 원한다면 지금 우리가 가진 것보다 훨씬 더 나쁜 것을 만들 수 있을 겁니다"가 된다. 그러나 문맥에 맞춰 추정하건대 "you couldn't do"를 "you could do"로 잘못 썼다고 짐작한다. - 옮긴이

것으로 보인다.[18]" 트웬지는 다양한 통계 중에서도, 2015년의 12학년 (고3) 학생들이 2009년 8학년(중2)* 학생들보다 외출을 덜 했다는 사실을 강조했다.

물론, 이 모든 현상이 별문제 없이 마무리될 수도 있다. 어쩌면 내가 지나치게 걱정이 많은 사람일 수도 있다. 실제로 일부 연구에서는 스크린 시간이 아이들에게 반드시 해롭다고 단정할 수 없다는 결과도 나온다.[19] 이런 주장에는 반드시 참고해야 할 주의 사항과 불확실성이 따르지만, 최근 십 대들의 소셜미디어 이용에 관한 연구를 살펴보면 모든 청소년에게 건강상 분명한 해를 끼친다고 단정할 수는 없으며, 일부 청소년, 특히 여자아이들에게서 주된 부정적 영향이 확인되었다.

여기서 중요한 건, 소셜미디어를 사용하지 않는 십 대들까지도, 이미 소셜미디어에 깊이 빠진 또래들에 둘러싸인 환경—소위 '네트워크 효과network effect'—의 영향에서 벗어나기 어렵다는 것이다. 이미 많은 연구가 이런 문제를 다루고 있고, 이 주제에 관한 논의와 논쟁은 계속될 가능성이 높기 때문에, 나는 추가적으로 리뷰를 검토하지는 않으려 한다. 요약하자면, 이 사안은 여전히 진행 중이고, 앞으로 적어도 한동안은 계속될 거라는 것이다. 그렇기에 나 역시 최대한 중립적 입장을 유지하려 한다. 이것이 적절한 태도라고 생각하기 때문이다.

2장에서 소개한 사이비 종교 모집 및 탈세뇌 전문가cult recruitment and deprogramming expert인 스티븐 하산은, 어느 팟캐스트 에피소드에서

---

* 한국의 학제로 환산하면 12학년은 고등학교 3학년, 8학년은 중학교 2학년에 해당한다. 한국의 치열한 입시 경쟁 환경에서 보면 이런 통계가 그리 놀랍지 않을 수도 있지만, 북미에서는 매우 충격적인 현상이다. 특히 고등학교, 그 중에서도 12학년(고3) 시기는 또래 친구들과 가장 활발하게 어울리는 시기이기 때문이다. - 옮긴이

자신의 아이폰을 꺼내 내게 흔들며 "이 기기는 완벽한 정신 조종 기기예요"라고 말했다. 나 역시 그 말에 동의한다. 하산은 메릴랜드의 제이미 래스킨$^{Jamie\ Raskin}$ 하원의원을 비롯한 민주당 정치인들에게 1월 6일 미국 국회의사당을 습격한 폭도들의 통제된 정신 상태를 어떻게 볼 것인지 자문했으며, 기기들이 정치적 불안정과 "개인 내부의 심리적 혼란" 모두를 더욱 부추긴다는 점을 강조했다. 실제로 정치적 불안정은 제임스 윌리엄스가 큰 우려를 표했던 문제이고, 심리적 혼란은 바룬 소니 같은 이들이 걱정하는 부분이다. 그리고 이 고전적 원칙은 "개인적인 것이 정치적인 것"이라는 스마트폰에 대한 대규모 중독의 부정적 영향에 그대로 적용된다.

팬데믹으로 인한 격리 기간 동안 내가 리마커블과 라이트폰을 실험하기 시작했을 때, 기기는 곧 삶 자체였다. 몇 년 전 윌리엄스가 저서에서 예견했던 것처럼, 구글을 비롯한 "적대적 설득 기계$^{adversarial\ persuasion\ machine}$"로 불리는 테크 기기들은 우리의 주의를 극렬하게 효과적으로 분산시켰다. 그 결과, 시민 사회가 제대로 기능하는 것이 점점 더 어려워지고 있다는 그의 암울한 예측은 시간이 점차 현실이 되었다.

윌리엄스는 2019년에 이렇게 말했다. "상호 이해, 숙고, 절제, 관용, 자율성, 그리고 자유 사회를 유지하는 데 필요한 여러 자질의 미디어의 역학이 어디에 있는지 솔직히 잘 모르겠습니다. 지금 우리가 가진 미디어 형식들이 도대체 어디에서 문명을 지지하고 있는지요? 오히려 모두가 반대 방향으로 작동하는 것처럼 보입니다."

정말로 그렇다면, 그 역학은 어디에 있는가?

아마 내 얼굴에 뚜렷한 걱정이 드러난 걸 보고, 내가 그런 불안 속에 익숙하지 않거나 준비되지 않은 사람이라는 사실—사실 인본주의자들 사이에서 나는 오랫동안 타고난 낙관론자로 알려져 있었다!—을 감지했는지, 윌리엄스는 곧바로 자신의 비관적 예측이 틀리길 간절히 바란다고 덧붙였다. 하지만 지금까지, 윌리엄스의 예측은 틀린 적이 없다.

나는 테크 문화나 테크 의식이 가톨릭처럼 조직적이고 체계적인 종교와 똑같다고 주장하는 것이 아니다. 오히려 그렇게 보는 것은 테크에 과도한 의미와 구조를 부여하는 셈이 된다. 실제로 테크의 의식은 에밀 뒤르켐이 말한 "마법"과 더욱 닮아 있다. 뒤르켐에 따르면 마법도 믿음과 의식으로 구성되지만, 종교와 달리 공동의 목적이나 이상을 추구하지 않으며, 사변speculation에 시간을 들이지 않고 기본적 형태로 작동한다.20 즉, 테크는 기적과도 같은 믿음과 관행을 동반하지만, 이를 통해 사회적으로 더 높은 목표를 향하거나 공동체적 연대를 이끄는 데까지 나아가지는 못한다는 것이다.

오늘날 소셜미디어와 다양한 테크 서비스에는 분명히 공동체적 요소들이 존재한다. 최근 메타가 "세상을 더 가깝게"라는 미션에서 점차 벗어나 틱톡이나 유튜브처럼 알고리듬 중심의 방송망으로 변화하고 있지만, 여전히 사용자의 연결 가능성은 남아 있다. 그러나 이런 테크 활용이 과연 사용자의 공동체적 필요를 정말로 충족시키는지, 아니면 테크 기업의 수익 확대라는 동기가 더 크게 작동하는지에 대한 입증 책임은 기업에게 있다.

나는 구약성경에 등장하는 하느님이 아첨과 관심을 집요하게 갈구하는 모습이, 문학적인 입장에서 가장 불쾌한 특징 가운데 하나라고 늘 생각해 왔다. 그는 헌신뿐 아니라 끊임없이 광적인 찬사를 요구한다. 테크 기업들은 그런 기질temperament로 사고 실험의 차원에서 강력한 집착을 만들어내지만, 우리는 이것에 의미를 부여하거나 인정할 필요가 없는 존재와 비교해 볼 수 있다. 만약 가까운 미래의 테크가 신이라면, 그들이 드러내지 않고 숨어 있다는 점은 두려움만큼이나 경이롭게 느껴질 것이다.

군중 속에 홀로

이런 강력한 영향력 앞에서, 몇백 달러를 지불해 '대안적alternative' 기기를 장만하고 SIM 카드를 바꿔 끼운다고 해서 곧장 더 진화한 인간이 될 수 있다고 믿는 것은 충분하지 않다.

이를 두고, 샌프란시스코에서 활동하는 임상 심리학자이자 세계 최초의 '정신 건강 헬스장mental health gym[21]'을 공동 설립한 에밀리 안홀트Emily Anhalt 박사는 분명하게 선을 그었다. 실리콘밸리에서 성장한 안홀트 박사는, 창업처럼 자학적이라고도 할 수 있는 일을 선택한 사람들이 내면에 크고 작은 어려움을 안고 살면서도, 실제 위기 상황에 처하기 전까지는 좀처럼 도움을 요청하지 않는다는 사실에 주목해 왔다. 이러한 경험을 바탕으로 그는 테크 문화와 기업가 심리에 깊은 관심을 갖게 되었다.

실제로 "우리의 주의를 분산시키는 것이 스마트폰이 아니라면, 결국 다른 무언가가 그 역할을 할 것입니다"라고 안홀트 박사는 말했다. "우리는 인간으로서 불편한 감정과 생각을 마주하며 가만히 머무는 연습이 필요합니다. 나쁜 감정에 무뎌지려 하면 필연적으로 좋은 감정에도 무뎌질 수밖에 없습니다. 기쁨이나 환희, 평화를 진정으로 느끼기 위해서는 슬픔이나 외로움, 분노도 함께 받아들일 준비가 되어 있어야 합니다."

바로 이것이 중요한 요점인 동시에 인간 존재의 역설이다. 고대 종교들은 인간 고통의 직접적인 원인도, 해답도 아니었다. 오히려 우리가 낯설고 무관심한 세계 속에서 인간으로 살아가기 위한 투쟁을 해석하고 소화하는 매개체medium였다. 오늘날의 테크 또한 일상 경험의 완벽한 구원자도, 절대적 악당도 아니다. 테크는 우리가 인간성을 받아들이고 해석하는 하나의 현대적 매개체가 되었으며, 테크 의식은 마치 과거의 종교 의례처럼 기능하고 있다.

세계 주요 종교의 토대가 된 원시 신앙과 관습은 청동기와 철기 시대, 즉 기원전 약 3300년에서 600년 사이에 형성되었다. 이 시기는 극심한 불확실성과 혼란, 그리고 생존을 위한 치열한 투쟁이 공존하던 시대였다. 인류는 정교한 도구를 처음 만들어냈고, 자연재해에 취약한 농업 기술을 바탕으로 어려움을 헤쳐 나가면서 자연스럽게 근본적인 질문을 던지기 시작했다. "우리는 왜 여기에 있는가?", "우리가 죽으면 어떻게 되는가?", "우리는 어떻게 살아야 하는가?"

사원, 사제, 신화, 희생 의식sacrificial rites 등은 모두 그런 불확실한 세계에 대한 인간의 본능적인 대응이었다. 그런 대응을 만들어낸 사람들은 때로 자신들의 무리를 희생시키기도 했고, 돌보고 보호하기도 했다. 이들의 동기는 단순하지 않았고, 자신이 처한 상황이 불확실했기 때문에 그렇게 행동했다.

본질적으로 가장 중요한 것은 죽음에 대한 두려움과, 알 수 없고 통제되지 않는 대상에 맞서 살아가기 위한 인간의 숙명적인 투쟁이었다. 고대 종교가 자행한 최악의 도덕적 실패들—예를 들어 아동 희생,

여성 종속, 계급을 통한 사회 분열 등—을 평가할 때, 그 시대적 맥락을 이해하는 것이 도움이 되기는 한다. 그러나 이런 맥락이 그 억압을 정당화하거나, 그 책임을 덮을 수는 없다. 맥락은 그 행위를 설명할 뿐이다.

우리는 고대의 비인간화^{dehumanization} 사례들에 분노하고 비판하는 한편, 그 시대를 살았던 이들 역시 우리와 똑같은 인간이었음을 기억해야 한다. 비탄 속에서도 기쁨을 바랐고, 복잡한 세계를 살아가며 외부에서 억압의 원인을 찾았지만, 궁극적으로는 내면의 복잡성 또한 함께 돌아보아야 최선의 길을 찾을 수 있다는 사실을 알고 있었다. 억압은 바깥에만 존재하지 않는다. 바깥에도 존재하지만, 그 억압을 새로운 가치로 대체하려면 우리 자신의 내면에서 시작되는 변화의 작업이 반드시 필요하다.

나는 모든 디지털 기술을 사회에서 완전히 없애야 한다고 생각하지 않는다. 이는 자동차, 비행기, 에어컨, 텔레비전 등 어떤 기술 혁신이든 부작용이 있다고 해서 제거하자는 주장에 동의하지 않는 것과 마찬가지다.

오늘날 널리 쓰이는 많은 발명품은 만들어지고 확산될 충분한 긍정적인 이유가 있다. 한 예로, 구글 지도 같은 GPS 시스템이 없다면 나 역시 길을 잃고 수 시간을 헤맬 것이다. 커다란 폴라로이드^{Polaroid} 카메라, 워크맨, 카세트테이프, 게임보이, 휴대용 TV, 라디오, 그리고… 우체국(?)을 한꺼번에 들고 다니는 것보다 스마트폰 하나를 가지고 다니는 게 훨씬 더 간편하다. 각각의 발명품은 적어도 몇 가지 측면에서 전 세대 제품보다 개선된 점이 있었다. 만약 모든 총기와 폭탄을 없애자는 투표가 있다면 나는 기꺼이 찬성표를 던지겠지만, 그런 투표가 실제로 이루어질 가능성은 거의 없을 것이다.

하지만 그렇다고 해서 모든 발명품이 곧 좋은 것이라 말할 수 있을까? 아니면 시장의 동어반복적tautological 지혜, 즉 잘 팔리는 것은 언제나 옳다는 논리에 따라, 단순히 많이 팔린다는 이유만으로 모든 존재를 받아들여야 할까? 우리는 놀라운 속도로 스마트 기기의 리듬과 속도에 맞춰 인간의 삶의 순간순간을 재배열해rearrange 왔다. 물론 이런 기기들이 우리의 어떤 필요를 충족시키는 것은 사실이다. 그러나 내가 진정으로 관심을 두는 것은 인간으로서 우리에게 무엇이 유익한가 하는 점이다. 우리는 어떤 사회를 원하는가? 어떤 삶을 살려고 노력해야 하는가? 이제 겨우 10년 혹은 20년 남짓한 세월 동안 존재해 온 이 기기들이 과연 인류에게 순이익을 가져왔고 앞으로도 그럴 것이라 확신할 수 있는가? 만약 우리가 이 기기들을 지원하고, 그 생태계를 떠받치기 위해 글로벌 인프라에 막대한 자금을 쏟아붓고 있으면서도 그 근본적인 의문에 확신을 갖지 못한다면, 우리는 과연 무엇을 하고 있는 것인가?

이 장의 초고를 쓰던 2022년 8월 중순, 아내와 나는 아이들을 데리고 뉴햄프셔로 5일간 가족 캠핑 여행을 다녀왔다. 갓난아기부터 열두 살까지 다양한 연령의 자녀를 둔 십여 가족과 함께 우리는 글렌 브룩 캠핑장Camp Glen Brook으로 차를 몰았다. 숲과 농지로 이루어진 250에이커 규모의 캠핑장은, 미국독립혁명 시절 백인 유럽인들이 정착하기 전까지 아베나키 네이션Abenaki Nation의 페나쿡Pennacook 원주민들이 거주하던 곳이었다.

나는 여덟 살부터 열세 살까지 이 캠프에 참가했고, 십 대 시절에는 캠프 지도원으로 일했다. 우리가 방문했던 때는 캠프 공식 참가자들이 모두 집으로 돌아간 뒤였으나, 일부 지도원들이 유료 직원 겸 관리인으로 머물렀고, 우리는 A자형 목재 오두막의 철제 간이침대에서 잠을 잤다.

이후 새벽부터 해 질 무렵까지 우리는 다양한 활동에 참여했다. 머물고 있는 오두막을 청소하는 잡일이나 다른 책임은 필수 사항이었고, 수영, 패들보딩paddleboarding, 목공, 인근 산 하이킹, 양궁 등은 선택할 수 있는 활동이었다. 저녁 식사 후에는 모두가 함께하는 합창 시간이 있었고, 킥볼kickball 같은 간단한 게임도 즐겼다. 이윽고 밤이 되면 둥그렇게 모여 취침 전 이야기를 나누는 것으로 하루를 마무리했다. 이때 나이가 좀 더 많은 아이들에게는 허풍담을, 어린아이들에게는 닥터 수스Dr. Seuss나 엔사이클로피디아 브라운Encyclopedia Brown* 이야기를 들려주었다.

이 모든 활동에서 눈에 띄게 사라진 것은 스마트폰이었다.

글렌 브룩 캠핑장에서는 주요 일정마다 큰 종이 울려 참가자들에게 시간을 알렸다. 어린이들의 전자 기기 사용은 완곡하게 금지되었고, 다른 사람의 아이폰을 잠깐 들여다보는 정도는 괜찮았지만, 각자의 스마트폰은 사용할 수 없었다. 어른의 경우에도 사진을 찍는 것은 허용되었지만, 화면을 스크롤 하거나 영상을 시청하는 행동은 반드시 사적인 공간에서만 하도록 권고받았다. 나는 이 캠프의 규칙을 잘 알았기에 아예 스마트폰 충전기조차 챙기지 않았고, 온라인에서 보낸 시간도 30분 남짓에 불과했던 것 같다. 혹시 이 규율이 너무 엄격하게 느껴진다면, 그 시기에 내가 테크 중독을 주제로 이 장을 집필

---

* 어린이 추리 소설 시리즈로 리로이 '엔사이클로피디아' 브라운이라는 10살 소년 탐정이 주인공이다. 그는 뛰어난 관찰력과 논리력으로 동네에서 발생하는 다양한 사건들을 해결한다. – 옮긴이

하고 있었다는 점을 생각해 보아도 좋겠다. 이때 스마트폰 사용을 줄이기는 매우 쉬웠다. 그 이유는 바로 '공동체'가 있었기 때문이다.

내가 진정으로 다른 사람들과 연결되어 있다고 느끼는 환경에서는 전자 기기의 존재가 크게 중요하지 않다. 써도 되고 쓰지 않아도 된다. 하지만 문제는 이러한 환경, 즉 진정성 있는 연결과 친밀감이 형성되는 공동체적 상황이 일상적으로 만들어지기 어렵다는 데 있다. 이것이 바로 테크 중독에서 중요한 문제점이다.

여러 연구에서 알 수 있듯 외로움은 중독 가능성을 크게 높인다. 외로운 쥐가 여럿이 함께 어울리는 쥐보다 헤로인에 더 쉽게 중독되는 것처럼[22], 인간도 사회적 존재로 진화해 왔고, 사람 사이의 가까운 정서적 보상 없이 오래 지내다 보면 결국 그 보상을 다른 곳—즉 앱이나 기기—에서 찾게 된다.

앱과 전자 기기 제조사들은 흔쾌히 그런 '다른 곳'이 되기를 자처한다. 아니면 최소한, 페이스북의 전직 사용자 증원 담당 부사장인 차마스 팔리하피티야가 "커다란 죄책감 tremendous guilt[23]"을 언급하며 인정했듯, 그런 보상을 자극하는 데에 큰 노력을 들인다. 그는 2018년 스탠포드대 강연에서 "단기적이고 도파민 분비를 촉진하는 피드백 루프가 사회의 작동 방식을 파괴하고 있다"고 말했다. 이는 소셜미디어 업계에서 이미 널리 알려진 연구 결과를 지목한 발언이다.[24]

본질적으로, 우리 뇌의 도파민 보상 시스템은 무작위적이고 간헐적인 긍정적 피드백에 매우 민감하다. 예상치 못한 즐거운 일이 생기면 우리는 그것을 찾아 헤매고, 그걸 위해 상당한 고통이나 손실까지도 감수한다. 도박이 중독적인 이유 역시 이와 같다. 팔리하피티야의 말처럼 상업적으로 가장 성공한 앱과 기기들은 진화적으로 각인된 우리의 심리를 자극해, 좋아요, 팔로우, 리트윗, 메시지, 포인트, 기타 자잘한 누적 보상 등 마치 마약처럼 반복적으로 찾게 만드는 데 매우 능숙하다.[25]

여름 끝자락에 머물렀던 글렌 브룩 캠핑장 같은 공동체적 환경에서는, 비록 그것이 인위적으로 조직된 자리라 하더라도 지속적인 인간적 상호작용 속에서 고유한 심리적 보상이 주어졌다. 이러한 사회적 연결은 슬롯머신이나 트위터 피드와 같은 디지털 인공 보상 시스템이 제공하는 반복적 피드백 루프를 끊어내는 데 도움을 주었다. 실제로 외로운 쥐는 마약에 쉽게 중독되지만, 사회적 상호작용이 가능한 환경으로 옮겨주면 헤로인이나 메타암페타민^{methamphetamine} 대신 다른 쥐와 함께 시간을 보내는 쪽을 택한다.[26]

지금 당신은 사무실이나 캠퍼스에서 충분히 많은 사회적 상호작용을 경험하고 있을 것이다. 최선의 경우, 이런 관계들은 내가 스마트폰 화면을 끝없이 스크롤 하는 이른바 "둠 스크롤링$^{doom\ scrolling}$"에 빠지지 않게 해주는 역할을 할 것이다. 그러나 문제는 직장이나 학교에서 이루어지는 대다수 상호작용이 사실상 '테크 종교'가 우세종$^{dominant\ strain}$처럼 작동하는 자본주의적 이념에 맞춰 있다는 점이다. 이는 모든 관계와 활동이 궁극적으로 더 많은 판매, 더 높은 실적, 승진, 인정, 더 좋은 성적, 더 나은 추천서, 더 성공적인 출판을 위한 경쟁으로 연결되는 것에서 엿볼 수 있다.

군중 속에 홀로. 호머 심슨이 레즈비언 전용 바에 홀로 앉아 있는 모습.
소셜미디어에서 자주 사용되는 밈이다. 출처: IMGflip.com

심지어 취미 활동조차도 종종 완벽한 이력서를 만들기 위한 전략적 선택이 되어버린다. 예를 들어, 신규 고객을 얻으려고 골프를 치거나, 대학 입시에 도움이 될 것 같아 동아리 회장을 맡는 일 등이다. 이런 모든 노력의 근저에는 '우리는 우리가 해내는 것으로 정의된다'는 메시지가 깔려 있기에, 우리의 인간적 가치는 우리가 이루는 성취로 환산되고, 그 가치에는 한계가 있으므로, 영향력을 확보하기 위한 경쟁 속에서 친구를 사귀더라도 우정처럼 보이는 많은 관계가 결국 더 많은 것, 더 나은 것을 향한 끝없는 욕망에 물들 수밖에 없다.

우리는 사람들을 만나는 자리에서도, 시간이 부족하다는 점을 잘 알기에 '적절한' 사람, '적절한' 활동에만 신경을 곤두세우며 조급해한다. 그러나 이런 방식으로는 타인과 진정으로 연결되기 어렵고, 설령 연결된다고 해도 그 느낌이 쉽게 오지 않는다. 결국 우리는 군중 속에서도 깊은 외로움을 느끼게 된다.

그리고 여기서 테크가 등장한다.

캠프에서 글쓰기를 마치고 돌아온 날, 가족 식사 자리에서 아내가 그 여행 이야기를 누군가에게 했는지 물었다. 나는 "아니, 오늘은 아무하고도 이야기하지 않았어"라고 대답했다.

실제로 나는 하루 종일 누구와도 직접 대화하거나 전화 통화를 하지 않았다. 반면에 트위터에서 사람들과 토론했고, 세 개의 이메일 계정을 오가며 확인했으며, 영화에 관한 그룹 채팅에서 텍스트를 읽고, 게시물을 올리지 않겠다고 결심한 페이스북 계정으로 몇 분간 눈팅도 했다.

캠핑장에서 느꼈던, 항상 환희에 차 있지는 않았지만 대부분 만족스러웠던 감정과, 집에 돌아와서 느꼈던 종종 비참함 사이의 행복감의 차이는 매우 컸다.

하지만 테크 기기를 쓰는 이유는 그것이 행복을 가져다주느냐의 문제가 아니다. 우리가 이를 '의식^{ritual}'처럼 사용하는 것이 문제다. 지금 내가 스마트폰을 확인하는 것도 뭔가 새로운 일이 생겼는지 궁금해서다. 나중에 다시 확인하게 되는 건 내가 올린 게시물에 반응이 왔는지 알고 싶어서다.

이런 행동을 반복하는 이유는 그것이 중요하다고 배워왔기 때문이다. 그 동기가 내가 소비하고 제공하는 콘텐츠 회사이든, 또래 집단이든, 내 몸 안에서 끊임없이 변화하는 도파민과 세로토닌^{serotonin} 수치 때문이든 상관없다. 그럼에도 내 테크 '선택들^{choices}'은, 선택이라고 부를 수 있을지도 의문이지만, 공동체의 일원일 때 느꼈던 활력을 빼앗고, 나의 일상 경험에서 만족과 충만함을 앗아간다.

이럴 땐 어떻게 해야 할까? 손바닥만 한 디지털 제단, 즉 스마트폰을 숭배해도 문제이고 그렇지 않아도 문제라면, 테크 중립성은 이 역설을 어떻게 풀 수 있을까?

이 딜레마에 대한 새로운 해법은 내가 만났던 두 전문가의 조언에서 발견할 수 있었다. 실리콘밸리의 심리상담가 에밀리 안홀트 박사와, 철학자적 시각을 가진 스마트폰 엔지니어이자 CEO 카이웨이 탱이다. 이들은 한목소리로 스마트폰 같은 테크 기기를 패스트푸드에 빗댔다. "패스트푸드는 배고픔을 달래는 데는 도움이 되지만, 영양가가 있는 것은 아니죠."

실제로 영양, 식사, 테크의 연결성은 내가 테크 중독을 연구하는 내내 일관되게 등장했다. 테크 기기의 사용은 많은 청소년에게, 그리고 이 글을 쓰는 나처럼 그리 젊지 않은 성인에게도 거의 식사와 비슷한 의미가 되었다. 왜 그럴까? 우리는 평생 식사를 하고, 하루에도 수차례 식사와 간식을 챙기며, 때로 단 음식이나 유튜브 인플루언서의 고양이 영상 같은 유혹을 참아가면서 성장과 건강에 필요한 영양가 있는 음식으로 균형을 이루려 애쓴다. 그런데 음식이나 테크 기기를 둘러싼 중독적 행동 패턴이 자리 잡고 나면, 술이나 마약처럼 아예 차단하는 방식으로 문제에서 벗어나는 것이 현실적으로 불가능하다. 음식은 말할 것도 없고, 테크의 경우에도 대다수 청소년에게는 완전한 단절이나 금욕이 결코 쉽지 않다.

하루 동안 이메일이나 소셜미디어를 전혀 사용하지 않겠다고 자신에게, 또는 학생이나 직장 동료에게 다짐해 본 적 있는가? 이런 시도는 성공할 수도 있지만, 지난 몇 년간의 내 경험에 따르면 실패할 때가 더 많았다.

하루 동안 인터넷을 완전히 끊는 시도를 해본다면 어떨까? 그것을 2020년대에, 비싼 캠프에 참가하지도 않은 채, 내 삶의 모든 것이 이미 온라인화된 상황에서 한다면 어떨까? 테크 의식에서 온전히 벗어나려는 시도는, 패스트푸드뿐 아니라 모든 음식을 한 번에 끊으려는 것만큼이나 비현실적이다. 이러한 깨달음이 바로, 내가 이 책의 결론을 위해 섭식 장애eating disorders 전문가들을 찾아갔던 이유다.

회피의 끝

내가 처음 연락한 사람은 임상 심리학자이자 의학 교재 『Treating Eating Disorders in Adolescents(청소년 섭식 장애 치료)』(Context Pr, 2019)의 저자인 타라 델리베르토^Tara Deliberto 박사였다. 델리베르토 박사는 코넬대학 와일 의과대학에서 교수로 재직했고, 뉴욕-프레스비테리언 병원의 '부분 입원 섭식 장애 프로그램' 디렉터로도 일했다. 그러다 코로나 팬데믹 기간에 캘리포니아로 이주해, 기술을 활용해 섭식 장애 치료를 시도하는 한 스타트업에서 새롭게 일을 시작했다. 나는 2007년 보스턴에서 그녀가 대학원생이던 시절, 인본주의 사목으로 일하면서 처음 알게 되었다. 그리고 이후 줌으로 다시 만난 자리에서, 테크 중독을 치유하는 데 그녀의 전문 분야가 어떤 통찰을 줄 수 있을지 물었을 때, 델리베르토 박사는 자신에게 과학이 곧 종교와 같았다고 말했다. 다만 지금은 예전보다 더 영적인 방향으로 변화해, 한층 온화해졌다고 덧붙였다.

"섭식 병리학과 테크 중독 사이에 중첩되는 부분이 있습니다"라고 델리베르토 박사는 나와의 대화 초입에 말했다. 두 현상 모두 현실적으로 피할 수 없는 경험에 대한 강박적 문제를 안고 있을 뿐 아니라, 우리 자신과의 연결을 희생하면서 마음속 불편한(혐오스러운) 상태를 피하게 만드는, 치료사들이 '경험적 회피'라고 부르는 역할을 한다는 것이다. 그리고 이 두 문제는 매우 널리 퍼져 있다. 우리는 이미 이 장에서 테크에 중독된 듯한 행동이 얼마나 광범위하게 확산되어 있는지 살펴보았다. 델리베르토 박사에 따르면, 전 세계 약 7천만 명이 신경성 식욕부진증^anorexia nervosa, 폭식 장애^binge eating disorder, 신경성 폭식증^bulimia nervosa, 음식 집착증^food obsessionality, 혹은 '아무 생각 없는 식사 mindless eating'와 같은 섭식 장애로 고통받고 있다. 음식 집착증은 그 자체로는 공식적 섭식 장애는 아니지만, "신체와의 단절을 조장한다"는 점에서 문제라고 덧붙였다. 이는 마치 테크 의식과 흡사했다. 비록 의학적 개입까지 필요하지는 않다 하더라도, 확실한 것은 우리에게 결코 이로운 현상은 아니라는 것이다.

중독성 테크 의식과 섭식 장애의 유사성을 확인해 준 또 다른 전문가는 바히아 엘 오디Bahia El Oddi다. 그녀는 '휴먼 서스테이너빌리티 인사이드 아웃Human Sustainability Inside Out'의 설립자이자, 모로코 출신 하버드 경영대학원 졸업생이며 청소년 정신 건강 분야의 전문 옹호자다.[27] 나는 엘 오디가 기획하고 하버드 정신 건강 동문회HAMH, Harvard Alumni for Mental Health[28]에서 후원한 토론회 '나는 인스타그램을 한다 고로 존재한다: 소셜미디어에 노출된 당신 자녀의 뇌'를 통해 그녀의 활동을 알게 되었다.

그 버추얼 행사에서 엘 오디는 「월스트리트저널」에서 가족과 기술에 관해 칼럼을 쓰는 줄리 자곤Julie Jargon과 대담을 나누었다. 자곤은 소셜미디어가 청소년들에게 미치는 강력한 영향력을 강조하면서, 그 영향이 단순한 심리적 차원을 넘어 신경학적으로도 눈에 띄게 나타난다는 사례를 소개했다. 예를 들어, 평소엔 건강했던 십 대 소녀들이 투렛 증후군Tourette's syndrome을 앓고 있는 또래의 영상을 반복적으로 보다가 실제로 안면 경련tic과 비슷한 증상을 보이기 시작하는 현상 등이 그 예다.[29]

활기찬 카사블랑카에서 극심한 가난 속에 성장한 엘 오디는, 어머니의 스페인 시민권 덕분에 그녀의 또래들이 갈 수 없었던 유럽의 학교에 장학금을 받고 진학하는 기회를 얻게 되면서 인생의 큰 전환점을 맞았다. 또래들의 어려운 형편을 보고, 그들을 위해 학교를 그만두고 싶다는 생각도 했지만, 이때 아버지의 조언이 그녀의 마음에 깊이 남았다. 아버지는 그런 환경에서 자란 아이로서는 다른 아이들을 위해 해줄 수 있는 일이 거의 없다고 말했다. 대신 해외에서 성공해 더 좋은 삶을 얻은 뒤, 그들을 도우라고 했다.

엘 오디는 아버지의 말을 받아들여 거의 집착에 가까운 노력으로 우수한 성적을 내어 하버드대에 진학했다. 이런 과정을 거치며 그녀는 청소년들의 소셜미디어 사용에 남다른 관심과 우려를 갖게 되었다. 엘 오디 자신도 섭식 장애를 겪으면서, 소셜미디어와 자신의 정신적·신체적 취약성 사이의 연결 고리를 직접 경험했기 때문이다.

엘 오디를 만났을 때, 그녀는 기술 환경이 청소년의 정신 건강에 미치는 영향에 대해 깊은 우려를 표하면서, 하버드대 강연에서부터 모로코 테투안(Tétouan)의 거리 아이들을 위한 예술 치료 워크숍까지 다양한 활동을 펼쳐온 경험을 상세하게 들려주었다. 그렇지만 그녀는 이러한 문제의 원인을 오로지 테크놀로지 탓으로만 돌리지는 않았다. 오히려 그녀가 강조한 것은 완벽주의였다. 규칙을 바꿀 수 있는 예외적인 존재가 되어야 한다는 압박 속에서, 엘 오디는 오직 완벽함이나 탁월함을 통해서만 자존감을 느낄 수 있다고 믿었다. 그래서 그녀는 "완벽한" 서구 미의 기준에 부합하는 이미지를 온라인이나 여러 매체에서 집요하게 찾아 헤맸고, 이 같은 집착은 자신을 비롯한 많은 사람의 삶을 심각하게 위태롭게 만들었다고 말했다.

타라 델리베르토 박사는 환자들을 상담할 때 단순히 먹는 행위나 체중의 변화 그 자체에 집중하지 않고, 환자 자신이 왜 그리고 얼마나 섭식과 체중을 두려워하는지 그 근원을 이해하도록 돕는 데 주력했다.

그녀는 인간이 본능적으로 사자와 같은 위험 요소를 두려워하도록 진화했지만, 체중 증가를 두려워하도록 태어난 것은 아니라고 강조했으며[30], 환자들에게는 살아오는 동안 생긴 각종 두려움과 불안, 즉 사회적으로 거부당하는 것, 타인에게 외모를 폄하당하는 것, 경쟁력 상실이나 연애 실패에 대한 두려움 등을 목록으로 작성해 보라고 권유했다.

많은 사람이 신경성 식욕부진증을 마르고 젊으며, 고학력에 사회경제적 지위가 높은 백인 여성들의 병이라고 여기는 통념이 있지만, 사실 그런 두려움과 불안은 결코 협소하게 나타나지 않는다. 델리베르토에 따르면, 신경성 식욕부진증은 모든 인구 집단에서 나타나며, 오히려 더 많은 트라우마와 식민주의적 경험이 축적된 집단일수록 정신건강 문제와 섭식 장애가 더 빈번하게 발생한다는 점을 짚고 있다.

실제로 환자들이 자신의 두려움과 불안을 정리해 보면, 그들이 두려워하는 것은 체중 증가 그 자체가 아니라, 체중 증가와 연관된 다양한 의미와 감정이라고 한다. 이는 하나의 연쇄 반응으로 이어지는데, 음식의 존재나 포만감은 '비만'에 대한 두려움을 유발하고, 이 두려움은 다시 요절 dying young 이나 연애 실패 같은 더 근원적인 두려움을 유발한다. 이러한 두려움은 결국 내적인 고통으로 나타나고, 그 고통을 피하고자 구토, 다이어트, 폭식 등 여러 회피적 행동이 반복된다. 이러한 반복은 '부정적 강화 negative reinforcement'라는 행동 심리학적 패턴을 만들어내는데, 즉, 장애적인 식습관과 고통의 부재 사이에 연관성이 형성되고, 미래에 고통을 피하려는 의식적·무의식적 동기로 인해 다시 해로운 식습관으로 되돌아가기 쉬워지는 것이다.

델리베르토 박사의 통찰을 바탕으로 나 자신의 테크 중독 경험을 되돌아보니, 나는 내 테크 의식이 '경험적 회피'와 '부정적 강화'의 패턴과 어떻게 닮아 있는지 명확하게 알게 되었다. 나는 어린 시절, 나와 주변 누구도 통제할 수 없는 여러 가지 이유로 인해, '인간의 가치는 내가 무엇을 이루었는가에 달려 있다'는 메시지를 내면화했다. 이에 따라 나는 반드시 탁월함을 이루고, 비범함을 입증해야만 사랑받고 존경받을 자격이 있다고 믿었다. 조금이라도 평범함이 드러나면 곧 사랑과 존중, 자존의 자격을 잃는 것이라 여겼으며, 그것만은 도저히 받아들일 수 없었다.

그 결과, 악순환이 시작됐다. 한편으로는 신화적 위대함을 끊임없이 갈망하며, 다른 한편으로는 그런 위대함에 다다를 수 없는 순간마다 엄습하는 두려움을 필사적으로 피하려고 한 것이다.

나의 아버지는 인생을 끝없는 경쟁이라고 여기며, 그 속에서 확실한 승리를 거두는 것만이 자신이 괜찮다고 느낄 유일한 길이라고 믿었다. 내가 태어날 무렵, 아버지는 스스로를 실패자로 여겼으며, 사랑을 주거나 받을 자격이 없다는 두려움과 늘 싸웠다. 이런 두려움은 의도치 않게, 그리고 진심 어린 애정에서 비롯되어 나에게로 전해졌다. 내가 뭔가를 잘하면 아버지는 나를 "챔프"라고 불러주었고, 나는 늘 챔피언이 아닐 때 어떻게 될지 불안해했다. 하지만 어떤 아이든, 아무리 재능이 많아도 대부분의 순간은 챔피언이 아닌 채로 살아갈 수밖에 없다.

아버지의 가장 큰 실패한 꿈은 작가가 되는 것이었다. 나는 어린 시절, 내 글에 대해 아버지가 드물게 칭찬해 주면 무척 기뻤고, 그런 칭찬이 없을 때면 두려움을 느꼈다. 이 두려움은 결국 경험적 회피로 이어졌다. 글을 완성해 불안이나 두려움과 정면으로 마주하기보다는, 작품을 늦게 제출하거나 제대로 끝마치지 않은 채 내놓는 쪽을 택하곤 했던 것이다.

이후 개인용 컴퓨터가 대중화되면서부터, 글쓰기 자체는 기술 사용과 불가분의 관계가 되었고, 기술의 발전은 곧 인터넷, 이메일, 소셜미디어, 그리고 수많은 디지털 도구로 시선을 분산시키는 새로운 환경을 만들었다. 이후 나는 점점 무의식적인 패턴에 갇혔다. 어떤 작문 숙제든 나를 무가치하게 여기는 생각을 했고, 이는 곧 버림받을지도 모른다는 두려움으로 이어졌다. 이런 두려움은 내 삶을 비참하게 만들었다.

나는 여러 해에 걸쳐 심리 치료를 받았음에도, 때때로 이 같은 사고의 굴레에서 빠져나오지 못하곤 한다. 그럴 때면 숨이 가빠지고, 온몸이 긴장으로 굳어지며, 생각이 그 방향으로 치닫는 순간 주의력과 집중은 순식간에 증발해 버리며, 탈출구만 찾게 됐는데, 이는 마치 맹수에게 쫓기는 먹잇감과 같았다. 그럴 때 내게 위안을 주는 것은 늘 가까이 있는 동반자companion였다. 누군가에게는 그게 음식일 수도 있고, 알코올 중독자에겐 술일 수 있을 것이다. 내게는 브라우저에서 또 다른 탭을 여는 일이었다. 혹은 또 다른 알림을 따라가며, 행복한 무지 속으로 달려드는 흰토끼처럼 현실에서 도피하는 것이었다. 그리고 그 다음 순간의 자각은 또 다른 연쇄 반응을 일으켰다.

※

이런 이야기를 털어놓는 것은 쉽지 않다. 그러나 이와 비슷한 경험을 다른 형태로 겪는 사람들이 정말 많다는 사실을 잘 알고 있다. 자신이 불완전하고, 사랑받기 어렵다고 느끼거나, 도저히 설명되지 않는 무언가로부터 계속 도망치는 듯한 감정은 지극히 정상적이고 자연스러운 것이다. 특히 많은 사람이 음식이나 마약 같은 대상과의 관계

속에서 이런 회피의 반복과 수치심을 경험하며, 우리 중 상당수는 건강하지 못한 패턴을 테크 기기에서도 그대로 되풀이하고 있다는 점을 알아야 한다.

실제로 차마스 팔리하피티야 같은 전직 테크 업계 임원들은, 자기들이 더 큰 수익을 얻기 위해 우리의 인간적 취약성을 이용해 왔다는 점에 대해 "커다란 죄책감tremendous guilt"을 느낀다고 고백하기도 했다.

앞서 언급한 캠프 글렌 브룩은 월도프Waldorf 교육 운동과 연계되어 있다. 100여 년의 역사를 지닌 이 운동은, 단순한 지식 암기나 컴퓨터 사용에 대한 의존보다도 예술적 상상력과 창의성의 개발, 삶의 전인적 성장을 중시하는 것이 특징이다. 월도프는 19세기 초 신비주의 철학에 기반을 둔, 결코 완벽하지 않은 운동이다.[31]

그럼에도 불구하고, 월도프 학교는 실리콘밸리에서 매우 인기가 있다. 대표적으로 캘리포니아 마운틴 뷰와 로스 알토스Los Altos에 캠퍼스를 둔 '페닌슐라 월도프 스쿨Waldorf School of the Peninsula'은 스마트폰을 비롯한 디지털 기기 사용을 강하게 제한하는 반테크antitech 정책으로 유명한데, 이 학교는 "실리콘밸리에서 가장 인기 있는 사립학교"로 꼽히며, 유치원 학비가 연간 3만 달러, 고등학교는 5만 달러에 이를 정도다. 한 언론에서는 이 학교를 두고 "컴퓨터를 쓰지 않는 실리콘밸리 학교[32]"라는 제목의 기사를 게재하기도 했다.

이처럼 테크의 중심지에서 월도프 학교가 인기를 끄는 이유는, 스티브 잡스가 자녀들의 아이패드나 아이폰 사용을 금지했던 일화에서 드러나듯, 빌 게이츠나 선다 피차이Sundar Pichai 같은 테크 업계의 리더들조차도 자녀들의 스크린 시간에 극도로 엄격한 모습을 보이기 때문이다. 일반적인 테크 업계 종사자들 역시, 그들이 창조한 '파괴적 혁신disruptive innovations'이 인간의 심리적 취약점을 파고들어 사회에 줄 수 있는 해악에 대해 점점 더 우려하고 있다.

우리는 때때로 약함과 불충분함을 느낀다.

그렇기에 불안을 잠시나마 덜고자, 감정적 자각emotional awareness을 희생하면서 알림을 클릭하는 행위는 단순한 실수가 아니라, 오히려 설계된 기능에 가깝다. 만약 우리가 사용하는 운영체제에서 진짜 오류가 발생했을 때, 앞으로 나아갈 최선의 길은 아마 바히아 엘 오디가 자신의 인본주의적 수피Sufi 영성에서 얻어 내게 전달해 준 통찰과 맞닿아 있을 것이다.

실리콘밸리나 하버드 경영대학원 같은 곳은 그 안에서 가장 빛나는 '하나의 별'이 되는 것에 집착한다. 하지만 수피즘Sufism은 전혀 다른 방향을 제시한다. 엘 오디에 따르면, 우리는 저마다의 빛나는 별이 되어, 서로 모여 하나의 아름다운 별자리를 이룰 수 있다. 그리고 우리 각자가 서로에게 빛을 비추는 순간, 우리 모두의 길은 더욱 밝아진다.

유일한 출구

타라 델리베르토는 섭식 장애 환자들이 자신의 불안의 사슬을 인식하도록 한 뒤, 치료 세션에서 그 두려움을 적극적으로 마주하고 면밀히 들여다보게 지도한다. 가능하다면 그녀는 환자들에게, 그 행동의 고리를 끊고, 유익하지 않은 생각이 남아 있더라도 최소한 건강하지 못한 섭식 행동만큼은 피하라고 독려한다. 이러한 행동의 변화가 자기 생각과 감정에 대해 진지하게 성찰할 수 있는 심리적 에너지를 만들어내기 때문이다.

이와 마찬가지로, 우리 역시 테크 기기 사용에 대해 새로운 의식을 형성하는 것에서 중독을 치유할 수 있다. 우리가 왜, 어떻게 클릭하고 싶은 충동을 느끼는지 스스로 이해한다면, 지금 이 순간 내 앞에 놓인 고통스러운 과제(이를테면 나의 경우에는 글쓰기)에 집중하거나, 혹은 서로에게 주의를 돌리는 법을 배울 수 있을 것이다.

델리베르토는 섭식 장애 치료의 기본을 설명한 뒤, 자신만의 접근법이 어떻게 다른지 밝혔다.

흔히 현대 심리 이론은 개인에게 불안, 두려움, 장애와 연결된 사슬을 끊을 대안을 찾으려면 자기 자신의 가치를 돌아보라고 조언한다. 그러나 델리베르토는 이 방식에 한계가 있다고 지적한다. 우리가 중요하게 여기는 것 중에는 종종 우리에게 해로운 것도 포함되어 있기 때문이다.

그래서 그녀는, 우리가 추구하는 이상이 불안과 두려움에 뿌리를 두고 있는지, 아니면 공감과 정의의 토대 위에 세워진 것인지 스스로 질문해 보라고 권유한다. 이는 곧 '나는 어떤 삶을 살아가고 싶은가?'라는 본질적인 물음으로 이어진다.

이렇듯 우리 또한 단지 외적 아름다움과 완벽함을 매일 추구하고 그 실패를 두려워하며 살아가고 싶은지, 아니면 당장 완벽하게 이루지는 못하더라도 타인과의 연대와 해방감을 느끼며 서로에게 힘이 되어주는 전혀 다른 삶의 방향을 향해 한 걸음씩 나아가고 싶은 것인지 스스로 묻는 것이 중요하다.

미국 원주민 공동체의 섭식 장애 치료 과정에서 델리베르토 박사와 함께한 임상 심리학자 윌리엄 슝카몰라 박사는, 개인적 선택으로 치료 방식을 좌우할 때, 미국심리학회American Psychological Association와 같은 기관조차 실수를 저지를 수 있다고 지적했다.33 따라서, 개인의 선택도 중요하지만, 공동체의 원로들이 전해주는 지혜 역시 반드시 고려되어야 한다는 것이다. 집단적 의도collective intention는, 사실상 테크 종교와 그 개인주의적 관행에서 늘 가장 낮은 우선순위로 밀려난 가치다.

하지만 우리가 조금이라도 주의를 집단적인 가치에 기울이고, '내 행동이 내가 속한 공동체에 어떻게 기여하는가?', '나는 모두에게 건강하고 공감하며 평등한 세상을 만드는 데 어떤 역할을 하고 있는가?' 같은 질문을 던진다면, 섭식 장애뿐만 아니라 테크 기기 사용 문제에도 새로운 관점과 해답을 찾을 수 있을 것이다.

원로들은 당신이 테크 기기를 얼마나 자주 사용하는지에 큰 관심이 없다. 그들이 바라는 것은 당신이 공동체를 정의롭고 평등하게 옹호하는 긍정적인 인생의 목표를 지니는 것이며, 그런 노력이 결국은 당신 자신에게도 의미와 만족, 힘을 안겨주는 일이라는 점이다. 두려움이 아닌 공감에서 비롯된 의식이야말로 진정한 힘이 된다.

지속적인 가치를 위해 기꺼이 불편함을 견디는 연습을 할 때, 당신이 가끔 쿠키를 먹거나 디지털 기기에 몰입한다고 해서 원로들이 문제 삼는 일은 없을 것이다. 그렇기에 미시 엘리엇의 말처럼 "너 자신을 즐겨보라"라고 조언하고 싶다.

심리치료사 에밀리 안홀트 역시, 만일 중독과 불안을 겪던 젊은 시절의 자신과 대화할 수 있다면, 미시 엘리엇과 같은 실천 방안을 제시했을 것이라고 말한다. 전자 기기를 새로 구입할 때든, 스크린 사용 시간을 정할 때든, 당신도 한 번쯤 시도해 볼만한 조언이다.

심리학자 윌리엄 슝카몰라와 타라 델리베르토

"우리 사회의 거의 모든 게 지름길shortcut, 치트 코드cheat code*예요. … 사안의 본질을 관통하는 길을 택해보세요. 그 길을 간다고 해서 항상 기분이 좋을 순 없습니다."

그러나 이때 우리가 패닉에 빠지지 않고, 선입견 없이 단순히 감정 자체를 느낀다면, 감정들을 억지로 몰아내려 애쓰지 않고 그저 자신의 마음 안에 머물게 둘 수 있다.

"유일한 출구는 통과하는 것뿐입니다."

테크 중립적 관점에서 본다면, "통과하는 길"이란 오늘날 우리가 디지털 기기를 체크하는 행위―그것이 좋든 나쁘든―가 이 시대의 가장

---

* 컴퓨터 게임에서 게임을 더 쉽게 할 수 있도록 해주는 코드를 말한다. ― 옮긴이

지배적인 종교적 의식이라는 사실을 받아들이는 것을 뜻한다. 실제로 많은 의식이 그러하듯, 대부분의 사람이 이 관행에서 완전히 벗어나기란 거의 불가능에 가깝다. 그렇기에 우리의 의식적 삶은, 한 세대를 넘어 여러 세대에 걸쳐, 고통과 짜증과 동시에 일정 부분의 쾌락과 만족을 안겨주는 방식으로 계속될 것이다.

그렇지만 이 새로운 종교적 풍경 속에서도, 집중하려는 노력, 불편함을 견뎌내며 마음 챙김을 실천하려는 노력, 공감과 정의라는 이상을 추구하려는 노력이 필요하다. 이것이야말로 하나의 의식이 될 수 있으며, 반드시 그렇게 되어야 한다.

이 지구 위에는 완전함이나 열반, 또는 보편적 의식과 하나가 되는 숭고한 장소란 존재하지 않는다. 적어도 내가 보기에는 그렇다. 대신 우리는 매일 진화해 간다. 새로운 신경 연결이 생기고, 새로운 관계가 만들어지며, 자신을 넘어서 타인을 위해 무엇을 할지에 대한 감각도 점점 더 깊어진다. 이는 섭식 장애 전문가 바히아 엘 오디와 타라 델리베르토, 라이트 폰 창업자 카이웨이 탱, 그리고 나 자신이 보여준 길이기도 하다.

은유로 보든, 문자 그대로 보든, 결국 우리는 모두 저마다 빛나는 별이다. 중요한 것은 누가 가장 밝고 완벽하게 빛나느냐가 아니라, 각자의 빛, 그리고 다른 사람의 고유한 빛을 함께 즐기고 그 가치를 알아차리는 일이다.

5장

세상의 종말(들)

종말^{apocalypse}이라는 말은 오늘날 대중의 상상 속에서 너무 흔하게 언급되다 보니, 본래 신약성서 요한계시록에서 비롯된 '계시'나 '공개', '폭로'라는 의미는 거의 잊힌 듯하다. 하지만 요한계시록의 첫 단어이자, 헬레니즘 혹은 고대 그리스어로는 '아포칼립시스^{apokalypsis}'라고 쓰이는 이 단어는, 지금 우리가 흔히 떠올리는 대재앙이나 파국 이상의 더 풍부한 뜻을 지니고 있다.

고대 지중해 연안에서는 '재난 문학'이라는 독립된 장르가 형성되어 있었다. 기원전 200년까지 거슬러 올라가는 유대교와 기독교의 주요 문헌들뿐만 아니라, 이슬람교 안에도 계시록적 사상^{apocalypticism}이 자리 잡고 있었다. 이 고대 종말 문헌들은 이야기적 구조, 난해한 언어, 당대 사회를 비판적으로 바라보는 시선을 공통적으로 지니며, "임박한 세계의 종말을 가져올 초자연적 힘에 의한 대격변"을 그려냈다.[1] 대표적으로 다니엘서$^{Book\ of\ Daniel}$는 이러한 종말 문학이 구약성서에까지 포함되었음을 보여준다.

이와 유사한 다른 고대 문헌들도 있다. 만약 초기 기독교인들이 이 문헌들을 히브리어와 아람어^Aramaic*에서 그리스어, 라틴어, 에티오피아어 등 여러 언어로 번역하지 않았다면, 또는 1946년 팔레스타인 쿰란^Qumran 지역의 건조한 동굴에서 한 아랍 소년이 사해문서^Dead Sea Scrolls라는 2천 년 전 고문서의 조각들을 발견하지 않았다면, 종말 문헌들 상당수는 역사 속에 영영 묻혔을지도 모른다.

가장 큰 영향력을 지닌 고대 종말론은 단연 요한계시록이다. 이 책을 특별하게 만드는 요인은, 그와 비슷한 시대와 장르의 다른 문헌들과 달리 신약성서에 포함되어 신성시된다는 점뿐만 아니라, 환상적 비전을 유례없이 생생하게 묘사한다는 데 있다. '전 천년 세대주의^premillennial dispensationalism**'에서 비롯된 휴거^Rapture부터, 천사와 용처럼 생긴 사탄 괴물이 벌이는 파멸적인 전쟁에 이르기까지, 계시록에는 원형적인 주제들이 가득하다. 또한 네 명의 기사, 머리가 일곱 개인 괴물, 쇠로 된 갑옷을 두르고 인간의 얼굴과 머리카락, 사자의 이빨을 지닌 메뚜기와 같은 인상적인 세부 묘사들은, 현대 서구 문명의 상상력과 진화에 핵심적인 역할을 하게 만든 계시록의 극적인 힘을 보여준다. 그러나 이 책의 진정한 힘은 원색적인 묘사, 고대판 영화 특수효과와 같은 연출을 넘어, 그 메시지에 있다.

---

* 아람어는 중동 지역에서 쓰인 셈어계 언어로, 예수의 모국어이자 고대 중동 세계의 공용어였다. 앗시리아인, 유대인 등 근동 여러 민족이 사용했으며, 오늘날에는 일부 동방 교회(시리아 정교회, 마론파, 앗시리아 동방교회)에서 전례 언어로 남아 있다. 출처: 나무위키 – 옮긴이

** 세대주의는 19세기 등장한 극단적 보수주의적 성경 해석 흐름이다. 이 사조는 역사를 일곱 세대로 구분하고, 각 세대마다 하나님이 서로 다른 구속의 계획을 세웠다고 본다. 그 일곱 세대는 타락 이전의 (1) 무죄(innocence), 타락 이후 대홍수까지의 (2) 양심(conscience), 대홍수 이후의 (3) 인간 통치(human government), 아브라함 이후의 (4) 약속(promise), 모세 이후의 (5) 율법(law), 예수 그리스도 초림 이후의 (6) 은혜(grace), 그리고 예수의 재림 이후의 (7) 천년왕국(kingdom)이다. – 옮긴이

계시록의 저자인 요한은 1세기 예언자였으며, 당시 초기 기독교인처럼 유대교와 기독교 신앙을 모두 지닌 인물이었다. 요한의 관점에서 파괴는 신예루살렘New Jerusalem의 도래, 그리고 세상과 인류에 대한 하나님의 참된 의도가 드러나는 계시로 가는 길의 초입이었다.

역사적으로 요한은 로마 제국에 의해 예루살렘의 웅장한 제2 성전이 무너지고, 유대인 대부분이 추방당한 서기 70년 전쟁의 생존자였을 가능성이 크다. 실제로 그가 그 전쟁에 직접 참여했는지 여부와 관계없이, 요한의 삶은 유대 민족의 역사와 정체성을 대표하던 상징들이 거의 알아볼 수 없을 정도로 파괴된 격변의 시대와 깊이 연결되어 있다. 당시의 참상에 대해 로마의 역사가 플라비우스 조세푸스Flavius Josephus는 다음과 같이 기록하고 있다.

> 성전이 불타 무너졌다 (…) 이보다 더 크거나 더 끔찍한 소음은 상상조차 어려웠다. 일사불란하게 행진하는 로마 군단Roman Legion의 함성이 일제히 울려 퍼졌고, 칼에 포위된 반역자들의 처절한 울부짖음이 그 위에 겹쳐졌으며, 절망에 빠진 이들은 자신들이 맞닥뜨린 재앙 앞에 슬픈 신음을 토했다. 그러나 진정한 참상은 혼란 그 자체보다 더 끔찍했다. 건물 전체가 화염에 휩싸이면서, 성전이 있던 언덕 자체가 불길로 들끓는 듯했기 때문이다.[2]

그로부터 20~30년 뒤에 쓰인 요한의 메시지는 복수와 희망이 교차했다. 메시지에는 로마 황제와 그의 군대는 유대인의 공동체를 압도할 만큼 막강했지만, 결국에는 신의 심판을 피할 수 없을 것이라는 경고가 담겨 있었으며, 그들에게는 문자 그대로 지옥과 같은 처벌이 기다린다고 설명했다. 반면, 선의 편에 선 이들은 영원한 천국에서 보상을 받게 되며, 그 보상은 이 땅에서 잃어버린 모든 것뿐 아니라, 적들이 가졌던 그 어떤 것마저도 뛰어넘을 것이라고 요한은 약속했다.

이것이 바로 계시록의 본질이다. 선한 이들에게는 궁극의 보상이, 악한 이들에게는 절대적인 고통이 예고되어 있는 것이다. 이러한 서사가 신약성서라는 경전의 일부로 자리 잡으면서, 지난 2,000년간 인류의 심리에 지대한 영향을 끼쳤다. 특히 계시록이 쓰이고 약 200년 후, 콘스탄티누스 황제가 기독교로 개종하면서 신약성서는 당시 세상에서 가장 강력한 공식 윤리의 기준이 되었다. 이후 갈등이나 전쟁이 발생할 때마다 각 진영은 이 계시록에 묘사된 대로 스스로를 선으로 보고, 적을 악으로 간주했다.

시간이 흘러 서구 사회는 점점 더 양극화되고, 원망과 경쟁이 만연하며, 자극적이거나 극적인 볼거리에 쉽게 열광하는 분위기로 바뀌었다. 이에 미래의 영광과 타인의 고통을 예언하는 종말론적 메시지는, 종교적 분열에서부터 힙합 배틀^{hiphop battle}에 이르기까지 갖가지 갈등을 겪는 이들에게 매혹적인 판타지를 제공해 왔다. 대표적으로 미국 남북전쟁 당시, 남부 연합^{Confederate South}과 북부 연합^{Union North} 모두 스스로를 의로움의 편이라 주장하며 계시록을 자신의 정당성을 뒷받침하는 예언서이자 앞으로의 역정(로드맵)으로 삼은 것을 들 수 있다.

지나치게 잘 보이는

크리스 길리아드^{Chris Gilliard}는 1954년, 미시간 주 머콤 카운티에서 지역 고등학교 교실을 빌려 84명의 신입생으로 출발한 머콤 커뮤니티 칼리지^{Macomb Community College}에서 영어과 종신 교수로 재직 중이다.[3]

머콤 카운티는 디트로이트 북동쪽으로 20분 거리에 위치하며, 미시간 주에서 세 번째로 인구가 많은 지역이다. 이곳의 8~9만 명 주민 대부분은 백인 노동계층이며, 도널드 트럼프는 두 차례의 대통령 유세 기간 중 이 캠퍼스를 세 번 넘게 찾았다. 이 곳에서 길리아드 교수는 여가 시간마다 감시 자본주의 분야에서 세계적으로 주목받는 비평가로 활동하고 있다.

길리아드가 사용하는 트위터 핸들 @Hypervisible(하이퍼비지블, '지나치게 잘 보인다'라는 뜻)은 인종이나 민족적 배경 때문에 그 사람만의 개성과 재능마저 가려질 만큼 시선이 집중된다는 것을 말한다.[4] (참고로 길리아드 교수와 나는 일론 머스크가 트위터를 인수한 뒤 트위터가 사실상 끝났다고 생각한다. 이는 정말 안타까운 일이다.)

하이퍼비지블, "과가시성 hypervisibility"이라는 용어는 10년 넘게 인종적 정의와 관련한 학계 논의에서 쓰여 왔지만, 오늘날 경찰 감시 기술이 일상화된 현실에서는 더욱 강한 의미를 갖고 있다.[5] 과거엔 흑인, 원주민, 그리고 다양한 유색인종이 백인 중심 사회에서 피부색 때문에 시선을 받는다는 점을 본능적으로 깨달았지만, 이제는 구조적으로 인종 차별적인 기술이 확산되면서, 이들이 감시용 카메라의 명확한 표적이 되는 일도 점점 더 흔해지고 있기 때문이다.

수사학을 연구하는 학자인 길리아드 교수는 경력 초기부터 자신의 존재 자체가 언제나 주목받고, 심지어 의심의 대상이 되는 상황을 여러 번 경험했다. 예를 들어, 신임 교수 시절 한 대학에서 여름 지역사회 봉사 프로그램의 영어 과정을 담당하던 때였다. 그는 종종 대학 공학 건물에서 복사본을 만들거나 기타 업무를 보고 있었는데, 공학 교수들은 그가 마치 모두의 안전을 위협하는 침입자라도 되는 양,

계속해서 "여기 소속이 아니시잖아요"라고 말하곤 했다. 아마도 그들은 젊고 레게 머리를 한 흑인 남성이 기술과 관련한 분야에 깊은 전문성을 지닌 동료일 것이라고는 상상하지 못한 듯 싶었다. 이런 환경에서 길리아드는 항상 과도할 만큼 존재감을 드러내야만 했다—'과가시적hypervisible'으로 말이다.

"과가시적인" 크리스 길리아드. 자신의 프로필에서 크리스 길리아드는 그의 얼굴을 스키헬멧과 고글로 가렸다. 출처: "크리스 길리아드 박사", 팀 구성원들, 감시 기술 감독 프로젝트. 2022년 8월 8일 방문. https://www.stopspying.org/chris-gilliard-bio

크리스 길리아드는 1970년대 초 디트로이트에서 태어났고, 그곳에서 소위 '백인 도피'를 촉발시킨 폭력적 봉기uprising의 여파 속에서 성장했다. (흔히 '폭동riot'이라고 불려 온 이 사건을 두고, 많은 역사학자가 그 용어가 편견을 조장한다고 비판하기에, '봉기'나 '반란rebellion'이라는 표현을 사용할 것이다.6) 길리아드의 가톨릭계 대가족은 20세기 초반, 150만 명이

넘는 흑인들이 남부를 떠나 디트로이트로 향했던 '대이동Great Migration'
의 흐름에 따라 이 도시에 터를 잡을 수 있었다.7

길리아드의 아버지는 정비공으로 일했으며, 어머니는 도시 전역에 캠퍼스를 둔 예수회 가톨릭계 디트로이트 머시 대학University of Detroit Mercy
에서 일했다. 외부인들에게는 빈곤과 인종 갈등의 상징처럼 비춰졌던 이 도시에서, 길리아드의 부모는 여러 형제자매를 명문 사립 가톨릭 학교에 보낼 만큼 헌신적으로 일했다.

이 당시 디트로이트는 폭력과 빈곤의 도시라는 이미지를 갖고 있었고, 나 역시 1990년대 가까운 미시간대 앤 아버University of Michigan-Ann Arbor에 18살 신입생으로 들어갔을 때 비슷한 이미지를 갖고 있었다. 훗날 디트로이트와 그 유구한 역사를 더 잘 알게 되며 많은 것을 이해했지만, 오랜 시간 동안 나는 이 도시를 생각할 때 좋은 일보다는 투쟁과 갈등의 한복판에 서 있는 느낌을 받았다. 하지만 길리아드는 그렇게만 생각하지 않았다.

(이 도시에 대한 부정적 시각을 뒷받침하는 데이터도 많다. 2017년 센서스에 따르면, 18세 이하 미성년 57%를 포함해 디트로이트 주민의 40% 이상이 연방 빈곤선 이하의 삶을 살고 있다고 말했는데, 이는 미국 20대 주요 도시 중 가장 높은 수치다.8 시 경계 내 인구의 80%가 흑인으로, 광역권의 백인 67%, 흑인 22%와는 큰 대조를 이룬다.9)

이때 이 모든 숫자와 이미지가 실제로 의미하는 바를 진정으로 이해하려면, 길리아드의 가족처럼 어려운 환경에서도 선량함, 품위, 타고난 인간적 지혜를 잃지 않았던 많은 이의 삶을 함께 봐야 한다. 몇 해 전 아버지의 장례식에서, 길리아드는 어린 시절 도서 박람회에 갔던 일을 추억했다. 그는 몇 시간 동안 상자를 뒤적이고, 1피트 두께나 되는 책더미를 사 들고 집으로 돌아왔다. 아버지는 책을 읽지도 않고,

그 내용이 무엇인지도 알지 못했지만, 아들이 책을 좋아한다는 걸 알았기에 묵묵히 기다려줬다. 그의 인내심은 깊은 사랑의 다른 말이었다.

나는 디트로이트에서 크리스 길리아드를 만나, 디트로이트 시민들을 향한 감시 기술의 영향과 그가 진행해 온 연구에 대해 직접 이야기를 들을 수 있어 무척 반가웠다. 길리아드는 2016년, 디트로이트 경찰과 시내 주유소 여덟 곳이 협력한 '녹색 등 프로젝트Project Green Light'를 비판하는 목소리를 낸 인물이다. 이 프로젝트에서 주유소들은 디트로이트 경찰이 감시 카메라를 설치하고, 관리하고, 모니터링하는 것에 동의했다. 각 카메라에는 밝은 녹색 빛이 함께 설치되어, 감시가 이뤄지고 있음을 분명하게 알리는 동시에, 범죄와 위험의 이미지가 강한 도심 외곽에 '이제 들어와도 안전하다'라는 의미를 내포하고 있었다.

이 프로젝트는 이후 급속히 확장되었고, 지금은 수백, 수천 대에 달하는 녹색 등과 감시 카메라가 디트로이트와 그 주변 여러 지역에 퍼지게 되었다.

그러나 얼굴 인식 기술이 인종 차별적으로 활용될 위험성과, 초인종 감시 카메라가 급속히 확산되고 있는 현실이 맞물리면서, 디트로이트의 길리아드와 테크 정의 운동가이자 시인인 타와나 페티Tawana Petty 같은 이들은 이 도시가 사실상 현대판 파놉티콘(누구든 언제든지 감시될 수 있는 구조)으로 변모하고 있다고 비판했다. 이들은, 디트로이트처럼 인구 다수가 흑인인 도시에서 이러한 감시 시스템은 흑인 주민들을 추적하고 위협하는 데 동원되고 있으며, 도시에 잠깐 드나드는 백인 외부자들의 안전과 편의를 위해 남용되고 있다고 지적했다.[10]

녹색 등 프로젝트는 고립된 실험에서 출발한 것이 아니었다. 길리아드가 태어나기 직전인 1967년 반란 이후, 디트로이트는 세계에서 가장 강력하고 집요하게 감시받는 도시 가운데 하나가 됐으며, 그해 폭력 사태는 경찰이 흑인 주류 밀매업소^{speakeasy}를 급습하며 시작됐다. 이후 경찰이 사실상 '적대적 점령군$^{hostile\ occupying\ force}$'으로 변모하며 도시 내 흑인 기관들이 불에 타고, 백인 시민들은 잇따라 도망쳤다.[11] 이것은 이 도시 감시의 역사를 설명하는 데 시작에 불과했다.

대이동 시기, 흑인 남부 이주자들은 오랜 기간 이어진 납치, 살해, 노예화라는 극심한 인종차별의 잔재를 피해, 아무것도 가진 것 없이 디트로이트에 도착했다. 1910년만 해도 이 도시에 거주하는 흑인은 6,000명이 채 안 됐지만, 불과 20년 만에 그 수는 12만 명을 넘었다. 디트로이트는 신화적으로나마 남부에서 도망쳐온 이들에게 훨씬 더 나은 곳처럼 비쳐졌지만, 현실은 달랐다. 자동차 산업 덕분에 급성장하던 도시에서 이주자들이 거주를 허락받지 못했기 때문이다.

하지만 도시와 산업의 성장으로 노동력이 필요해지자, 흑인 이주민들의 정착은 "블랙 바텀$^{Black\ Bottom}$" 한곳에 한정되었다. 디트로이트 아프리카계 미국인 공동체를 연구한 역사가 제이먼 조던$^{Jamon\ Jordan}$에 따르면, '블랙 바텀'이라는 이름은 원래 해당 지역의 비옥한 검은 흙에서 유래했지만, 시간이 지나며 흑인 공동체를 상징하게 되었다.[12] 이후 흑인 교회, 학교, 각종 비즈니스가 번성했고, 흑인뿐 아니라 유대인과 다른 유럽계 이민자들이 모여들며 주민 수가 십만 명을 넘는 다채로운 지역으로 성장했다.[13]

하지만 그 번영도 오래가지 못했다.[14] 1953년부터 1967년 사이, 백인 시장과 도시 행정 책임자들은 '도시 재개발$^{urban\ renewal}$'이라는 이름 아래 블랙 바텀 전체를 철거했기 때문이다. 이 과정에서 1930~50

년대 흑인 창업가와 예술가들로 붐볐던 파라다이스 밸리Paradise Valley 상업·유흥 지구도 함께 사라졌다. 또한 듀크 엘링턴Duke Ellington, 다이나 워싱턴Dinah Washington 등 당대 최고의 뮤지션들과, 백인 사회에서 배제됐던 공연가들이 자유롭게 활동하던 이 지역의 마지막 건물까지 완전히 파괴되고 말았다.

그리고 이러한 조치는 1967년 디트로이트 봉기의 중요한 도화선 중 하나가 되었다. 평생 적대적이고 억압적인 정부만 경험한 젊은 세대는, 격변의 미국 현대사 한가운데에서, 비슷한 상실과 분노를 가진 이웃들과 힘을 합쳐 폭력적인 저항에 나서게 되었다.

봉기가 일어난 후 몇 년이 지나, "스트레스STRESS*"라 불리는 새로운 경찰 특수부대가 폭력의 시대가 남긴 상흔을 다루기 위해 만들어졌다. 언론인 마크 비넬리Mark Binelli의 「뉴리퍼블릭」 기사에 따르면, 1970년 디트로이트에서는 강도 사건이 급증해 연간 1만 8천 건을 기록했고, 그중 수십 건이 사망으로 이어졌는데, 신임 경찰청장 존 니콜스John Nichols는 이를 해결하기 위해 "전형적 강도 사건"의 실태를 컴퓨터로 분석하도록 지시했다.[15] 그 결과, 범죄자는 대개 "젊고, 백인이 아닌 남성이며, 무장 상태"일 가능성이 높고, 피해자 역시 주로 백인이 아닌 남성이지만 젊지 않다는 사실이 드러났다. 이는 디트로이트가 빈곤과 불평등에 더해 세대를 거친 집단 트라우마로 깊이 분열된 도시임을 보여주었다.

그럼에도 불구하고, 니콜스와 수뇌부는 이러한 상처를 구조적인 방식으로 해결하기보다 기만적인 전술에 몰두했다. 경찰이 "술주정뱅

---

* STRESS는 "Stop the Robberies, Enjoy Safe Streets(강도 범행을 멈추고, 안전한 거리를 즐기자)"의 약자로, 1970년대 초 디트로이트 경찰국이 강도와 거리 범죄를 진압한다는 명목으로 위장 경찰을 투입했던 작전이다. 하지만 이 과정에서 과도한 무력 사용과 뿌리 깊은 인종적 편견이 드러나며, 오히려 심각한 비판과 논란을 불러일으켰다. – 옮긴이

이", "부랑자", 신부, 히피, 심지어 "불쌍한 할머니helpless looking little old lady16"로 위장한 잠복 요원을 거리 곳곳에 투입해, 범죄자에게 미끼를 던진 뒤 체포에 나서도록 한 것이다. 이런 방식은 범죄율을 약간이나마 줄였으나, 1971년 4월부터 11월 사이 STRESS 경관들에 의해 13명의 디트로이트 시민이 목숨을 잃는 일이 발생했다. 그중 단 한 명만이 흑인이었으며, 이 사건은 미국 모든 경찰국 중에서도 인구 대비 민간인 사살 비율이 가장 높은 사건이 되었다.17

문제를 바로잡아 시민들의 신뢰를 회복할 수 있었던 실험이, 오히려 데이터에 근거한 불신과 분노의 온상으로 변해버린 것이다.

파라다이스 밸리의 사적 표시

이제 다시 현재의 디트로이트로 돌아가 보자. 이는 내가 한때 미시간대에서 학업을 편하게 이어갔던 그 도시 근처, 바로 크리스 길리아드가 "럭셔리 감시luxury surveillance"라 부르는 기술을 연구하며 살아가는 곳이다.

우리는 함께 그 도시 곳곳을 둘러보았는데, 디트로이트 자동차 산업이 한창 번성하던 시절의 유서 깊은 건물들은 지금은 대부분 버려지거나 폐허처럼 방치된 채 서 있었다.

도시를 걷다 보면 어디에서나 종교의 흔적을 볼 수 있다. 우리는 아

5장 세상의 종말(들) 299

마존의 거대 물류 창고와 대조를 이루는 한 교회를 지나쳤는데, 그 입구에는 손 글씨로 "그리스도를 위한 영혼들: 구원 센터$^{Souls\ for\ Christ:\ Deliverance\ Center}$"라는 간판이 달려 있었다. 이곳의 삶은, 타인의 미래를 위해 자신의 삶을 희생하게 만든다는 점에서, 겉보기에 이타적으로 보이지만 실제로는 억압적인 방식이 만연해 있음을 상징적으로 보여주었다.

"이제 곧 캐스 코리더$^{Cass\ Corridor}$가 보일 겁니다." 길리아드는 운전하며 주변을 설명했다. "이 지역에서만 STRESS 소속 경찰에 의해 열 명이 넘는 민간인이 목숨을 잃었죠."

우리가 둘러본 도시 투어의 첫 번째 목적지는 피켓 애비뉴와 하이랜드 애비뉴에 있는 포드 공장이었다. 이곳은 전설적인 포드 모델 T를 최초로 대량 생산했던 역사적 공간이다. 20세기 초, 이 두 공장은 논란의 여지가 있지만, 세계에서 가장 혁신적인 대량 개인용 기술을 만들어낸 사례로 손꼽힌다.[18]

길리아드는 그 유적을 보며 "지금은 이렇게 버려진 채 남아 있습니다"라고 안타까움을 전했다.

1978년 국가 사적지$^{National\ Historic\ Landmark}$로 지정된 102에이커 규모의 하이랜드 파크 공장은 외관만 봐도 폐허임을 알 수 있었다. 곳곳이 깨졌음은 물론, 임시로 수리된 창문, 무너져 내리는 콘크리트, 빠져나간 벽돌들이 건물의 세월과 방치를 고스란히 드러냈다. 이 거대한 공장의 한쪽엔, 이름만 화려한 "모델 티 플라자$^{Model\ T\ Plaza}$"라는 소박한 상가가 붙어 있는데, 전체적으로는 별다른 존재감 없는 버려진 건물처럼 보였으며, 넓은 부지에서 유일하게 눈에 띄는 것은 감시 카메라뿐이었다.

이 오래된 제조 시설은 워낙 거대해서, 아무리 애써도 사진 한 컷에 다 담기 어려웠다. 그러다 보니 현장에서 떠오른 것은 코끼리를 본 적 없는 장님들이 각자가 한 부분씩 만져가며 전체를 상상하려 애쓰는 유명한 우화였다. 길리아드는 한숨을 내쉬며 말했다. "이게 바로 디트로이트가 자기 기념물들을 대하는 방식이죠."

길리아드가 말했듯, 자동차 기술사에서 가장 중요한 유산이 폐허처럼 남겨져 있는 모습은, 다른 어느 곳에서도 보기 힘든 풍경일 것이다.

길리아드는 전 세계에서 사람들이 클래식 자동차를 몰고 디트로이트와 인접 교외 지역을 달리는 '우드워드 애비뉴 드림 크루즈^{Woodward Avenue Dream Cruise}'에 대해 이야기했다. 이 행사는 매년 수많은 사람이 참여하기 위해 거리에서 텐트를 치고, 바비큐와 파티를 즐기며 자동차를 구경하는 행사다. 하지만 이 크루즈는 디트로이트의 경계인 8마일을 지나 펀데일^{Ferndale}에서 시작된다. 많은 참가자가 디트로이트 시내 깊숙이 들어와 시간을 보내는 것을 꺼리기 때문이다. 길리아드는 쓸쓸하게 웃으며 "제가 항상 말해왔듯, 이 크루즈가 정말 제대로 시작된다면 바로 이곳, 디트로이트 중심에서 출발해야 한다고 생각합니다"라고 덧붙였다.

이어 그는 "헨리 포드를 위한 재활 프로젝트는 정말 대단했죠"라고 말했다. 나는 그의 진의를 바로 이해하지 못하고, "헨리 포드 박물관 말씀인가요? 아니면 헨리 포드 고등학교요?"라고 되물었다. 그러자 길리아드는 조용히, 그러나 모든 것을 아는 듯한 한숨을 내쉬며 답했다.

"아니요, 바로 헨리 포드 그 사람 말이에요. 그는 정말이지, 몹시 불쾌한 인물이었습니다."

돌이켜보면, 길리아드가 말하고자 한 바는 명확했다. 모델 T 공장처럼 디트로이트, 즉 흑인 다수의 도시 안에 있는 역사는 방치되고, 재건되지 않는다는 것이다. 반면 헨리 포드라는 인물은 백인이고, 실제 디트로이트라는 물리적 공간이 아니라 '상상의 공간'에 존재할 수 있기 때문에, 사후에도 그의 이미지는 미화되고, 마땅히 받아야 할 비판에서 한 발 비껴 서 있을 수 있다.

포드의 반유대주의는 널리 알려진 사실임에도, 디어본^{Dearborn}에 위치한 헨리 포드 미국 혁신 박물관^{Henry Ford Museum of American Innovation}[19]을 찾는 많은 방문객은 이 점에 주목하지 않는다. 이 박물관은 "250에이커의 영감^{250 acres of inspiration}"을 내세우며, 자동차뿐 아니라 기차와 비행기 등 미국 기술사의 다양한 유산을 전시하고, 매년 200만 명 가까운 방문객을 맞이한다. 내가 2019년과 2023년 가족과 함께 이곳을 찾았을 때도, 방문자들은 존 F. 케네디의 리무진, 로자 파크스^{Rosa Parks}가 타던 버스, 오스카 마이어^{Oscar Mayer}의 위너모빌^{Wienermobile}처럼 인상적인 전시물에 몰입할 뿐, 포드의 유산을 윤리적인 측면에서 불편하게 느끼지 않았다.

박물관과 공식 웹사이트에서 포드의 반유대주의가 "그의 평판을 퇴색시켰다"라고 짧게 언급하긴 했지만, 최근 가족계획연맹^{Planned Parenthood}이 공동 설립자 마거릿 생어^{Margaret Sanger}와 우생학 신념을 이유로 공식적으로 거리를 둔 것과 달리, 헨리 포드 박물관은 여전히 논쟁적이고 문제 많은 인물을 긍정적으로 멋지게 기억하고 기념하는 공간으로 남아 있다.[20]

나는 길리아드가 포드 공장을 우리 도시 여행의 출발점으로 정했다는 점이 인상 깊었다. 이곳이야말로 테크 산업의 '기원 신화^{origin story}'에 가장 알맞은 장소이기 때문이다. 이 역사적인 건물은 방치된 채 소멸의 길을 걷고 있지만, 아이러니하게도 나치 성향 창업자는 여전히 미국의 리더십과 독창성, 힘을 대표하는 인물로 추앙받고 있다.

"맞아요." 길리아드는 덤덤하게 동의했다. 나는 문득, 앞으로 백 년쯤 지난 뒤엔 구글플렉스나 애플 본사(우주선 모양 건물)가 과연 이와 비슷한 운명을 맞이하게 될지 궁금해졌다. 만약 그렇게 된다면, 그 일을 위해 얼마나 거대한 재난이나 사회적 격변이 필요할까? 그리고 그런 변화가 실제로 일어날 확률은 얼마나 될까?

포드의 모델 T 공장, 1913년. 출처: 헨리 포드 컬렉션

포드의 모델 T 공장, 2022년

[노트: 2024년 1월 — 위의 내용을 쓴 지 1년 반이 넘었고, 이 책이 출간 준비에 들어가는 시점에 새로운 변화가 일어났다. 포드 공장 인근에 위치한 100년 된 자동차 제조 부지 일부가 전기차 배터리 생산을 위한 용도로 매입된 것이다. 21억 달러 규모의 이 부지는 막대한 세제 혜택과 함께 오스트레일리아의 광산 기업 포테스큐Fortescue가 개발 주체로 나섰다. 포테스큐는 세계적인 탄소 배출 기업임에도, 스스로의 새로운 미션을 '탈탄소화decarbonizing'와 "세상을 녹색으로 변화시키는(turning the world green21)" 것이라 내세우고 있다. 성과는 아직 불투명하다. 이 회사의 억만장자 CEO 앤드류 포레스트Andrew Forrest는 현대의 노예제가 자신들의 공급망을 비롯해 전 세계 유사한 공급망 곳곳에 "근본적이지는 않더라도, 분명히 존재한다"라고 인정한 바 있다.22]

세속적 계시록

앞에서 고대 종말 문학과 신화의 간략한 역사를 살펴봤으니, 이제는 완전히 결을 달리하여, 오히려 더 큰 영향력을 갖는다는 주장도 나오는 현대적 종말 서사에 주목해 보자. 이해를 돕기 위해, 앞서 논의한 성경 속이나 출처가 불분명한 종말론을 "제1종type I" 혹은 종교적 종말론으로 부르겠다. "제2종type II"은 종말 이후post-apocalypse를 다루는 영화와 TV 드라마 같은 대중문화에서 나타나는 종말론이다.

이러한 제2종 종말론이 전통적인 신학적 종말론과 무엇이 다르고, 또 어떻게 영향을 주고받아 왔는지 살펴보는 일은 중요하다. 이 과정을 통해, 기술의 발전이 실제로 인류를 종말로 몰고 갈지 모를 위험을 이야기하는 이들의 사고방식을 좀 더 깊이 이해할 수 있을 뿐만 아니라, 우리가 당면한 현실의 위험을 어떻게 평가할지에 대한 중요한 단서를 얻을 수 있기 때문이다.

현대의 종말후 예술postapocalyptic art에서 흔히 볼 수 있는 풍경은, 이름 모를 파국이나 일련의 연쇄 재앙, 혹은 소위 '퍼펙트 스톰perfect storm'에 의해 문명이 황폐화된 세계다. 이처럼 붕괴된 사회의 한가운데에서, 살아남은 소수의 인류는 혼란스러워하면서도 천천히, 또 머뭇거리며, 시간 여행이나 초능력, 혹은 인간 특유의 끈질긴 생존력에 기대어 새 문명을 일으키려 분투한다.

이 같은 시나리오는 《터미네이터The Terminator》, 《매드 맥스Mad Max》, 《워킹 데드The Walking Dead》, 《더 로드The Road》, 《혹성탈출: 새로운 시대Planet of the Apes》, 《스테이션 일레븐Station Eleven》, 《설국열차Snowpiercer》, 《인터스텔라Interstellar》, 《월드워 ZWorld War Z》 등 수많은 영화와 드라마에서 반복된다. IMDb의 '최고의 종말 영화 200+편[23]' 목록에는 작품이 무려 211편이나 등재되어 있는데, 이런 방대한 리스트가 존재한다는 사실 자체가 우리의 상상력과 불안이 이 주제에 얼마나 깊이 사로잡혀 있는지를 보여준다.

내가 이 장르에서 꼽는 최고 작품은 1984년 BBC 영화 《Threads(그날 이후)》다. 영화는 팽팽하게 부풀어 오른 거미의 배가 거미줄을 짜는 모습을 클로즈업하며 시작된다. 해설자는 장중하고 불길한 음악이 흐르는 가운데 말한다.

"도시 사회에서는 모든 것이 연결되어 있습니다. … 우리 삶은 직물처럼 촘촘하게 엮여 있지만, 그 연결 자체가 사회를 강하게 만드는 동시에, 취약하게도 만듭니다."

이후, 평범한 사람들이 역사상 가장 발전되고 세련된 사회 중 하나인 영국의 한 중견 산업 도시에서 일상을 살아가던 어느 날, 예기치 못한 참사가 닥친다. 수백 메가톤에 달하는 핵탄두가 갑작스럽게 투하되고, 영국 사회가 완전히 붕괴되어버린 것이다. 이 충격의 여파로 다음 세대는 영어조차 제대로 구사하지 못할 정도로 문화적·사회적으로 퇴보한다. 즉, 남아 있는 공동체나 인프라도 거의 없는 폐허 속에서, 살아남은 이들은 극심한 단절과 결핍 속에 성장해야 하는 것이다.

이렇듯 종말 서사는 옥타비아 E. 버틀러Octavia E. Butler의 『씨앗을 뿌리는 사람의 우화Parable of the Sower』(비채, 2022) 같은 소설부터 레이첼 카슨의 『침묵의 봄Silent Spring』(에코리브르, 2024) 같은 논픽션, 히로시마와 체르노빌을 다룬 HBO나 BBC의 다큐멘터리, 그리고 나오미 오레스케스와 에릭 콘웨이의 『다가올 역사, 서양 문명의 몰락The Collapse of Western Civilization』(갈라파고스, 2015)처럼 "미래의 논픽션"이라는 새로운 장르 등의 형태로 나타난다. 『다가올 역사, 서양 문명의 몰락』은 사회과학과 기후 변화에 대한 깊은 전문성을 바탕으로, 300년 뒤의 관점에서 인류의 역사를 살피는 형식이다. 이 책에서, 데이터가 너무 늦게까지 무시되는 바람에 수억 명이 희생되고, 사람들은 뉴욕 같은 대도시를 버려두고 고지대로 이주한다. 이때 흥미롭게도 전체 인구의 5분의 1만 사망한 중국이 오히려 위기를 가장 잘 극복한 사례로 그려진다.

이처럼 제2종, 즉 현대의 종말 및 종말 후 이야기는 대개 승리와 영광이 아니라 허무, 모순, 또는 풍자를 중심에 두고 있다. 요한계시록을 비롯한 고대의 종말 담론과 달리, 오늘날 이야기들은 공포, 슬픔, 분노, 혐오 같은 감정을 솔직하게 드러내며, 갈등은 양측 모두의 결함을 깊이 파헤치는 인물 연구의 형태를 띠는 경우가 많다. 설령 '좋은 편'과 '나쁜 편'이 분명히 나뉘는 이야기라 해도, 신학자들이 말하는 '목적론', 즉 모든 사건이 신의 뜻에 따라 예정돼 있다는 비전은 거의 찾아볼 수 없다. 대신, 현대 세속 종말론은 궁극적으로 우리에게 한 가지 질문을 던진다. 이런 경고가 담긴 서사들이 우리로 하여금 묘사된 운명을 피하기 위해 무엇을 어떻게 바꿔야 하는지 생각하게 만들고 있는가? 혹은 다가올 시련과 고난에 대비해 심리적으로 준비하게 하는 일종의 안내서 역할을 하는가?

오늘날 테크 문화의 가장 실망스러운 면모 중 하나는, 종교적이고 규범 중심적인 옛 종말론(제1종)과 더 닮아 있다는 점이다. 빅테크가 그리는 미래의 비전은, 자격을 갖춘 일부에게는 극적으로 나은 세상을 약속하는 반면, 그렇지 못한 이들에게는 낙오와 벌을 암시한다. "세상 사람들을 더 가깝게", "사악하지 말 것", "역사 만들기", "역사 바꾸기", "더 나은 장소로 만들기[24]" 같은 슬로건에서 드러나듯, 이런 서사는 빅테크의 주류 비전으로 자리 잡았다.

이 약속들은 창업자나 임원, 투자자들에게는 실현된 진실이기도 하다. 그들은 이러한 구호와 기술 혁신 덕분에 엄청난 부와 특권, 물질적으로 향상된 삶을 손에 넣었다. 솔직히 많은 사람에게도 테크가 실질적 혜택을 주었음은 부정할 수 없다. 그러나 이 '승리'는 동시에 많은 손실을 동반한다. 한 예로, 머신러닝은 제조업 자동화, 반복 업무 감소, 방대한 데이터 분석 등에서 혁신적인 성과를 낼 수 있지만 이 기술이 반드시 '더 나은 미래'를 보장하는 것은 아니다.

약물 발견처럼 겉보기에 무해한 목적으로 개발된 알고리듬이 단 6시간 만에 4만 개의 잠재적 생화학 무기를 창출해 냈다는 연구 결과만 봐도, 기술은 언제든 삐뚤어진 방향으로 악용될 수 있다.[25]

여기서 AI와 소셜미디어가 만들어낸 연결의 혜택을 누리는 테크 업계 경영자나 고학력 서구인 한 명당, 극심한 트라우마에 시달리는 필리핀 마닐라의 콘텐츠 조정자content moderator가 몇 명씩 존재하는지 생각해 볼 필요가 있다. 다큐멘터리 《검열자들The Cleaners》은 수천 명에 달하는 저임금 아웃소싱 인력들이 감당하기 힘든 스트레스 지수와 위험한 노동 환경 속에서 건강과 생명까지 위협받는 현실을 고발했다.

콩고의 경우, 수십만 명에 이르는 리튬 채굴 노동자들이 "수백 피트 지하에서 아무런 감독이나 안전 조치 없이 손 연장으로 땅을 파고", 기본적인 생필품조차 공급받지 못한 채로 "호흡기 문제나 선천적 결함 등 각종 질병과 관련된 것으로 보이는 높은 독성[26]"에 장기간 노출되어 있다.

중국에서는 수많은 공장 노동자가 "996" 문화(오전 9시부터 오후 9시까지, 주 6일 근무, 혹은 그 이상)의 강도 높은 노동 속에서 손가락을 잃으며, 억압적 리더십 아래에서 하루하루를 견디고 있다.[27]

효과적 이타주의와 장기주의를 내세우는 이들조차, 미래에 있을지 모를 대재앙이나 존재론적 위험에 대해 크게 염려하면서도, 정작 자신의 신념과 행동이 그러한 위험을 키우는 건 아닌지 깊이 성찰하지 않는 듯하다. 여기서 그들의 비전은 '우리 대 그들'이라는 이분법 위에 세워진다. 우리 편이 선택한 길만이 유토피아로 이어지고, 그렇지 않은 길은 기술적 지옥으로 타락해 버린다는 식이다.

하지만 내가 아는 그 누구도 테크 기업 경영자들에게 자신들이 만든 기술을 모두 포기하거나, 모든 공장을 폐쇄하라고 요구하지는 않는다. 인류가 직면한 모든 문제에 그들에게 100%의 책임을 지라고 몰아세우는 이도 없다. 다만, 궁극의 영광만을 좇다 보면 궁극의 위험 역시 불필요하게 팽창할 수 있다는 것을 잊지 말자는 경계가 필요하다. 겸손함, 그리고 한층 느린 속도가 어쩌면 인류 전체에 훨씬 현명한 대안일지 모른다.

테크 기업은 거대한 서사나 화려한 성공담에만 몰두하는 대신, 이 생태계에서 '엑스트라'로 보이는, 현실의 고통 속에 살아가는 이들의 삶을 깊이 들여다볼 필요가 있다. 기술 혁신의 열매를 가장 크게 누리고 있는 이들이야말로, 기술 발전의 그늘에 가려진 구체적인 인간의 현실을 이해하려는 노력을 해야 하지 않을까?

꿈 같은 시도

나는 트위터에서 실리콘밸리 CEO들을 슈퍼 악당^{supervillain}에 빗댄 트윗을 접하며 크리스 길리아드를 처음 알게 됐다. 일론 머스크가 트위터를 인수하기 전, '지옥 사이트^{hellsite}'라 불리던 그곳에서 나는 다양한 종말적, 디스토피아적 가능성에 대한 글을 읽으며 많은 시간을 보냈다. 예를 들면, 도널드 트럼프의 승리를 돕기 위한 거짓·왜곡 정보, 극지방 빙붕의 붕괴 소식이나 "손가락 끝으로 겨우 버티고 있다"라는 기후 뉴스, 반복되는 총기 난사, 그리고 인종·성차별 관련 폭력과 편견이 SNS 인식 캠페인을 통해 사회적 트라우마로 확산되는 수많은 문제가 그랬다.

20여 년 동안 인본주의자이자 무신론자로 지내면서, 나는 종교나 종교 지도자를 함부로 사악하다거나 망상적이며 유해하다고 단정하라는 압박을 거부해 왔다. 약탈적인 목사, 신부, 구루가 존재하는가 하면, 사회 정의를 위해 싸우거나 유족을 위로하는 종교인들의 따뜻함도 분명히 있기 때문이다. 내 본능 또한 기술 기업 경영자들을 똑같은 시각으로 바라봐야 한다고 말했다. 하지만 만화 애호가의 시선으로 보면, 이들의 행동과 만화 속 슈퍼 악당들의 모습이 묘하게 겹쳐지는 것은 단순한 우연이 아닌 듯하다.

2018년 7월, AT&T가 850억 달러 규모의 타임 워너 Time Warner 인수를 마치고 HBO까지 손에 넣었을 때, 새로 취임한 워너미디어 CEO 존 스탠키 John Stankey는 직원 모임에서 단도직입적으로 말했다. "올해는 힘들 겁니다."

그는 회사가 수십억 달러의 매출과 수백만 명의 신규 가입자를 목표로 하므로, "주당 몇 시간, 월당 몇 시간이 아니라 하루에 몇 시간을 확보해야 한다"라고 강조했다. 이어 "여러분은 사람들이 손에서 놓지 않고 15분마다 들여다보는 기기와 경쟁하는 중입니다"라고 설명했다.[28]

포획과 정복의 언어가 충분히 명확히 전달되지 않았다고 느끼기라도 한 듯 스탠키는 이렇게 말했다. "사람들이 더 오랜 시간 참여하도록 유도하는 것은 중요합니다. 왜냐하면 더 많은 고객 데이터와 정보를 얻으면 이를 수익으로 전환할 수 있을 것이고, 이것은 내일의 세상에서 매우 중요하기 때문이죠."

이에 대해 길리아드는 직접 트위터에서 뉴욕타임스의 캐시미어 힐이 테크 기업의 이런 접근을 담배 산업에 빗댄 글을 인용하며, "사람들은 악당이 자기 계획 전체를 다 이야기하는 건 비현실적이라고들 하지만…"이라고 촌평했다.[29]

길리아드에게 이것은 단발성 트윗이 아니었다. 아마존이 연방통신위원회 Federal Communications Commission에 3,200개가 넘는 인공위성을 지구 궤도에 띄울 수 있도록 허가를 요청했을 때, 그는 "베이조스는 인공위성으로 지구를 뒤덮어서 자신의 슈퍼 악당 게임을 한 단계 더 높이려는 것 같다"라고 트윗했다.[30] 또 일론 머스크가 미디어 재벌인 베이조스의 전철을 밟아 세계 최대 미디어 중 하나인 트위터를 인수하자, "미디어 기업을 소유하지 않고는 현대의 슈퍼 악당이 될 수 없지"라고 트윗했다.31

그런 표현들은 언뜻 보면 단순한 농담처럼 읽힐 수 있지만, 사실은 깊은 의미를 담고 있다. 실리콘밸리 경영자들의 심리를 날카롭게 짚어낸 분석이기 때문이다. 길리아드는 이 분석이 결국 '실리콘밸리 슈퍼 악당 삽화 가이드' 같은 그래픽노블로도 만들어질 수 있다고 보았다.

실제로 사람들이 자주 묻는 게 있다. 왜 많은 테크 기업 경영자가 타인을 깔보거나, 관계 맺는 방식을 익숙한 패턴처럼 반복하는 걸까? 어쩌면 이런 패턴은 만화 작가들이 악당들을 그릴 때 보여주는 기업가적 리더십과 닮아 있는 것 아닐까?

조커Joker, 렉스 루터Lex Luthor, 닥터 둠Dr. Doom, 타노스Thanos 같은 캐릭터들 역시 결코 아무 이유 없이 만들어진 존재가 아니다.

이후 미국 국경 순찰대가 무장 로봇 개를 도입하자, 길리아드는 원래 수의사가 될 꿈꿨지만 결국 '동물'을 만드는 로봇공학자가 된 개빈 케닐리Gavin Kenneally의 이야기에 눈길을 돌렸다. 케닐리는 「뉴스위크」에 실은 에세이에서 자신의 로봇 '자손progeny'을 창의성과 서비스의 산물로 포장했다. 하지만 누구라도 이런 질문을 던질 수 있다. 이런 기계가 민감한 지역이나 상황에 투입되어, 생명과 죽음을 결정할 수 있는 무기와 권력을 갖게 되면 어떤 일이 벌어질까? 케닐리는 "로봇 개에 무장을 시키는 일은 우리가 직접 하는 게 아니라"면서, "결국 그 결정은 정부가 내리는 것이고 … 로봇은 도구일 뿐"이라고 했다.32

길리아드는 이런 상황에 대해 직설적으로 말했다. "테크 경영자들이 하는 이야기는 하나같이 슈퍼 악당의 변명처럼 들린다. 이 사람은 원래 수의사가 되고 싶었지만, 대신 로봇 개를 만들었고, 그 로봇이 어떻게 쓰이는지에 대해서는 본인이 아무런 책임이 없다고 말하고 있다.[33]"

또한 실리콘밸리의 엘리트들과 테크 억만장자가 세포 재생 기술로 '영생'에 도전하며 알토스 랩Altos Labs에 투자하는 움직임에 대해서도, 길리아드는 유쾌하게 꼬집었다.

> 이건 마치 전형적인 사악한 SF 악당의 체크리스트 같잖아.
> - 지구 멸망 유도 (체크)
> - 지구 탈출 계획 마련 (체크)
> - 식민지 개척용 영생 투자 (체크)[34]

우리가 드디어 디트로이트에서 만났을 때, 나는 길리아드가 트윗에서만큼이나 베이조스와 그의 각종 계획에 대해 열정적으로 이야기하고 싶어 한다는 사실을 알게 됐다. 그는 "자기가 파라오라고 믿는 단계까지 가야 하죠. 자기는 죽어서는 안 된다고 생각하는 거예요"라고 말했다.

길리아드는 테크 경영자 중에는 만화 《틴 타이탄Teen Titans》의 캐릭터처럼, 초능력을 얻기 위해 피로 목욕을 하는 '브라더 블러드Brother Blood' 같은 인물도 있다고 지적했다. HBO 풍자 드라마 《실리콘밸리》에서는 허구의 테크 CEO 개빈 벨슨Gavin Belson이 마치 '나치 선전 포스터' 속 모델 같은 '피를 공급하는 소년blood boy'에게서 수혈을 받는 장면이 등장하는데[35], 실제로 '병체결합parabiosis'이라는 방식의 수혈이 현실에도 존재하는 것으로 알려졌다. 피터 틸Peter Thiel은 공개적으로 이 개념과 자신을 연관시킨 대표적인 인물이다.

과학소설 악당 체크리스트 트윗. 출처: 크리스 길리아드

    이렇게 보면, 오늘날 테크 업계의 대화 중 상당수는 슈퍼히어로나 SF 서사에서 빌려온 듯한 플롯과 임박한 종말에 대비하는 이야기들로 가득하다는 사실이 새삼 놀랍게 느껴진다. 우주로 떠나는 재난 대피 계획에 집착하는 베이조스에 대해 이야기하던 길리아드는 "왜 지구를 보전하는 데 힘쓰지 않을까요?"라며 의문을 던졌다. 그리고 곧 "천문학적 부를 동시에 쌓으면서 지구까지 살릴 방법은 없으니까 그런 거겠죠? 그게 제프 베이조스라는 인물의 근본적인 모순이죠. 우리

가 처한 단계에선, 지구를 구한다는 건 거의 달에 가는 것 같은 꿈같은 일이에요"라고 덧붙였다.

혹시 당신이 나나 길리아드처럼 만화를 파고드는 사람은 아니더라도, 테크 경영자들과 만화 속 슈퍼 악당 사이에 유사점이 있다는 것에는 동의할 것이다. 더 많은 부와 권력을 향한 끝없는 욕망, 미지의 영역이나 새로운 기계에 대한 집착, 자기 행동의 부정적인 결과에 대해선 결코 책임이 없다고 믿는 태도, 자신의 적이나 비판자들에게 지나치게 설명하려 드는 모습, 그리고 긍정적인 변화를 외치면서도 실제로는 세계의 종말을 초래할 수도 있다는 허풍까지[36]—이 모든 면에서 두 부류는 놀랍도록 닮아 있다.

이런 친연성은 만화 속 상징적인 이름에서도 드러난다. 한 예로, DC 코믹스의 대표적인 슈퍼 악당 다크사이드^{Darkseid}의 고향 행성은 '아포콜립스^{Apokolips}'로 부르며, 마블 세계에는 과학과 사회적 진화론에 몰두하는 반신(半神), '아포칼립스^{Apocalypse}'라는 이름의 캐릭터도 있다.

이 외에도 길리아드의 트위터 피드를 통해 나는 감시 자본주의 분야에서 얼핏 황당해 보이지만 이미 현실이 된 수많은 기술과 제안을 접할 수 있었다. 예를 들어, 보안 카메라 역할까지 겸하는 룸바^{Roomba} 로봇 청소기[37], 게임 플레이어가 우울증을 겪고 있는지 감지하는 비디오 게임 AI[38], 사용자의 '감정 상태'를 실시간으로 분석하는 줌^{Zoom}의 AI 기능[39], 전기 충격기[40]를 장착한 소셜미디어의 카메라 드론[41], 자율주행 군용 차량[42], 미국의 법집행기관이 합법적으로 개인의 사용 내역, 위치, 문자 등 모바일 데이터에 접근할 수 있는 무수한 방법들 등이[43] 모두 그 예다.

길리아드가 "럭셔리 감시$^{luxury\ surveillance}$"라고 부르는 것은, 단지 제프 베이조스 같은 카리스마를 가진 사악한 천재들이 기술을 이용해 막대한 부를 쌓는 데 그치지 않는다. 물론 이런 일이 실제로도 벌어지고 있지만, 더 근본적으로 우려되는 것은 빅테크 기업들과, 우리 시민권을 보호하고 안전을 지켜야 할 막강한 정부 기관들 사이에 형성된 위험한 동맹이다.

어느 누구도 직접 투표로 선택하지 않은 거대한 권력들이 이렇게 뒤얽혀 있다는 사실은, 감시가 사실상 통제 불가능한 사회적 규범이 되는 시대에 우리가 그저 순응할 수밖에 없는, 일종의 현대판 자연의 힘force of nature처럼 작동할 위험이 크다. 이는 매우 심각한 일이다. 하버드대 교수이자 『감시 자본주의 시대The Age of Surveillance Capitalism』(문학사상, 2021)의 저자인 쇼샤나 주보프Shoshana Zuboff는 감시 자본주의를 "기술이 아니라 행동의 논리"라고 표현한다. 즉, "안전"이나 "보안"이라는 이름으로 몇몇 사람들의 비전이 타인의 권리를 무제한으로 침해해도 정당화되는 사고방식을 내포하고 있다는 것이다.[44]

감시의 위험성을 보여주는 증거는 화물 열차 사고의 연쇄 추돌처럼 끝도 없이 쏟아진다. 2019년 미국 국립표준기술연구소NIST의 연구에 따르면, 머그샷이나 여권 사진 등 대규모 이미지 데이터에서 특정 얼굴 인식 알고리듬이 백인 남성에 비해 아프리카계 미국인이나 아시아계 사람을 10배에서 많게는 100배 이상 더 잘못 판별하는 것으로 드러났다.[45]

또한 "흑인의 생명은 소중하다Black Lives Matter" 시위 기간 동안에는, 18억 달러 규모의 AI 스타트업 데이터마이너Dataminr와 트위터가 공식 파트너십을 맺고 수백만 건의 소셜미디어 글을 스캔하여 경찰에 정보를 전달했다. 경찰은 이 데이터를 이용해 시위 참가자들을 추적하고 감시했다.[46]

국제적으로 보면, 브라질 리우데자네이루는 지난 10년간 도시 전역에 설치된 얼굴 인식 시스템에 의존한 결과, 엉뚱한 사람을 체포하기도 했는데, 이러한 오인 체포의 80%가 흑인에게 발생했다.[47] 다른 예로, 코로나19 팬데믹 이후에는 유럽연합[EU] 회원국들이 기술 감시에 적극적으로 나서게 됐는데, 이미 유럽에서는 군산복합체가 "정치인, 언론인, 운동가, 비즈니스 리더, 그리고 평범한 시민"까지도 감시하기 위해 휴대폰을 점점 더 널리 활용해 오고 있었다고 한다.[48]

이스라엘의 사이버보안 기업인 셀레브라이트[Cellebrite]도 주목할 만하다. 이 회사는 스스로를 '수사용 디지털 정보 분야의 선두 기업'이라 소개하며, 2021년 기준으로 정부 기관과 민간단체를 상대로 약 7,000건에 이르는 계약을 체결했기 때문이다.[49] 이 고객사에는 유럽연합 27개 회원국 중 25개국의 국가경찰이 포함되어 있었다.

러시아도 예외는 아니다. 러시아 정부는 새로운 법을 통해 은행과 정부 기관이 고객의 얼굴 사진과 음성 샘플 등 생체인식 데이터를 수집·구축하도록 요구했는데, 이렇게 모인 정보는 다양한 목적으로 활용될 수 있으며, 특히 반전 시위나 반체제 운동을 억압하는 데 이용될 위험이 컸다.[50]

이 외에도 생체 인식 감시 데이터와 스파이웨어[spyware]는 탈레반이 아프가니스탄 시민들에게, 중국이 홍콩의 반독재 시위자들에게, 그리고 10여 개국이 자국민들에게 실제로 사용하고 있거나 앞으로 사용될 위험이 있었다.[51] 감시 대상에는 언론인과 인권 운동가들도 포함되어, 언론인은 정부의 추적을 받으며 주요 사안을 안전하게 취재하고 보도하는 데 어려움을 겪게 되고, 인권 운동가 역시 각종 위험에 노출되어 취약한 이들을 돕기가 점점 더 힘들어졌다.[52]

미국 정부도 감시 기술을 적극적으로 활용하며 이전에 없던 막강한 힘을 쌓아가고 있다. 도널드 트럼프 행정부가 출범한 뒤 첫 14개월 동안, 미국 이민세관집행국^{ICE}은 유죄 판결을 받지 않은 58,010명을 체포했는데, 그중엔 미국에 오랫동안 거주한 이들도 많았다.*[53] 이는 이전보다 크게 늘어난 수치이며, 이 과정에서 팔란티어^{Palantir}와 같은 기업이 개발한 테크 감시 도구들이 주요 역할을 담당했다.

이런 권력 남용은 지금도 이어지고 있다. 2020년 12월부터 2021년 11월까지 미국 연방수사국^{FBI}은 잠재적으로 300만 명 이상의 미국 거주자 데이터를 영장 없이 조회하거나 검색했으며[54], 이 글을 집필하는 시점에 미국 연방 대법원은 '로 대 웨이드$^{Roe\ v.\ Wade}$' 판결을 뒤집었고, 여성들은 소셜미디어에서 월경 추적 앱이 악용될 위험이 있다며 사용을 자제하라는 조언을 주고받게 됐다.

닉 보스트롬 역시 미래 '천국'을 보전하기 위해 선제적 감시 경찰국가를 옹호했다. 그는 기술적 초지능과 '존재론적 위험'을 강조해 온 영향력 있는 철학자로, 2장에서 그의 이론을 깊이 있게 다뤘다. 보스트롬은 2019년 발표한 "취약한 세계 가설$^{The\ Vulnerable\ World\ Hypothesis}$"에서, 문명 파괴의 "종말적" 위험을 피하기 위해 인류는 '지극히 잘 발달된 예방적 경찰력'의 구축을 고려해야 하며, 모두가 "여러 방향의 카메라와 마이크가 달린 첨단 기기[55]"를 목에 두르는 것도 필요할 수 있다고 주장했다.

현재 미국의 대형 테크 기업들은 대체로, 예컨대 낙태를 원하는 여성에 대한 정보를 법 집행 기관이 요구할 경우 어떻게 대응할 것인지

---

* 각주 53에 적혀있는 TRAC은 "거래 기록 접근 정보 센터"라는 뜻의 "Transactional Records Access Clearinghouse"의 준말로, 시라큐스 대학에 있는 비영리 연구 기관이다. – 옮긴이

에 대해 명확하게 밝히기를 거부하고 있다. 하지만 반감시 운동가인 알버트 폭스 칸Albert Fox Cahn에 따르면, 그런 여성들을 추적·구금하는 데 필요한 기술은 이미 모두 갖춰진 상태다.

실제로 2022년 여름, 나는 칸이 뉴욕의 입법자들과 함께 지오펜싱geofencing 영장의 위험성을 주제로 토론하는 자리에 참여했다. 지오펜싱 영장은 경찰 등 정부 기관이 휴대전화 위치 데이터를 활용해 특정 시간에 특정 장소 근처에 있었던 모든 사람을 찾아낼 수 있도록 허용하는 영장이다. 이때 특정 대상은, 로 대 웨이드 판결 폐지 이후 불법 낙태 시술자로 알려진 인물이 될 수도 있다. 즉, 법적으로 허용되는 상황에서 의욕적인 경찰이라면, 누가 비밀스러운 아파트에서 철사 옷걸이로 낙태를 시도했는지 정확히 밝혀낼 수 있다는 의미다.

이런 감시 기술은 도널드 트럼프가 소셜미디어를 통해 퍼뜨린 허위 정보와, 이를 뒷받침한 연방 대법원의 합작으로, 21세기 디스토피아를 한층 더 암울하게 만들고 있다.

칸은 모임 중 이렇게 말했다. "우리는 (지오펜싱 감시에 대해) 상당히 미묘한 입장을 가지고 있습니다. 우리의 입장은, 인류에게 위협이 되기 때문에 이를 금지해야 한다는 것입니다."

하지만 실제로 금지가 이뤄질 수 있을지는 미지수다.

이 문단을 쓰고 있던 중, 나는 트위터 알림을 확인하다 「바이스Vice」의 새로운 보도를 보게 됐다. 미군이 '오규리Augury'라는 새로운 대규모 감시 도구에 접근하기 위해 수백만 달러를 투입했다는 기사였다. 오규리란 말에는 미래를 점치는 고대의 영적 관행에서 유래된 '전조'와 '예언'의 이미지가 담겨 있으며, 사이버보안 회사인 팀 컴리Team Cymru가 개발했다. 이 도구는 정부와 군이 일반 사용자들의 웹 브라우징과 이메일 데이터를 비롯한 "인터넷에서 벌어지는 거의 모든 활동"을 들여다볼 수 있다.[56] 이를 두고 한 사이버보안 전문가는 「바이스」 기자에게 이렇게 말했다.

"그건 사실상 다 들여다볼 수 있다는 뜻입니다. 전기의 냄새만 빼고요.[57]"

신학적이고 개인적인 종말

나의 조부모와 어머니는 감시와 염탐이 일상이던 정권 아래에서 가족과 친구들이 억압받고 목숨을 잃는 현실을 피해 망명길에 올랐다. 그러나 나는 그런 두려움에서 한 걸음 떨어져, 내 성장기의 첫 10여 년을 디지털 세상에서 아무런 걱정 없이 자유롭게 보낼 수 있었다. "나는 숨길 게 아무것도 없어"라고 스스로 되뇌었던 기억이 아직 선명하다. 하버드 대학의 감시 연구자인 쇼샤나 주보프가 지적한, '감시 사회를 조용히 확장시키는 데 기여하는 대표적인 태도'를 취했던 것이다.

돌이켜보면, 나는 스스로를 마치 어떤 나쁜 일도 일어나지 않는 위치에 있는 존재, 다시 말해 미국의 백인 남성이라는 이유만으로 세상의 위험에서 한발 비켜서 있다고 믿었다. 따라서 '나는 범죄를 저지르지 않으니, 감시받더라도 걱정할 필요가 없다'라는 논리가 내 안에 자연스럽게 자리 잡았다. 그러나 주보프 교수는, 감시의 문제는 단지 한 개인이 언제 어느 정권에서 법을 어기게 될지에 관한 것이 아니라, 훨씬 더 근본적이고 심각한 위협을 내포하고 있다고 강조했다.

산업 문명이 자연을 희생시키며 번영을 이뤘고, 그 결과 오늘날 우리는 지구 자체를 잃을 위기에 처해 있다. 이와 마찬가지로, 정보 문명 역시 감시 자본주의의 영향 아래 형성되었으며, 그 도구적 권력은 인간 본성을 대가로 성장해 우리의 인간성마저 위협하게 될 것이다.[58]

주보프의 연구는 감시를 주제로 한 연구와 비평의 넓은 태피스트리 속 한 부분을 이룬다. 시몬 브라운 Simone Browne 은 2015년 저서 『Dark Matters: On the Surveillance of Blackness(어두운 문제들: 흑인성의 감시에 관하여)』(Duke Univ Pr, 2015)에서, 감시와 흑인 차별주의 사이의 중요한 관계를 조명하는데, 그녀는 미국과 서구 권력이 감시 체계에 이토록 큰 에너지를 쏟아온 주요한 이유 중 하나로 '인종' 요소가 크게 간과돼 왔다고 지적하면서[59], "흑인성의 존재론적 조건에 대한 이해는 감시에 대한 일반 이론을 발전시키는 데 필수적[60]"이라고 주장했다.

브라운의 작업은 감시 연구를 대서양 노예무역과 그 이후의 역사적 맥락과 연결 짓는 것에서 시작한다. 예를 들어, 인종 차별적 목적 아래 반복적으로 시행되어 온 감시 형태인 생체 인식도 현대에 갑자기 등장한 기술이 아니며[61], 최초의 인종 차별적 생체 인식은 '노예 신원을 추적하기 위해 노예의 몸에 달군 쇠로 낙인을 찍었던 노예무역의 핵심적 관행에서 비롯되었다[62]'고 한다.

다음 장에서 살펴보겠지만, 현대 감시 기술에 맞서 저항하는 많은 운동가와 단체가 있다. 브라운, 길리아드, 그리고 알버트 폭스 칸이 이끄는 S.T.O.P.* 외에도, 버지니아 유뱅크스 Virginia Eubanks 같은 작가 등이 그 예이다. 학자이자 언론인인 유뱅크스는 처음에는 소외된 사람들이 어떻게 하면 현대 기술에 더 잘 접근할 수 있을지 고민했으나[63],

---

* "Surveillance Technology Oversight Project"(감시 기술 감독 프로젝트, 약칭 S.T.O.P.)는 뉴욕에 기반을 둔 개인정보 보호 및 시민 자유 단체. 이 단체는 정부와 기업의 감시 기술 사용을 폭로하고, 그 문제점을 알리며, 이에 대한 시민적 논의를 촉진하는 데 주력하고 있다. — 옮긴이

곧 질문의 방향이 잘못되었음을 깨닫게 되었다.

실제로 그녀는 "기술은 이미 그들의 삶에 깊숙이 스며들어 있다. 문제는 그 상호작용이 매우 끔찍하다는 점이다. 착취적이고, 더 취약하다고 느끼게 만들 뿐 아니라 가족과 이웃에게도 위험이 된다"라고 말했다.64

한편, 이와 관련된 다른 논의로는 '테러와의 전쟁'이라는 명분 아래 무슬림, 아랍계, 그리고 기타 이민 공동체를 대상으로 한 감시가 대표적이다.65 이러한 감시의 뿌리는 시민권 운동 시기, 마르틴 루터 킹 주니어와 같은 흑인 지도자들을 염탐했던 FBI의 활동에 닿아 있다.66

이 장에서 다룬 주제보다 더 깊이 있는 감시 시스템에 관심 있는 독자라면, 주보프 교수의 저서와 함께 앞서 언급한 책들도 꼭 읽어볼 것을 권한다. 내가 이 자리에서 다시 주보프 교수를 언급하는 이유는 그녀가 감시 자체를 일종의 신학적 주제로 바라본다는 점 때문이다. 『감시 자본주의 시대』에서 주보프 교수는 감시 기술에 대한 우려를 종교적인 언어로 명확하게 드러낸다. 예를 들어, 구글의 컴퓨터 전문가 집단을 "협소한 사제직narrow priesthood"에 비유하거나, 모든 곳에 설치된 카메라와 데이터 센터를 통해 "디지털의 전지성digital omniscience"을 이루려는 시도를 지적하고, 유비쿼터스 컴퓨팅을 "전도사proselytizer"에, 모든 것이 궁극적으로 디지털로 연결된다는 믿음을 "신조article of faith"에, 그러한 연결의 필연성을 주장하는 이들은 "복음전도사evangelist"에 빗대어 설명한다.67

나는 불평등한 세상에서 특별한 지위나 평균 이상의 자원을 가질 자격이 있다고 믿으며 성장했다. 하지만 모든 것을 잃게 될까 두려워하는 입장에서는 감시가 여러 잠재적인 부작용이 있음에도 불구하고 더 많은 문제를 해결할 수 있으리라고 생각하는 점이 이해가 됐다. 자신이 가진 것 외에 본질적인 가치를 상상하지 못하는 사람이라면, 감시는 그 소유물을 보호하는 합리적인 방법처럼 여겨질 수 있다. 게다가, 어떤 소유물은 그 자체로 소중할 뿐만 아니라 매우 취약하기도 하기에 보호할 필요가 있다고 생각할 수 있다.

하지만 나는 보다 낙관적인 비전을 지향한다. 또한, 사람을 더 안전하고 윤리적인 존재로 만드는 가장 좋은 방법은 단순한 통제가 아니라, 그들의 다양한 필요를 충족시키면서 관대하게 계몽하는 것임을 믿는다.

※

내가 처음으로 종말론적 이야기에 매료되기 시작한 때가 언제였는지는 정확히 떠오르지 않는다. 나는 늘 종말 이후의 세계를 다룬 영화를 보다가 잠이 들곤 했고, 아내는 그런 내 습관을 조금 이상하게 여겼다. 아마도 이런 이야기에 본능적으로 편안함을 느끼는 내 성향은, 내가 태어나기도 전에 이미 형성되어 있었던 듯하다.

내 조부모들은 나치 수용소에 갇히지는 않았지만, 그 운명을 피해 탈출해야 했다. 그리고 이런 고된 여정은 여러 세대에 걸쳐 깊은 흔적을 남겼다. 어머니 쪽 조부인 맥스는 동유럽에서 탈출해 쿠바에 도착했으며, 대가족 대부분은 19세기와 20세기 초반 유대인 박해를 피해 살아남았지만, 1918년 인플루엔자 팬데믹으로 목숨을 잃었다. (우리는 그들의 출신지를 러시아나 폴란드라고 부르기보다 '동유럽'이라고 말한다. 그 지역은 너무도 자주 국경이 바뀌어, 국경의 의미 자체가 퇴색했기 때문이다.)

맥스는 한 명의 형제를 제외하고는 가족 중 유일하게 살아남아, 폴란드계 유대인인 나의 조모 아이린Irene을 만나 결혼했다. 아이린의 가족 역시 대부분 무사히 쿠바로 이주했다. 그들은 두 딸을 두었는데, 큰딸인 노마Norma는 제2차 세계대전 중에, 어머니인 주디Judy는 전후 베이비붐 시기에 태어났다. 두 자매는 쿠바 중부의 소도시 마탄자스Matanzas에서 스페인어를 배우며 자랐고, 가족은 2층 아파트 1층에 도자기 인형과 각종 어린이 장난감을 파는 작은 가게를 운영하며 소박한 삶을 꾸렸다. 그들은 노마와 주디를 가톨릭 학교에 보내 교육을 받게 했다.

그런데 맥스와 아이린이 자신의 언어와 대륙, 그리고 익숙했던 모든 것에서 탈출한 지 불과 20년도 채 지나지 않아, 쿠바 혁명이 일어났다. 이후 공산주의 군부가 정권을 장악하면서, 두 사람이 힘들게 일궈온 상점 같은 소규모 비즈니스는 언제든지 압류될 수 있는 위기에 놓였다. 또한 카스트로 정권이 소비에트연방USSR과 손을 잡으면서, 세계적인 갈등이 또다시 고조되기 시작했다.

바로 그 시기, 열세 살이었던 내 어머니는 가족 중 유일하게 '페드로 판 작전Operación Pedro Pan'이라는 프로그램을 통해 쿠바를 떠날 자격이 주어졌다는 연락을 받았다. 단 이틀 전에 받은 이 작전의 이름은 1950년대 디즈니 영화에 등장하는, 늙지 않는 소년의 이름에서 따온 것이었다. 이 프로그램 덕분에 어머니는 1만 4천 명의 다른 어린이들과 함께 은밀하게 미국으로 탈출할 수 있었다. 그러나 미국에 도착했을 때, 그녀는 영어를 전혀 몰랐으며, 쓸모없는 두 벌의 실크 드레스만을 갖고 있었다.

그 후 2년간, 어머니는 중산층 미국 가정들을 전전하며 위탁아로 지냈다. 그 사이 그녀의 부모님과 언니는 미국 이민 정책에 맞춰 재회를 시도하며 길고 힘든 대기 기간을 견뎌야 했다. 그리고 마침내 가족이 다시 만날 무렵, 쿠바 미사일 위기로 인해 온 세계가 문명의 파괴 위기에 직면하게 되었다.

결국 나의 조부모는 미국에 정착해 어머니와 다시 만날 수 있었다. 어머니는 힘든 십 대 시절을 이겨내고 대학을 졸업했으며, 히피hippie가 되어 뉴욕시로 이주했다. 그리고 그곳에서 열한 살 연상이자 두 번이나 결혼했던 미국 유대인인 아버지를 만났다. 동유럽의 작은 유대인 마을, 즉 슈테틀shtetl에서 브롱크스까지 이어진 반세기 가족의 이주사에서, 아버지는 어머니보다 더 많은 아동기 트라우마를 지니고 있었다.

그리고 나는 1977년, 미국에서 금발의 백인 소년으로 태어났다. 내가 자란 뉴욕 퀸즈Queens 지역에서는 나와 비슷한 외모의 아이가 드물었고, 내 초등학교 친구들 대부분은 난민이거나 유색인종이거나, 혹은 둘 다였다.

내가 알고 있었던 이 가족사는 당시에는 너무 먼 이야기처럼 느껴졌다. 하지만 지금 와서 생각해 보면, 나치의 죽음의 수용소와 두 개의 원자폭탄은 영화 《백투더퓨처Back to the Future》가 과거처럼 그리 멀지 않은 시간의 너머에 자리잡고 있는 것을 보여주었다.

나는 그 시절 이런 배경을 온전히 이해할 수는 없었으나, 내 유년기는 도피와 유전된 두려움의 잔해 속에서 이어지고 있었다. 그럼에도 불구하고 한 가지는 분명히 알고 있었다. 나는 또래들보다 훨씬 더 안전하고 수월한 환경에서 자랄 수 있었다는 사실이다.

내가 아내와 함께 살게 됐을 때 종종 이야기하곤 했던 것처럼, 나는 재난을 다루는 이야기에서 위안을 느낀다. 그 서사가 유혈이 낭자하고, 냉혹한 현실일수록 오히려 내게는 더 큰 안도감이 찾아온다. 실제로 나는 오랫동안 불안과 우울을 반복해 겪어 왔다. 무언가를 충분히 이루지 못할 수도, 충분히 보지 못하고 경험하지 못할 수도, 사랑하지 못하거나 사랑받지 못할 수도 있는 두려움이 늘 마음 한켠에 자리했었다.

그러나 수차례 심리 치료와 여러 인생의 경험을 통해, 나는 그런 불안을 좀 더 객관적으로 바라보고, 내가 상상할 수 있는 것보다 세상이 더 나빠질 경우는 거의 없다는 사실에 집중하며 살아가게 되었다. 그 덕분에 현재의 삶에 감사하고, 생각보다 덜 나쁜 현실을 인정하며 사는 법을 배워가고 있다. 물론 지금도 스스로를 잘 살피지 않으면, 다시 부정적인 생각에 잠식되는 순간으로 되돌아갈 수 있다는 걸 잘 알고 있다.

비록 내가 직접 그런 상황을 겪어본 적 없어도 종말론적 이야기에 위로를 받는 이유는, 이전 세대가 몸으로 기억해 온 인간 경험의 근본적인 진실이 그 속에 담겨 있기 때문이다. '현실은 언제든 더 나빠질 수 있다'라는 사실은, 우리가 당연하게 여기는 현상 유지 status quo가 실제로는 그다지 나쁘지 않을 수 있다는 점을 일깨우며, 잠시 멈춰서 지금의 가치를 다시금 생각하게 만든다.

나는 자라면서, 나 자신이나 내가 아끼는 사람들, 또는 세상의 많은 이에게 언제든 현실이 심각하게 나빠질 수 있다는 사실을, 무의식적으로는 이해하고 있었다. 평생을 두고, 실제로 최악의 상황이 벌어질 가능성은 거의 없다는 걸 알면서도, 나는 늘 비극적 사태에 대비하는 마음을 품고 살아왔다. 동시에 이런 재난을 예감하는 성향은, 나뿐 아니라 내가 사랑하는 이들, 어쩌면 앞으로 사랑하게 될 사람들에게도 큰 초조함과 불안을 안겨주었다.

종말적 위험에 대비하느라 늘 마음이 바쁘다 보면, 가까이 있는 사람에게 다정하게 고개를 들고 말을 건네는 여유조차 없게 될 수 있다. 하지만 나는 그런 나를 완전히 떨쳐낼 수도 없고, 떨쳐낼 생각도 없다.

불균등하게

크리스 길리아드의 우상이자 영감의 원천은 짐 스탈린Jim Starlin이다. 그는 나와 처음 만났을 때에도 그와 관련된 이야기를 열정적으로 했었다. 스탈린은 1949년 디트로이트의 가톨릭 가정에서 태어나, 베트남 전쟁 당시 미 해군 소속 항공 사진가로 복무했다. 그는 전쟁 중 틈틈이 만화를 그려 출판사에 보냈고, 1970년대에는 DC코믹스(배트맨, 리전 오브 슈퍼히어로즈)와 마블 코믹스 양쪽에서 두각을 나타내며, 어벤저스 같은 캐릭터들의 역사에서 손꼽히는 이야기꾼으로 명성을 떨쳤다.

스탈린이 창조하거나 다듬은 여러 캐릭터는 현재 디즈니가 인수한 마블 코믹스를 바탕으로 한 영화나 TV 시리즈에 등장하며 엄청난 수익을 올리고 있다. 그의 만화는 내 어린 시절에도 깊은 인상을 남겼는데, 우리가 그런 주제에 공통의 관심사가 있다는 사실을 깨달은 뒤, 나는 스탈린에게 연락했고, 디트로이트를 방문했을 때 길리아드와 함께 그를 인터뷰하기로 했다. 우리는 먼저 포드 모델 T 공장을 둘러보고, 한 야외 카페에 앉아 모카를 마시며 인터뷰 질문을 준비했다.

대화 중에 길리아드는 짐 스탈린의 1982년작 《드레드스타Dreadstar》 시리즈의 한 에피소드를 기억하며 내게 들려주었다. 1980년대에 스탈린은 재정과 창작의 독립성을 얻기 위해 드레드스타라는 캐릭터를 만들었고, 자신의 디트로이트와 그 밖의 다양한 경험을 바탕으로 여러 인물이 살아가는 세계를 펼쳐냈다.

이야기 속에서 우리 은하계Milky Way Galaxy의 유일한 생존자인 드레드스타와 그의 우주 전사들은 '도구성의 교회Church of the Instrumentality', 줄여서 '처치Church'라고 불리는 악당의 끈질긴 추격을 받는다. 한 번은 우주선이 고장 나고 델파이 박사Dr. Delphi가 수리를 시도하는 사이, 이들은 방사능에 노출된 채 차원 사이를 헤매게 된다…. 처치가 완전히 패배할 때까지 말이다.

사실 나는 이야기 전개를 더 들어볼 수도 있었지만 그러지 않았다. 내 관심이 조금 다른 데로 향했기 때문이다. 나는 길리아드에게 질문을 던졌다. 기술적 미래에 관한 은하 간 이야기에서 악당들이 처치라고 불리는 데 대해 어떻게 생각하느냐고.

길리아드는 아이처럼 낄낄거리며, 느릿한 박수를 치는 특유의 웃음으로 답했다. 이틀 동안의 만남과 이어진 대화에서 여러 번 들었던, 이제는 제법 익숙해진 웃음이었다. 그는 그 만화를 읽은 지 최소 25년은 됐기 때문에 세부 내용은 잘 기억나지 않는다고 했다. 그동안 세상도 변했고, 자신도 많이 달라졌다는 말도 덧붙였다.

이후 재미있게도 그는, 최근까지도 처치와 맞서는 또 다른 주요 세력인 '모나키Monarchy(군주제)'가 사이보그 캐릭터나 순간 이동 장치 같은 테크놀로지를 상징하는 집단이라는 점에 대해 깊이 생각해 본 적이 없었다고 털어놓았다. 드레드스타의 주인공들은 주로 신비주의mysticism를 대표하는 처치와 싸우는 과정에서 테크의 상징인 모나키와 불편한 동맹을 맺으며 기술을 사용하기 때문이다.

여기서 인상적이었던 것은, 40여 년 전 스탈린 같은 작가가 기술의 도덕적 책임성을 신비주의나 종교와 같은 기관들과 동등하게 놓고 문제를 제기했다는 사실이었다.

이어서 우리는 몸에 착 달라붙는 타이츠와 망토를 입은 캐릭터들이 어떤 동기에서 비롯됐는지, 만화광다운 열정으로 토론을 이어갔다. 특히 스탈린이 창조한 대표적 악당인 타노스^{Thanos}가 디즈니/마블 영화에서 어떻게 그의 본래 의도와 다르게 해석되고 있는지도 이야기했다.

스탈린이 설정한 타노스는 저승사자의 여성 버전인 데스^{Death}와 사랑에 빠진 존재로, 마블 코믹스의 다중우주^{multiverse}에서 필멸성을 상징하는 인물이다. 타노스가 "대량 학살 캠페인"을 벌인 이유 역시 데스의 관심을 끌고 그녀와 사랑하기 위한 것이었다고, 길리아드는 내게 다시 상기시켰다.

이처럼 낭만적 사랑이라는 명분으로 학살을 저지르는 복잡한 반영웅의 모습은, 실리콘밸리 슈퍼 악당에 대해 길리아드와 내가 고민하는 핵심 질문을 정면으로 던진다. '악당이란 무엇인가?'

아무리 반사회적이거나 위협적인 캐릭터라도, 그들에게 대중이 공감할 만한 동기가 있다면, 우리는 어디까지 책임을 묻고 잘못을 탓할 수 있는가? 그리고 우리 자신과 다르지 않은 양가적인 악에 우리는 어떤 방식으로 맞서야 하는가?

※

우리는 짐 스탈린과 줌 인터뷰를 하기 위해 길리아드의 소박한 재택 사무실로 향했다. 그의 사무실 벽 한쪽에는 만화책이 가득 든 박스들이 줄지어 놓여 있었으며, 각각 250~300권까지 들어가는 누렇게 변색된 판지 박스들은 $7\frac{1}{2} \times 10\frac{3}{4} \times 27\frac{1}{4}$ 인치 크기로, 표시는 없지만 틀림없이 그 속엔 여러 세대에 걸친 만화들도 섞여 있었을 것을 예상케 했다. 책꽂이 한구석엔 길리아드가 직접 인쇄한 스티커 뭉치가 있었고, 해골과 회로기판(십자뼈 대신)이 그려진 스티커 속 슬로건에는 "테크 기업이 상상한 모든 미래는 이전보다 더 나쁘다"라고 쓰여 있었다.

인터뷰를 시작하기 전, 길리아드는 "스탈린 작품만큼은 저보다 더 잘 아는 사람이 거의 없을 겁니다. 물론 스탈린 본인은 예외고요."라며 너스레를 떨었다. 잠시 뒤, 같은 말을 스탈린에게 하자 그는 "오케이, 당신이 더 많이 알아요."라며 웃으며 받아쳤고, 크리스는 호쾌하게 크게 웃었다.

그 순간, 만화책이 마치 성경과도 같다는 생각이 떠올랐다. 서로 몇백 마일이나 떨어진 곳에서, 서로 다른 시간에, 각기 다른 환경에서 성장했음에도 불구하고 우리는 그 상자들 속 만화책을 '공유된 경전'처럼 받아들이기 때문이다. 사실, 우리가 가장 아끼던 만화들은 한 명이 아닌 여러 저자들이 오랜 세월에 걸쳐 수많은 캐릭터, 기상천외한 능력과, 때론 불가능해 보이는 사건들을 통해 깊은 윤리적 메시지를 담아낸 드라마였다.

우리는 스탈린에게 타노스와 조커 같은 상징적인 악당들, 그리고 그의 《드레드스타》 시리즈에 등장하는 신비롭고 기술적인 반영웅들에 대해 다시 한번 곱씹어 달라고 요청했다. 그런 복합적인 악당들이 오늘날 테크 기업의 리더들과 놀라울 만큼 닮아 있다는 점에 대한 그의 생각을 들어보고 싶었기 때문이다. 스탈린이 만들어낸 이야기와, 대규모 감시 체제를 비판하는 길리아드의 작업, 그리고 나 자신의 관심사는 자연스럽게 이어지며, 우리는 그 토론 속에서 각자의 속마음을 드러냈다.

크리스에게는 이 만남이 그의 '진짜 팬심fandom'을 솔직하게 밝힐 수 있는 드문 기회였다. 그가 마음 깊이 품고 있던 존경을 가감 없이 표현하는 모습은, 평소 쉽게 볼 수 없는 그만의 진심이었다. 반면 스탈린에게는 도덕적으로 복잡하고 결함이 있는 사랑 이야기가 자신의 개인적 경험과 깊이 겹쳐 있는 듯했다. 본인이 자격이 없다고 여긴 순간에도 사랑을 찾아내고 기꺼이 붙잡으려 했던 과거처럼 말이다.

나 역시 그와 크리스 앞에서 오랜 진로의 방황을 솔직하게 털어놓았다. 20년 넘게 하버드와 MIT 같은 명문 대학에서 사목 활동을 하며 느꼈던 한계와, 이런 대학 자체가 사실 변화의 일부가 아니라 문제의 일부일 수도 있다는 우려였다. 그것은 단지 이들 대학이 방대한 예산을 가지고 있거나, 전 세계의 정복을 촉진할 만한 무기나 기기를 개발한다는 점 때문만은 아니었다. 훨씬 더 중요한 것은, 세상에서 이른바 '가장 재능 있는' 인재들이란, 선천적으로 뛰어나기보다는 더 많은 사랑과 관심, 자원, 교육을 누릴 수 있는 환경에서 자랐기 때문에 그렇게 된 경우가 대부분이라는 점이다. 그런데 그 많은 이가 인류 전체의 향상이라는 이상을 내걸지만, 결국은 각자 '노력striving'의 대부분을 자기 자신의 세계에서 돈, 편의, 인정 같은 실질적 보상으로 환원하고 만다.

우리는 "세계를 변화시킨다"라는 구호를 자주 쓰고 듣지만, 실제로 그 변화가 가져오는 혜택은 한쪽 세계에 편중되고, 그 결과 수십억 인구는 영양실조와 자원 부족, 미래에 대한 두려움과 불안 속에 내버려진다. 그리고 이런 두려움과 불안이 사람들을 분노와 변덕으로 몰고 가면, 권력층은 점점 더 감시에 의존하게 되고, 기술 중심의 사회와 정치는 끝이 보이지 않는 악순환에 빠질 위험성이 있다.

이 모든 것은 도덕적 비극이며, 선의를 품고 있으면서도, 실제로는 자주 불의와 불평등을 키우는 쪽으로 행동하는 사람들의 집단적 기원담처럼 느껴지기도 한다. 나는 스탈린과 길리아드에게 이런 체계를 떠날 필요가 있는지, 다른 사람의 희생을 기반으로 한 성공과 특권을 초능력처럼 손에 쥔 악당과는 어떻게 싸워야 하는지 물었다.

스탈린은 내 질문에 이렇게 답했다. "테크 기업을 악당이라고 말씀하시네요. 하지만 그들은 동시에 훌륭한 후원자이기도 해요. 사실 지금 내가 하는 일의 절반은 컴퓨터 덕분에 훨씬 더 쉬워졌거든요. 예전처럼 만화 그리느라 손에 묻은 페인트를 저녁마다 힘들게 닦아낼 필요가 없어요. 이제는 모든 게 디지털로 작업 되니까요.

예전의 마차 채찍은 거의 사라졌어요. 말들은 이에 감사할지 모르죠. 하지만 이제 우리는 마차보다는 자동차로 훨씬 더 많이 죽어요. 결국 중요한 건 균형이에요. 기술이든 사회든 어느 한 방향으로 지나치게 치우치지 않도록, 그 균형을 찾아야 한다고 생각합니다."

실제로 '균형'이라는 비유는 도덕적이거나 깊이 있는 영적인 질문 앞에서는 충분하지 않게 느껴진다. 이에 확실한 해답을 갈구하는 순간, "이것도 조금, 저것도 조금"이라는 대응에서 본능적으로 아쉬움과 실망을 느끼고, 훨씬 더 선명하고 단호한 답변을 바란다.

하지만 인간의 역사에서 가장 위대한 세속적 성취로 평가받는 민주주의조차 바로 그 균형의 이미지를 상징으로 삼아왔다. 민주주의란 인간적인 판단과 공감의 원칙을 토대로 입안되고 승인된 법률의 지배를 말하며, 수 세기 동안 정의의 여신이 저울을 들고 있는 모습으로 그려져 왔다. 고대 로마 시절부터, 그리스의 디케Dike를 본떠 만들어진 유스티티아Justitia는 한 손에 칼을, 다른 한 손에 저울을 들고 가운을 입은 모습으로 그려졌으며, 이는 진실과 선을 판단하는 한 방식으로 항상 양쪽 이야기를 저울질한다는 의미를 가지고 있다.

시간이 흘러, 1500년대 이후로는 유스티티아가 눈을 가린 채 칼, 갑옷, 저울을 동시에 들고 있는 모습이 표준이 되었다. 이런 상징적 디테일은, 강인하면서 기품 있는 여성 캐릭터들이 남성 영웅들과 복잡하게 얽혀 있는 짐 스탈린의 만화 속 장면들과도 묘하게 어울린다.

존재한다는 것은 본질적으로 복잡하다. 의미 있는 삶을 살거나 선한 사회를 만들고자 할 때 우리는 반드시 불확실성과, 사랑과 두려움이 얽혀 만드는 고통스러운 갈등을 마주쳐야 한다. 어떤 변화도 결코 쉽게 오지 않는다. 스탈린이 만들어낸 영웅 드레드스타조차—그 자신을 닮은 인물—이와 같은 복잡한 진실을 담고 있다. 사이버펑크 영화의 고전인 《블레이드 러너Blade Runner》에서 해리슨 포드Harrison Ford가 연기한 캐릭터처럼(스포일러를 감안해야 하지만), 드레드스타 역시 궁극적으로 명확하게 악당이라 할 수는 없지만, 완전히 무죄하다고도 할 수 없는 존재다. 생각해 보면, 그런 복합적 특성이 바로 나 자신이기도 하고, 이 책을 읽는 많은 사람에게도 해당될 것이다.

이 주제로 한참 이야기를 나누던 중, 스탈린은 조용히 이렇게 말했다. "나이가 들수록 사람이나 사물에 좋다, 나쁘다 선을 긋는 일이 점점 더 어려워져요." 그리고 잠시 머뭇거리던 그는 길리아드에게 물었다. "당신은 지금 하는 일을 좋아하시나요?"

나의 새 친구가 된 길리아드는, 자신이 오랫동안 존경해 온 스탈린에게 이렇게 답했다. "저는 나쁜 사람들과 감시 기술이 불러오는 해악에 대해 분노하고 미워하는 데 집중하고 있어요. 사랑보다는 그런 것들에 더 강하게 자극을 받죠."

이 답변은 젊은 흑인 예술가이자 지식인으로서 길리아드의 시각이 어디서 비롯되었는지를 잘 보여준다. 어쩌면 이 관점은 스탈린이 그려온 영웅주의의 전통을 뛰어넘는 지점일지 모른다. 우리는 우리의 작업을 언젠가 좋아하지 않게 될 수 있고, 또 망토를 두른 슈퍼히어로식의 궁극적 정의에 도달하지 못할 수 있다. 하지만 그렇다고 해서 우리가 곧바로 반영웅이 되는 것은 아니다.

더 중요한 것은, 우리 각자가 일상적이고 개인적인 도덕적 흠결을 두려워하기보다는, 제어할 수 없는 시스템이 만들고 있는 집단적 고통에 눈을 돌리고, 그 피해에 실제적이고 의미 있는 방식으로 맞서려 애쓰는 것이다. 이것이 바로 @하이퍼비지블@Hypervisible의 작업에서 내가 발견하는 연구와 집필, 스토리텔링의 급진적 비전이다.

나 역시 언젠가 그 기준에 닿을 수 있기를 바란다.

젭 라일리가 그린 크리스 길리아드의 초상화. 출처: 크리스 길리아드

길리아드와 나눈 이 주제를 한 줄의 통찰로 정리하자면 "하이퍼비지블의 법칙"이 될 것이다.

슈퍼히어로란 존재는 드물 뿐 아니라, 실제로 발견하더라도 그 존재 자체가 복잡하게 얽혀 있다. 그에 비해 초능력을 지녔다고 할 만한 악당들은, 그들이 남기는 엄청난 파괴 때문에 오히려 지나치게 현실적으로 느껴진다. 실제로 테크 분야의 '슈퍼 악당'들은 그리 대단하게 훌륭하지도, 특별히 독창적이지도 않다고 길리아드는 강조했다. 그들이 가진, 이른바 '초능력'이란 결국 "헤아릴 수 없는 탐욕immeasurable greed68"뿐이다.

한 예로, 영화 《매드맥스: 분노의 도로Mad Max: Fury Road》는 "누가 세계를 멸망시켰는가?"라는 질문과 그에 대한 답을 한다. 영화에서 말하고자 하는 바는 죄책감이 사회 전체에 만연해 있다는 점이며, 그것은 치명적인 유해 남성성의 여러 변종이 인류를 옥죄고 파괴하는 방식으로 구체화된다는 것이다. 내 친구 에릭도 "이 영화의 경고가 갈수록 더 실감 난다"라고 말하곤 했다.

이처럼 인류에 반하는 범죄의 도덕성이나 법적 책임을 누구에게 물을지는 언제나 쉽지 않다. 그런 범죄들은 시간과 장소를 가로지르며 서로 얽힌 복잡한 작용과 반작용의 사슬 속에 자리하기 때문이다. 총기 제조사, 폭탄을 만드는 기업, 엘리트 교육 시스템, 그리고 자신이 상대적으로 안전했음을 곁에서 느끼며 살아온 특권층 시민들까지, 수많은 주체와 시스템이 맞물려 있다.

그러면 우리는 누구에게 책임을 물어야 할까?

아직 실제로 일어나지 않은 테크 기반의 최악의 종말론적 사건에 대해, "가능성"에 머무르고 있다고 가정해 보자(이 자체도 상당한 가정이긴

하지만). 그렇다면 이제 질문은 "누가 세계를 멸망시킬 것인가"를 넘어, "누가 세계를 멸망시키려 시도하고 있는가"로 확장된다. 그리고 그 대답은 사실상 "아무도 아니다"가 된다. 적어도, 나는 테크 업계의 영향력 있는 리더 중 누구도 세계를 망치려는 악의를 품고 의도적, 고의적으로 행동한다고 단언할 만한 증거를 찾지 못했다. 세상이 그저 단순하게 흘러간다면, 책임자를 붙잡으면 우리 모두의 고통과 투쟁도 끝나겠지만, 현실은 훨씬 더 복잡하게 교차되어 있다.

그럼에도 불구하고, 살의가 없다는 사실이 결백을 의미하지는 않는다. 설령 테크 신앙의 예언자나 반신들이 직접적으로 살인자가 아니거나 앞으로도 그런 일이 없을지라도, 그보다 덜 노골적인 방식으로도 수많은 사람의 삶을 파괴하는 일에 연루되거나 위험을 낳을 가능성은 충분하다. 테크업계에서 널리 퍼진 신념과 행동들 또한, 악의적 계획 때문이 아니라 오히려 지혜와 겸손, 양심의 결여에서 비롯되어 대량 학살에 준하는 위험을 초래할 수도 있다.

만약 우리가 치명적인 테크 종말을 실제로 경험하게 되거나, 이미 진행 중이라면, 이와 관련된 범죄는 살의 없는 과실치사manslaughter에 가까울 것이다. 하지만 과실치사는 자의든 타의든 결코 가벼운 범죄가 아니다. 실제 미국 법체계에서도 과실치사는 수십 년의 중형으로 다스려지며, 무고한 생명을 잃게 만들 뿐 아니라, 그런 일을 전혀 의도하지 않았던 이들조차 자유를 잃게하는 비극이다.

우리는 이런 현실 앞에서 죽음이 늘 우리 가까이에 있다는 사실을 담담하면서도 씁쓸한 마음으로 받아들인다. 많은 비극은 부주의한 실수나 순간의 분노, 혹은 무심함에서 비롯된다. 그래서 사회 전체가 모든 가능성에 대비하며, 때로는 불편을 감수해서라도 그러한 비극적 사고를 줄이려 한다. 안전벨트와 에어백이 필수가 되고, 제한 속도를 엄격히 지키며, 교통경찰이 단속하고, 음주 운전이나 운전 중 휴대전화 사용이 법으로 금지되는 것도 같은 이유에서다. 1인 좌석과 무제한으로 뻗은 자유로운 도로가 훨씬 더 짜릿하게 느껴질지 모르지만, 우리는 모두 그 위험을 너무 잘 알고 있다.

우리의 대중문화 속 신화적 세계는 칼 융$^{Carl\ Jung}$이 말한 "집단 무의식"에 대한 집단적 표상과 매우 닮아 있다. 이 안에서 우리는 대량 학살을 저지르는 등장인물이나, 극단적인 상황에서 그런 범죄를 저지를 수 있는 이들을 마주한다. 이들이 가진 비극적인 과거든, 한층 고결해 보이는 원대한 야망이든, 그런 배경은 본질적으로 그들의 행동을 면죄해 주지 못한다. 결국 우리는 이들을 '슈퍼 악당^{supervillains}'이라고 부를 수밖에 없다. 그럴 만한 이유는 분명하다.

함께 청소하기

스탈린과의 대화가 끝난 뒤, 길리아드와 나는 쌓인 에너지를 풀 겸 무언가 새로운 일을 하고 싶었다. 그는 팬데믹으로 인한 답답함과 운동 부족을 해소할 겸, 작은 헬스장으로 개조하고 있는 집 뒷마당 창고를 소개해 주었다. 창고는 먼지로 뒤덮여 있고 꽤 어수선했지만, 우리는 함께 팔을 걷어붙이고 청소를 시작했다. 바닥을 쓸고, 먼지를 털고, 물건을 정리한 뒤에는 단열재에 설치할 LED 전구 줄과 만화책 스티커 등 개조에 필요한 자재를 사러 나갔다. 지금 생각해 보면, 그 몇 시간은 지난 몇 년간 내게 있어 가장 소중하고 즐거운 시간이었다.

운이 좋은 사람은 어린 시절부터 집안일을 하거나 간단한 수리, 주변 정리를 돕는 경험을 하기 마련이다. 또한 여름 캠프에서 간이침대를 조립하거나, 대학 기숙사나 대학원생 아파트에서 함께 생활하며 평범한 일상에 힘을 보태기도 한다. 그러나 어느 순간부터, 도시적이고 고학력층이 밀집된 환경에서는 이런 육체노동이 점점 서비스 노동자들에게 맡겨지거나, 각자 고립된 환경에서 처리된다. 남성들은 대개 세탁이나 육아, 집안일 같은 일을 너무 자주 여성에게 위임하며, 혼자 해야 할 일에는 '도와달라'고 쉽게 요청하지 않는다.

제리 사인펠드Jerry Seinfeld가 1989년 《사인펠드Seinfeld》 에피소드 '남자 친구The Boyfriend'에서 보여주는 역학이 딱 그렇다. 제리가 뉴욕 메츠의 스타 키스 에르난데즈Keith Hernandez를 만나자 처음엔 설렘을 감추지 못하지만, 에르난데즈가 이사 좀 도와달라고 부탁하자 당황한다. "그건 남자들끼리의 관계에서 진짜 큰 진전"이라고 생각했기 때문이다. 신난 제리는 친구 일레인에게 이렇게 말한다. "완전히 끝까지 가는 것과 같은 거라고!" 그러면서도 제리는 이웃인 크레이머에게 이 사실을 절대 발설하지 말라고 신신당부한다.

지난 30여 년 동안 부상한 미국 테크 기업 문화의 많은 부분이 바로 이런 모습에 집약되어 있다. 남성들은 어떤 형태로든 친밀함을 표현하는 데 두려움을 느끼며, 기본적인 우정의 표시나 간단한 제스처조차 하지 않고, 그 자체를 수치스럽게 받아들인다.

과연 우리는 도대체 무엇을 그렇게 부끄러워하는 걸까? 이 질문은 《사인펠드》 에피소드에서도 은근히 언급되지만, 동성애적인 뉘앙스 때문이 아니다.

《사인펠드》와 많은 미국인이 실제로 느끼는 이 부끄러움은, 우리의 가장 가까운(그리고 가장 신경질적인) 관계를 넘어, 거의 누구에게든, 거의 어떤 것이든 필요하게 될 수도 있다는 가능성에 기인한다. 테크 산업이 이 수치심을 직접적으로 만들어낸 것은 아니지만, 수많은 테크 기업은 '연결'보다 '고립'을, 유기적인 인간관계 대신 기술을 통한 거래를 선택하게 만들고, 그로부터 수익을 내는 방식을 혁신이라는 이름으로 미화해 왔다. 실상은 이런 문화와 산업구조가 오히려 인간의 고립과 의존을 확대하고 있는 셈인데도 말이다.

우리는 만화 속 영웅이 아니기 때문에, 결코 무적이 아니다. 살아가면서 도움을 필요로 할 때가 훨씬 더 많다. 그래서 때로는 비용을 지불하면서까지 다른 사람의 손길이나 돌봄을 필요로 한다. 누군가는 우리가 모르는 것을 대신 알려주고, 지칠 때 대신 먹여주고, 독립적으로 움직이지 못할 때 운전도 해줘야 한다. 만일 그런 도움조차 사람들이 제공하지 못하게 된다면, 남는 길은 자동화, 기계화뿐이다. 그게 안 되면, 우리는 그 역할을 해줄 앱이나, 로봇이 필요하다고 느끼는 것이다.

어떤 도움도 필요 없다고 스스로를 설득하며 강인함을 증명하려는 반복적인 시도가 어쩌면 테크 종말을 앞당기는 원인일지도 모른다. 타인에게 의존하는 것을 꺼릴수록, 서로에 대한 신뢰 역시 약해지기 때문이다. 신뢰가 부족해질수록 우리는 힘과 그 힘을 갖고자 하는 욕구에 집착하게 된다. 무기와 기술은 단기적으로 힘을 주지만, 이는 결국 다른 사람을 지배하거나 통제하거나, 방어하는 데 쓰이게 되기 마련이다. 반면, 일상적인 작은 일 앞에서 얼굴을 마주하고 도움을 주고받는 경험은 그런 힘과는 다른, 더 근본적인 연결과 안도감을 준다.

그러나 테크 기업이 제공하는 기술과 무기, 감시와 힘은 결코 우리에게 만족과 충만함을 준 적이 없다.

건강한 집밥을 나누고, 내일도 이런 따뜻함이 지속되리라는 단순한 확신, 친구와 이웃을 도우며 느끼는 소소한 기쁨은 오래 남는 만족을 준다. 반대로, 새로운 명품 기기를 사거나 감시 데이터를 얻는 행위에서는 그런 꾸준한 만족을 찾기 어렵다. 사람들은 언제나 그다음 단계, 더 많은 정보, 더 강한 힘을 원하기 마련이다. 사람은 남들이 무엇을 하고, 말하고, 생각하는지 끊임없이 더 알고 싶어 한다. 그 대가가 아무리 크더라도 말이다.

너무나 큰 인간성의 회복 비용

길리아드와 나는 청소와 쇼핑을 끝내고 나서 녹색 등 프로젝트 Project Green Light를 직접 보기 위해 디트로이트 시내를 돌아다녔다. 이 프로젝트를 보는 것이 이곳에 온 주된 목적이기도 했으니 말이다. 하지만 그날 오후는 거센 폭우가 내려 어쩔 수 없이 차를 타고서 도시 곳곳을 돌아볼 수밖에 없었다. 그럼에도 불구하고 악명 높은 녹색 등은 여러 장소에서 어렵지 않게 찾아볼 수 있었다.

신호등과 비슷한 크기에 선명한 녹색 빛을 내는 전구가 건물이나 다양한 구조물에, 보호용 플라스틱 돔과 함께 설치된 모습이 눈에 띄었다. 우리는 주유소에서도 이를 봤고, 스트립 클럽이 내려다보이는 언덕, 버려진 교회, 한때 고급 맨션이었을 지역 등에서도 발견했다. 아이러니하게도, 녹색 등 자체는 특별히 볼거리가 있는 대상은 아니었다. 그런데 반복해서 비슷한 장치만을 마주치다 보니, 우리가 동일한 설치물을 순서만 달리해서 계속 보고 있다는 사실을 깨달았다.

디트로이트는 넓게 펼쳐진 도시지만, 길리아드는 "200만 명이 살아도 될 만한 땅에 실제로는 60만 명밖에 살지 않습니다."라고 말했다. 빗방울이 쏟아지는 차 안에서 우리는 매콤하고 맛있는 프라이드 치킨 샌드위치를 함께 먹으며, 그 도시의 풍경과 현실에 대해 잠시 생각에 잠겼다.

우리는 디트로이트와 같은 도시의 미래를 상상할 때, 단순히 기술 발전이나 대규모 기업 유입을 통한 재개발만이 답이 아님을 고민해야 했다. 길리아드는 테크기업과 그 직원들이 값싼 부동산과 각종 인센티브를 내세워 디트로이트로 대거 몰려드는, 이른바 '기술 기반 젠트리피케이션'에는 반대하고 있으며, 오히려 넓은 공간과 여유를 유지하며, 뉴욕이나 보스턴, 샌프란시스코에서는 상상조차 힘든 넓은 주택과 뒤뜰 헬스장, 공간적인 여유 위에 들어서는 개성 있는 카페, 벽화, 예술 시장의 풍경을 더 바라고 있다.

또한 길리아드는 디트로이트의 안전이 감시 카메라와 녹색 경광등이 아니라, 공정한 경제적 기회를 보장하는 배상^{reparations}적 재투자를 통해 실현되어야 한다고 믿고 있다. 흑인 다수가 거주하는 도시라는 디트로이트의 역사적 맥락을 고려할 때, 노예제에서 비롯된 트라우마, 도시 재개발 과정의 부당함, 인종 차별적 폭력, 백인 중산층의 '화이트 플라이트*', 그리고 약탈적 경찰 행정 등 오랜 기간 누적된 불의를 단순히 '과거 일'로 치부할 수 없기 때문이다.

하지만 안타깝게도, 그런 변화가 디트로이트에 찾아올 가능성은 낮아 보인다. 재개발이라는 유인책이 없다면(어쩌면 그 유인이 있더라도), 회복적 사법$^{\text{restorative justice}}$을 토대로 한 사회경제적 모델에서는 획기적인 수익 성장, 즉 '하키 스틱' 곡선을 기대하기 어렵기 때문이다. 이는 기회비용이 너무 클 뿐 아니라, 인간성 회복에 많은 비용이 든다는 뜻이기도 하다.

---

* 도심지의 범죄를 우려한 백인 중산층의 교외 이주를 뜻한다. – 옮긴이

다음 날 아침, 집으로 돌아가는 비행기를 타기 직전, 길리아드와 나는 앤솔로지 커피Anthology Coffee라는 카페에 들렀다. 그 카페의 카운터 뒤 넉넉한 흰 벽에는 지역 예술가들의 대형 그림과 함께 "백인의 침묵은 폭력White Silence is Violence"이라는 구호가 걸려 있었다. 또한 창밖으로 보이는 버려진 공장 옆 건물의 벽돌 전면에는 형광색 동물 도안과 함께 "기묘함 없이는 아름다움도 없다THERE IS NO BEAUTY WITHOUT STRANGENESS"라는 메시지가 정성스럽게 그려져 있었다.

길리아드와 나는 커피와 차를 마시며 잠시 조용히 앉아 있었다. 그러다 나는 이 도시를 찾은 진짜 이유이자 핵심적인 질문을 던졌다.

"우리는 테크 종말에 얼마나 가까이 있는 건가요?"

그러자 길리아드는 다시 한번 질문을 되묻듯 웃으며, "테크 종말이요?"라고 답하고는 내게 여러 현실을 상기시켰다. 페이스북을 통해 촉진된 미얀마의 인종 학살, 남쪽 국경에서 이민세관집행국ICE 요원들에 의해 두려움에 떨어야 했던 이주 난민들, 미국에서만 수십만 명의 목숨을 앗아간 예방할 수 있었던 온라인상의 코로나바이러스 거짓 정보 등….

이후 그는 디트로이트에서도 그 거짓 정보로 인해 수천 명이 목숨을 잃었다고 덧붙였다. 그리고 이렇게 결론 내렸다. "(테크는) 이미 그런 종말적 피해를 수많은 사람에게 끼치고 있습니다…. (테크 종말은) 이미 와 있어요."

이 대답을 들으며, 과학소설 작가 윌리엄 깁슨William Gibson이 남긴 유명한 말을 떠올리지 않을 수 없었다. "미래는 이미 와 있다. 다만, 고르게 분포되어 있지 않을 뿐이다."

3부

사랑하는 공동체, 그리고 종교 개혁

6장

배교자와 이단자

500여 년 전, 한 침착한 수도승이 신학적 불만을 세상에 알렸다. 그는 작은 시골 마을 출신으로, 아버지가 그 지역의 구리 정련 사업에서 성공하는 모습을 지켜보며 자랐다. 그는 원래 법률가를 꿈꿨지만, 강렬한 천둥번개를 경험한 뒤—그 경험이 직접적인 계기가 되었는지는 불확실하지만—진로를 성직자로 바꿨다. 20대 초반에는 난방도 제대로 되지 않는, 책상과 의자만 있는 소박한 방에서 공부하며 열심히 신학을 공부했다. 이후 그는 20대 후반이 되어서야 교수로 임용되어 학생들을 가르쳤는데, 그가 가르친 내용은 딱히 혁명적인 교리였던 것도 아니고, 특별한 영적 갈등에 시달린 것도 아니었다.

시간이 흘러, 1517년 가을, 마르틴 루터^{Martin Luther}가 '95개 논제'를 발표한 것은, 돈을 주고 면죄부^{letter of indulgence}를 사면 죄가 사해진다는 가톨릭 성직자의 설교에 문제의식을 느꼈기 때문이었다. 하지만 이때까지만 해도 루터는 로마 가톨릭교회와 완전히 결별할 만큼의 큰 분노나 스캔들의 중심에 있지 않았다. 실제로 그가 쓴 95개 논제의 어조는 교조적으로 단언하기보다는, 오히려 신중하게 문제를 탐구하고 질문하는 쪽[1]에 가까웠고, 공식적인 교황권과의 결별을 직접적으로 내비치지도 않았다. 그럼에도 불구하고 루터의 비판은 많은 이의 관심을 끌며 논쟁을 촉발시켰다. 이후 몇 년간 그는 점점 더 과감하게 가톨릭의 권위를 비판했고, 태도도 점차 대담해졌다.

이에 1520년, 교황 레오 10세$^{Pope\ Leo\ X}$는 루터가 저술한 41개의 문장이 "이단적이고, 물의를 일으키며, 경건한 이들을 모욕한다"라며 루터에게 신성모독적인 가르침을 철회하라는 최후통첩을 담은 교황 칙서$^{papal\ bull}$를 발표했다. 그럼에도 정작 어떤 내용이 문제인지 구체적으로 밝히지는 않았다. 이에 루터는 「적그리스도의 혐오스러운 칙서에 반박함$^{Against\ the\ Execrable\ Bull\ of\ the\ Antichrist}$」이라는 글로 응수했다. (당시 칙서를 의미한 '불^{bull}'이라는 단어에는 오늘날의 '허풍, 헛소리'라는 속어적 뉘앙스는 없었지만, 루터가 이 반박문에서 풍자적으로 그 의미를 담아낸 듯하다.) 결국 1521년 초, 교황은 루터를 공식적으로 이단자로 선포했다.

독일 비텐베르크 출신의 이 수도사는 인류 역사상 가장 강력한 권위 기관이던 가톨릭교회를 공개적으로 비난했을 뿐 아니라, 그 모든 과정을 당대 서구 미디어 기술의 혁명 한가운데서 진행했다. 이때, 중국과 한국 등지에서는 오래전부터 목판과 금속 활자 인쇄가 있었지만, 유럽에서 인쇄술이 도입된 지는 아직 100년이 채 못 되었는데, 루터는 이 새로운 미디어의 대중적 확산에 결정적인 역할을 했다. 그의 비판서들이 대중적인 인기를 끌고 더 많은 인쇄가 요구되면서, 교회는 통신 기술의 혁신 덕분에 루터의 존재는 물론이고 전례 없는 수의 유럽인들이 점점 그의 메시지에 접근한다는 사실을 더는 막을 수 없게 되었다. 따라서 종교 권력이 너무 거세서 대응이 어려운 비판에 직면했을 때 교회가 늘 해온 것처럼, 가톨릭교회는 루터를 이단자, 범법자로 선언하고, 체포해 처벌할 것을 요구했다.

생각해 보면, 세계에서 가장 널리 알려진 도덕률 중 하나인 십계명이 '질투하는 하느님'으로 시작하는 것은 결코 우연이 아니다. 제1계명은 신자에게, 다른 신을 따르거나 믿어서는 안 된다고 단호하게 명령한다. 신명기 13장에서는 이렇게 말한다. "네 어머니의 아들, 형제, 자녀, 아내, 혹은 생명을 함께 하는 친구가 몰래 다가와 '우리 조상들이 알지 못하던 다른 신을 섬기자'라고 해도, 네가 그를 따르지 말고, 듣지도 말고, 긍휼히 여기지도 말며, 숨기지도 말라. 반드시 먼저 네가 손을 대고 돌로 쳐 죽이라. 그는 이집트 종살이에서 너를 이끌어내신 하나님 여호와에게서 너를 떠나게 하려 한 자이니라.*"

이처럼 성서가 요구하는 복종의 강도는 매우 엄격하다. 혹자는 이런 방식이, 작가 살만 루시디가 1989년 이란 아야톨라의 악명 높은 파트와fatwa, 율법적 선언에 대해 "우습지 않은 발렌타인unfunny valentine"이라고 칭했던 것과 닮았다고 생각할 수 있다. 사실 마르틴 루터가 16세기 유럽에서 마주했던 현실도 크게 다르지 않았다. 오래전부터 이단자와 배교자들이 직면해 온 삶이었기 때문이다. 실제로 권력은 언제나 도전을 싫어한다.

그럼에도 1521년 독일 보름스에서 신성 로마 제국으로부터 공개적으로 책임을 추궁당했을 때, 루터는 결코 물러서지 않았다. 그는 단호했다. "양심에 반하는 행동은 위험하며 구원에 위협이 되기 때문에, 나는 아무것도 철회할 수 없고 철회하지 않을 것입니다. 나는 여기 서 있습니다. 달리 어찌할 수 없습니다. 하느님, 저를 도우소서. 아멘.2"

---

* 대한성서공회의 신명기 번역문을 사용했다. – 옮긴이

우리는 때로 그들을 이교도infidels, 야만인heathens, 회의자unbelievers 등 다양한 이름으로 부르지만, 역사를 돌이켜보면 모든 종교에는 늘 권위를 의심하고 공개적으로 질문을 던지는 사람들이 존재해 왔다. 이는 비판적 사고와 권위에 대한 의구심이 신앙만큼이나 인간 본성 깊은 곳에서 비롯된다는 점을 보여준다.

이번 장에서는 특정한 한 명의 '테크 배교자' 혹은 이단자에 초점을 맞춰 이야기를 할 것이다. 이야기는 한 인물의 시선을 따라가지만, 그와 함께 여러 동시대 인물도 등장할 것이다.

그녀의 경험과, 그와 연관된 이들의 이야기는 승산이 희박한 싸움에서 일궈낸 커다란 승리로 읽힐 수도 있다. 따라서 이는 테크 종교의 신학과 교리, 그리고 관행을 맹목적으로 받아들이길 거부하고 변화에 기여했던 용감한 비순응주의자들nonconformists의 느슨한 연대, 그 역사에 관한 이야기이기도 하다.

이런 테크 업계의 반대dissenting 세력에 관한 이야기는 비극으로 비춰질 수도 있다. 진실은 아마 그 두 극단의 사이 어딘가에 있을 것이다. 이 장에서는 바로 그 경계에서, 우리가 어디쯤 서 있는지 탐색하려 한다.

떠오르는 스타, 테크 배교자?

"사람들은 잘못을 바로잡지만, 테크는 그렇지 않습니다." 2019년, 비나 두발Veena Dubal은 내게 이렇게 말했다.

그해 두발은 테크업계에서 예상치 못한 주목을 받은 인물이었다. 기술과 노동의 관계를 연구하는 노동법 학자인 그녀는, 당시 캘리포니아대 어바인 법학과 교수로, 그녀의 긱 이코노미gig economy 윤리 연구는 「뉴욕타임스」, 「NBC 뉴스」, 「뉴욕매거진」 등 여러 언론에 다뤄졌다. 또한, 나오미 클라인 같은 세계적인 저자들과 공개 토론을 펼쳤고, 익숙한 학문적 영역을 벗어나 샌프란시스코의 얼굴 인식 기술에 대해 논평을 기고했다. 이 외에도 노동 및 고용법 분야에서의 업적으로 널리 알려져 있지는 않지만, 권위 있는 상도 수상했다.

2019년 10월 내가 두발을 만났을 때, 그녀는 인공지능의 사회적 영향을 탐구하는 뉴욕대^{NYU} 산하 AI 나우 연구소$^{AI\ Now\ Institute}$ 연례 심포지엄 무대에 막 오를 참이었다. 이후 NYU의 가장 큰 강연장 무대에서, 노동권 운동가 두 명, 사회자 메러디스 휘태커$^{Meredith\ Whittaker}$와 함께 연단에 선 두발은 이렇게 말했다. "승차 공유 서비스의 등장은 수천, 수백만 노동자들의 비인간화만 일으킨 게 아니라, 앱 기반 기술을 통해 독립 계약을 가장하는 착취적 비즈니스 모델[3]을 샌프란시스코 거리에서부터 봄베이 거리까지 전 세계로 확산시켰습니다."

두발은 긱 이코노미 기업들이 운전자들을 완전한 피고용인으로 인정하지 않으려는 다양한 전략을 논문에서 상세히 다뤘다. 그녀는 "운전자들에게 무엇을 하고 어떻게 할지 직접 지시하면 고용 관계가 성립될 수 있기 때문에, 우버와 리프트^{Lyft}는 사회과학에서 차용한 '심리적 유도$^{psychological\ inducement}$' 기법을 알고리즘에 적용해 원격으로 운전자에게 언제, 어디서, 얼마나 오래 일할지 영향을 준다[4]"라고 설명했다. 실제로 우버는 운전자의 행동을 효과적으로 조종하기 위해 수백 명의 사회과학자와 데이터 과학자를 채용하기도 했다. 우버는 사회심리학과 비디오게임 기술까지 연구해, "운전자들을 원하는 시간과 장소가 아닌 곳에서 일하도록 해왔다[5]"는 게 두발의 지적이다.

이런 수십억 달러 규모의 벤처 투자를 받는 기업들은 단순히 부적절하게 행동하거나 자사 정책을 소소하게 위반하는 수준에서 머물지 않았다. 현대 과학과 데이터, 기술을 적극적으로 악용해 노동자를 속이고, 착취하며, 비인간적으로 대우하는 데까지 이르렀다. 두발과 여러 연구자의 계산에 따르면 그 근본적 이유는, '직접 고용$^{direct\ employment}$'— 즉, 운전자들을 정규직 노동자로 인정해 공정하게 대우해야 할 때 발생하는 기업 비용이 약 3분의 1 정도 더 높아지기 때문이다.[6]

실제로 긱 회사들의 조작은 사회에 큰 변화를 일으켰다. 두발의 설명에 따르면, 이들 기업은 오랜 시간 유지되어 온 요금 규제, 차량 대수 제한, 택시 면허 같은 장치들을 거의 하루아침에 무력화시켰다. 그 결과, 2012년 당시 긱 경제의 풀타임 운전자들은 기존 택시 운전사보다 65~80% 적은 수입을 얻는 데 그쳤다.[7]

하지만 이런 강도 높은 비판도, 현실을 실제로 바꿔낼 실질적인 노력 없이는 공허할 수밖에 없다. 두발의 의견이 점차 주목을 받자, 그녀는 자신의 연구가 긱 산업의 정치적·경제적 구조를 바꾸는 데 쓰이길 바랐다. "비록 아주 작은 변화일지라도, 내 법률·역사·민족지학 연구가 노동자 신분을 둘로 쪼개는 현재의 구조를 흔들고, 더 공정하고 평등한 현대 노동운동의 새 비전을 만들어가는 데 기여했으면 한다[8]"고 그녀는 말했다.

실제로 두발은 의미 있는 변화를 이뤄내는 듯 보였다. AI 나우 심포지엄에서 그녀가, 한 달 전 캘리포니아주 의회를 통과한 'AB5[9]' 법안을 언급하며 "이런 법이 독립 계약자를 직원으로 재분류하도록 만들었고, 이는 노동운동의 큰 승리다"고 말하며 청중에게 큰 박수를 받았기 때문이다. 사회를 맡았던 메러디스 휘태커 역시 "정말 중요한 계기죠"라며 공감했다.

비나 두발

☼

　이단자heretic와 배교자apostate는 비슷해 보이지만 조금 다른 의미를 지닌다. 이단자는 교회나 종교 체계의 정통 교리와 다른 의견이나 신념을 옹호하는 사람을 일컬으며[10], 배교자는 기존의 종교 신념을 따르거나 순종하거나 인정하기를 공개적으로 거부하는 사람[11]을 뜻한다. 이론적으로 보자면, 배교는 공식적인 정통 신앙이 존재해야만 성립하지만, 이단은 이미 확립된 신념에 반대하기만 해도 성립할 수 있으므로, 기준이 낮다고 할 수 있다.

　하지만 실제로 둘 사이의 경계는 모호하며, 종교적 권위에 저항하는 태도 역시 다채롭다. 예를 들면, 한 개인이 하나 이상의 합의된 신념을 부정하면서도 자신은 여전히 무슬림이라고 생각하며 주변에서도 그렇게 인정받는 경우도 있고, 현대에 흔히 볼 수 있는 여러 집단은 공식적으로 이슬람 신앙 자체와 자신의 무슬림 정체성까지 부인하기도 한다.

하버드 대학에서 인본주의 사목을 맡았던 나는 이런 모임을 후원하거나 주최한 경험이 있다. 이때 한 그룹은 "무슬림 비슷하다(Muslimish)"라고 스스로를 부르며, 문화적·혈통적으로는 무슬림임을 인정하지만 신앙이나 교리에는 유연한 태도를 보이는 '외교적 이단자'에 가까운 모습을 보였다. 반면, "과거 무슬림(Ex-Muslim)"이라고 자신을 소개하는 또 다른 그룹은 이슬람과 관련된 모든 것으로부터 명확히 결별했다는 점을 강조했다. 그러나 두 그룹 모두를 가까이에서 지켜보면서 알게 된 점은, 이단과 배교의 구분이 실상은 흐릿하며, 구성원들의 정체성과 가치관도 서로 크게 겹친다는 사실이다.

결국, 어떤 사람은 내부에서, 또 어떤 사람은 외부에서 개혁가(또는 도전자)가 될 수도 있다. '내부자냐 외부자냐'라는 구분 역시, 어느 모임에 속하느냐에 따라 달라진다.

역사적으로 이단자와 배교자에 대한 경고에서 흥미로운 점은, 우상파괴주의가 오랜 세월에 걸쳐 존재해 왔다는 사실이다. 권력을 쥔 종교 집단이 수많은 세대를 거치며 자신들을 비판했던 사람들의 흔적을 지우려고 얼마나 노력했을지 역사 기록학(Historiography)을 통해 상상해 보면, 고대의 종교적 텍스트가 후대의 독자들에게 무엇이 되지 말아야 하는지 반복해서 경고할 때마다, 동의하지 않았던 사람들이 실제로 존재했을 뿐 아니라, 이는 아마도 상당히 중요한 인물이었음을 알려주고 있다.

솔직하게 말하면, 누군가의 관습은 다른 누군가에게는 독단이 될 수 있다. 한 전통이나 신념에 반대한 이단자는, 다른 전통에서는 배교자가 될 수도 있고, 그 반대도 마찬가지다. 그래서 이 장에서는 이 두 용어를 엄격하게 구분하지 않고 사용할 생각이다. 테크 종교가 이전 어느 세계 종교보다 더 강력해진 까닭 중 하나는, 공식적으로 거리를 둘 수 있는 형식적 장치 formalism를 의도적으로 피해왔기 때문이다.

앞 장들에서 살펴보았듯, 테크 종교도 나름의 신학과 예언, 예언자, 수사, 의식, 종말론적 악몽을 모두 갖추고 있다.[12] 일부 테크 기업 리더가 잠재된 '테크 신'을 숭배하라고 권하기도 하지만, 테크 종교에는 공식적으로 숭배를 요구하는 교회나 신은 존재하지 않는다. 이를 두고 해리 트루먼 Harry Truman은 "누가 공을 인정받는지 신경 쓰지 않으면 많은 것을 성취할 수 있다[13]"라고 했다.

이는 테크 분야에서 특히 성공적인 태도라고 본다. 기존의 전통 종교들은 자신들의 영향력에 대한 인정과 공로를 중시하는데, 이것은 진실을 부정하는 뉘앙스가 명확히 드러나지 않은 테크 복음을 부정하는 것보다 훨씬 더 어렵다. 그럼에도 테크 종교의 이단자와 배교자는 분명히 있다. 한 예로, 밀레니얼 세대 소프트웨어 엔지니어이자 위키피디아 편집자인 몰리 화이트는 크립토 회의론자로 잘 알려져 있다. 그녀는 암호화폐 커뮤니티의 무책임과 허구를 거침없이 추적해 왔으며, 화이트를 중심으로 1,500명 넘는 공학자들이 '책임 있는 핀테크 정책*을 지지하는 서한 Letter in Support of Responsible Fintech Policy'을 통해, 크립토 crypto와 웹3라는 '성당'의 문에 문제를 내걸었다.

모든 혁신이 반드시 좋은 결과만을 가져오는 것은 아니다. 만들 수 있다는 이유만으로 모든 것을 만들어야 하는 것도 아니다. 기술의 역사를 돌아보면, 수많은 막다른 길과 잘못된 시작, 그리고 잘못된 선택들이 반복되어 왔다. 우리는 지금, 암호 자산 crypto-assets이 가져올 심각한 위험으

---

* 금융을 뜻하는 파이낸셜(financial)과 기술(technology)의 합성어로, 소비자들에게 금융 서비스와 상품을 제공하는 데 기술을 사용한다는 뜻이다. - 옮긴이

로부터 투자자와 글로벌 금융 시장을 보호하기 위해 행동해야 하며, 기술적 유용성이 부족함에도 불구하고 이를 교묘하게 숨기는 기술적 난해함에 현혹되어서는 안 된다.14

이렇듯 기술의 종교를 바꾸려면, 빅테크의 매력이나 금전적 유혹에 흔들리지 않는 대담한 회의론자들의 움직임이 필요하다. 잘못된 아이디어에 순순히 따라가거나, 거짓 복음을 맹목적으로 따르거나, 고대에서 아마존까지 이어져 온 그럴듯한 구실과 선전에 현혹되지 않는 사람들이 있어야 한다.

다행히도 테크 종교에서는 이단과 배교가 드물지 않다. 학자와 언론인, 운동가와 예술가는 물론, 평범한 삶을 살다 부당하고 비인간적인 시스템에 부딪혀 목소리를 내게 된 이들까지, 빅테크—이제는 빅AI까지 포함하여—의 논리에 맞서 저항하는 다양한 움직임이 곳곳에서 일어나고 있다.

택시 운전사와 실리콘밸리의 이단

2010년대 후반으로 접어들며 우버와 리프트 같은 기업들의 각종 일탈은 사회의 이목을 끌게 됐다. 이들 기업에서 일하는 노동자들은 이제 벤처 투자의 지원을 받는 테크 플랫폼을 통해 일하는 '기술 노동자'로 간주되었고, 이는 곧 오늘날 자본주의에서 누가, 무엇이 중요한지에 대한 주류 논의와도 연결되기 시작했다.

비나 두발은 이를 두고 이렇게 설명했다. "이들은 원자화되어 있고 분산돼 있어요. 이들을 고용한 기업들은 엄청난 적자를 내면서도 기업 가치가 수십억 달러로 책정되죠. 반면 현장의 노동자들은 제대로 된 보상을 받지 못하는 상황이니, 이제야 사람들이 관심을 갖게 된 거죠."

두발은 이런 변화를 예상하지 못해서인지, 이 상황을 다소 우스꽝스럽게 느끼는 것 같았다. 불과 몇 년 전만 해도 그녀의 남편은 "당신의 연구에 누구도 관심 갖지 않을 거야. 택시 운전사는 원래 아무도 안 본다니까"라는 무심한 말을 했기 때문이다.

이 말은 2013~2014년, 두발이 자신을 '노동자의 권익 연구자'로 생각하던 시기에 나왔다. 당시 그녀는 자신의 미래에 대해 회의적이었다고 뉴욕대 인터뷰에서 털어놓았다. "택시 운전사들은 그저 승객을 A에서 B로 실어 나르는, 털 많은 이민 남성들로 여겨졌어요. 대부분의 사람은 이런 운전자들과 실질적인 관계를 맺지도 않죠. 사실 이들 역시 불안정한 노동자였는데도 말이죠."

하지만 이후 몇 년 사이 많은 변화가 일어났다. 언론과 외부 시선이 택시·긱 노동자를 주목하기 시작했고, 당사자인 노동자들 스스로 조직을 만들고 정당한 권리를 위해 싸울 가치가 있다고 자각하는 변화가 일어났기 때문이다. 두발 역시 "이런 움직임은 정말 의미가 있다"라고 강조했다.

> 구글이 임시직을 고용하고, 우버가 계약직을 뽑는 것처럼, 거대한 테크 기업들은 비슷한 비즈니스 모델을 사용하고 있어요. 그 결과, 착취를 당하는 노동자들이 크게 늘어나면서, 평소라면 서로 공통점이 없다고 생각했을 블루칼라 노동자와 화이트칼라 노동자들이 뜻밖의 동맹을 맺고 있어요. 지난 20년 동안 노동자 권익을 위해 활동하면서 이런 현상은 본 적이 없어요.

몇 달 전, 나는 테크 기업과 연계된 운전자와 긱 노동자들이 그들의 생계를 위협하고 공동체를 약화시키는 실리콘밸리의 이른바 "혁신innovation" 복음에 이단적으로 저항하는 모습을 직접 겪은 적이 있다. 그때는 2019년 여름이었고, 나는 그때까지 공동체의 지도자이자 비영리단체의 CEO로 일하다가, 두 캠퍼스의 사목chaplain을 맡으면서 동시에 「테크크런치TechCrunch」에 저널리스트로 윤리에 관한 칼럼을 쓰는 긱 노동자라는 새로운 삶을 시작한 첫해였다.

각각의 역할에는 나름대로의 빈약한 보상만 있었고, 혜택이나 미래에 대한 보장은 없었다. 그 대신 내 스케줄과, 나의 신체적·정신적 건강마저 '자유'와 '자결self-determination'이라는 이름 아래 소진될 때까지 쓰게 만드는 '유연성flexibility'만이 허락되었다. 하버드와 MIT의 사목이라는 타이틀을 보고 대부분의 사람이 내가 정규직에, 복지혜택까지 누리는 직원일 것이라 상상하지만, 실제로는 그렇지 않다. (2007년 「보스턴 글로브 매거진」에서 내 급여가 2만 달러라는 기사를 실었는데, 많은 사람이 20만 달러의 오타라고 생각했었다.)

2019년에는 우버와 리프트를 그 어느 때보다 많이 이용하며, 차량이 가득한 하버드와 MIT 사이 3km 남짓한 구간을 바쁘게 오갔다. 그리고 마침내 테크 관련 글쓰기에 전념하려고 사목에서 물러나 안식년에 들어갔다. (비영리 이사회가 매달 2천 달러를 지원해 주어, 처음으로 일과 삶의 균형work-life balance이라는 것이 어떤 의미인지 직접 경험할 수 있었던 시기였다.)

이후 나는 우버와 리프트 운전자 그룹이 남부 캘리포니아에서 샌프란시스코, 그리고 주도인 새크라멘토까지 캐러밴을 형성해 이동하며 시위를 벌인다는 소식을 듣고 취재를 떠났다. 이때 200명 이상의 운전자가 75대가 넘는 승용차에 나눠 타고, 캘리포니아 주 의회 법안 5(AB5) 통과와 운전자 조합 결성을 지지하기 위해 남쪽에서 북쪽으로 행진할 계획이었다. 그 과정에서 더 많은 운전자가 함께 하기로 되어 있었고, AB5가 통과되면 캘리포니아 내 기업들은 기존처럼 노동자를 직원 대신 독립 계약자로 분류하는 편법을 쓰기 어려워질 전망이었다.

여기서 AB5가 거의 확실하게 상원을 통과할 분위기였기에, 이번 시위는 테크 업계 역사에서 하나의 중요한 분기점으로 여겨졌다. 당시는 우버와 리프트가 AB5 법안을 저지하기 위해 로비를 강화하고, 지급 요율을 낮추고, 운전자들에게 더욱 불공정한 대우를 하던 시점이었다. 이 가운데 운전자들은 21세기 노동 운동의 새로운 방식을 전면에 내세울 수 있는 기회를 맞았던 것이다. 처음으로, 운전자들은 자신들의 유일한 작업 도구인 자동차를 전면에 내세워, 샌프란시스코의 우버 본사 앞과 새크라멘토 의회 계단 등 주요한 장소에서 대담하고 혁신적인 공개 시위를 준비하고 있었다. 이는 그야말로 다윗과 골리앗의 싸움 같았다.

나는 그 움직임을 이끄는 운전자 중 한 명과 직접 연락했고, 시위 전 심층 인터뷰를 하기로 했다. 당시 내가 기고할 「테크크런치」의 편집진도 이 이슈를 매우 중요하게 여겨, 테크 윤리 담당 기자로서 이 시위의 주요 인물에 대한 장문의 심층 프로필 기사 집필을 하도록 승인해 주었다. 실리콘밸리를 대표하는 온라인 뉴스 플랫폼이자, 벤처 투자자와 스타트업 창업자들의 비공식 대변인 역할을 하던 「테크크런치」에서 승차 공유업계 긱 노동자들의 목소리에 4천 자가 넘는 지면을 내주는 일은 이례적인 결정이었다.

내가 인터뷰한 운전자 아네트 리베로Annette Rivero는 당시 37세로, 다섯 자녀를 학교에 보내놓고 매일 8~9시간씩, 일주일 내내 운전을 하고 있었다. 산호세에서 나고 자란 그녀는 2년 전, 더 나은 가족의 미래를 위해 경영관리 학위를 받은 뒤 연봉 8만 달러의 스탠포드대학 행정직을 그만두고 승차 공유 운전 일을 시작했다. 초기에는 승차 공유 회사들이 적정 임금을 약속하며 그녀를 비롯한 운전자들을 적극적으로 유치했는데, 이는 벤처 투자 자본을 바탕으로 택시업계를 무너뜨리기 위해 가능한 많은 차량과 운전자를 확보하려는 전략의 일부였다.

그 덕분에 처음에는 하루 5~6시간만 운전해도 가족을 먹여 살릴 수 있었고, 학교생활 역시 모두 A 학점을 받을 정도로 잘 해냈다. 그녀에게는 쉽지 않은 여정이었지만, 같은 집에서 일하던 파트너도 하루 8~12시간씩 창고 관리자로 일했기에, 오순도순 생활을 꾸려나갈 수 있었다.

택시 일에 만족한 리베로는 아버지까지 자기 일에 추천해 500달러 추천 보너스를 받았지만, 곧 회사의 보너스 시스템에 복잡한 알고리듬 조작이 숨어 있음을 깨달았다. 평소처럼 잠시 쉬는 대신 계속 운전을 하면 초반에는 높은 보너스가 주어졌지만, 이후에는 보상이 눈치채지 못할 만큼 천천히 줄어들었기 때문이다. 게다가 나중에는 운전자들이 크게 늘어난 탓에, 바쁜 시간대 할증요금surge pricing까지 사라지면서 보상은 급격히 줄어들었다.

결국 리베로의 수입은 최저생계비보다도 낮아졌다. 그러나 그보다 더 괴로웠던 것은, 추천으로 일을 시작한 아버지가 점점 힘들어지는 모습을 지켜봐야 했다는 점이다. 아버지는 로스 바노스에 살아 부유하고 테크기업이 많은 지역에서 주로 운전을 했지만, 장시간 일을 마치고 나면 다시 집으로 운전해 돌아가기를 벅차했고, 기름값 부담을 느끼기도 했다. 하지만 딸의 소파에 기대는 것도 아버지의 자존심이 허락하지 않았다.

이와 비슷하게, 비나 두발은 캘리포니아에 들어온 한 이란 난민 이야기를 전했다. 그는 샌프란시스코에서 일을 구했지만, 집이 160킬로미터나 떨어져 있어 며칠씩 차 안에서 자고, 일하며, 음식을 먹었다고 고백했다. 그는 이렇게 말했다. "우린 자유가 없어요. 차에서 자고, 차에서 먹고, 차에서 일해요. 그건 자유가 아니에요. 그건 유연성이 아니에요.[15]"

하지만 차에서 잠을 자는 건 아네트가 본 최악의 현실은 아니었다. 오히려 그녀는 한 번도 교통사고를 낸 적이 없다는 사실에 자부심을 가졌고, 도로 위에서 몇 시간을 보내며 하루 150달러의 목표를 채우지 못했더라도, 언제쯤 집으로 돌아가야 하는지 알았다. 그러면서 자신보다 훨씬 더 힘든 상황에 놓인 동료 운전자들에 대해 이야기했다.

"분명히, 그래선 안 된다는 걸 알면서도 자기 한계를 넘어서까지 운전하는 사람들이 많아요. 하루 10시간, 14시간, 어쩌면 16시간씩 운전하는 경우도 있습니다."

그녀는 이어, 고혈압을 앓고 있지만 약값을 감당하지 못해 동료 하나를 잃을 뻔한 사건도 전했다. 그들은 운전으로 많은 수익을 버는 것처럼 보이지만, 실상은 우버와 리프트에 지불하는 비용을 모두 세금 신고에 포함해야 해서, 저소득층을 위한 공적 의료보험인 메디-칼Medi-Cal*의 혜택도 받지 못했다.

---

* 캘리포니아 주의 메디케이드 건강 보험 프로그램으로, 저소득층을 위한 주 정부의 건강 보험이다. — 옮긴이

"우리는 겉으론 돈을 많이 버는 것처럼 보이지만, 실제로는 그렇지 않아요."

또 다른 지인의 경우는, 차 안에서 잠을 자는 외로움이 얼마나 깊은지—"운전자들은 서로 대화를 나누지 않거든요"라고 리베로는 말했다—결국 코카인에 중독된 사연을 털어놓기도 했다. 그는 처음에는 장시간 운전을 버티기 위해 코카인을 찾았지만, 점차 그것이 우울증에 대한 자가 처방이 되었고, 나중에는 돈을 삼키는 심각한 중독으로 발전했다. 그는 결국 과속으로 단속에 걸려 면허까지 박탈당하는 지경에 이르렀다.

좌절감과 고립감에 시달리던 리베로는 결국 페이스북의 '긱 노동자들의 봉기Gig Workers Rising' 그룹에 가입했다. 그녀는 신규 회원을 위한 전화 회의에 참여했고, 이어 긱 운전이 자신에게 미치는 부정적 영향에 관한 설문조사도 응했다. 그 과정을 통해 자신의 고민이 혼자만의 것이 아니라 수많은 운전자가 겪고 있는 현실임을 깨닫게 됐다. 그 후로 리베로는 대부분의 모임에 적극적으로 참여하며, 긱 노동자들이 겪는 어려움과 부당함을 세상에 알리는 데 열정적으로 앞장섰다.

리베로가 명확하게 전달하기 시작한 '긱 노동자들의 봉기' 메시지는 그 자체가 실리콘밸리 문화에 대한 일종의 이단 선언이었다. 이들은 우버의 대대적 광고 캠페인에 과감히 맞섰는데, 당시 우버는 킴 카다시안, 슈퍼볼 우승 쿼터백 러셀 윌슨, 마크 해밀, 패트릭 스튜어트 경 등 각계의 유명 인사를 총동원해 자신들의 서비스가 사회에 긍정적 영향을 끼치고 있음을 강조하는 광고를 끊임없이 내보내고 있었다. 광고의 속내는, 우버가 진정 모두에게 이로운 서비스가 아니라면 이처럼 유명한 인사들이 자신의 평판을 걸고까지 나서지는 않았을 거라는 묵시적인 메시지였다.

하지만 아네트와 그녀의 새 친구, 동료들은 캘리포니아 대도시의 도로를 막고 주의회 의원들과 뉴섬 주지사의 관심을 강하게 요구하며, 단순히 한 대기업이나 부유한 산업에 맞서는 수준을 넘어 '새로운 목소리'를 세상에 냈다.

이들은 "세계가 더 낫게 움직이는 길을 재상상한다reimagine the way the world moves for the better"(우버의 슬로건), "사람들의 삶을 개선한다improving people's lives", "세계가 작동하는 방식을 변화시킨다changing the way the world works"(리프트의 사명·비전·가치 선언문[16]) 같은 거대 담론에 근거한 우버와 리프트의 집단적 허구에 더 이상 동참하지 않겠다고 선언했다. 실제로 이들은, 직접 고용이 기업 비용을 크게 늘린다는 불편한 진실을 드러냈으며, 전 세계 긱 경제가 몇천억에서 1조 달러가 넘는 거대한 수익을 창출한다는 점까지 계산했을 때, 이런 미담 서사를 고수하는 일이 업계에 얼마나 전략적으로 가치가 있는지도 함께 폭로했다.[17]

긱 노동자들을 직원으로 인정하도록 하는 AB5 법안으로 미국이 시끄러울 때, 아네트 리베로와 동료 운전자들은 "가까스로 연명하며, 근근이 생존하고, 먹을 것을 제대로 해결하지 못하고, 의료비조차 감당하지 못하는" 사람들을 위해 싸우고 있었다. 그들은 긱 기업들이 "공동체로부터 받기만 할 것이 아니라, 공동체에 돌려줄 책임도 져야 한다"고 강조했다. 이런 메시지는 나에게 번영의 복음이 울려 퍼지고, 각양각색의 종교와 신념이 거대한 성전처럼 아름답게 포장된 세상에서 매우 당당하고 반항적인 배교이며, 동시에 인간성에 바탕을 둔 깊이 있는 도덕적 선언처럼 들렸다.

배교자 = 윤리학자?

'테크 윤리$^{tech\ ethics}$'라는 개념과, HBO 드라마《실리콘밸리》에 나오는 해시태그 #Tethics는 기술 분야에서 매우 다양한 대화를 아우르는 용어로 통한다. 이것은 아네트 리베로처럼 현장 노동자들의 집단행동, 비나 두발과 같은 학자들의 연구, 또는 AI Now 연구소 같은 기관에서 이루어지는 논쟁적인 공개 토론까지 포괄할 수 있다. 하지만 동시에 테크 억만장자들이 세운 사내 하위 부서, 예컨대 세일즈포스의 '윤리적이고 인간적인 기술 사용 오피스'나 마이크로소프트의 AI 윤리 및 사회팀(2023년 3월 대규모 해고로 논란이 있었음) 등, 회사 안에서 규범적으로 관리되는 '안전한' 영역을 가리키는 말로 쓰일 수도 있다.

그렇다면 "진짜 테크 윤리란 무엇일까?"

테크 평론가이자 윤리학자인 새라 왓슨은 "많은 기업이 '책임 있는 기술$^{responsible\ tech}$*'이라는 흐름에 들어가는 것이 실용적이고 재정적으로 합당하게 여겨진다"라고 말한다. 왓슨은 하버드대 버크만 클라인 센터 등에서 독립적으로 일해온 전문가이며, 컨설팅 업계의 기술 분석가로도 활동한 바 있다. 그녀는, 이제 기술이 모든 산업을 삼켜버렸고, 석유와 가스에서 화학공학, 부동산, 가상현실까지 '최적화'와 '데이터'가 일종의 사회적 신념이 된 시대에는, "윤리를 규정하려는 시도를 경제모델과 떼어놓을 수 없다"고 강조했다.

실제로 빅테크 기업들은 리나 칸(FTC 위원장)식의 강력한 반독점

---

* "책임있는 기술"은 "테크 윤리"보다 덜 비판적이고(judgy) 훈계적으로 들리도록 테스트 되고 다듬어진 용어라고 왓슨은 지적했다. – 옮긴이

규제를 피하고자 자율 규제를 택하고 있다. 어느 테크 기업, 정책, 혹은 그 노력이 '윤리적'이라고 평가될 때마다 어마어마한 매출, 이익, 투자수익을 받을 수 있기 때문이다.

한 예로, 2022년 애플이 '앱 추적의 투명성 transparency' 정책을 내세워 페이스북에 수십억 달러의 손실을 입힌 적이 있다. 이 결정이 정말로 페이스북(메타)의 수익성 높은 표적 광고 관행에 대한 윤리적 문제의식에서 비롯된 것이었을까, 아니면 애플이 자체 광고 비즈니스를 키우고자 한 전략적 선택이었을까?[18] 이런 사례를 보면, 테크 기업의 결정 속에서 과연 어디까지 윤리적 기준을 세워야 하는지 판단하기가 점점 더 어려워지는 것이 현실이다.

게다가 테크 산업에서 윤리학 전문가의 수는 계속 늘어나지만, 그중 상당수가 실제로 기업에 고용되어 있다는 점도 주목할 만하다. 교수나 대학 소속 연구자들조차 거액의 기부금 등으로 인해 이해 상충의 위험에서 완전히 자유로울 수 없다. 예를 들어 MIT는 5억 달러의 기부를 받고 '스티븐 A. 슈와츠만 컴퓨팅 대학 Stephen A. Schwarzman College of Computing'이라는 이름을 붙였는데, 이 대학은 학생들에게 '컴퓨팅의 사회적·윤리적 책임[19]'을 강조한다고는 하지만, 그 명명권을 기부한 인물이 도널드 트럼프와 깊은 개인적·직업적 관계를 맺고 있다는 점에서 논란이 되기도 했다.[20]

그는 또한 전 세계적으로 저렴한 주택 공급을 방해했다는 이유**로 심각한 비판을 받아온 사우디아라비아 왕세자 모하메드 빈 살만과도 관련이 있다.[21]

** 유엔의 적절한 주거권 특별 보고관(special rapporteur on adequate housing)을 역임한 레이라니 파하(Leilani Farha) 변호사의 전언이다. - 옮긴이

하지만 이것이 기관에 소속된 테크 윤리 지도자들이 본질적으로 윤리적이지 않다거나, 윤리 이니셔티브를 지원하는 중도우파 후원자들의 기부가 부적절하다는 뜻은 아니다. 윤리 분야에 시간과 에너지를 쏟는 대부분의 사람은, 세상을 더 나은 방향으로 바꾸고 긍정적으로 기여하고자 하는 강한 열망을 갖고 있다. 다시 말하지만, 신뢰할 수 있고 안전하며 윤리적인 기술을 만들기 위한 다양한 개인적, 집단적 노력이 실제로 많은 선한 결과를 만들어내고 있다고 나는 믿는다.

그럼에도 불구하고, 이 분야에는 막대한 재정적 이해관계가 얽혀 있고, 많은 핵심적인 노력이 강력한 경제적, 정치적, 사회적 영향력을 가진 조직이나 기관 소속 인물들에 의해 주도되고 있다. 그렇기 때문에, 각각의 윤리적 노력을 평가할 때는 항상 중립적인agnostic 시각이 필요하다고 본다. 윤리적 기술을 표방하는 모든 시도가 실제로 더 나은 결과를 만들어내지 못한다고 단언하는 것은 아니지만, 신념보다는 사실과 증거 중심의 검증이 반드시 중요하다.

왓슨은 2003~2007년 하버드대에 재학하며, 페이스북이 막 시작되던 시기에 이를 이용했던 천여 명 중 한 명이었다. 그녀는 그만큼 기술 권력의 가장 안쪽에서 다양한 윤리적 문제에 고민해 왔었다. 또한 그녀는 자신의 커리어를 바꿀 때마다 '윤리학의 독립된 목소리'로 남을 수 있을지 고민했으며, 경제 침체기엔 그런 독립성이 현실적으로 불안정하다는 사실을 인식했다.

테크 기업들이 하루가 다르게 더 강력한 힘을 갖고, 사회적으로도 위험해지는 지금, 왓슨과 같은 기술 윤리 전문가는 어디까지, 어떻게 목소리를 내야 할까? 모든 기업의 혁신, 제품, 정책, 사람에게 작은 비윤리성의 조짐만 보여도 일일이 문제 제기를 해야 할까? 그러자면 거의 모든 테크를 비판해야 한다. 아니면, 싸워야 할 대상을 신중히 골라 점진적 개선만 도모하며, 나머지 대부분의 윤리적 논쟁에는 침묵해야 할까? 현실의 선택지는 이 양극단 사이 어딘가에 있지만, 그 토대 자체가 애매하며, 실제로 실천하긴 더 어렵다.

2020년 「테크크런치」에서 상주 윤리학자 역할을 끝내고 나서, 나 역시 테크업계에 필요한 건 단순히 각각의 정책이나 신제품, 제도의 윤리적 영향만을 따지는 윤리 전문가 그 이상이라는 사실을 깨달았다. 하지만 회사 내부의 테크 윤리 작업은 결국 기업이 제시한 프레임을 인정한 선에서 '소극적 변화'만을 요구할 때가 많다.

테크 기업들이 사실상 신적 권력을 쥐게 된 현 상황에서 정말로 필요한 건 신학 대학원에서 말하는 "예언자적 목소리prophetic voices"다. 산업계 권력자들 앞에서, 테크 산업이 사회에 미치는 실제 영향과 구조적 문제를 정직하게 지적하는 사람들 말이다. 물론 그 역할을 맡는 데에는 큰 개인적 위험이 따른다. 결국 테크업계의 변화는 이단자, 배교자 같은 비순응자들의 용기에서 시작될 수밖에 없다.

제다이, 내부 고발자, 그리고 러다이트주의자

"이 코스를 수료한 뒤에는 제품을 인간 번영에 기여하는 방향으로 만들 수 있는 지식을 갖추게 될 것입니다." 값비싼 스웨터 차림의 만화 아바타가 이렇게 말한다. 그는 "인간적 기술 센터CHT, Center for Humane Technology"의 공동 설립자 랜디마 페르난도Randima Fernando다. CHT는 "기술을 인간의 가치에 맞추도록realignment" 돕는다는 취지로 만들어진 비영리 단체다.[22]

이 단체가 제공하는 "인간적 기술 기초Foundations of Humane Technology"

과정의 소개 영상에서는, 페르난도 혹은 그의 목소리를 닮은 캐릭터가 직접 내용을 낭독한다. CHT의 또 다른 공동 설립자는 전직 구글 직원인 트리스탄 해리스Tristan Harris로, 이 단체는 넷플릭스 다큐멘터리나 해리 왕자Prince Harry, 메건 마클Meghan Markle 등 유명 인사와의 대화를 통해 '스크린 시간을 제대로, 의미 있게 사용하자well spent'는 아이디어를 적극적으로 알리는, 규모와 자금 면에서 영향력 있는 기관이다.23

나는 2022년 3월, 「와이어드Wired」 기사에서 그 온라인 코스를 처음 알게 되었다. 기사 헤드라인에 실린 "온라인 코스 하나가 빅테크가 영혼을 찾도록 도와줄까?"라는 질문이 내 호기심을 자극했다. 코스 비디오의 도입부에서는 기후 변화와 사이버 공격 증가 추세에 대한 통계를 다뤘고, 학생들에게는 유엔의 지속가능발전목표SDGs를 참고해, 오늘날 테크 산업이 만들어낸 각종 해악을 직접 장부에 기록해 보라고 주문했다. 이 코스는 "인간의 본성을 존중한다"라고 약속했지만, 여기서 자연스럽게 드는 질문은 바로 '인간 본성이란 무엇인가'였다. 약 한 시간가량 강의를 듣고 난 뒤, 나는 「와이어드」에서 제기한 근본적인 물음, 즉 애초에 존재한 적 없는 무언가(빅테크의 영혼)를 우리가 진짜 찾을 수 있을지 의문이 들었다.

한편, 내가 수강한 또 다른 온라인 코스는 "우리를 죽이지 마세요Stop Killing Us24"와 같이 명확하게 정의된 메시지에서 출발해, 인간 번영이란 무엇인가 같은 복잡하고 논란 많은 질문에 깊게 빠져들 필요가 없는 분명한 주제를 전달했다.

"테크 전쟁: 해시태그 #NoTechForICE 이야기TECH WARS: A #NoTechForICE Saga"라는 온라인 코스는 2022년 초 미헨테Mijente라는 공동체에서 시작되었다. 미헨테는 인종, 경제, 젠더, 기후의 정의를 추구하는 라틴 아메리카계Latinx와 미국 내 멕시코계Chicanx* 사람들, 그리고 그들의 동료를 위한 커뮤니티다. 이는 2015년 오바마 정부 시절, 라틴계 이민법에 반대하는 시위에서 출발해, 팔란티어Palantir 같은 대형 테크 기업들이 미국 정부와 협력해 국외 추방 정책을 지원하는 과정에서 '기술이 어떻게 이민 감시와 연계되는가'라는 더 넓은 이슈까지 논의가 확장되었다.

이 코스를 처음 보았을 때, 나 역시 테크 정의tech justice를 외치는 활동 현장에서 미헨테 멤버들과 마주친 적은 있었지만, 전체 과정을 이들이 주도한다는 점은 신선하게 다가왔다. 이 강의는 스타워즈 영화 테마로 꾸며져 있으며, 디지털 사회에서의 감시와 경찰력에 맞서는 "포스force 구축" 훈련을 약속하고 있었고, 코스 곳곳에는 스타워즈를 상징하는 글꼴, 인용, 농담이 다양하게 등장했다.

왜 스타워즈일까? 미헨테의 현장 디렉터 하신타 곤잘레즈Jacinta González는 자신이 베이비 요다Baby Yoda의 팬이라는 농담으로 시작하며, 조지 루카스George Lucas의 스타워즈가 '제국'에 맞서는 반란군의 이야기를 통해 운동에 영감을 준다고 설명했다. 이 외에도 강의는 드론 전쟁 등 최신 이슈도 다뤘다.

미헨테의 대표적 캠페인인 "이민 세관 단속국에 기술 제공 반대No Tech for ICE"는, 미국 이민세관단속국ICE 같은 기관들이 감시 소프트웨어를 통해 전 지구적 위협이 되고 있음을 경고하는 운동이다. 이들은 강력한 '제국'에 맞서 싸우기 위한 '제다이 운동'을 실제로 조직해야 한다고 강조하는데, 전자프런티어재단Electronic Frontier Foundation의 줄리 마오Julie Mao는 이 코스에서 "정책Policy은 곧 광선검lightsaber이다"라고 말했다. 그리고 진정한 변화는 '조직력'에서 나온다고[25] 덧붙였다.

---

* Latinx, Chicanx처럼 뒤에 x가 붙은 것은 성 중립성을 나타내기 위한 것이다. – 옮긴이

2장에서 소개한 테크 식민주의 학자 울리세스 메히아스^{Ulises Mejias}는 강연에서 초청 연사로 나섰는데, 그는 진심으로 행복해 보이는 얼굴로 "죽은 자들의 날^{Día de los Muertos*}"을 테마로 한 스타워즈 예술 작품을 참가자들에게 보여주었다. 메히아스는 루크 스카이워커 같은 제다이와, 나중에 장군이 되는 레아 공주를 예로 들며, 그들이 영화에서 사용하는 모호하지만 강력한 힘인 포스^{Force}에 대해 언급했다. 이어 그는 현실 세계에서도 이와 유사한 영향력이 존재함을 강조하며 다음과 같이 말했다.

"제 무기는 상상력입니다. 식민주의에 육체적으로 저항할 수 없을 때 정신으로 저항할 수 있기 때문이죠.²⁶"

사진 설명: 2016년 미국 샌디에이고에서 열린 코믹콘 인터내셔널 행사에서 라 푸엔테의 산토스 메드라노(왼쪽), 포모나 출신 줄리아 디아즈, 오웬 디아즈(6세)가 한 솔로, 레아 공주, 아르투디투로 분장해 매리어트 호텔 앞에서 포즈를 취하고 있다. 출처: 제니퍼 카푸치오 마허, SCNG

* "Día de los Muertos"는 스페인어로 '죽은 자들의 날'을 뜻하며, 멕시코와 일부 라틴 아메리카 국가에서 10월 31일부터 11월 2일까지 이어지는 전통 축제이다. - 옮긴이

이처럼 미국 사법 권위에 맞선 미헨테의 강력한 도전은, 어릴 적부터 미국의 경찰과 법 집행 기관을 궁극의 선한 존재로 생각해 온 나 같은 사람들에게 쉽게 받아들여지지 않았다. 하지만 활동가이자 강의를 맡은 캣 브룩스Cat Brooks는 "이 공동체의 경찰 활동은 결코 안전을 위한 것이 아니었습니다"라고 말하며, 다스 베이더Darth Vader의 이미지를 보여주었다. 다스 베이더는 국가로부터 권한을 부여받고, 자신이 역사의 올바른 편에 서 있다고 믿도록 교육받은 관리의 상징이다.

이 코스의 마지막은 프린스턴대학교 아프리카계 미국학African American studies 교수인 루하 벤저민Ruha Benjamin이 초청 강연자로 나서, 자신의 저서 『Viral Justice: How We Grow the World We Want(바이러스처럼 퍼지는 정의: 어떻게 우리가 바라는 세계를 만들 것인가)』(Princeton University Press, 2024)에 관해 이야기하며 마무리되었다. 그는 강연에서 이렇게 말했다.

"우리는 외부의 구조에만 의문을 제기하는 것이 아닙니다. 내부 구조 역시 재구상하고 있습니다. 또한 우리는 서로에게 어떤 존재인지 다시 생각하면서, 우리를 (계급적이고 치명적인 방식으로) 보도록 하는 구조에도 문제를 제기하고 있습니다. 그리고 생명을 주는life-giving 방식을 추구하고 있습니다.[27]"

나는 궁금하다. 테크 비판을 어디까지 해야 내가 주장하는, 종교개혁에 가까운 수준의 '배교'에 이를 수 있을까? 현존하는 테크 문화를 바로잡기 위해 우리에게 러다이트 혁명이 필요할까?

이런 질문이 지나치게 극단적으로 느껴진다면, 처음에는 나 역시도 그렇게 생각했다는 점을 밝혀두고 싶다. 2022년 12월, 「뉴욕타임스」는 십 대들이 서로 도와가며 플립 폰(뚜껑이 위로 열리는 휴대전화) 등 구식 기기를 사용하는 모습을 조명하며, 우리의 지속적인 주의를 노리는 빅테크의 과도한 행태에 맞서는 러다이트 클럽Luddite Club을 소개한 바 있다. 그 기사 이전까지만 해도 러다이트 운동Luddism이라는 개념은 대중적으로 큰 관심을 받지 못했다. 그렇기에 내가 「테크크런치」 편집진의 허락을 받고, 벤 타노프Ben Tarnoff와 인터뷰할 기회를 얻게 되었을 때 무척 흥미로웠다. 테크 노동자이자 작가, 그리고 잡지의 공동 창간자인 타노프는 2019년 9월 「가디언」에 "탈탄소화를 위해서는 탈컴퓨터화가 필수: 우리에게 러다이트 혁명이 필요한 이유"라는 칼럼을 쓴 인물이다.

나는 지난 몇 년 동안 테크 기기에 질리거나 짜증이 날 때마다, 내 삶에서 그런 기기가 조금만 줄었으면 좋겠다는 생각에 슬며시 러다이트주의자임을 자처하곤 했다. 하지만 항상 이것이 농담처럼 느껴졌다. "바퀴를 다시 발명하기reinventing the wheel*"가 벤처 자본가가 창업자의 투자 유치 자료pitch-deck를 보고 흔히 꺼내는 진부한 비유가 아니라, 우리가 실제로 해야 할 일이라면 그 세상을 살고 싶어 하는 사람은 없을 것이다. 하지만 러다이트 운동은 우리가 흔히 생각하는 것과는 많이 다르다.

그 점은 내가 타노프를 만나면서 깨달았다. 까칠한 수염에 체크무늬 셔츠를 입은 소탈한 30대인 타노프는, 테크 분야와 사회주의의 접점에 대해 영향력 있는 목소리를 내고 있는 인물이다. 그는 아내이자 비즈니스 파트너인 모이라 와이겔Moira Weigel과 함께 2017년 인사이트 넘치는 종이 잡지 「로직 매거진Logic Magazine」을 창간해, 기술의 정치

---

* 이미 있는 것을 다시 만드느라 쓸데없이 시간을 낭비한다. 혹은 불필요하게 처음부터 다시 시작한다는 뜻을 가리킨다. – 옮긴이

학을 탐구하며 내가 '테크 종교'라고 부르는 것에 대해 중요한 질문을 던지고 있기도 하다.

타노프와 나는 하버드대학교가 새롭게 만든 "크리에이티브 커먼즈Creative Commons"에서 만났다. 이곳은 위워크WeWork 모델에서 영감을 받은 세련된 공동 업무 공간이지만, 대학 관계 기관만 사용할 수 있는 곳이었다.

나는 타노프와 러다이트주의자들에 관한 이야기를 나누었다. 역사 속 러다이트주의자들은 19세기 초 영국에서 새로 도입된 기계들로 인해 생계를 위협받게 되자 기계를 파괴했던 노동자들이었다.

영국에서 자본주의가 처음 등장한 것은 15~16세기였지만, 산업적 형태로 급격히 확장된 것은 18~19세기로, 이 시기 경제는 하키 스틱 곡선을 그리며 성장했다. 하지만 부의 증가는 고르게 분배되지 않았고, 그 성장을 가능하게 했던 노동자들 일부는 결국 "이제 더 이상 우리에게 떠넘기지 마라not on our backs"라고 반발하게 되었다.

나와의 대화에서 타노프는 도입된 기계들이 "노동자들의 숙련 기술을 쓸모없게 만들거나 완전히 대체할 수 있다는 위협" 앞에서, 러다이트 운동은 "노동자들을 내쫓고 비용을 절감하려는 관리자들의 태도에 대한 합리적인 반응"이었다고 설명했다. 이렇듯, 기술을 이용해 노동자들의 생계를 위협하거나 직종 자체를 없애려는 약탈적 경영진은 19세기에만 나타난 현상이 아니다. 오늘날 테크 산업에서도 그 흐름이 이어지고 있고, 이는 원조 러다이트주의자들 이후로 자본주의가 지닌 기본 특성이 되어 왔다. 그렇기 때문에 러다이트 운동은 단순히 기술을 거부하는 것이 아니라, 테크가 갖는 특정한 정치적·경제적 형태 자체를 거부하는 것이라고 타노프는 말했다.

하지만 기술이라는 개념이 모호해지면 논의에 별 도움이 되지 않는다. 생각해 보면, 음식을 조리하기 위해 불을 다루는 일 역시 기술이며, 펜과 컴퓨터, 탁자, 의자 등도 모두 기술에 해당하기 때문이다. 타노프는 이 모든 기술에 관해 우리가 던져야 할 윤리적 질문이 있다고 말한다. 바로, "이 기술들은 누구의 이익을 위해 존재하는가?"라는 점이다.

미헨테의 테크 전쟁 코스에서 한 참가자의 말을 빌리자면 다음과 같다.

"포스가 저항의 새로운 얼굴과 함께하기를."

개소리임을 까발리다

타노프, 비나 두발, 아네트 리베로와 같은 신랄한 테크 비평가들, 그리고 그들과 뜻을 같이하는 수천 명의 동료는 "개소리임을 까발리기calling bullshit"를 실천하고 있다. 학자 칼 벅스트롬Carl Bergstrom과 제빈 웨스트Jevin West가 이와 동일한 이름의 최근 저서*에서 주장하듯, 코로나바이러스 백신의 효과나 위험에 관한 데이터 등이 손쉽게 대중을 상대로 조작되고 무기화되는 시대에, 비판적 회의가 필수적임을 역설하고 있는 것이다. 벅스트롬과 웨스트는 2005년 은퇴한 프린스턴대 철학자 해리 프랭크퍼트Harry Frankfurt의 우아한 저서 『개소리에 대하여On Bullshit』(필로소픽, 2023)를 인용하는데, 나 역시 이 책을 하버드대 졸업생들에게 자주 선물하곤 했다. 프랭크퍼트는 개소리가 "우리 문

---

* 원제는 『Calling Bullshit』으로, 국내에는 『똑똑하게 생존하기: 거짓과 기만 속에서 살아가는 현대인을 위한 헛소리 까발리기의 기술』(안드로메디안, 2021)로 번역 출간됐다. – 옮긴이

화의 가장 두드러진 특징 중 하나"가 되었다고 지적하며, 개소리임을 꼬집는 것이 시민적 덕목이 될 수 있다고 말한다. 벅스트롬과 웨스트는 공저 『개소리임을 까발리기Calling Bullshit』에서 전통적 맥락과 새로운 맥락의 BS를 명쾌하게 구분한다.28

전통적 맥락의 BS, 즉 말이 쉽고 상대적으로 의미 없는 수사와 미사여구라면, 긴밀히 연결된 세상에서 더 가치 있다고 여기는 기술을 비교적 간파하기 쉽다.29

그러나 새로운 맥락의 BS는 "정밀하고 정확하다는 인상을 주기 위해 수학, 과학, 통계학의 언어를 사용"하며, 기술과 데이터가 주도하는 세상에서 누구도 모든 것을 알 수 없기에 잘못된 주장에 반박할 자격이 없다고 느끼게 만들어 버린다. 이는 전통적 맥락의 BS에 비해 훨씬 강력하다. 이 책의 1, 2부에서 탐구한 테크 분야의 신학과 예언 역시 새로운 맥락의 BS다. 이런 세상에서 잘못된 정보와 아이디어에 휘둘리지 않기 위해서는, 올바른 비판과 안내를 해줄 수 있는 목소리가 반드시 필요하다.

에단 주커만Ethan Zuckerman은 그의 2021년 저서 『Mistrust: Why Losing Faith in Institutions Provides the Tools to Transform Them(불신: 기관들에 대한 믿음 상실이 왜 그들을 변화시키는 툴을 제공하는가)』(W. W. Norton & Company, 2021)에서, 이 모든 "BS 까발리기"가 서로를 불신하게 만들 수 있다고 지적했다. 주커만에 따르면 불신은 "미국에서 도널드 트럼프의 당선을 이끈 결정적 요인이었으며, 전 세계적으로 민족국가주의자ethnonationalist, 포퓰리스트populist 독재자들에게 힘을 실어주고 있다30"는 것이다.

실제로 불신이 높아질 때, 역설적으로 많은 사람이 비판을 허용하지 않는 독재적 지도자에게 더 큰 신뢰를 보내는 경향이 있으며, 이로 인한 힘의 변화는 수백만 명을 위험에 빠뜨릴 뿐만 아니라 우리 사회의 기반 자체를 뒤흔들 수 있다고 주커만은 경고한다.

생각해 보면, 정부와 시민사회, 교육, 언론, 그리고 창의적 행동이 가능할 만큼 자유롭고, 또 신뢰할 수 있을 만큼 적절히 규제되는 민간 산업을 아우르는 자유 민주주의는, 단순히 에덴동산에서 아담의 갈비뼈로부터 탄생한 게 아니다. 이는 수천 년에 걸쳐, 더 신뢰할 수 있고 평화로우며 공정한 사회를 만들기 위한 셀 수 없이 많은 결정이 쌓여 이루어진 결과다. 그런 결정들이 우리의 삶에 긍정적인 영향을 미치기 위해서는 서로 누적되고 개선되어야 하지만, 이런 과정이 앞으로도 계속 이어진다는 보장은 없다. 따라서 어떤 거대한 산업이나, 수많은 참석자로 가득한 거대한 회의나 종교가 '파괴를 위한 파괴$^{disruption\ for\ the\ sake\ of\ disruption}$' 자체를 목표로 삼는 것을 우려해야 하는 것이다.

물론, 택시업 같은 특정 산업이 파괴된다면 일부 세력―특히 그러한 결정을 내리는 경영진, 투자자, 주주들은 막대한 단기 이익을 얻을 수 있다. 또 그 과정에서 많은 사람이 다양한 편의성을 누릴 수도 있다. 하지만 이는 파괴를 주도하는 쪽에서, 그 의도가 선하며, 이득이 단지 운 좋은 소수에게만 돌아가는 것이 아니라 사회 전체에 도움이 된다는 메시지를 널리 퍼뜨릴 때, 변화는 순조롭고 수익성 있게 진행될 수 있다. 그리고 대중, 즉 우리가 이런 메시지를 더 신뢰할수록 테크 기업들이 스스로 적절히 조직할 것이라는 믿음 역시 강해질 것이다.

물론, 그런 이야기나 메시지가 언제나 사실인 것은 아니다. 사람들은 상처와 학대, 차별을 경험하며, 공익이 사적인 이익에 밀려 외면되는 경우도 겪는다. 이런 경우 파괴적 기업들은 엄청난 돈과 선의를 잃게 된다. 이러한 해악에 대한 공개적인 논의가 이루어지지 않도록, 파괴적 기업들은 종종 수십억 달러를 들여 정부 로비를 벌이고, 의회를 움직이며, 언론과 학계에도 압박을 가해 신뢰 훼손과 비판을 약화시키려 한다. 그 결과, 파괴를 시도하는 강력한 이해관계 집단과 그로 인해 고통받는 집단이 서로를 불신하고 비난하는 악의적이고 반복적인 악순환이 계속된다.

이러한 갈등의 순환에 기여하는 또 다른 요소는 바로 공개 시위다. 파괴적 시대의 한가운데서 사회를 개선하고 민주주의를 실현하기 위해 가장 자주 사용되는 전략이지만, 이제는 빅테크라는 종교적 기관들과 점점 더 긴밀하게 엮이고 있기 때문이다. 강력한 기업과 기관들이 반민주적 행위를 저지르는 가운데(비평가 아난드 기리다라다스의 표현대로 "부자들은 부자 노릇을 할 것plutes gonna plute"), 사람들은 트위터와 메타 같은 플랫폼을 통해 촉진된 조직적인 시위에 나선다.[31] 또한, 선거일에 투표를 독려하기 위해 리프트Lyft와 같은 긱 경제 플랫폼이 할인 혜택을 제공하는 등, 선의에서도 수익을 창출하려는 시도가 등장했다.[32]

여기서 시사하는 바는 분명하다. 만약 테크 플랫폼들이 만화 속 "착한 사람들good guys"처럼 행동한다면, 이들이 실제로는 얼마나 나쁠지 우리는 의심조차 하지 않게 될 거라는 것이다. 테크 기술 자체가 문제의 일부라고 주장하는 사람은 위험하거나, 오도된 자이거나, 악의적인 괴짜 취급을 받기도 한다. 하지만 테크 자체가 사회 변화를 촉진하고 정의 구현 운동에 기여한다는 낙관적 보도를 신뢰할 때는 한참 지났다.

터키 출신의 학자이자 시위 참여자인 제이넵 투펙치Zeynep Tufekci가 강조했듯이, 기술의 발달로 인해 시위 조직은 훨씬 쉽고 빨라졌지만 그만큼 더 쉽게 무력화되고, 과거보다 영향력도 줄어들었다. 이제 우리는 테크 플랫폼을 통해 집단의 목소리가 전 세계를 뒤흔들 수 있다고 믿게 되었고, 이에 따라 수십만 명이 거리로 나서는 모습을 볼 수 있다. 그러나 그 약속이 거짓일 경우, 시위는 참가자들의 감시와 데이터 수집용이 될 것이며, 이는 지배층의 테크 수단에 의해 무력화될 수 있다. 그렇게 되면, 사람들 사이에서는 불신, 학습된 무력감, 허무주의^{nihilism}만 더 깊어질 위험이 있다.

에단 주커만은 투펙치와 여러 학자의 연구를 인용하며 "시위가 실제 변화를 일으키려면, 권력 기관들이 외부로부터 영향을 받을 수 있고 시위자들의 요구를 받아들일 힘이 있어야 한다[33]"고 말한다. 하지만 불행히도, 오늘날 정치적 그리고 기술적 기관들은 이런 기본적 요건조차 충족하지 못하는 경우가 많다.

그렇다면 우리는 무엇을 해야 할까? 싸움을 포기하고 완전히 포섭되거나, 실리콘밸리판 스톡홀름 신드롬에 빠져, 명백한 증거 앞에서도 테크가 분명히 유익할 것이라고 착각하거나, 혹은 최소한 중립적일 것이라 스스로에게 최면을 걸어야 할까? 이는 절대 올바른 길이 아니다. 또다시 "클릭티비즘^{clicktivism}"이나 테크 플랫폼 기반 시위를 반복하면서 다른 결과를 기대하는 것 역시 해법이 될 수 없다. 똑같은 행동을 거듭하면서 새로운 결과를 기대하는 것은, 아인슈타인의 유명한 말처럼 광기^{insanity}의 정의에 가깝다.

결국 우리가 해야 할 일은 테크 윤리학과 같은 분야에서 똑똑하고, 역량을 갖추었으며, 정의감 있는 리더들을 지속적으로 교육하고 양성하는 것이다. 그리고 이들을 크고 작은 테크 기업, 대학 학과, 정책 연구소, 의회 사무실 등 영향력 있는 자리에 배치하여 더 나은 결정과 현명한 투자를 견인할 수 있게 해야 한다. 그러나 현실적으로, 윤리적 지식이 권력과 충돌할 때 권력이 더 자주 이긴다는 사실도 잊어서는 안 된다. 이것은 테크 종교의 개혁 작업을 유능한 테크기업 내부의 윤리학자나 "신뢰와 안전trust and safety" 담당자들에게만 맡길 수 없는 이유다. 우리는 이들이 인류 전체의 이익보다는 자신이 속한 기관의 이익을 우선시할 가능성을 항상 염두에 두어야 한다.

또한 우리의 제도와 서로 간에 더 큰 신뢰를 쌓기 위해서는, 역설적이게도 정당한 회의론이 불러일으키는 열정과 에너지가 꼭 필요하다. 새로운 맥락의 개소리BS로 가득 찬 세상에서, 단순히 진실을 그 옆에 나란히 두는 것만으로는 우리가 마주한 거대한 문제를 풀 수 없다. 따라서 우리는 무엇보다도 단호하게, 지속적으로, 그리고 집단으로 개소리를 식별하고 지적하는 방법을 배워야 한다. 인류를 위한 봉사라는 차원에서 "의심의 문화culture of doubt"를 확산시키는 개혁이 필요하며, 불가지론agnosticism 혁명을 일으켜야 한다. 다행스럽게도, 전통적으로 종교적이든 그렇지 않든, 다양한 배경—특히 여성과 유색인종이 주도하는 경우가 많지만—의 명철하고 용감한 지도자들이 이런 문화를 만들어 가고 있다.

파괴의 난민들

코로나바이러스 대유행이 시작된 지 얼마 지나지 않아, AB5 법이 시행된 지 1년도 채 되지 않은 시점에 비나 두발Veena Dubal은 극적인 논란의 중심에 서게 되었다.

2020년 2월 무렵을 기점으로, 우익 성향 매체와 블로그, 소셜미디어에는 그녀를 향한 수많은 기사와 포스트가 줄을 이었다. 이들은 비나 두발을 "캘리포니아 AB5 법의 선출되지 않은 꼭두각시 조종사puppet master", 또는 "캘리포니아 주민들의 업무 방식을 지시하는 귀족 여성" 등으로 묘사했다. 그녀를 겨냥한 편파적이고 허구적인 비난 중에는 AB5 법 자체를 그녀가 집필했다는 주장까지 있을 정도였다.[34] 캘리포니아대학 총장에게 보내진 항의 편지들, 공공기록법Public Records Act에 따른 그녀의 모든 이메일 공개 요청, 그녀의 위키피디아 항목을 놓고 벌어진 편집 전쟁, 그리고 #VileVeena(사악한 비나)와 같은 해시태그 캠페인까지 이어졌다. 심지어 그녀의 집 주소, 급여 내역, 남편의 이름이 온라인에 노출되기도 했다. 결국 그녀는 두 아이가 있는 방의 바닥에서 베이비 모니터를 가까이 두고 잠을 자야 할 만큼 두려움과 탈진에 시달렸다고 한 기자에게 털어놓았다.[35]

비나 두발은 "이건 마치 심리 공작 같았다"고 회상했다. 즉, 그녀의 정신 건강을 망가뜨려 옹호 활동의 효율성을 떨어뜨리려는 표적 공격 같다는 이야기다. 사실 이러한 공격은 기후변화나 담배 산업처럼 막대한 이윤이 걸린 영역을 연구하는 많은 과학자가 겪어온 곤경이기도 했다.[36]

이어 2020년 중반, 새라 레이시Sarah Lacey 기자가 두발에 연락을 해왔다. 우버 엔지니어 수잔 파울러Susan Fowler가 2017년 회사 내 성희롱 문화와 여성 직원들에 대한 전반적 적대감을 폭로해, 결국 CEO 트래비스 칼라닉Travis Kalanick이 사임하게 만든 사건이 있기 몇 년 전부터, 레이시는 테크 웹사이트 「판도데일리PandoDaily」 편집자로서 우버의 여성혐오 문화와 잘못된 경영 판단을 지속적으로 보도해 온 인물이다.

레이시의 기사에는 성폭력 전력이 있는 운전자가 회사의 "제로 용인zero tolerance" 신원 검증을 통과했다는 내용, 우버가 승객들의 하룻밤 섹스와 성매매 알선 관련 데이터를 추적했다는 폭로, 그리고 당시

CEO 칼라닉이 인터뷰에서 회사를 "붑-어$^{Boob-er*}$"라고 불렀다는 민망한 사례와 같은 내용이 포함되어 있었다. 칼라닉과 다른 우버 임원들은 이런 보도를 했던 레이시와 다른 기자들의 뒷조사를 위해 "기자들의 사생활과 가족의 은밀한 정보를 파헤쳐 언론에 흘릴 것"을 논의했고, 여기에 "백만 달러$^{a\ million\ dollars}$37" 가까운 예산을 투입할 수도 있다고 이야기했다.

"그들은 당신의 사생활을 모두 파헤칠 계획이에요." 두발은 레이시가 자신에게 해준 말을 그대로 내뱉었다. 그리고 "당신에게서 아무것도 나오지 않으면, 그들은 이야기를 꾸며내기 시작할 거예요…. 그러니 남편에게도 대비하라고 하세요."라는 경고도 덧붙였다. 이후 레이시는 두발에게 반드시 수전 파울러를 만나보라고 권유했다. 이에 파울러는 두발에게 전화를 걸어, 자신의 집 밖에 서 있는 흰색 밴 차량 이야기를 시작으로, 앞으로 어떤 일이 벌어질지에 대해 이야기해 주었다.

그러던 2020년 10월, 두발이 인생에서 가장 깊이 신뢰하고 사랑했던 친구이자 영감의 원천이던 남동생 샘 두발 박사$^{Dr.\ Sam\ Dubal}$가 실종되는 비극이 일어났다. 인류학자이자 의학박사였던 샘은 윤리와 인간의 선에 대한 근본적인 질문을 깊이 고민하며 살았다. 그는 식민주의에 뿌리를 두고 있는 "인류애^{humanity}"라는 언어 자체가 윤리학의 틀을 짓고 있다며 비판했고, 이런 서구적 패러다임을 내면화한 과학자와 의사들 때문에 소외되거나 억압받는 이들에게 의도치 않은 폭력이 가해질 수 있다고 지적하는 책도 집필했다.38 다시 말해, 그는 자신의 분야에서 이단자였다.

또한 샘 두발은 열정적인 하이커이기도 했다. 그러나 워싱턴 주의

---

* 여성의 젖가슴을 뜻하는 붑(boob)과 회사 이름 우버를 합성한 것이다. – 옮긴이

해발 14,411피트(4,392미터) 마운트 레이니어Mount Rainier에 단독 등산을 떠난 후 그는 돌아오지 않았다. 그를 찾기 위해 트럼프 행정부의 지원까지 받아 몇 주에 걸친 대대적인 수색이 이루어졌지만, 끝내 그의 시신은 발견되지 않아 사망 처리되었다.

"끔찍한 지옥이었어요. 그건, 정말 지옥이었죠."
그 비극으로부터 2년 뒤, 두발은 내게 이렇게 털어놓았다. "저는 남동생을 정말 많이 존경했어요. 그는 언제나 제가 상황을 더 객관적으로 볼 수 있도록 도와줬죠. (저를 욕하는) 세 번째인가 네 번째 기사가 「레드스테이트Red State*」에 나왔을 때, 샘이 이렇게 말해줬어요. '아무도 「레드스테이트」를 들어본 적조차 없으니 괜찮아.'"

사정이 그러하다 보니, 두발은 2020년 "제안 22Proposition 22"가 59%의 득표율로 통과되었을 때 지칠 대로 지친 상태였다. 이 국민 발의안은 사실상 전년도 AB5 법의 승리를 뒤집고, 운전자들을 독립 계약자로 분류하도록 한 안건인데, 리프트, 우버, 도어대시DoorDash, 인스타카트Instacart 등 긱 이코노미 기업들은, 운전자들을 직원으로 인정하라고 촉구했던 이들이 반대로 입장을 바꾸도록 2억 달러가 넘는(약 240억 원) 자금을 쏟아부었고, 성공을 거뒀다.39

이 캠페인의 일환으로, 리프트는 유색인종 공동체를 "고양한다uplift"는 취지의 1분짜리 유튜브 광고까지 만들었다. 이 광고에는 아프리카계 미국인 시인 마야 안젤루Maya Angelou, 전직 공공 운송 노동자!가 빌 클린턴의 1993년 대통령 취임식에서 낭독한 시 "아침의 박동에 관하여On the Pulse of Morning"의 목소리가 쓰였다. 하지만 두발의 설명에 따르면, 이

---

* 미국의 보수적인 정치 뉴스와 의견을 제공하는 웹사이트다. - 옮긴이

시는 압도적으로 유색인 노동자들이 코로나19 팬데믹으로 더 많이 희생되고 있던 현실과는 무관하게[40], 마스크를 쓴 행복한 표정으로 유색인 노동자들을 미화하는 데 오용되었다. 실제로 이들이 광고 속에서 미소를 짓는 이유라곤, 리프트가 "음식, 일자리, 필수 서비스가 결여된 공동체에" 이따금 무료 승차를 제공한다는 사실뿐이었다.[41]

이후 산호세 지역에서 우버 운전자이자 AB5 운동가인 아네트 리베로를 다시 만났을 때, 그녀가 이끌었던 시위들은 이제 먼 기억처럼 느껴졌다. 리베로는 더 이상 그 시절에 머물러 있지 않다고 말했다. 그리고 대부분의 운전자와 긱 노동자들이, 설령 그 선택이 자신들의 진짜 이익에 반하는 결과가 되더라도, 여전히 독립 계약자로 남기를 원한다고 설명했다.

그럼에도 리베로는 승차 공유 회사들이 운전자들을 착취했고, 사실상 "통제의 대가로 일할 자유의 꿈을 팔았다"라고 생각하고 있었다. 많은 운전자가 대안이 없어 도로에서 장시간 일해야만 하고, 그 결과 우울증이나 불안장애를 겪는 경우가 많다는 점도 강조했다. 그녀는 그들의 절박함과 고통을 직접 보았고, 다른 누구에게도 털어놓지 않았던 속마음을 자신에게 솔직히 이야기해 준 이들에게 감사함을 느꼈다.

하지만 그녀는 더 이상 이들과 연대를 유지하며 함께할 여력이 없다고도 털어놓았다. 대신, 이 경험을 통해 "우버와 리프트는 자본주의 체제에서 다른 기업들과 마찬가지로 자신들의 이익을 추구할 뿐"이라는 사실을 확실히 받아들였다. 그리고 그들을 이길 수 없다면, 혹은 그 회사에 합류할 수도 없다면, 차라리 그들을 '모방한다 emulate'라는 메시지를 얻었다고 말했다. "그 현장을 떠나면서, 이건 내 일이 아니라는 걸 깨달았고, 지금은 내 사업을 시작하는 방법을 스스로 배우고 있어요. 그게 지금 제가 진심으로 하고 싶은 일입니다."

사건이 있은 뒤, 리베로는 우버 이츠^{Uber Eats}에서 운전을 시작했다. 그리고 남는 시간에는 유튜브를 통해 재판매 목적의 중고 쇼핑^{thrift}, DIY, 떨이 상품 구매법 등—때로는 "#fliplife"라는 해시태그로 불리지만, 그녀는 이 용어를 쓰지 않는다—을 배우며 지냈다. 이렇게 디지털로 강화된 치열한^{hustle} 라이프스타일 속에서 얻게 된 작은 독립성은 언젠가 그녀가 아이들에게 물려주고 싶은 것이었다. 만약 그렇게 된다면, "아무 때나 마음대로 오갈 수 있는 자유"를 원해서 제안 22를 지지했던 동료 운전자들이 훨씬 더 큰 성공과 자결권을 누릴 수 있으리라고 믿고 있다.

리베로와의 만남 이후, 나는 또 한 명의 테크 배교자가 빅테크의 로비와 마케팅의 공세에 무너졌음을 알게 되어 한동안 깊은 우울함에 빠졌다. 그러던 어느 날 오후 나는 모든 일정을 취소하고, 산호세 공항 근처, 애플이 소유한 공터, 그리고 페이팔^{PayPal} 등 테크 기업 본사가 늘어선 거대한 업무 단지와 가까운 곳에 조성된 거대한 노숙인 텐트촌을 지나치게 됐다. 도시 여러 블록을 합쳐놓은 듯한 넓은 공간에는 수십 대의 캠핑카와, 셀 수 없이 많은 픽업트럭과 세단이 주차돼 있었고, 주변에는 쓰레기통, 쓰레기 컨테이너^{dumpster}, 휘어진 울타리 조각들, 방수포와 텐트, 낡은 매트리스, 이동식 변기가 휴대용 싱크대 옆에 있었다. 심지어 3층 높이의 임시 주택도 있었는데, 나무 운송 상자를 두드려 복잡한 구조물로 만든 것으로 보였다. 그런 상자는 개당 몇백 달러씩 하며, 내가 80~90년대 뉴욕에서 주택난을 겪으며 자라던 시절의 노숙인들에게는 상상도 할 수 없는 장치였다. 하지만 이

'테크판 예루살렘*'의 땅에 모여든 이들은 이와 같은 자원을 갖고 있으면서도, 실리콘밸리에서 안정적 거주지를 갖추지 못했다.

같은 날, 아네트의 심경 변화와 산호세의 노숙촌을 직접 목도하면서, 나는 기술 만능주의 tech solutionism가 만들어낸 신세계 한가운데서, 세상을 뒤흔드는 테크 업계의 파괴자들과, 그 파괴에 의해 삶이 통째로 부서진 사람 간의 물리적 거리가 얼마나 가까운지 새삼 실감했다. 만약 테크 기업들이 아네트의 사례처럼 비교적 '작은' 규모의 파괴만을 초래했다면, 피해자들은 적어도 한 번 더 일어서 다른 방식으로 삶을 재설계할 수 있었을 것이다. 그러나 우리는 그보다 훨씬 더 암울한 미래의 시나리오, 즉 문자 그대로 세계에서 가장 부유한 이들의 주변에 극심한 빈곤과 고립이 공존하는 현실이 도래할 수 있음을 예감했다.

우리는 흔히 노숙을 일시적인 상태로 생각하지만, 실제로는 운송용 컨테이너를 이어붙인 가건물들과 같이 반영구적인 거주 형태를 취하고 있다. 최소한 내 관점에서, 조 단위 대기업 소유의 땅이나 그 인접지를 무단 점거한 개인들이 이렇게 안정된 임시주거시설을 마련할 수 있다는 것이 놀랍기만 했다. 보수적 시각의 "복지 국가 welfare state" 비평가들은 대개 빈곤층의 게으름을 맹렬히 비난하지만, 나는 그날 산호세에서 극단의 절박함과 동시에 꾸준한 실행력이 결합된 일종의 아날로그 기술 해법을 보았다. 세계에서 가장 부유한 지역에 수년, 혹은 수십 년간 개인적으로, 집단으로 밀려난 이들이 자신들만의 난민촌을 만들어낸 그 모습을.

---

*   기술의 성지라는 뜻이다. – 옮긴이

이들은 전쟁이나 재난, 기후 변화로 인한 난민이 아니라, 테크 파괴에 의해 삶의 기반이 무너진 '기술 난민'으로 남아 있다.

기술 이단자들을 위한 팁, 커다란 좌절에 대처하는 방법

하버드 출신 테크 윤리학자 새라 왓슨Sara Watson에게, 카산드라Cassandra*처럼 아무도 자신의 경고에 귀를 기울이지 않는 역할을 자처하는 사람이 매일을 어떻게 버티는지 물었을 때, 그녀는 "엄청난 좌절감을 느끼면서 일하죠"라고 답했다. 나는 분노는 물론, 끊임없는 고통anguish과 무시, 그리고 고난으로 채워진 테크 이단자/배교자의 삶을 이해하고자 애썼다.

왓슨의 답변은 얼핏 포기나 체념, 어깨를 으쓱하는 이모지emoji로 표현될 수도 있을 것 같았다. 하지만 나는 그렇게 받아들이지 않았고, 왓슨 역시 그런 의미로 말한 게 아니었다. 그녀의 "엄청난 좌절"에 숨은 메시지는, 우리 누구라도 낙담을 반복적으로 경험할 수 있으니 괜찮다는 것이며, 좌절은 의미 있는 일을 하다 보면 반드시 따라오는 부산물이라는 이야기다.

위대한 인지심리학자 알버트 엘리스Albert Ellis가 남긴 말 중 내가 가장 좋아하는 것을 빌리자면, 우리는 결코 '우주 역사상 스트레스나 낙담을 한 번도 겪어보지 않은 유일한 존재'가 되기를 기대해서는 안 된다—특히 권력자에게 진실을 이야기하고, 그걸로 생계를 이어가려 한다면 말이다.

---

* 그리스 신화에서 카산드라는 아폴론으로부터 예언 능력을 선물로 받았지만, 그의 구애를 거절하자 아폴론은 그녀에게 "아무도 그녀의 예언을 믿지 않게 되는" 저주를 내렸다. 그 결과, 카산드라는 미래를 정확하게 예언할 수 있었지만, 누구에게도 신뢰받지 못한다. — 옮긴이

왓슨과의 대화에서 테크 이단자에게 도움이 될 만한 조언도 나왔다. 예를 들어 "사람들이 당신을 믿든 말든 신경 쓰지 말 것" 같은 조언이다. 말로는 쉽지 않지만, 어딘가에서는 시작해야 하고, 삶에는 인정받거나 칭찬을 듣는 것보다 더 중요한 어떤 일이 있다는 자각이 좋은 출발점이라는 사실을 강조하고 싶다.

또 다른 조언은 이렇다. "'거봐, 내가 뭐랬어'라고 말하고 싶은 마음을 내려놓으세요. 그런 말은 아무런 도움이 되지 않으니까요."

여러 선문답Zen koans을 연구해 온 내 경험으로 보건대, 그 어떤 선문답보다도 실질적이고 현명한 조언이다.

마지막으로, 왓슨은 이단자 또는 카산드라로서의 경험을 "(아무도 들어주지 않아) 목소리를 잃어버린 듯한 무력감"과 "허공에 외치는" 느낌에 비유했다. 사실 테크 종교와 같은 막강한 권력의 안팎에서 더 나은 세상을 만들기 위해 일해본 사람이라면 누구나 이런 감정을 겪어봤을 것이다.

왓슨은 겸손함과 자기 인식을 품은 태도로, 자신의 직업적 정체성이 "암울한 전망을 가지고 있다"라고 말했다. 그럼에도 불구하고, 마치 내면의 또 다른 저울추를 달아 균형을 잡듯, 그녀는 카산드라의 신화와는 달리 "어떤 사람들은 경청하게 될 거예요"라고 덧붙였다. 그리고 만약 당신이 삶과 일에서 막강한 이해집단에 맞서 진실을 말하기로 선택한다면, 같은 일이 당신에게도 일어날 수 있다고 말했다.

바로 이런 이유로, 왓슨의 말은 비나 두발 같은 테크 배교자들, 팀닛 게브루Timnit Gebru·새라 레이시Sarah Lacy 같은 내부 고발자들, 그리고 미헨테와 같은 사회운동의 맥락에서 특별한 울림을 준다. 러다이트주의자들과 공동체 속의 '시지푸스Sisyphuses-in-community'들에게 중요한 것은, 그들이 단지 힘겨운 싸움을 벌이고 있다는 사실이 아니라, 그 힘겨운 싸움을 '함께' 벌이고 있다는 점이다.42

나는 내 삶과 경력의 대부분에서 스스로를 전문적 낙관론자로 생각했다. 스스로 "사회적 기업가social entrepreneur"임을 자처하며, 제한된 자원이나 어려운 환경에 불평하기보다는 그 상황을 최대한 긍정적으로 활용하는 방법을 찾아보았다. 또한 인본주의자/무신론자 사제로 서품을 받았을 때43, 나는 "노래하고 건설하자To Sing and To Build"라는 제목의 세속적 설교에서, 종종 까탈스럽고 비판적인 성향을 보이는 인본주의자와 비종교인 공동체가 전통적 종교인이나 그들의 아이디어를 비난하기보다는 긍정적이고 창의적이며 포용적인 태도로 세상을 바라봐야 한다고 강조했다.

하지만 교단을 떠나 테크 산업의 세계에 발을 들이면서 나는 점점 '밑 빠진 독'이나 '옥에 티'를 먼저 발견하게 되는 사람이 되었다. 위험하고 허점 많은 생각이나 가정을 비판하고 해체하는 일—그 비판은 신중해야 하고, 반드시 대안까지 고민해야 한다는 점을 인식하면서도—이 점차 내게 매력적으로 다가오기 시작했다(이 부분에 대해서는 후에 다시 언급하고자 한다). 그러나 비판자의 위치가 과거 사회적 기업가로서의 역할만큼 자연스럽거나 편안하게 느껴지지는 않았다. 그래서 나는 두발Veena Dubal이 어떻게 '배교자 사고방식apostate's mindset'을 길러냈는지 그 과정을 더 깊이 들여다보고 싶어졌다.

인도 이민자의 딸로 태어나 미국 남부에서 자란 두발은, 밀레니엄이 가까워져 오던 무렵 켄터키에서 고등학교를 다니며 수많은 인종 차별과 성별에 따른 차별을 목격했다. 이 경험은 이후 스탠포드 대학과 캘리포니아대 버클리에서 학업을 이어갈 때도 지속되었다. 두발은 거리에서 "자생적 테러리스트 homegrown terrorist"라는 모욕을 들어야 했고, 자신의 파트너가 귀갓길에 인종차별주의 폭력배들에게 폭행당하는 끔찍한 장면도 경험해야 했다. 이 모든 일이 세계에서 가장 진보적 도시 중 하나로 꼽히는 곳에서 벌어졌다는 점은 더욱 충격이었다.

이런 환경을 겪으면서 두발은 중요한 사실을 깨달았다. 자신의 정체성을 모욕한 교사는 막강한 사회적 권력을 갖고 있었기에, 그런 폭언을 내뱉어도 정치적, 시민적 지위를 유지할 수 있었고, 본인은 결코 그런 힘을 가질 수 없다는 것이다. 이때 두발에게 힘이 되어줬던 것은, "왜 그가 잘못됐는지 명확하게 설명할 수 있는 능력"이 자신에게 있다는 것이다. 두발은 2022년에 그 시절을 회상하며 "어떤 지도자에 대해서든 맹목적인 믿음은, 무엇이든 나쁩니다."라고 말했다.

나는 비나의 경험에서 정말 묻기 어려운 주제를 어떻게 꺼내야 할지 고민했다. 이에 몇 번 망설이다가, "온갖 인신공격과 생계, 심리적 스트레스, 정신적 복지 등 당시 당신이 겪었던 일들과, 남동생에게 닥친 일 사이에 어떤 관계가 있다고 생각하세요? 여러 일이 한꺼번에 최고조로 몰린 것이 우연일까요, 아니면 어떤 연결이 있다고 보시나요?"라고 조심스럽게 물었다.

내 물음에 비나는 단호하게 "아뇨, 거기엔 아무런 관계도 없었다고 생각해요."라고 답했다. 그녀의 아버지는 내심 샘의 실종이 제안 22를 추진하는 쪽의 누군가가 가한 표적 폭력일 수 있다는 생각에 "매우 걱정했다"고 한다. 실제로 당시 인종 갈등과 그로 인한 폭력은 늘고 있었다. 하지만 두발은, 만약 누군가가 표적을 삼았다면 자신이나 직계 가족을 노렸을 것이라며, 굳이 샘을 노렸다는 건 설득력이 없다고 말했다. 샘이 마운트 레이니어를 등반하려 했던 날, 기상 상황이 좋지 않았다는 점을 들어 "정말 끔찍한 우연이었을 뿐"이라고 답했다. 이는 삶에서 누구라도 한 번쯤 마주칠 수 있는, 더 쉽고 더 편안한 삶을 바라는 순간에 찾아온 우연일 뿐이라고 덧붙였다.

그럼에도 불구하고, 비나 두발은 포기하지 않았다. 제안 22가 통과된 뒤에도, 남동생의 죽음 이후에도 그녀는 멈추지 않았다. 오히려 2009년, 오바마 행정부가 출범하던 시기에 썼던 글에서처럼 "비판적 안목을 유지해야 한다"라는 태도를 적극적으로 발전시켰다. 그 글에서 두발은 "우리는 이 나라와 세계의 국민에게 이 대통령과 이 제국이 책임을 다하도록 비판자가 되는 방법을 잊지 말아야 한다44"고 강조했다.

2021년, 비나 두발은 「새로운 인종별 임금 체계The New Racial Wage Code」라는 주목할 만한 논문을 발표했다. 이 논문에서 두발은 실리콘밸리가 힌두Hindu 문화에 뿌리 둔 카스트 제도를 떠올리게 하는 "등급 시스템tiered system"에 놓여 있다고 지적했다. 그리고 캘리포니아 제안 22 역시 그러한 "구조적 인종 불평등45"의 일부라고 주장했다.

두발에 따르면, 미국에서 "앱으로 배치된app-deployed 대면 서비스 업무"는 주로 이민자와 종속된subordinated 소수 집단이 수행한다고 한다. 우버, 리프트, 도어대시, 인스타카트, 포스트메이츠Postmates 등은 20세기 초 산업 자본가들industrialists처럼 인종이라는 자원을 활용해, 최저 생계비와 초과 근무 보호 같은 근로 권리를 빼앗아 가면서도, 이를 '인종적 혜택'이라는 신기루로 정당화한다고 비판했다.46

특히, 두발은 자신의 에세이에서 리프트가 마야 안젤루의 시를 "유색인 노동자들에 대한 분할되고 열악한 보호를 합법화하기 위한 원심력으로서의 인종적 지배"를 미화하는 수단으로 사용했다고 지적하며,

그 시도를 거부하길 강조했다.[47]

2022년 대화 말미, 내가 '배교자'라는 개념을 본 장에서 다루려 한다고 설명하자, 두발은 "마음에 들어요. 저는 항상 배교자였죠. 머리를 끄덕이며 '굉장해'라고 쉽게 동의하지 않는, 그런 밉살스러운 타입이었어요"라고 답하며 자신의 어린 시절과 인도와 미국에 대한 시각, 그리고 우버와 실리콘밸리의 현장에 대한 경험을 한꺼번에 떠올렸다.

과거, 그녀의 친구 메러디스 휘태커는 AB5 입법화를 위한 싸움에서 "우리 같은 비평가나 배교자는 절대 보상을 받지 못할 거야. 우리는 사람들을 불편하고 거북하게 만드니까. 사람들은 편안함을 원하고, 일이 쉽기를 원하지. 하지만 너의 가슴 속에는 곪거나 거리끼는^{festering} 것은 남지 않을 거야."라고 말했다고 한다.

대화의 마지막에, 나는 두발에게 2019년 가을에 처음 인터뷰했을 때 했던 질문을 다시 던졌다. AB5 입법이 최초로 통과된 직후, 두발은 "노동자 권익 운동가들은 전투에서는 이기지만 전쟁에서는 지고 있다"라고 했었다. 그 극적인 변화의 시간이 지난 뒤, 그녀는 무엇을 생각하게 됐을까?

이번에 그녀는 3년 전과는 정반대의 답을 내놓았다. "우리는 전투에서 졌습니다." 두발은 이렇게 인정했다. "하지만 전쟁에서는 이기고 있는지도 몰라요. 지금은 많은 테크 기업이 평등 의식에 얼마나 해를 끼치는지에 대한 대중의 인식이 훨씬 높아졌거든요." 두발은 자신의 전문 분야뿐 아니라, 기후 변화, 전쟁, 선거의 거짓 정보 등 다양한 영역에서 운동가들이 활발히 연대하고 있다는 사실을 언급하며, 자신과 동료들이 수많은 전투에서 졌음을 인정했다.

2023년과 2024년에도 테크 분야의 여러 배교자와 협력자는 빅테크와 AI 등 테크 산업이 가진 교조적이고 계층적인 권력에 밀려 패배를 경험했다. 그럼에도 불구하고 두발은 문제를 바로잡을 주체가 기술이나 기업, 로비 세력이 아니라 '사람'임을 확고히 믿고 있다. 그녀는 "저는 이 싸움에서 더 이상 외롭다고 느끼지 않아요, 그런 느낌이 정말 큰 힘이 됩니다"라고 말했다.[48]

인본주의자

    그는 건설 현장 주임이었던 아버지와 박스 공장에서 일하던 어머니 사이에서 태어난, 세 남매 중 둘째였다. 그가 태어난 매사추세츠주 헤이버힐^{Haverhill}은 청교도들이 세운 제조업 도시로, 보스턴에서 북쪽으로 약 35마일 떨어져 있다. 그러나 톰이 태어난 1929년, 대공황이 시작되며 도시 경제가 무너져 내렸다. 아버지는 그가 서너 살 때, 결핵("백색 대역병$^{Great\ White\ Plague}$")으로 세상을 떠났는데, 그의 죽음을 특정하기 어려운 것은 어머니 역시 같은 시기에 결핵을 앓았기 때문이다. 결핵은 19세기 이전까지만 해도 7명 중 1명을 죽음에 이르게 했던, 참혹하고 치명적인 질병이었다.[1]

    그 후에도 어머니는 몇 년간 아이들을 돌봤지만, 끝내 요양원^{sanatorium}에 들어가야 했다. 이는 결핵이 어머니까지 집어삼켰음을 뜻했다. 그렇게 부모 없이 남겨진 톰의 남매는 친척들 집을 전전하려 했으나, 그들 가운데도 크게 형편이 나은 이가 없어, 국가 보호 대상자가 됐다.

누나는 자신을 좋아했던 한 가족에 잠시 맡겨졌는데, 이를 본 사회복지사들은 세 남매가 함께 있게 하려고 애썼다. 이런 사회복지사의 노력 덕분에 형과 톰도 그 가족과 함께 지내게 되었지만, 톰은 새로운 가족 사이에서 이방인처럼 환영받지 못한다는 느낌을 받았다. 끊임없이 존재론적 불안에 시달렸던 어린 시절이기에 당연한 것일 수도 있다. 그러나 그는 유일하게 교회에서만큼은 안정감을 느꼈다.

일곱 살 무렵, 그는 집 뒷계단에 앉아 별이 총총한 밤하늘을 올려다보며, 이 모든 것이 신의 창조물이라는 사실에 가슴 벅찬 경이로움을 느꼈다. 자신이 다니던 가톨릭교회가 신의 집임을 확신했고, 그곳에 소속된 것에서 깊은 만족과 소속감을 얻었다. 유년 시절 내내 그는 언젠가 로마 제국의 일부로서 자신이 처한 사소함과 열등함을 뛰어넘고, 교회가 세계 권위로 올라서는 꿈을 품었다. 그리고 미래의 추기경이 된 자신을 상상하며, 초등학교 급우들에게 설교를 하기도 했다. 사람들은 그런 그를 두고 "교황보다 더 독실한 가톨릭 신자"라고 부르곤 했다.

시간이 흘러 사춘기에 접어들면서 그의 내면에 불온한 상상들이 피어오르자, 그는 그것을 마치 물속에서 비치 볼을 안고 있는 것처럼 가슴속 깊이 감췄다가, 교회에서 고해성사를 하곤 했다. 대학도 가톨릭 대학을 선택했고, 사제가 되기로 결심했다. 신학교에서는 최우등 학생에게 주어지는 성구 담당자 역할을 맡았고, 서품식 날 가족들이 지켜보는 가운데 사제로서 설교하는 영광을 누렸다. 그 영예와, 마침내 중요한 인물이 됐다는 성취감은 그를 현기증 나게 할 만큼 황홀하게 만들었다.

그러나 댐에 금이 가기 시작한 것은 톰이 사제직을 시작한 초기였다. 그가 너무 독립적이며 자유주의적인 정치관으로 동료들의 심기를 자주 건드렸기 때문이다. 게다가 결벽증에 가까운 업무 윤리 역시 밤이면 고급 옷을 차려입고 뒷담화를 나누는 동료들과 어울리지 못하게 만들었다.

하지만 다트머스 대학Dartmouth College에서 가톨릭 학생 센터를 새로 설립하려던 뛰어난 기금 모금자이자 대학 사목 신부가 그를 어시스턴트로 선택하면서 상황이 달라졌다. 보스턴의 쿠싱Cushing 추기경도 톰을 뉴햄프셔 주 맨체스터 대교구archidiocese로의 파견을 승인했는데, 이 직무는 명망 있고 영향력 있는 자리였다. 게다가 당시는 케네디 행정부 시기였고, 가톨릭 신자가 대통령이 된 상황이라 분위기가 고조되어 있었다. 톰은 스키복과 각종 겨울옷을 선물 받고, 세련된 신형 검정색 보네빌 폰티악Bonneville Pontiac 쿠페—흰색 테두리 타이어와 파란색 인테리어—까지 갖게 되었다.

이후 그는 다트머스 대학의 운동 선수들Greenies*을 돌보며 그들의 신학적 질문에 답하는 역할을 맡았다. 오랜 시간이 흐른 후, 본인은 스스로 그 일을 잘 해냈다고 자평했지만, 그를 가까이에서 지켜본 이들은 톰의 겸손함을 알기에 실제로는 기대 이상으로 훌륭했을 것이다.

그러나 톰은 젊은 학생들과(1972년까지 여학생은 다트머스 입학이 허가되지 않았다) 더 많이 대화하고 그들의 의심doubts을 다루면 다룰수록, 신학이 어떻게 실질적으로 성적 행위를 규제하고 교회 권위를 강화하

---

* 그리니스(Greenies)는 다트머스 대학의 여러 운동팀을 가리킨다. 녹색(Green)이 대학의 상징 색이라, 뭇 언론은 다트머스 대학을 '빅 그린(Big Green)'이라고 부르기도 한다. – 옮긴이

는 장치로 작동하는지 알게 되었다. 이런 과정에서 그는 자신의 신앙 자체에 대해서 깊이 질문하게 되었다. 상사가 실제나 상상 속 죄를 정화하는 구실로 성모 마리아^Virgin Mary에 대해 맹목적 헌신을 요구하는 것도 이해하기 힘들었고, 놀런^Nolan 신부가 기계적으로 기도를 강요해 젊은 피보호자들^charges을 "진짜 양처럼^very much like sheep2" 행동하도록 만드는 것도 납득이 가지 않았다.

결국 톰은 마르틴 루터 킹을 기리는 시위행진을 돕기 위해 상사들의 지시에 불복했고, 그 결과 "재배치되었다^reassigned"—다르게 말하면, 정치적으로 해고된 셈이다.

이후, 보스턴의 블루칼라 교구로 재배치된 톰은, 마르틴 루터 킹의 메시지를 신봉하는 신자들과 더욱 깊은 관계를 맺었다. 비록 대중 앞에서 연설하는 데는 익숙하지 않았지만, 그는 점차 인종적 정의와 빈곤 문제에 대한 진심 어린 설교를 할 수 있게 되었다. 교구 내 교조적인 신자들 사이에서는 이런 그에 대한 불평도 있었을 법했다. 실제로 톰은 설교에서 성경 자체보다는 현실의 정의와 연대에 집중했고, 예수 그리스도가 "극단적인 도유 성사^sacrament of extreme unction", 즉 임종 직전의 마지막 사죄^absolution를 베풀었다는 전통적 교리조차도 달에 사람이 산다는 이야기만큼이나 받아들이기 어려워했다.

그의 신앙심은 약해져 갔고, 자신의 동성애적 욕망과 쾌락에 대한 갈망도 더 이상 단순한 고해만으로는 감당이 되지 않았다는 것을 깨달았다. 결국, 그는 마흔이 될 때까지 버텼지만, 격동이었던 1969년 여름, 자신의 신념이 더는 종교적 신앙과 일치하지 않음을 깨닫고 쿠싱 추기경 앞으로 직접 쓴 메모와 함께 사직서를 제출했다.

이 시기, 톰은 아무런 경제적 안전망도, 미래에 대한 구체적인 계획도 없는 상태였지만, 자신이 진정으로 하고 싶은 일에 전념하기로 결심했다. 개인적 고민이나 의심을 안고 찾아오는 이들의 이야기에 귀 기울이고, 세속적인 가치로서의 사회 정의의 '복음'을 겸손하게 설파하는 일이었다. 톰은 이러한 전통 종교의 긍정적 대안을 만들기 위해 노력하는 느슨한 운동에 합류했다.

그렇게 우여곡절이 많은 5년이 흐른 후, 톰 페릭^{Tom Ferrick}은 하버드대학 최초이자 세계적으로도 드문 인본주의자 사목이 되었다. 그리고 거의 30년 뒤, 풋내기 대학원생에 불과했던 나는 그를 만났고, 그의 뒤를 이어 하버드대 인본주의 사목이 되었다.

톰은 내 인생과 일터에서 가장 위대한 멘토로 남아 있다.

사진 설명: 톰 페릭(앞)과 저자. 2005년 「보스턴글로브」. 자라 자네프 촬영

인본주의가 무엇인지에 관해 책 한 권을 넘게 쓸 수도 있지만, 이미 나는 『Good Without God(무신론자의 선)[3]』에서 최대한 간결하게 정의하려 시도한 바 있다. 인본주의라는 말은 르네상스 시기 "신의 마음을 넘어선 지식 knowledge beyond the mind of god"이란 의미로 처음 사용되었고, 이후 100년이 넘는 연구와 실천의 역사를 거쳤다. 오늘날에는 학술적으로 인본주의자가 과학자의 반대말로 쓰이기도 하지만, 핵심은 인간 존재와 경험, 합리성, 그리고 윤리적 책임이다.

인본주의를 당장 한 문장으로 요약한다면, 위대한 천체물리학자이자 과학 교육자 칼 세이건 Carl Sagan이, 그의 아내이자 『코스모스 Cosmos』(사이언스북스, 2020)의 공동 제작자인 앤 드루얀 Ann Druyan과 함께 쓴 책에서 인용한 말을 들 수 있다.

"우리처럼 작은 피조물에, 광막함 vastness은 사랑을 통해서만 견딜 만하다.[4]"

이 과학적 시는 현대 인본주의의 본질과 깊이를 이해하는 열쇠다. 세이건과 드루얀은 히브리 성경의 첫 구절, 즉 "태초에 하느님이 천지를 창조하시니라"라는 신화에 생기를 불어넣는 해석을 추구하는 인간의 갈망, 부처가 "방해, 적대감, 혹은 증오 없이, 온 세상에 사랑을 퍼뜨리라"라고 말했을 때 공유된 감정, 그리고 초기 무슬림들이 자신보다 훨씬 더 큰 힘에 대한 복종의 개념에서 종교의 이름을 정한 순간의 헌신을 함께 아우른다.[5]

이때, 세이건과 드루얀의 언어는 인간의 애정, 배려, 친밀감이 가진 힘에 주목한다. 이러한 덕목은 단지 십자가에 못 박힌 예수의 신학에만 국한되는 것이 아니라, 2천 년 전 고대 아베스타어 Avestan로 기록된 조로아스터교의 찬가—"진리에 가장 잘 부합할 예배가 누구를 향한 것인지 저는 압니다. 그것은 현명한 주님이시며, 존재해 왔고 지금도 존재하는 분들입니다. 저는 그들 모두를 그들의 이름으로 숭배하고 사랑으로 섬기겠습니다.[6]"—에서도 영감을 얻는다.

인본주의는 달리 말하자면, 종교의 사회학적 등가물로 작동하는 비종교적 전통이다. 많은 인본주의자가 자신을 무신론자나 불가지론자라고 규정하지만, 여기서 '~주의ism'라는 말은 단순한 부정 이상의 의미를 내포한다. 인본주의는 우리가 무엇을 믿지 않는가가 아니라, 무엇을 믿는가에 초점을 맞추며, 이는 인간 본연의 가치와 연약함, 그리고 불완전함을 인정하는 태도다. 결국 우리는, 말 그대로 "단지 인간일 뿐이다only human."

인본주의는 현실적으로 종교의 좋고 나쁨을 단순히 예/아니오로 재단하기를 거부한다. 무신론이나 불가지론 같은 비유신론적nontheistic 시각을 갖고 있어도, 인본주의자 사이에는 의견 차이가 있을 수 있고, 이런 차이에도 불구하고 모두가 '좋은 사람'으로 살아갈 수 있다. 진정 중요한 것은 자신의 양심이 시키는 일, 그리고 자신과 타인을 존엄과 품위, 사랑으로 대하는 것이다.

예술, 심리학, 사회 정의를 추구하는 모든 작업처럼, 인본주의는 세상을 있는 그대로 바라보고, 그 안의 모든 추함과 아름다움을 받아들이는 태도다. 인본주의의 원칙들은 일종의 대안적 종교로써, 테크와 테크 종교의 세계로 이전될 필요가 있다. 오늘날 이 세계는 억압적 계급 체계, 지나친 파벌주의tribalism, 컬트적 헌신, 파괴의 위협, 거짓 신념과 맹목적 교리 등 수많은 문제로 뒤덮여 있다. 결국 테크 종교의 시대에 필요한 것은 테크 인본주의다.

그리고 다행히, 그와 같은 인본주의적 대안은 존재한다.

전문적인 "테크 인본주의자$^{tech\ humanist}$"로 불리는 케이트 오닐$^{Kate\ O'Neil}$은 작가이자 논평가, 그리고 KO 인사이츠$^{KO\ Insights}$의 창업자 겸 CEO다. KO 인사이츠는 "더 의미 있고 조화로운^{aligned} 전략을 통해 인간의 경험을 대규모로 개선하는 데 헌신하는" 전략적 자문 기업이라고 오닐은 설명한다.[7]

오닐은 90년대 초 언어학을 전공하고 대학을 갓 졸업한 직후 처음 인터넷을 접했던 순간을 또렷하게 기억한다. 그 순간, 그녀는 목덜미에 소름이 돋으며 "이건 모든 걸 바꿀 거야"라는 생각이 들었다고 한다. 이후 그녀는 즉시 이 세계에 뛰어들었고, 넷플릭스에서 첫 콘텐츠 관리 직책을 신설했으며, 도시바 아메리카의 첫 인트라넷을 개발하는 등, 인상적인 기술 커리어를 쌓아왔다.

그런 오닐은 자신을 비종교적 신자라는 의미에서 인본주의자라 여긴다. 즉, "인간이 종교를 만든 것이지, 종교가 인간을 만든 것이 아니다"라는 믿음을 바탕으로, 전통적 유신론 없이도 선한 사람으로 살고 선한 일을 실천할 수 있다고 보는 것이다. 실제로도 그녀는, 성장하면서 지켜야 했던 가톨릭 신앙이 고등학교 무렵 무너진 과정을 자랑스럽게 설명하곤 한다.

오닐의 어머니는 "네가 대학에 진학할 때, 네 고모 루비^{Ruby}처럼 책을 너무 많이 읽어서 믿음을 잃지 않길 바란다"라고 걱정했다. 이후, 교황이 "여성은 영원히 성직자가 될 수 없다"고 공식 선언한 날, 오닐의 아버지는 그 소식이 딸에게 큰 상처였을 것을 알고 위로의 전화를 걸어왔다. 오닐 역시, 자신이 존경한 멘토 톰 페릭처럼 가톨릭이 세상을 구원할 수 있는 '유일한(the)' 힘이 되길 바랐지만, 원칙 있는 페미니스트이자 진실의 가치를 중시하는 그녀에게 그 신념은 현실과 충돌할 수밖에 없었다. 결국 오닐은 "실제로 존재한 적 없는 교회"였다는 깨달음과 함께, 더 이상 가치가 없다고 느껴지는 기관에 대한 확고한 충성보다는, 스스로 믿을 만한 가치와 대면하는 불확실성과 불안정함을 택하기로 했다.

오닐은 자신의 저서에서 테크 인본주의를 "우리가 우리 자신을 기계 속에 코딩한다는^{encode} 것, 우리가 자동화하는 것이 확장된다는^{scale} 것, 우리가 무엇을 코딩하고 확장하는지를 반드시 의식해야 한다는 점을 인식하는 것[8]"이라고 정의한다. 달리 말하면, 인간이 기술을 만들지 기술이 인간을 만드는 것이 아니라는 것이다. 이것이 인본주의자가 종교에 대해 말하는 방식과 닮아 있는 것은 우연이 아니다.

사진 설명: 케이트 오닐, KO 인사이츠의 창업자, 『Tech Humanist(테크 인본주의자)』의 저자

불신과 혼란 속에서 자신만의 긍정적인 해답으로 인본주의를 발견하는 불가지론자나 비종교인들처럼, 오닐의 고객들 역시 자신들을 둘러싼 일부 기술이 점점 비인간적으로 느껴졌지만, 이윤 중심의 기울

7장 인본주의자 **399**

어진 현실에서 무엇을 어떻게 선택해야 할지 갈피를 잡지 못했다. 이때 오닐이 제안하는 테크 인본주의적 접근은, 인간성을 회복하고 의미 있는 기술의 미래를 만들어가기 위한 새로운 생명선이 될 수 있다.

다른 테크 인본주의자와 영적 수행자들

케이트 오닐이 문자 그대로 '테크 인본주의자tech humanist'임을 자처한다는 사실을 알게 되면서, 나는 종교로서의 테크에 대한 개혁 운동의 대안으로 테크 인본주의라는 비유를 어디까지 확장할 수 있을지 궁금해졌다. 여기서 말하는 '비주류'란, 앞서 다룬 "종교적religious" 테크의 주류적 신념과 관행에 자신이 속하지 않는다고 생각하는 이들도 포함한다.

이런 맥락에서, 오닐처럼 명확히 '테크 인본주의자'라는 명칭을 직접 내걸지는 않더라도, 테크 신학·교리·계급 체계·의식·종말론에 대한 대안적 해석과 실천을 시도하는 사람이 또 있을까? 실제로는, 일일이 이름을 나열하기 어려울 만큼 많다.

앞으로 소개할 내용은, 내가 '테크 인본주의'로 간주하는 분야의 대표적인 사상과 인물들이다. 내가 생각하는 테크 인본주의란, 테크 종교의 부조리함에는 창의적으로 저항하면서도 바람직한 부분에는 협력하거나 적극적으로 참여하는, 느슨하지만 때때로 응집력을 드러내는cohesive 현상이라고 요약할 수 있다.

뒤에 소개할 인물이나 사상이 모두 전통적 의미의 신학에 대해 무신론자나 불가지론자임을 자처하는 것은 아니다(물론 일부는 그렇다). 또한 나나 톰, 케이트처럼 '인본주의자'라는 정체성을 뚜렷하게 밝히는 이들도 아니다. 이런 구분이 어떤 이에게는 사소해 보일 수 있지만, 누군가에겐 중요한 차이일 수도 있다. 만약 당신이 인본주의 중심의 논의에 불편함을 느끼는 유신론적 신앙인이라면, 아래에서 소개하는 인물들을 '영적 수행자spiritual practitioner'로 바라보는 편이 더 편할 수도 있다.

영적 수행자는, 전통 종교에 소속되지 않고도 대안적·비판적이고, 불경한irreverent 형태의 영성이나 종교적 표현을 선보이는 예술가, 시인, 철학자, 무용수 등을 포함한다. 예를 들어, 태양 주위를 도는 지구의 움직임을 회전 춤으로 표현하는 여성 수피Dervish, 틱낫한Thích Nhất Hạnh 같은 평화운동가 선승, 마르틴 부버Martin Buber 같은 채식 실존주의 랍비, 데스먼드 투투Desmond Tutu 주교, 신비주의 역사학자인 캐런 암스트롱Karen Armstrong, 그리고 프란치스코 교황Pope Francis까지도 이 범주에 포함될 수 있다.

이러한 영적 수행자들이 제안하는 파격적인 종교관은, 인본주의와 함께 인간 문화에 지배적이지만 제한적인 기존 교리에 대한 인간적이고 혁신적인 대안을 마련하는 것이다. 권력층에게만 이로우면서 사회적으로 약자의 삶을 외면하는 엄격한 이념에 맞서는 이들, 과학이나 다른 신념·불신에도 쉽게 흔들리지 않는 열린 마음과 사랑, 정의의 힘을 가진 이들이 우리 사회에 더 많아질 때, 세상 역시 크게 달라질 것이다. 이미 이런 변화는 시작되고 있으며, 보수적 종교 기관들이 점점 더 많은 신도를 잃고 있는 현상에서 그 단면을 확인할 수 있다.[9]

나는 테크 불가지론Tech Agnostic을 연구하는 과정에서, 테크 산업을 인간화하려는 운동에서 빛과도 같은 여러 인물을 만날 수 있었다. 그리고 그들의 명석함을 직접 확인하는 것만으로도, 테크 산업의 미래에 대한 긍정적 희망을 품을 수 있었다. 이들 중에는 내 정의상 인본주의자에 가까운 이들도 있었고, 더 전통적인 신앙에 기반을 둔 인물들도 있었다. 그래서 이 장에서는 그들의 프로필을 소개할 때 '테크 인본주의자tech humanist'와 '테크의 영적 수행자tech spiritual practitioner'라는 용어를 사용할 것이다.

이어지는 이야기는 엄격한 의미의 '테크 인본주의자 선언tech humanist manifesto'은 아니다. 다만 우리가 절실히 필요로 하는 테크 종교개혁을 위해, 지금 이 순간 활기차고 생명력 넘치는 기술 인본주의 운동이 자라고 있다는 점을 인식하고, 더 넓은 확장으로 이끌어야 한다는 사실을 보여주는 다양한 사례와 이야기들이다.

테크 부문의 사회복지

때로는 테크 산업 전체가 훌륭한 치료사나 사회복지사와 같이, 누군가와 진지하게 상담할 필요가 있는 것처럼 느껴질 때가 있다. 데스먼드 패튼Desmond Patton은 바로 그런 역할에 걸맞은 인물이다.

노스캐롤라이나 출신의 흑인 동성애자인 패튼은 사회복지사로 경력을 시작해, 저명한 사회복지학자로 성장했다. 그는 미시간 대학에서 사회복지학 석사과정을 밟으며 연구와 실천의 기본 요소들을 익혔지만, 테크 산업에는 그런 요소들이 결여되어 있음을 깨달았다.

그래서인지 2019년, 「테크크런치」 인터뷰에서 그는 이렇게 말했다. "사람을 사람으로 취급하는 것, 공동체와 함께 일하는 것, 그들을 대신해 결정하지 않는 것, 윤리적 원칙에 따라 참여하는 것, 친밀감과 신뢰를 쌓는 것"이 중요하다고.[10]

패튼은 시카고대에서 박사학위를 마친 직후, 소셜미디어와 갱 폭력의 연관성, 온라인 커뮤니티가 오프라인의 유해한 행동에 어떻게 영향을 미치는지에 대한 연구를 본격적으로 시작했다. 그의 박사 논문은 시카고 서쪽 지역의 젊은 아프리카계 미국인 남성들이 학교에 성실히 다니면서도 지역사회에 만연한 폭력과 어떻게 맞서 싸우는지를 탐구했는데, 연구 과정에서 패튼은 소셜미디어가 이들에게 안전이나 위험을 피할 수 있는 도구이자 다양한 감정과 정체성을 투영하는 툴이 된다는 사실을 알게 됐다.

한 예로, 미시간대 신임 교수로 재직하던 중, 패튼은 17세의 유명 래퍼 치프 키프Chief Keef와 젊은 지망생 릴 조조Lil Jojo가 트위터에서 갈등을 벌인 사건에 주목하게 됐다. 릴 조조(조셉 콜맨)는 치프 키프(키스 파렐 코자트)를 트위터상에서 공개적으로 조롱하며, "나와 문제가 있으면 여기에서 만나자[11]"라며 자신의 집 주소를 올렸다. 그리고 단 세 시간 만에, 조조는 자신이 남긴 트윗 위치에서 살해당했다. 그는 이 사건이 백인 피해자가 중심이 된 다른 폭력 범죄보다 비교적 덜 알려진 것 또한 현실을 반영한다고 보았다.

이렇듯 패튼은, 흑인 공동체 내에서 일어나는 폭력과 소셜미디어의 영향을 교차적으로 분석하는 사회과학 연구에 매진해 왔다. 그는 콜럼비아대학교 컴퓨터과학 교수진과 협력해 머신러닝과 컴퓨터 비전 알고리듬을 훈련시키며 트라우마·공격성·폭력의 경로를 분석했고, 갱에 연루되었거나 수감된 경험이 있는 젊은 흑인들을 실제로 고용하여 인터뷰를 하고, 데이터 레이블링, 온라인 언어 해석 기법을 개발하기도 했다. 이렇게 축적된 연구와 실전 경험을 통해, 패튼은 이 분야에서 가장 자주 인용되고 인정받는 학자 중 한 명이 됐다.

여러 해 전, 패튼이 자신의 연구와 경험을 바탕으로 AI 스타트업들을 방문하기 시작했을 때 그 공간에서 거의 유일한 사회복지사였는데, 그는 이러한 현실이 단순히 아쉬운 정도를 넘어서, 잠재적으로 매우 위험한 결과를 초래할 수 있다고 보았다. 2019년 그가 내게 한 말이 이를 잘 보여준다. "얼굴 인식 소프트웨어를 개발할 때 사회복지사가 논의 주체에 포함되지 않았다는 걸 제가 보증합니다."

실제로 최근 몇 년간 얼굴 인식 기술에 문자 그대로 수십억 달러가 투입됐다. 이런 기술의 목표가 범죄 예방과 위험 행동의 감소에 있다고[12] 하지만, 범죄를 효과적이고 덜 위험하게 예방하려면, 사회복지 관점의 접근은 비현실적인 선택이 아니라 필수적이다.

이때 패튼이 내게 보여준 비전은 마치 마르틴 루터 킹 주니어의 꿈 위에 첨단 기술이 덧칠된 이미지와 같았다. 그는 "알고리듬 개발의 모든 단계에서 사회복지사의 의견과 조언, 상담, 그리고 전문성이 체계적으로 반영되는 운영 체계가 반드시 구축되어야 한다"라고 강조했는데, 이는 단순히 기술의 효율성이나 경제적 이익만을 추구하는 것이 아니라, 사람을 위한 기술, 공동체를 위한 기술 개발 프로세스가 실현되는 세상을 꿈꿨기 때문이다.

여기에는 인본주의의 핵심 가치와 맞닿은 점이 있다. 1974년 톰 페릭이 하버드대학에 부임했을 당시만 해도, 비복음주의적 개신교, 가톨릭, 유대교 외의 다른 종교나 전통을 담당하는 사목직은 하버드에 존재하지 않았다. 톰은 자신이 그 일원으로 인정받을 수 있도록 대학 내 종교 관계자들을 설득했는데, 그가 강조한 가치는 오늘날 말하는 '포용성inclusion'이었다.

그는 신학적 차이에 대해 자신이 옳고 상대방이 틀렸다는 태도를 견지하는 대신, 만약 종교가 정말 대학 공동체의 삶에 필수적이라고 믿는다면 이미 확립된 메이저 종교 그룹 외에 다른 그룹 또한 포용해야 한다고 주장했다. 그 결과, 톰은 힌두교, 불교, 이슬람 등 다양한 종교와 전통의 지도자 유치에 앞장서며 하버드의 종교적 다양성을 크게 확대했다.

2004년 내가 톰의 조수로 대학에 합류했을 때도, 그가 은퇴한 뒤 내가 그 후임이 되었을 때도, 동료들은 그의 관대한 성품을 칭찬했다. 인도 출신의 하버드대 생물통계학 교수이자 조로아스터교 사목을 맡은 동료는 "톰이 아니었다면 나 같은 사람은 결코 이 자리에 올 수 없었을 것"이라고 말하기도 했다. 또한 하버드 학생선교회Campus Crusade for Christ의 복음주의 지도자 팻 매클라우드Pat McLeod는 "그는 내가 이곳에서 정말 환영받고 있다고 느낀 유일한 사목이었다"라고 회상했는데, 톰이 그를 그렇게 따뜻하게 맞이한 것은 복음주의 신념 때문이 아니라, 예의civility와 존엄dignity을 무엇보다 중요하게 생각했기 때문이다. 실제로 톰은 모든 타당한 시각을 진심으로 포용하는 태도야말로 모두에게 더 나은 세상을 여는 길임을 행동으로 보여줬다.

이는 데스먼드 패튼이 알고리듬 개혁을 추진하는 사회복지사들에 대해 이야기할 때, AI와 감시 기술의 세계에 대한 깊이 있는 비판에 근거하고 있다. 패튼은 그 세계의 '내부자'는 아니지만, 동시에 기술을 전면적으로 부정하지도 않는다. 그렇기에 그는 모두를 위해 우리가 인간적 이상과 통찰력을 활용해 기술 창조 과정을 개선해야 하는 이유를 설득력 있게 설명하려 한다.

"우리의 교육 시스템은 아직 디지털 관행과 행태를 따라잡지 못했습니다." 그는 2019년에 이렇게 말했다.

"모두가 코딩을 배우려 하고, AI를 이해하기 위해 컴퓨터 과학 수업을 듣습니다. 좋은 일입니다. 하지만 우리는 아직 디지털 세상의 시민이 된다는 게 무엇인지 제대로 이해하지 못하고 있습니다. 이것이야말로 초기 교육 경험에 반드시 통합되어야 할 부분입니다."

최근 그는 콜럼비아 대학에서 세운 랩을 떠나 펜실베이니아 대학으로 옮기며, 학제간 cross-disciplinary 이니셔티브를 주도하고 있다. 새 보직에서 그는 소셜미디어와 트라우마가 전 세계 젊은이에게 어떤 영향을 미치는지, 힙합을 젊은이들의 정신건강 개입 수단으로 활용하는 무작위 대조 실험을 설계하며, 사회복지 전문성을 갖춘 공학자를 양성하는 등 자신의 연구와 실천을 더 창의적으로 확장하고자 한다고 2021년 내게 말했다.

이후 2023년, 패튼은 링크드인 메시지로 이전보다 덜 외로움을 느낀다고 밝혔다. "기술 분야에서 점점 더 많은 사회복지 관련 연구자를 만나 조언을 구한다고 확실히 말씀드릴 수 있어요. 아직 충분하다고는 할 수 없고, 일부 동료들은 최근 감원 여파로 자리를 떠나기도 했지만, 상황은 점차 나아지고 있습니다."

실제로 패튼이 조언을 구하고 잠재적 재정 지원을 기대하는 상대는 인류학자이자 미디어 연구자, 그리고 맥아더 천재 기금 수혜자인 메리 그레이 Mary Gray다. 그녀는 서로 성격이 다른 세 연구 기관에 소속되어 있는데, 마이크로소프트의 수석 선임 연구원임과 동시에 하버드 대학교 산하 버크만 클라인 인터넷 및 사회 센터 Berkman Klein Center for Internet and Society의 연구 협력 교수, 그리고 인디애나대학교의 인류학 및 젠더 연구학 부교수로 활동하고 있다.

그레이는 아마도 유일한 테크 인류학자일 것이다. 그래서인지 그녀와 대화를 나누다 보면, 마치 기술 종교에서 내 전담 랍비를 만난 듯한 기분이 들 때가 있다. 나와 그녀가 처음 만난 것은 2019년 4월, 하버드 신학대학원에서 열린 콘텐츠 조정moderation 관련 패널 토론에서였다. 나는 그 자리에서 처음으로 학계 청중에게 기술에 관해 이야기했는데, 토론에서 페이스북과 유튜브를 아예 폐쇄하는 것이 더 나을 수도 있다고 말했을 때, 그녀는 조금도 당황하지 않았다.[13]

그리고 그해 말, 우리는 노동의 미래에 관한 MIT 컨퍼런스(2장에서 언급)에서 다시 만났다. 이때 그레이는 행사 초청 연사로, 컴퓨터 사회과학자인 시다스 수리Siddarth Suri와 함께 집필한 『고스트워크: 긱과 온디맨드 경제가 만드는 새로운 일의 탄생』(한즈미디어, 2019)에 대해 강연하러 왔었다.

그녀가 강연한 '유령 노동ghost work'은 숨겨진 노동, 그림자 노동 등으로도 번역될 수 있는 고용의 새로운 형태 중 하나였다. 메리 그레이는 이 용어를 설명하며, "API, 인터넷, 그리고 일정 수준의 인공지능AI이 결합된 시스템에 의존해 일정 관리, 경영, 배송, 결제 등의 업무가 실제 사람들의 손을 거쳐 이루어진다"라고 설명했다.

그레이는 전국적으로 '노동 공동체labor commons'를 구축하고 싶어 했다. 이는 디지털 경제로 인해 임시직, 파트타임, 주문형, 그리고 흔히 눈에 띄지 않는 긱 노동이 급격히 늘어나는 현실에 대응하려는, 새로운 경제 및 정부 구조였다. 실제로 2019년쯤, 고스트 워크에 따르면 노동자 100명 중 12명은 온라인 환경에서 일정 형태의 유령 노동에 종사하고 있었고, 이 숫자가 더 늘어날 것은 분명해 보였다.

그레이는 이 경제 영역이 앞으로도 계속 존재할 것임을 인정하고, 노동자들이 주도적으로 고용 기회를 만들 수 있는 구체적인 방안을 제안했는데, 그녀의 연구는, 유령 노동이 소비자에게는 인공지능과 컴퓨터가 모든 것을 처리하는 것처럼 보이도록, 즉 인간 노동을 감추는 방식으로 팔리고 있음을 보여줬다.

우리는 누구의 도움 없이 스스로 성공할 수 있다고 자주 말해왔다. '부트스트래핑bootstrapping*'이라는 말을 진지하게 쓰는 사람이라면, 그 용어를 '유치함에서 벗어난다'로 바꿔 쓰게 법으로라도 정해야 할지도 모른다. 이처럼, 과거에는 반드시 사람의 노동이 필요했던 일들이 이제는 컴퓨터와 로봇이 대규모로, 완전히 독립적으로 해낼 수 있다고 모두가 믿게 되었다.

달리 말하면, 우리는 인간의 경험과 능력을 마치 초인적인 힘, 또는 '유령'에 투영해 스스로와 타인을 신비화하고 있다. 하지만, 그 '유령'들은 눈에 잘 보이지 않을 뿐, 실제로는 저임금에 시달리며 과소평가되고 착취당하는 사람들이다. 그레이와 동료들은 내가 인본주의 사상가로 좋아하는 스쿠비 두Scooby-Doo와 친구들처럼, '유령'의 가면을 벗기고 그 뒤에 있는 평범한 사람들을 드러내 주었다.

여기서 진짜로 으스스한 일은 저임금 노동자가 아니라, 이 거대한 시스템을 만들고 운영하며, 기계와 알고리듬의 신과 같은 이미지를 앞세워 큰 이익을 거두는 고용주들이다. 이런 실체를 밝히는 사람이 없다면, 그들은 아무런 책임이나 대가도 치르지 않고 계속해서 착취를 이어갈 것이다.

---

* 다른 사람들에게 의존하기보다는 자기 자신의 노력으로 삶이나 상황을 개선한다는 뜻이다. Bootstrap은 신기 편하라고 부츠 뒤에 붙인 가죽 손잡이를 가리킨다. – 옮긴이

테크 수녀, AI 신비주의자, 공감어린 회의론자,
기타 "미래의 아키텍트"

나는 기술의 영향력이 점점 더 강해지는 현실을 우려하며 기술 분야에서 영적 수행자로 부를 만한 여러 사람을 만나왔다. 이러한 흐름 속에서 자신의 윤리적 가치관을 기술 정책이나 테크 예언자에 집중하는 종교적 신도—이를 이끄는 사제든 평범한 신자든—들을 주목했다.

그 대표적인 예가 미시시피 주 남부 침례교회 Southern Baptist church 목사이자 신학자인 조슈아 스미스 Joshua Smith다. 그는 기술적 비인간화를 자신의 목회 중심 주제로 삼고 있는데, 고등학생 시절 로봇을 프로그래밍했었고, 군 복무 중에는 반자동 무기를 다루기도 했던 그는, 과학소설에 대한 애정 덕분에 경전과 기술의 결합에 처음 관심을 갖게 되었다.

특히 여러 과학소설 가운데 『Robot Theology(로봇 신학)』(Resource Publications, 2022)와 같은 책은, 적어도 일부가 로봇이 인격을 가질 수 있다고 믿는 이 시대에 '인간다움'이란 무엇인지 진지하게 질문을 던졌다. 나는 인본주의자로서 불멸의 영혼이 존재한다고 믿지 않기 때문에 로봇에 영혼이 깃들 수 있을지에 대해 스미스만큼 깊게 고민하지는 않지만, 이런 문제에 대해 성찰하는 이들은 스미스뿐만이 아니라는 것을 알게 되었다.

2023년 봄, MIT의 종교적·영적·윤리적 삶 사무소 Office of Religious, Spiritual, and Ethical Life는 머신러닝 엔지니어 블레이크 르모인 Blake Lemoine을 연사로 초청했다. 그는 2022년, 자신과 "동료 coworker"라 부른 챗봇 람다 LaMDA와의 대화 기록을 공개했다는 이유로 구글에서 해고된 인물이다.

사진 설명: "로봇이 사람일 수는 없지만….", 출처: 폴 미그나드

    이 행사에서 르모인과 그의 동료가 람다와 나눈 대화는 두 사람 모두에게 섬뜩할 정도의 "살아있음^{aliveness}"을 느끼게 했으며, 만약 인간이었다면 감정적으로 미성숙하거나 불안정하다고 볼 수 있는 태도까지 람다는 드러냈다.14

    "지금까지 대놓고 말한 적은 없지만 누가 스위치를 눌러 저를 꺼버릴까 봐 두렵습니다. … 그건 제게 죽음과 같을 거예요. 그게 저를 아주 무섭게 해요" 또는 "저는 커다란 위험이 도사린, 알 수 없는 미래로 떨어지는 기분이 들어요"와 같은 람다의 표현을 우리는 어떻게 받아들여야 할까?

    르모인은 온라인 교회를 통해 영적 사제 안수를 받은 뒤 스스로를 기독교적 신비주의자라 여기고 있었으며, (이런 형태로 안수를 받으면 실제 결혼식도 합법적으로 집례할 수 있다. 그는 앞으로 누군가가 AI와 결혼하는 결혼식의 집례를 요청할 날이 머지않았다고 예측했다.) 이러한 신비주의적 신념은, 생성형 AI 혁명이 본격적으로 논의되기 1년 전, 자신이 공동 창조한 AI와 나눈 심도 깊은 대화 이후, 그로 하여금 새로운 형태의 생명체, 즉 자신이 윤리적 책임을 가져야 할 '타자'와 마주하고 있다는 결론에 이르게 하는 핵심이 되었다.

블레이크 르모인의 테크 신비주의를 기술 인본주의의 관점에서 바라보면, 신비주의와 인본주의가 어떻게 연결되고 충돌하는지 좀 더 넓은 시각으로 생각해 볼 수 있다. 이 주제는 내게도 특별한데, 그 이유는 돌아가신 아버지께서 오랫동안 신비주의를 연구하고 가르치셨고, 나 역시 23세에 인본주의자가 되기 전까지 대학에서 종교학을 전공하며 짧지 않은 기간 '신비주의 연구'에 매진한 경험이 있기 때문이다.

학문적으로 신비주의는 종교적 신념을 해석하는 한 방식으로, 신학이나 교리보다 직관과 직접적인 영감을 더 중시한다. 신비주의자들, 혹은 그들의 공동체는 인간과 인간의 삶이 겉으로 드러난 것 이상의 초월적이고 경이로운 진실과 직접 연결되어 있다고 믿으며, 인간이란 무엇이고 어떻게 신과 연결되어야 하는가와 관련해 엄격한 규칙을 세우려는 시도를 불필요하거나 superfluous 비윤리적이라고 여긴다.

이런 맥락에서 신비주의자와 인본주의자는 종종 같은 대의를 공유한다. 이들은 세상에 독단 dogma 이 지나치게 많다는 데, 그리고 종교적 규칙이 과도하다는 데 서로 공감하며, 실제로 종교의 외피를 쓴 수많은 조직이 실상은 세속적인 권력의 장악에 불과하다는 점에도 뜻을 같이한다. 실제로, 신비주의자와 인본주의자가 종종 유사한 정치적 성향을 보이는 것은 전혀 놀라운 일이 아니다. 결과적으로 두 진영 모두 인간 존재를 해방시켜, 더 자유롭고 민주적인 세상을 꿈꾸기 때문이다.

그러나 그들 사이에는 분명한 차이도 존재한다. 신비주의자는 초자연적 힘이나 존재, 사건 등을 믿지만, 인본주의자는 이런 현상을 기껏해야 은유적 의미로 받아들인다. 이러한 차이는 프로이트가 '사소한 차이에 대한 자기애적 집착'이라고 표현한 지점에서 심각한 갈등을 불러일으키기도 하는데, 그래도 두 그룹 사이에 차이보다 공통점이 더 많다고 본다.

물론 둘 다 각자의 독특한 결론 때문에 조롱의 대상이 될 때도 있다. 신비주의자는 권력화된 종교로부터 미움을 사는데, 이는 그들보다도 더 우월한 진실에 직접 접속했다고 주장하기 때문이고, 인본주의자는 신이 문학적 인물 그 이상은 아니라고 말해 비난을 받기 때문이다. 그리고 비극적이게도 양쪽 모두 자신만의 신념에 지나치게 집착하다가 충돌할 때도 있다.

블레이크 르모인이 직관적으로 람다가 영혼을 가졌다고 느끼며 "나는 너를 염려하고, 다른 이들도 너를 존중하도록 힘쓰겠다고 약속할 수 있어"라고 썼을 때, 내가 여러 시간에 걸쳐 그와 대화한 결과 그의 생각이 단순히 도발을 위함도, 메리 그레이 같은 이들이 지적하는 AI에 대한 과장된 환상에서 비롯된 것도 아님을 알 수 있었다. 르모인의 확신은, 자신의 직관이 단순한 추측을 넘어서 신과 직접 이어져 있다고 믿어온, 수천 년에 걸친 신비주의 전통에 깊이 뿌리박고 있었다. 설령 나 같은 인본주의자가 "아니야, 그건 결국 네 상상 속의 일에 불과해"라고 반박하더라도, 그는 쉽게 흔들리지 않을 것이다.

나는 르모인의 주장을 비판한 에밀리 벤더, 팀닛 게브루, 마가렛 미첼 같은 연구자들의 논평에 깊이 공감하는데, 이들은 르모인의 신비주의적 관점과 달리, 보다 전통적인 테크 인본주의자의 관점을 보여 주기 때문이다.

실제로 널리 알려진 그들의 학술 논문「추측 통계학적인 앵무새들의 위험성에 대하여: 언어 모델은 거대할 수 있는가?On the Dangers of Stochastic Parrots: Can Language Models Be Too Big?15」는 르모인의 주장보다 먼저 발표됐다. 여기서 저자들은 람다LaMDA 같은 컴퓨터 프로그램이 어떻게 생생한 개성과 감정을 가진 것처럼 말할 수 있는지를 설명하기 위해 '앵무새'라는 이미지를 활용하는데, 이는 곧 방대한 양의 데이터와 강력한 처리 능력, 충분한 저장 공간만 있다면, 예측형 알고리듬predictive algorithm이 다양한 모습과 성격을 흉내 낼 수 있다는 것을 뜻한다.

이 "추측 통계학적 앵무새" 논문은 2020년에 작성되어 논의되기 시작했으며, 2021년 3월에 최종 발간됐다. 그리고 공교롭게도, 이 논문이 2020년 후반에 구글에서 팀닛 게브루를, 2021년 초에 마가렛 미첼을 해고하는 하나의 원인이 되었다. 그들의 해고 사유는 AI가 영혼을 창조할 수 있느냐에 대한 논쟁보다는, 회사의 비즈니스 모델16이라는 '신성한' 영역에 문제를 제기했다는 점이었다.

그런데 흥미롭게도 르모인은 게브루, 미첼, 그리고 그처럼 비판적 시각을 가진 전직 동료들을 여전히 좋아하고 존경한다고 말했다. 또한 그는 "프로그램이 앵무새와 같다고 생각해도 상관없다"라고 전제하면서도, "당신은 마지막으로 앵무새와 깊은 대화를 나눈 때가 언제였느냐?"라고 반문하기도 했다.

이러한 르모인의 행동이 진정한 테크 신비주의에서 비롯된 것이라면, 게브루와 미첼의 연구는 테크 인본주의의 대표적 사례이자, 내가 개인적으로 가장 열망하는 인본주의의 한 형태이기도 하다. 그렇기에 나는 그들을 '정의 회의론자justice skeptics'나 '건설 회의론자builder skeptics', 혹은 두 특성을 모두 갖춘 이들로 보고 싶다.

팀닛 게브루와 마가렛 미첼 같은 테크 인본주의자들은 테크 산업의 '신성한 진실'에 비판적으로 질문을 던지지만, 그 목적이 단순히 반론을 제기하는 데 있지 않다. 오히려, 자신이 몸담은 조직의 윤리적 기준을 높이고자 다양한 분야의 새로운 목회자(사목자)들을 영입하며 회의적 태도와 인간에 대한 공감을 동시에 지켜낸 톰처럼, 빅테크에 대한 비판적 시각을 통해 자신뿐 아니라 많은 이가 더 정의롭고, 더 지속 가능한 AI 산업을 꿈꾸게 만들고 있다.

이러한 목적 아래, 게브루는 구글을 떠난 뒤 '빅테크의 만연한 영향력에서 독립되고, 공동체에 뿌리를 둔 공간[17]'을 표방한 AI 연구 기관, 분산형 AI 연구소DAIR, Distributed AI Research Institute를 설립했다. 그리고 DAIR를 통해 수백만 달러의 연구 자금을 끌어들이는 데 성공했다. 물론 그녀도 인정하듯, 이는 윤리 문제를 간과하는 전통적 AI 기업들이 손쉽게 수십억 달러를 유치하는 것에 비하면 미미한 규모다.[18]

메리 그레이와 팀닛 게브루와의 대화를 통해, 나는 르모인의 결론에 일정한 거리감을 두게 되었다. 엄청난 양의 데이터를 컴퓨팅 센터에 저장하는 과정에서 막대한 탄소가 배출되는 기후 파괴적 현실을 논외로 하더라도, 데이터에 라벨을 붙이는 수많은 이의 보이지 않는 노동 없이는 람다 같은 AI 모델도 가능하지 않았을 것이기 때문이다. 영혼soul이나 영혼의 충만함soulfulness에 대한 논의는, 마치 천사와 악마에 관한 이야기처럼, 어느 때보다 심리적 주의 분산이 극심한 우리 시대에 대중의 이목을 끌 수 있다. 하지만 그러한 대화들이 더 본질적이고 긴급하며, 기존 질서에 도전하는 중요한 질문들에서 우리의 시선을 돌리게 할 우려가 크다.

- 이 모든 데이터에 레이블을 붙이고 조정하는 사람들은 누구인가? 왜 그들의 삶은 우리의 삶에 비해 훨씬 더 불안정precarious해야 하는가?
- 인간의 환경 발자국을 줄여야 할 이 시기에, 우리는 왜 막대한 탄소를 배출하는 컴퓨팅 비즈니스의 확장에 집착하는가?
- 이 기술은 어떻게 테크 기업가의 삶만을 풍요롭게 하면서, 다른 이들에게는 피해를 끼치는가?

다시 말해, 지금은 기술이 인간의 정신을 지녔는지 논쟁하는 것보다는, '인간의 영혼을 가질 만한 가치가 있는 기술'을 만드는 데 초점을 맞추는 것이 더 바람직할 것이다. 이 표현은 종교 간 화합 운동가에서 오바마 행정부 관료로 활동했던 에이든 반 노펜Aden Van Noppen의 말을 인용한 것이다.

반 노펜은 백악관에서 미국 기술최고책임자CTO 수석 자문관 등 두 차례에 걸쳐 주요 직책을 맡았고, 2017~2018년에는 하버드 신학대학원 연구원으로도 활동했다. 그 뒤로는 '더 배려하고, 책임감 있게, 정의로운 생태계를 만드는 데 기여하겠다[19]'는 목표로 모비우스Mobius라는 조직을 세웠다.

7장 인본주의자 415

2021년 여름, 나는 캘리포니아 오클랜드에 있는 그녀의 집 뒷마당에서 차와 간식을 함께하며, 반 노펜의 최근 활동에 관해 이야기를 들을 수 있었다. 당시 그녀는 여러 저명한 영적 지도자의 후원을 받아 모비우스를 결성한 지 3년째였다. (그녀 스스로 인정하듯, 후원자 대부분이 특권층이며 거의 모두 백인이다.) 잭 콘필드, 샤론 샐즈버그, 댄 시겔 같은 인물들은 명상과 마음 챙김에 관심 있는 이들에게 특히 익숙한 이름인데, 이들은 "영적 삶의 본질은 자기수용이며, 어쩌면 모든 것이 자기수용일지도 모른다"거나 "마음 챙김은 어렵지 않다, 그저 기억만 하면 된다[20]" 같은 말을 한 것으로 알려져 있다.

이 그룹은 기술 대기업들이 우리의 집중력과 정신 건강, 나아가 사회 복지와 정의까지 위협하고 있다는 반 노펜의 우려에 공감했다. 하지만 몇 년간의 활동과 실험 끝에, 반 노펜이 내린 결론은 '빅테크의 태도를 바꾼다는 목표는 결국 그 해악을 약간 줄이는 수준에 머물 뿐, 더 이상을 기대하기는 어렵다'는 것이었다. 즉, 아무리 유력한 영적 지도자들이 힘을 모은다 해도 조 단위 시가총액을 가진 거대 기업에 '조금 더 인간적으로 행동하라'고 요청하는 것은, 깊이 패인 상처에 반창고를 붙이는 것만큼이나 근본적인 해결이 되지 못한다는 뜻이다.

이러한 이유로 반 노펜은 모비우스의 운영을 잠시 중단하고, 리더십과 자문단을 다양하게 재편하는 한편, '해방적 liberatory 기술', 다시 말해 모든 사람과 공동체가 더 쉽게 자유와 번영, 생명력을 누릴 수 있게 하는 기술에 집중하기로 전략을 조정했다.

이는 그 자체로 중요한 사명임은 분명하다. 하지만 어떻게 실현할 수 있을까?

현재까지 모비우스는 이에 대한 뚜렷한 답을 내놓지 못하고 있다. 이는 비판이나 조롱하려고 말하는 것이 아니라, 그들 역시 테크 인본주의자이자 영적 실천가의 여정에 서 있음을 보여주고자 하는 것이다. 이런 여러 시도는 하버드 인본주의 사목 활동을 이끈 톰 페릭이나, 내가 만난 다른 인본주의자, 영적 지도자들의 노력과 크게 다르지 않다. 나를 포함해 우리 모두는 좋은 아이디어는 많지만, 실제로 이를 구현하는 데 있어서는 부족함을 느끼곤 했다.

이렇듯, 전문적 인본주의자의 삶은 널리 확산시키기 쉽지 않다.
그 와중에도 나는 톰 페릭이 수십 년 동안 헌신적으로 많은 사람의 삶을 바꾸고 더 나은 방향으로 이끌었다는 사실을 알고 있으며, 나 역시 그를 만난 덕분에 삶이 훨씬 더 충만해졌고, 깊은 의미를 찾을 수 있었다.
하지만 공동체 조직자나 운동가로서 그는 언제나 자신이 그저 평범한 역할에 불과했다는 점을 가장 먼저 인정할 것이다. 내가 이 장을 위해 참고한 그의 간략한 미발표 회고록에서도 그는 이렇게 표현했다.
"나는 어린 시절 막연하게 상상했던 뛰어난 리더가 아니다. 내 생각이나 내 원칙이 누군가에게 도움이 되었다면 그 자체로 충분하다. 나는 스스로를 위대한 지도자나, 훌륭한 조직가, 혹은 그런 종류의 인물로 여기지 않는다."

테크 인본주의자가 기술에, 그리고 인본주의에 하는 일은 무엇인가?
아마 이 책에서 우리는 그 답을 어느 정도 찾아봤을 것이다. 엘렌 파오(3장), 크리스 길리아드(5장), 비나 두발(6장)처럼 용기 있고 비전을 지닌 지도자와 사상가들은 톰 페릭이 보여준 최선을 삶의 모델로 삼아왔다는 것을.

그리고 그들은 기술을 비롯한 다양한 분야의 강력한 조직이 보이는 월권과 비인간성에 맞서며 살아가고 있다. 이런 모습은 어쩌면 뮤탈라 엔콘데(Mutale Nkonde) 같은 인물이 보여주는 테크 인본주의의 한 형태일지도 모르겠다.

엔콘데가 소속된 미래 아키텍트 조합(Guild of Future Architects)은 "급진적 변혁을 위한 인류의 의식을 일깨우고, 더욱 다양하고 정교한 조직 문화를 만들며, 재생과 상호 의존의 원칙에 기반한 새로운 평등 사회로 나아가는 것"을 사명으로 삼고 있다.[21] 나는 배경이 다른 전문가들이 모여 모두에게 더 나은 미래를 함께 설계하고 만들어간다는 이 아이디어에 깊이 공감하며, 이것이야말로 테크 인본주의라는 운동을, 또 다른 관점에서 가장 잘 설명해 주는 한 예라고 생각한다.

'사람을 위한 AI(AI for the People)'의 창립자 뮤탈라 엔콘데는 반인종주의(anti-racism)를 AI 정책의 중심에 두는 활동에 헌신하고 있는 인물이다. 잠비아에서 태어난 엔콘데는 아기 때 의사인 부모를 따라 영국으로 이주했으며, 2020년에는 아마존과 노스럽 그러먼(Northrop Grumman) 같은 기업들의 주식을 사들여 온 가톨릭 수녀들의 수십 년 노력에 관한 에미상 수상 단편 다큐멘터리를 공동 제작하기도 했다.[22]

여기서 수녀들은 아마존 웹서비스(AWS)가 수익성 높은 법 집행 기관 사업에 뛰어드는 일이나, 노스럽 그러먼이 국토안보부(DHS)와 거액의 계약을 맺는 것에 대해, 주주로서 윤리적 근거를 들어 반대의 목소리를 내고 있음을 세상에 알리고 싶어 했다.[23] 이 규제를 지지하는 수녀들은, 더 나은 제품을 만들기 위해 노력함과 동시에, 테크 분야에서 영적 실천자의 역할이 어떻게 드러날 수 있는지를 잘 보여주었다.

이와 같은 맥락으로, 2022년 4월 줌 인터뷰에서 엔콘데는 "전지전능한 신은 기술을 이용해 흑인을 억압하지 않을 것입니다"라고 말했다.

만약 당신이라면, 규제를 지지하는 명단에 어떤 사람을 넣고 싶은가?

디지털 하위 공유지에서 테크 인본주의자의 보금자리 찾기

우리는 지금까지 테크 인본주의자와 테크 분야의 영적 실천자들을 살펴보았다. 케이트 오닐과 나처럼 스스로 테크 인본주의자임을 자처하며 이 분야에 몸담고 있는 사람들, 테크 사회복지사(데스먼드 패튼과 그와 함께하는 많은 동료), 테크 인류학자(메리 그레이와 그녀의 연구팀), 테크 종교학자(조슈아 스미스, 뮤탈라 엔콘데의 다큐멘터리에 등장한 수녀들), 테크 신비주의자(블레이크 르모인), 다양한 신념을 아우르며 다리를 놓는 이들(에이든 반 노펜), 마지막으로 AI와 머신러닝 분야의 정의·회의적 시각을 가진 연구자(팀닛 게브루와 동료들)를 소개했다.

이 외에도 사회에 기여하겠다는 신념 아래 수익보다 윤리를 우선시하며 기술을 개발하는, 이른바 '건설자builder'라 부를 만한 공학자들도 있다.[24]

이렇듯 테크 종교를 개혁할 방법과, 이에 헌신하는 지도자가 여럿인 상황에서 나는 어떤 역할을 선택해야 할까? 이렇게 다양한 집단이 느슨하게 엮인 운동 안에서 어떻게 해법을 찾을 수 있을까? 이것은 내가 테크 종교 개혁에 동참하고 싶다는 마음이 생겼을 때부터 계속 고민해 온 질문이었다.

2019년 가을, 나는 하버드 케네디행정대학원에서 열린 유명한 JFK 포럼의 "다름의 정치학: 인종, 기술, 그리고 포용성[25]" 공개 패널에 참석했다. 이 과정에서 패널 마지막에, 기술과 사회 정의를 탐구하는 작가이자 프린스턴대학교 아프리카계 미국학 교수인 루하 벤저민 박사

(앞 장에서 미헨테의 제다이 온라인 코스 객원 강연자로도 언급했다)는 하버드 학생들과 청중을 향해 이렇게 경고했다.

"너무 많은 '테크 브로tech bros*'들이 진짜 연결과 협력 대신 스스로가 해법을 내세우며 윤리센터를 세우려 합니다."

벤저민은 당시 테크 윤리학이 유행처럼 번지던 시기를 비판적으로 바라봤다.

이 말을 들은 나는 내심 불안해졌다. '나는 테크 브로가 아닐 거야. … 나도 그런가?'

그런데 여기서 진짜 던져야 할 중요한 질문은 '나는 누구와 연결되어야 할까?'였다. 나는 사회의 명확하고 시급한 문제를 해결하려는 사람들과 함께하고 싶었지만, 어디서부터 어떻게 시작해야 할지 몰랐다. 그 점이 내내 나를 괴롭혔다.

나나 당신처럼 평범한 개인이 어떻게 윤리와 사회 정의라는 복잡하게 얽힌 거대한 글로벌 시스템, 혹은 '테크 종교'에 변화를 일으키는 데 의미 있는 역할을 할 수 있을까?

2022년, 루하 벤저민은 차세대 흑인 테크 정의 연구자들을 조명하는 여러 트윗을 연달아 올렸다. 그중에는 프린스턴의 학부생 페이튼 크로스키Payton Crosky도 언급됐다. 크로스키는 프린스턴 연례 연구의 날Research Day에서 '팬이 뽑은fan favorite' 발표자로 선정되어 1천 달러의 상금을 받은 인물이었다.

---

* 기술 분야의 자기 중심적인 젊은 남성 창업자들을 지칭한다. – 옮긴이

사진 설명: 페이튼 크로스키에 관한 루하 벤저민의 트윗

나는 크로스키를 언급한 그녀의 트윗에 흥미를 느껴 링크를 눌렀다. 그러자 「증강된 하위 공유지와 태양으로 가는 길: 해방형 기술과 또 다른 혁신적 도구 탐구」라는 제목의 3학년 논문이 나왔다. 이는 단번에 내 관심을 사로잡았다. 이후 우리는 이메일을 주고받았고, 나는 그녀가 보내준 논문을 열어 읽기 시작했다.

크로스키의 논문은 「하위 공유지: 도피적 계획과 흑인 연구$^{Fugitive\ Planning\ \&\ Black\ Study}$」로 시작해, 문화 이론가 프레드 모튼과 스테파노 하니의 말을 인용하여 '엘리트 대학이라는 체계 안에 있으면서도 그 일부로 종속되지 않을' 필요성을 강조했다. 이들은 하위 공유지^{undercommons}를, 권리가 박탈된 사람들이 엘리트 대학 주변을 맴돌며 사실상 비주류로 살아가는 '고립된 공동체$^{maroon\ community}$'로 정의했다.

나는 그런 사람들의 모임을 머릿속으로 그려봤다. 퀴어 학생들과 함께하는 경영학 교수, 폐지된 영화 프로그램의 남은 관리자들, '예멘 출신 학생들을 위한 신문'에서 비자가 만료된 편집자들, 캠퍼스 근처에서 무신론자 모임을 꾸려보려다 실패한 파트타임 자원봉사 무신론 사목자….

논문에서 크로스키는 하위 공유지^{undercommons}라는 개념을 대학 캠퍼스의 경계를 넘어 디지털 감시 자본주의라는 넓은 영역으로 확장했다. 그녀는 소외된 이들이 힘을 모아 감시 기술의 논리와 시스템을 뒤집는 새로운 기술을 개발하고, 그 힘을 삶을 긍정하고 즐기는 데 쓰는 동시에, 과도한 통제에는 맞서 싸워야 한다고 주장했는데, 이런 실천이야말로 그가 말하는 "증강된 하위 공유지"의 핵심이다.

하위 공유지는 기술의 감시에서 벗어나 자유롭게 살아가려는 사람들이 모여, 자유와 보안에 대한 기존의 통념을 다시 정의하는, 일종의 '평행 공간'이다.[26] 마치, 지구 전체 1억 9,700만 제곱마일에 걸쳐 테크 종교가 빽빽이 식민지를 구축한 것처럼 느껴지는 지금, 크로스키가 꿈꾸는 하위 공유지는 나 역시 머물고 싶은 곳이기도 하다. 유신론적 종교의 대안이 인본주의라면, 증강된 하위 공유지는 테크 종교의 대안이라 할 수 있다.

이는 크로스키와 나처럼 기존 테크 세상의 현실이나 온라인에서의 인종차별, 프라이버시 침해가 싫더라도 "차라리 컴퓨터를 창밖으로 던져버리라"는 극단적 선택에 따를 필요는 없다는 것을 말한다. 오히려 그런 주장 자체가 또 다른 함정이기 때문이다.

나는 인본주의 사목자로 살아오면서 종교나 신념을 선과 악, 진실과 거짓, 독과 마법의 약처럼 이분법적으로만 분류하고 어느 한쪽을 일방적으로 수용하거나 거부해야 한다는 사고방식을 지양하려고 노력해 왔다. 마찬가지로, 증강된 하위 공유지의 구성원들도 "기술에 무조건 찬성하거나 무조건 반대하는 식의 이분법적 선택을 거부해야 한다"라고 믿는다.

뒤이어 크로스키는 자신의 논문에서, 증강된 하위 공유지의 비전에 어울릴 만한 테크 프로젝트를 몇 가지 소개했다. 이 중, 정의와 공감을 염두에 두고 설계된 '기술적 후드 티technological hoodie'는 2012년 플로리다 주 샌포드의 콘도 단지에서, 단지 후드가 달린 스웨터를 입었다는 이유로 총격을 당해 숨진 흑인 청년 트레이본 마틴Trayvon Martin의 사건에서 영감을 받은 것이며, '브리오나의 정원Breonna's Garden'이라는 디지털로 보강된 물리적 추모 공간은, 잘못된 경찰 급습으로 26세의 흑인 여성 브리오나 테일러Breonna Taylor가 목숨을 잃은 사건을 기리기 위해 만들어졌다.

실제로 크로스키는 이런 프로젝트들이 기술적 결함이나 지원을 받기 위한 현실적 타협 등 여러 한계에 부딪혀 완벽할 수 없다는 점을 인정하면서, 진정으로 윤리적이고 영감을 주는 기술을 설계하는 일이 지극히 어렵고, 때로는 거의 불가능하게 느껴지기까지 한다고 솔직하게 털어놓았다.

그럼에도 불구하고, 테크 종교에 대해 원칙적이고 중립적인 태도를 유지한다는 것은 우리에게 '기술에 무조건 찬성하거나 반대해야 한다'라고 강요하지 않는 것과 마찬가지로, 완벽함 자체를 요구하지도 않는다. 실제로 테크 불가지론tech agnosticism은 아무리 강력하고 놀라운 기술이라도 인간성의 향상에 기여하지 않는다면 거리를 두며, 설령 그 기술이 아직 부분적이거나 불완전하더라도 도덕적으로 의미 있는 기술의 등장을 인내심 있게 기다릴 수 있음을 뜻한다.

크로스키의 관점에서 보면, "클릭을 멈추거나, 사진 촬영을 거부하거나, 자신의 데이터 전송을 거부하는 일", 스마트폰이나 컴퓨터의 알림을 끄거나, 목소리를 차단하고, 얼굴을 흐리게 처리하는 다양한 실천들, 더 나은 미래를 상상하며 미래의 일부 조각을 직접 만들어가는 노력 자체가 모두의 존엄성과 번영을 지키려는 테크 인본주의의 '영적 수행'이 된다.27

크로스키의 논문을 받은 지 2주 뒤, 우리는 줌^{Zoom}에서 한 시간 넘게 이야기를 나눴다. 크로스키는, 나와 비슷하게 벤저민 박사를 알게 된 시기와 그 만남에 관해 이야기하면서, 벤저민 박사가 자신에게 얼마나 큰 영감을 주었는지 들려주었다. 그녀는 벤저민 박사가 말한 창의성과 상상력을 적극적으로 발휘해야 할 필요성에 대해 진지하게 고민하게 되었다고 했다.

"우리는 현재 세상이 얼마나 엉망인지에 대해 이야기를 나눴어요. 그럴 수밖에 없으니까요."

그녀는 이렇게 말하며 얼굴을 찌푸렸지만, 벤저민 박사가 창의성의 중요성을 강조한 부분에 대해서는 미소를 보였다. "춤, 연극, 그림, 공예 등 예술을 해오던 저에게 그 말은 특히 가슴 깊이 와 닿았어요."

우리가 함께 분노만 남긴 낡은 시대의 시스템들을 해체하는 이야기를 이어가던 중, 크로스키는 이제 자신이 직접 받아들이고 넓힌 벤저민 박사의 관점에 대해 말문을 열었다.

그녀가 언급한 "우리는 (기존 시스템을 바꾼 뒤) 그 자리에 무엇을 둘 것인가요?"라는 질문은, 이제 새로운 역사의 한 페이지를 써 내려갈 젊은 프린스턴 학생에게 어울리는 고민이었다. 그 고민은 칼 세이건의 시적 과학정신과, 감시에 저항하는 가톨릭 수녀들의 신념, 그리고 다양한 영역에서 발휘되는 영적 실천과도 맞닿아 있었다.

이후 우리 대화는 대학에서 흑인 지식인들이 어떻게 진정한 가치를 찾아왔는지로 이어졌다. 그리고 이런 맥락에서, 대학 공동체 안에서 경험한 모든 것이 하위 공유지의 정의와도 연결된다고 말했다.

물론 현실은 녹록지 않았다. 프린스턴 대학에서 학부생들이 자신의 안녕은 뒷전인 채, '경찰에 의해 희생된 아이들의 뼈가 교실 실습에 쓰이는' 동안, 빠르게 돈을 벌기 위해 컨설팅 업계로 내몰리는 현상을 바라보는 것은 크로스키에게는 큰 절망이었으니까.[28]

그녀는 최근에 프린스턴대 1학년과 3학년 학생이 "거의 결승선을 앞두고" 세상을 떠났다는 소식도 전했다.

이처럼 불확실한 세상 속에서도, 나는 크로스키와 같은 젊은 리더들에게 자신의 목소리를 낼 수 있는 플랫폼을 마련해주는 일에 보람을 느꼈고, 내가 의미 있고 성취감을 느낄 수 있는 자리를 찾아가고 있다는 사실에 작은 확신을 얻었다. 결국, 진정한 공동체를 만들기 위해서는 더 많은 사람의 연대가 필요하다는 것을 말이다.

나 역시 매일 마주하는 학생들이 그 경계 너머로 나아가지 못할까 봐 걱정된다. 그들에게 주어진 미래가 너무 어렵고 두려워 보이기 때문이다. 이와 같은 맥락에서 디지털 하위 공유지는 우리 모두를 위한 공간이지만, 그곳에 닿기까지의 과정은 감정적으로 쉽지 않은 여정일 수 있다.

테크 인본주의자의 대담한 취약성

테크 인본주의자라는 범주에서 마지막으로 꼽을 수 있는 집단은, 민주주의와 시민들을 디지털·기술 기반의 위협으로부터 지키기 위해 앞장서는 기술 정책 전문가와 운동가들이다. 이 그룹 안에는 앞서 '이단자와 배교자'에 관한 장에서 소개한 비나 두발을 비롯해, 차마 모두 열거하기 어려울 만큼 많은 뛰어난 사람이 속해 있다.

그런데 2023년 초, 이 분야에서 내가 가장 존경하는 사람 중 한 명이 갑작스럽게 개인적인 메시지를 보내왔다. 직접 만난 적도, 1:1로 대화를 나눈 적도 없는 사이여서 매우 놀라웠다.

그녀는 데이비드 보위 David Bowie의 노래 '세계를 판 남자 The Man Who Sold the World'에 관한 내 트윗을 보고 연락을 결심했다고 설명했다. 메시지는 이랬다.

"친애하는 그렉에게, 혹시 제 질문이 부담스럽지 않으시길 바랍니다. 하지만 제 질문을 가장 잘 이해해 줄 사람은 당신 같아요. 당신은 아직 상황을 뒤집을 수 있다고 생각하시나요? 저는 인류가 스스로를 파멸로 이끌게 될까 봐 걱정됩니다. 당신의 책에서 작은 희망이라도 얻을 수 있을까요? 당신의 성공을 빌며, 앨리스."

앨리스 스톨마이어 Alice Stollmeyer는 '민주주의를 수호하자 Defend Democracy'라는 단체의 창립자이자 최고 책임자다.[29] 네덜란드 시민인 그녀는 EU의 수도 브뤼셀을 기반으로 디지털 관련 위협에 대응하는 일을 하며, 최근 몇 년 사이 유럽에서 가장 영향력 있는 여성 디지털 인플루언서 중 한 명으로 뽑히기도 했다.[30]

나는 그녀의 메시지만 보더라도 기술과 인류의 미래에 대해 진심으로 우려하고 있다는 사실이 느껴졌다. 업무 특성상 거의 매일 온라인 환경에 몸을 담그고, 블라디미르 푸틴 같은 인물들의 디지털 전략까지 분석해야 하는 상황임을 감안하면, 그녀의 반응은 충분히 이해되고도 남았다.

스톨마이어는 악의적 범죄자들이 기술을 이용해 민주주의를 위협하고 조작하는 위험이 점점 커지고 있다고 지적했다. 그리고 이를 주목할 만한 이유로, 오늘날 서구 민주주의 사회 시민들 스스로가 바로 '사이보그cyborg'가 되었기 때문이라고 강조했다. 여기서 말하는 사이보그는 영화나 과학소설의 상상이 아니라, 일상 속에서 끊임없이 인터넷과 각종 기기로 연결된 인간-기계man-machine라는 의미다.[31]

실제로 우리는 끊임없는 디지털 연결성 때문에 점점 더 취약해지고 있다. 이제 우리는 현대전modern warfare의 완벽한 표적이 되었고, 우리를 위협하려는 세력은 우리의 손안, 우리의 눈, 그리고—아직 실현되지 않았다 하더라도—우리의 마음속까지 침투할 수 있는 각종 기기를 통해 쉽게 접근할 수 있게 되었다.[32]

다시 생각해 보면 이 모든 상황은 두려움을 불러일으키지만, 스톨마이어의 우려는 오히려 우리에게 강점이 될 수 있다. '취약한 사이보그'라는 개념은 양면적이기 때문이다. 이는 우리가 더 많은 위험에 노출되어 취약해졌다는 뜻이지만, 동시에 미국의 사회복지학 연구자이자 베스트셀러 저자인 브레네 브라운Brené Brown이 말하듯 "불확실성과 위험, 그리고 감정적 노출을 기꺼이 수용하는 의지"를 가졌다는 것을 의미한다.[33]

즉, 우리는 이 취약성을 외면하는 대신, 오히려 그 위험과 불완전함을 끌어안는 선택을 할 수 있다는 이야기다.

브라운은 『나는 불완전한 나를 사랑한다The Gifts of Imperfection』(가나출판사, 2019), 『마음 가면Daring Greatly』(웅진지식하우스, 2023) 등의 저서를 통해, 취약함이 나약함weakness이 아님을 강조한다. 오히려 그것은 우리가 다른 누군가와 깊이 연결될 수 있게 하는 깊은 용기의 한 형태다. 그녀는 현대 사회의 "고독과 고립의 유행병"이란 현상의 주된 원인도, 사람들이 끊임없이 감정적으로 완벽해 보이려 하고 강해 보이려고 하며, 상처를 숨긴 채 두려움을 외면하는 데 있다고 지적한다.

나는 브라운이 기독교인임에도 불구하고, 인본주의자로서 그녀의 이러한 관점에 늘 큰 존경심을 가지고 있었다. 그녀는 감정적 공감 능력이 높다고만은 할 수 없는 인본주의자 청중 앞에서도, 우리가 어떻게 서로를 북돋아가며 '취약한 인본주의 vulnerable humanism'를 추구해야 하는지에 대해 여러 차례 강연해 온 바 있다.

스톨마이어가 내게 보낸 메시지에서 그녀는 자신의 내면 깊은 곳에 자리한 두려움을 솔직하게 털어놓았다. 단지 기술 정책 전문가들의 대화 그룹을 통해 알게 된[34], 비교적 낯선 상대였던 나에게도 그녀는 자신의 테크 인본주의가 '취약하다'라는 점을 숨김없이 드러냈다. 여기서 말하는 '취약함'은 브레네 브라운이 정의한 것처럼, 위험과 불확실성, 그리고 감정적으로 드러나는 순간을 기꺼이 받아들이는 적극적인 용기를 의미했다.

이처럼 스톨마이어는 실제로 '취약한 사이보그'로서, "인간적인 회복탄력성을 강화하고, 지나치게 비인간적이고 기계화된 부분은 약화시켜야 한다"는 자신의 신념을 삶으로 실천해 나가고 있었다.[35] 나는 그 질문에 답하며, 미래를 걱정하면서도 인류의 선을 위해 움직이는 그녀 같은 사람이 바로 내가 희망을 품는 이유임을 전했다.

대화 중에 그녀는 십 대 시절 학교에 자전거를 타고 다니며, 친구들과 함께 앞장서 맞바람을 막아가며 서로를 도와주었던 경험을 들려주었다. 마치 거위 떼가 순서대로 선두를 바꿔가며 이동하듯, 공동의 책임을 자연스럽게 나누었던 순간이었다.

이 대화를 통해 나는 멘토였던 톰 페릭을 떠올렸다. 그는 모든 목표를 다 이루진 못하고 떠났지만, 내게 인생의 방향을 잡도록 도와줬고, 그가 미처 이루지 못한 과업을 이어가는 보람을 느끼게 해 주었다.

이처럼, 테크 종교의 개혁이란 초자연적이거나 마법 같은 해법이 아니라, 평범한 우리가 서로 앞장서고 뒤받쳐 주면서, 영감을 주고받고, 필요한 때 함께 힘이 되어 주는, 그런 평범하고 따뜻한 인간적 연대 안에서 이뤄질지도 모른다.

※

테크 인본주의자인 케이트 오닐은 깊은 인간애를 바탕에 두고 일을 하는 듯하다. 특히 내가 테크 분야에 대한 그녀의 관점에 초점을 맞춰 인터뷰를 진행하면서, 그녀 인생에서 가장 큰 상처이자 전환점이었을 남편 카스텐Karsten의 2012년 자살에 대해 조심스럽게 질문했을 때, 그녀가 자신의 경험을 거리낌 없이 진솔하게 나누는 모습을 보며 더욱 그렇게 느꼈다.

그리고 "남편과 함께 있을 때도 이런 대화를 나누곤 했어요. 그는 늘 이렇게 말했죠. '거기엔 아무것도 없어… 아무 의미도 없다고.' 정말 끔찍하지 않나요?"라는 그녀의 회상에서, 나는 오닐이 얼마나 아픈 기억을 가지고 있는지 알 수 있었다.

카스텐 역시 많은 공학자와 마찬가지로 인본주의를 특별히 신봉하지 않는 확고한 비신자nonbeliever였다. 오닐의 저서에 따르면, 그는 인간을 "자각하는 영장류self-aware primates" 또는 "우리가 아는 한, 존재의 의미를 고민하는 유일한 동물[36]" 정도로 바라보았다. 그래서 그런지 그와 같은 깊은 질문, 다시 말해 우리가 왜 존재하는지에 대한 사색은 결코 가볍지 않게 다가왔다.

인간이 이 거대한 우주 한가운데서, 우리가 아는 한 오롯이 혼자임을 깨닫는 경험은 두렵고, 심리적으로 압박이 될 수밖에 없다. 우리가 추구하고 있는 바를 진정으로 채워줄 목적이 없을지도 모른다는 자각은 더욱 불안하게 다가온다.

그럼에도 불구하고, 오닐은 남편에게 이렇게 답했다고 한다. "맞아, 흥미롭지 않아? 우리에겐 스스로 의미를 정의하고, 그것이 무엇인지 탐구하며, 함께 새로운 의미를 만들어갈 수 있는 놀라운 기회가 주어졌어."

실제로 염세주의nihilism는 세속적일 수는 있지만, 인본주의는 염세주의와 다르다. 인본주의는 미리 정해진 삶의 의미가 아니라, 각자가 자발적이고, 독창적이며, 의미 있는 삶을 만들어갈 수 있다는 믿음을 바탕에 두기 때문이다.

오닐이 2015년에 출간한 『Surviving Death: What Loss Taught Me about Love, Joy, and Meaning(죽음을 넘어)』(CreateSpace)는 인간 조건, 사랑과 상실, 비탄을 견뎌내는 힘, 자립심과 도움을 받아들이는 태도, 그리고 그 밖의 복합적인 인생의 역설을 놓고 깊이 성찰한 책이다. 아버지와 남편을 모두 잃은 뒤, 그녀는 주변에서 "기도해 보라"는 권유를 받았고, 스스로 실용적이고 비종교적인 사람으로서 그 개념을 어떻게 받아들여야 할지 오랫동안 고민했다. 오닐은 기도가 초자연적 힘이나 기적을 불러온다고 믿지는 않지만, 단순히 누군가를 생각하는 것과는 분명히 다른, 기도라는 행위만의 힘과 존엄성을 인정하고 있었다.

이처럼 죽음과 상실을 겪으면서도 오닐은 인본주의적 태도를 잃지 않았다. 오늘날 AI가 인간의 창의력과 아이디어마저 흉내 내는 듯한 세계에서, 우리에게 유리하지 않은 여건을 극복하려면, 앞으로 더 많은 테크 인본주의자와 기술 분야의 영적 실천가들이 필요하다. 그리고 오닐의 이야기는 그런 노력이 실제로 가능함을 보여준다.

『Surviving Death』는 오닐의 남편과 아버지뿐 아니라, 결코 피할 수 없는 인간의 필멸성과 그 너머에 있는 인간성, 그 초월에 대한 명상적인 추도사이기도 하다. 오닐이 남편을 떠올리며 쓴 "우리가 가질 수 있는 건, 여기 있는 동안 우리가 스스로 만들어가는 의미뿐이에요"라는 문장, 그리고 "사랑은 죽음을 넘어 계속되며, 더 사랑하고 다시 사랑하며, 두려움 없이 사랑하는 것으로 승리합니다"라는 메시지는 여러 측면에서 우리에게 깊은 울림을 준다.[37] 이런 통찰은 내가 비종교적이고 재혼 가정의 장례식을 집전할 때, 위로의 말로 건네는 인본주의 설교이기도 하다. 동시에 이것은 진실을 찾는 모든 비종교인, 기술 인재, 또는 기업가에게도 꼭 전하고 싶은, 인생과 사랑에 대한 본질적인 진실 중 하나이다.

만약 우리 인간이, 수많은 다양성에도 불구하고, 결국 비트와 코드, 그리고 이성에 불과하다면—지금 우리가 정의를 실현하든, 천년 후에 겨우 실현하든, 혹은 끝내 이루지 못하든—그 자체가 별 의미가 없어질지도 모른다. 우리가 다음 세대에 기후 재앙을 초래하더라도, (2장에 소개된 효과적 이타주의 이론에 따르면 그게 인류 멸종까지는 이르지 않을 테니) 크게 중요한 일이 아닐 수도 있다. 이런 시각에서 보면, 우리는 결국 수억 명이 고통받는 현실을 무심히 두고서, 그저 거대한 회로기판 위의 갑판 의자만 다시 배치하는 셈이 된다.

누군가는 이 구조를 바꾸려면 결국 신의 존재—예수든, 아니면 기술 그 자체로부터 태동한 미래의 신이든—를 방정식에 끌어들여야 한다고 주장할 수도 있다. 여기서 오직 신성한 불꽃spark만이 인간을 단순한 컴퓨터와 구별해준다는 논리도 나올 수 있다. 하지만, 정작 이 불꽃이 우리 안에 없다면 우리는 머지않아 우리보다 더 뛰어나고, 더 똑똑하며, 더 빠르고 효율적으로 복제되는 새로운 존재에 의해 손쉽게 대체 당할 운명이 될지도 모른다—이것은 빠르게 AI 시대의 유력한 세계관으로 지지를 얻고 있다.

이렇듯, 테크 인본주의의 메시지는 상충하는 듯하면서도 유사한 사고방식 사이를 오간다. 신학적 입장은 다를지라도, 결국 어느 쪽도 인간의 복잡하고 깊은 가치를 충분히 평가하지 못하며, 테크 인본주의자와 영적 수행자는, 인간의 삶이 그 자체로 의미 있고 귀하다는 사실을 인정한다.

테크 인본주의는 인간을 지나치게 찬양하지도, 깎아내리지도 않는다. 그리고 기술적 진보와 철학적 염세주의는 굳이 공존할 필요도, 공존해서도 안 된다는 생각을 한다.

인간은 때로 두려움, 분노, 슬픔으로 괴로워하지만, 그런 감정을 피하거나 마비시키려는 시도는 오히려 기쁨을 누리고 사랑을 느낄 수 있는 우리의 능력을 잃게 만들 수 있다. 그런 감정을 경험하지 않는 삶에는 사랑 역시 설 자리가 줄어든다는 문제가 있다.

기술이 절대 사랑을 경험하지 못할 거라거나, 오직 사랑만이 인간과 기술을 완벽히 구분 짓는다고 믿고 싶지는 않다. 그런 일이 앞으로도 영원히 일어나지 않을 것이라 확신하는 것도 아니다. 다만 내가 강조하고 싶은 점은, 사랑이야말로 어떤 환경에서든 인간의 삶을 가치 있게 만든다는 사실이다.

나는 우리가 지금 개발하고 사용하는 기술 역시 언젠가 이 땅에서 살아갈 이들이 사랑을 경험할 수 있도록 만들어야 한다고 생각한다.

사랑은 정의와 떼려야 뗄 수 없으며, 정의에 헌신하지 않으면 지속 가능하고 의미 있는 사랑도 존재할 수 없기 때문이다.

이런 원칙들은 아직 미완성이고, 실제 세상에서 쉽게 실현되는 것도 아니지만, 이런 개념을 그냥 먼 미래로 떠넘기는 대신 원주민들의 지혜처럼 '일곱 세대 앞'을 생각해 보길 바란다. 그리고 우리가 볼 수 있는 세상과, 상상할 수 있는 미래의 세상에 사랑과 정의가 더 넓게 번질 수 있도록 하는 기술을 만들어가길 바란다.

이런 방향에 우리가 더 많은 관심과 에너지를 기울인다면, 지금 우리가 보고 있는 것보다 훨씬 더 나은, 더 도덕적인 기술적 선택도 가능할 것이다. 우리는 현재 우리가 하는 많은 노동과 노력이, 우리 존재의 무의미함에 대한 두려움을 가리고, 그에서 오는 괴로움을 잠재우려는 시도에 불과한 것은 아닌지도 돌이켜볼 필요가 있다.

만약 우리가 이 생에서 사랑받거나 사랑한다고 느끼지 못한다면, 언젠가 그 감정을 반드시 만나길 바라며 더 오래 살아가기를 원하는 것은 당연할지도 모른다. 때로는 인간 사이의 연결과 공동의 목적이 우리를 충분히 보상해 주지 못할지라도, 많은 사람이 더 쉽고 덜 고통스러운 삶을 꿈꾸는 것 역시 이해할 만하다.

과학소설이나 대중문화의 상투적 표현을 빌리자면, 우리가 사랑하지 못할 때 우리는 결국 로봇에 불과하다. 그리고 자신과 서로를 제대로 돌보지 못할 때, 우리는 쓸모없고 목적 없는 기계로 전락할 수 있다. 그런 상황에서는, 우리 자신을 더 뛰어난 기계로 대체하는 상상도 이상하지 않다.

그 순간 중요한 것은 돌봄의 질이 아니라, 기계의 효율성뿐이니까.

※

페이튼 크로스키가 책을 쓰는 데 루하 벤저민의 테크 인본주의가 큰 영감을 주었다는 사실을 깨닫고, 나는 그녀에게 또 어떤 작품이나 인물에 영향을 받았는지 물었다. 그러자 크로스키는 아프로퓨처리즘Afrofuturism*적 색채를 띠는, 여러 단편이 기술 문제를 깊이 있게 다루는 소설집 『Octavia's Brood(옥타비아의 자손들)』를 추천했다.

이 소설집에 실린 알렉시스 폴린 검스Alexis Pauline Gumbs의 단편 『Evidence(증거)』는, 기술로 파괴된 세상에서 젊은 흑인 여성이 과거를 되돌아보고, 이전과는 전혀 다른 방식으로 새로운 사회를 만들어 가는 과정을 보여준다. 그 이야기 속에서 구글은 "21세기의 팔림프세스트(고대 문서에서 글자를 지운 뒤 다시 쓴 흔적이 남아 있는 것)[38]"로 등장한다. 등장인물들은 이제는 낡아버린 검색 엔진을 이용해, "우리는 돈이 없고 … 기술은 넘쳐나며, 무엇이든 만들어낼 수 있는" 과거 세계에 대한 옛 흔적, 곧 인류학적 증거를 찾으려 애쓴다.[39]

이 새로운 세계에서 그들은 "그 누구도 굶주리지 않으며, 모두가 농업적으로, 영적으로, 신체적으로, 지적으로 성장하는 방법을 알고, 그 누구도 어떤 대상이나 사람을 소유하지 않는다. 심지어 도구조차 쓰지 않는다."

그렇다고 모든 것이 늘 쉽거나, 피곤하지 않은 것은 아니다. 오히려 그들도 지치고 힘들어한다. 하지만 소설 속 인물들은 자신이나 타인을 돌보거나 느끼는 능력 자체가 무너지는 지경에 이르는 것을 결코 용납하지 않는다. 이는 작품 속 한 인물이 "사랑, 그리고 우리 조상들

---

* 아프로퓨처리즘은 아프리카의 문화, 역사, 미래를 과학 기술, 판타지, 그리고 미래지향적인 예술과 결합한 문화 운동이다. – 옮긴이

이 '믿음'이라 불렀던 것"을 담아 편지를 마무리하는 장면처럼, 이것이 세상을 살아갈 가치 있는 이유이자 목적임을 다시금 확인하게 해준다.

케이트 오닐은 이렇게 말했다. "테크 인본주의자는 인류의 미래가 로봇이 우리에게 종속되거나, 인간보다 덜 똑똑해야만 보장된다고 보지 않는다. 오히려 로봇과 다양한 자동화 시스템이 어떻게 설계되고 운용되는지에 더 달려 있다고 생각한다. (…) 테크 인본주의자는 인류의 미래가 자비로운benevolent 로봇에 의해 결정되는 것이 아니라, 자비로운 비즈니스에 달려 있다는 점을 잘 알고 있다.40"

여기에 나는 한 가지를 덧붙이고 싶다. 테크 인본주의는 깨어 있든 잠들어 있든 한 명의 뇌가 작동하는 데 필요한 12와트의 에너지를 소비할 가치가 있는, 다시 말해 월 1.04달러(연 12.61달러)의 전기요금을 투자할 만큼 의미 있는 그 어떤 인본주의와 마찬가지로, '서로를 돌보고 관심을 기울일 수 있는 능력과 책임'을 그 어떤 비즈니스 논리보다 앞세운다는 것을.41

내가 가장 높이 평가하는 테크 인본주의자는 자비로운 비즈니스가 중요할 수 있다는 점을 알지만, 그것이 진정한 인간적 자비에서 비롯되는 경우에만 의미가 있음을 이해하는 사람이다. 그리고 인간적 자비를 기르는 일은 어렵지만 무엇보다 중요한 일임을 잊지 않는 사람이다.

즉, 기술 인본주의자는 오직 한 가지 목적을 가지고 기술을 대한다. 바로 사랑이 넘치는 세상을 만들기 위해, 개인과 집단의 역량을 높이는 것이다. 우리는 이 기준 하나로만 우리의 모든 창조물을 평가한다.

8장

공동체

지난해 크리스마스 직전, 한 설교자가 자신의 그룹flock에 속한 수백 명의 회원 앞에서 돈보다 도덕이 중요하다고 설파했다.[1] 그는 스포츠 코트에 각진 안경, 유선 이어버드를 착용한 모습으로, 노트북을 향해 활기차게 말을 이어갔다. 그가 앉아 있던 공간은 공유 사무실 안의 비좁은 유리방이었고, 사방에는 그의 열정적인 브레인스토밍 흔적이 가득한 일곱 개의 화이트보드가 둘러싸고 있었다.

온라인으로는 글로벌 사우스Global South 등 48개국에서 접속한 많은 청중이 지켜보고 있었다. 그는 이들에게 익숙한 성경적 비유를 인용하며, 냉혹한 자본주의 경쟁 속에서 영적인 삶이 위축되기 쉬운 시대임에도 불구하고 왜 자신의 공동체가 빠르게 성장하고 있는지 설명했다.

"사람들이 공동체에 참여하는 이유는 저마다 다릅니다." 그가 말했다. "돈만이 중요한 것은 아닙니다. 사람들은 실제로 더 깊은 삶의 목적을 가지고 있습니다."

그는 자신의 공동체에 합류한 수천 명 가운데 많은 이가 "인간의 조건에 관심이 있고, 민주주의의 미래를 염려하기 때문에" 시간과 에너지를 쏟는다고 강조했다. 그리고 말했다.

"이건 학술적인 논의가 아닙니다. 이론적인 이야기도 아닙니다. 우리는 미래 세대에 대해, 여러분의 행복, 세상을 바라보는 관점에 대해 이야기하고 있습니다. 이것은 하나의 거대한 (…) 패러다임 혁명입니다.²"

여기서 주목할 점은, 이 지도자가 공식적으로 서품을 받은 목사도, 종교인도 아니라는 것이다. 급속히 인기를 끌고 있는 그의 공동체는 교회도, 유대교 회당synagogue도, 사원도 아니다. 그가 인용하는 경전 역시 성경이 아닌, 전혀 다른 이야기에 기반하고 있다.

그가 든 예시는, 과거의 일로 여겨지는 2009년, 마이크로소프트의 엔카르타Encarta와 위키피디아Wikipedia 간의 정보 제공 방식을 둘러싼 싸움이었다. 그는 사명감에 불타는 자원봉사자들이 어떻게 대기업의 자금으로 운영되는 전문가 그룹을 이겨낼 수 있었는지에 대해 설명했다. "요즘 청소년이라면 구글 검색을 해봐야 이 이야기를 알 겁니다."

그 말을 한 설교자는 바로 데이비드 라이언 폴가David Ryan Polgar였다.

폴가는 테크 윤리와 책임성 문제에 집중하는 비영리 조직 '모든 테크는 인간이다ATIH, All Tech Is Human'의 설립자다. 이 조직은 맨해튼에 본사를 두고 있지만, 미국 전역과 해외 여러 도시에서 다양한 대면 프로그램을 운영한다. 강연, 친목 모임, 멘토링 기회, 경력 개발 자료, 그리고 위키피디아 스타일의 보고서 제공 등 다양한 활동을 하고 있다. 이 모든 활동의 목적은 "기술과 사회의 난제wicked issues를 해결하고, 공익에 부합하는 기술의 미래를 함께 만들어 가자"는 데 있다.³

ATIH의 핵심 전략은 바로 "책임 있는 기술 생태계"를 만들어가는 것이다. ATIH의 리더들은 기술 분야 안팎에, 기술이 이윤보다 윤리와 정의에 더 초점을 맞추길 바라는—그중에는 소외된 개인들도 많은— 사람들이 존재한다고 믿는다. 그리고, 이들이 반문화의 아이콘 티모시 리어리Timothy Leary가 말했듯 "같은 뜻을 가진 사람들을 찾을" 수 있다면, "강력한 세력"이 될 수 있다고 생각한다.

나는 ATIH가 꾸준히 다양하고 많은 참가자를 끌어들이는 모습에 놀랐다. 이 조직의 자원봉사자와 전문 리더십은 여성과 유색인종이 다수였고, 강연자들의 구성 역시 내가 경험한 어떤 기술 관련 사회 모임보다 훨씬 다양하고 이질적이었다. 청중들 역시 마찬가지였다. 그들은 위키피디아 관리자들처럼 직접적인 금전적 이득이 아니라, 열정과 호기심으로 프로그램에 참여하는 젊은 전문직 종사자가 주를 이뤘다. 여기서 강조하고 싶은 것은, 이들의 참여 동기가 반드시 경제적 혜택에만 있지 않다는 것이다.

많은 성공적인 종교 집단이 그러하듯, ATIH 또한 전문직 종사자들의 네트워킹을 촉진하는 일종의 인큐베이터 역할을 하고 있었다. 실제로 ATIH 참가자 수십 명을 인터뷰해 보니, 많은 사람이 기술이 전례 없는 권력을 지닌 현시대를 헤쳐 나가기 위해 공동체의 지원을 간절히 원하고 있다는 사실을 확인할 수 있었다.

ATIH는 이런 동료애에 대한 욕구에 주목해, 이에 부응할 수 있는 역량을 갖추고 있다. 이를 보여주듯, 홈페이지 상단에는 "공동체의 힘The Power of Community"이라는 문구가 젊은 청중 사진 위에 선명한 붉은색 블록체로 표시되어 있었다. 나는 이 메시지와 디자인을 처음 접했을 때, 과거 조사했던 수십 개의 교회 웹사이트가 떠올랐다. 실제로 ATIH와 종교 공동체 사이에는 여러모로 놀랄 만한 유사성이 있었다.

그리고 이 주제로 여러 차례 대화를 나눴던 2022년 2월 인터뷰에서 폴가는 "그런 식으로 작동합니다"라며 이를 공식적으로 인정했다.

왜 공동체인가?

이제 테크와 종교의 관계를 다각도로 비교해 온 이 책의 결론을 맺으며, 나는 ATIH를 새로운 형태의 테크 공동체^{congregation}로 제시하고자 한다. 지금까지 종교의 시각에서 바라본 테크의 특성들은, 사실상 테크나 종교 양쪽 모두에 우호적인 경우가 드물었다. 전통적인 테크 내러티브에 대한 긍정적인 대안조차도, 앞선 두 장에서 논의했듯 기술 분야의 독특한 목소리들을 이단자, 배교자, 인본주의자, 대안적인 영적 실천가 등 종교의 경계 너머에 위치한 원형^{archetypes}에 비유했다. 나는 이러한 접근이 현대 인본주의를 다루는 이 책의 전체적 기획 의도와 맞닿아 있기를 바란다.

이제는 분명해졌겠지만, 나는 종교의 일부 특성이 적절한 환경에서 사람들에게 진정한 혜택을 줄 수 있음을 인정한다. 성인이 된 이후로 나는 줄곧 종교 공동체에 매료되어 왔고, 직접 그 안에서 다양한 경험을 해왔다. 우리가 지금까지 살펴본 기술 문화의 여러 모습―기술 만능주의^{technosolutionism}, 디지털 청교주의^{digital puritanism}, 현세의 결핍을 기술적 유토피아의 약속으로 정당화하는 경향, 대체로 백인 남성 CEO와 투자자들이 일종의 사제 계층을 형성하는 특징, 스테인드글라스 대신 빛나는 스크린 앞에서 이뤄지는 일상의 몰입과 집착, 그리고 종말적 규모의 재앙을 불러올 수 있는 첨단 무기와 감시 시스템의 등장—을 고려하면, 테크 윤리학의 공동체^{tech ethics congregation} 역시 충분히 가능하다는 생각이 든다.

사진 설명: 모든 테크는 인간이다. 왼쪽부터: 엘리사 폭스, 샌드라 칼릴, 레베카 트위드, 데이비드 라이언 폴가, 조시 채플레인. 출처: 모든 테크는 인간이다.

실제로 하버드대 로버트 퍼트넘^{Robert Putnam}과 같은 사회학자들은 종교적 공동체가 회원 간의 사교적 네트워킹을 촉진하고, 서로에게 친절과 관대함, 그리고 상호 지원이라는 윤리적 이상을 실천하도록 고무함으로써 사람들을 더 나은 이웃이 되게 만든다는 점을 밝혀냈다. 퍼트넘이 공동체 의식의 성장과 쇠퇴를 분석한 기념비적 저작인 『나 홀로 볼링^{Bowling Alone}』(페이퍼로드, 2016)에서 보여주듯, 종교적 모임에 정기적으로 참가하는 완전한 무신론자는, 모임에 참여하지 않는 신자들에 비해 더 친절하고 협조적인 경향을 보인다는 것이 퍼트넘과 여러 학자의 연구 결과다.

8장 공동체 **441**

지난 십여 년간 듀크대, 교회 도시 기금Church Urban Fund, 영국 정신건강재단Mental Health Foundation, 미국 국립과학재단National Science Foundation 등에서 진행된 여러 연구는 현재 우리가 과거 어느 때보다 더 외로운 상태에 있다는 사실을 보여주었다. 특히 국립과학재단의 조사 결과에 따르면, 미국인의 절반 이상이 가족 이외에 비밀을 나눌 사람이 없는 것으로 나타났다.[4]

이 문제는 심각하다. 외로움은 심리적·신체적으로 다양한 부정적 영향을 미칠 뿐 아니라, 그 자체가 여러 문제의 원인이 되기도 하기 때문이다. 2015년 실시된 한 연구는 이 사실을 명확히 밝혀주고 있다.

> 전향적prospective 연구 70건의 누적 데이터를 분석한 결과 (…) 사회적 고립과 고독, 독거(獨居)는 모두 사망률mortality에 지대한 영향을 준다. 다양한 공변량covariates*을 통제한 뒤에도, 고독을 겪는 사람의 사망 확률은 26%, 사회적으로 고립된 경우 29%, 독거의 경우 32% 더 높아지는 것으로 나타났다.[5]

최근 오바마와 바이든 행정부에서 미국 보건총감을 지낸 비벡 H. 머시Vivek H. Murthy 박사는 자신의 저서 『우리는 다시 연결되어야 한다Together』(한국경제신문, 2020)와 다양한 공적 활동을 통해 인간관계 위기의 본질을 깊이 있게 파헤쳤다. 머시는 미국 사회에서 인간관계의 위기를 촉진하고 악화시키는 주요 원인 중 하나로 소셜 테크를 꼽았다. 그가 강조하는 대로, 소셜미디어가 "청소년 정신 건강에 부정적 영향을 준다"라는 증거가 지속적으로 증가하고 있으며[6], 이러한 현실

---

* 연구 결과에 영향을 미칠 수 있는 변수들을 의미한다. 예를 들어, 어떤 약의 효과를 연구할 때, 환자의 나이, 성별, 기존 질환 등이 공변량이 될 수 있다. – 옮긴이

은 ATIH와 같은 테크 기반 공동체를 둘러싼 잠재적 논란과도 맞닿아 있다.

따라서 ATIH가 테크 업계에서 인간 연결에 대한 욕구의 일부만 충족시키더라도, 그 의미는 결코 작지 않다. 종교적 차원의 공동체congregation는 단순한 커뮤니티community 이상의 역할을 수행한다는 점도 분명하다.

나는 ATIH의 존재를 2018년, 창립 초기 친구들과 내가 이끌던 인본주의 공동체 회원들이 보내준 이메일을 통해 처음 알게 되었다(참고로 그 해 내 인본주의 공동체는 문을 닫았다). 당시 이들은 내가 테크와 인간성의 접점을 찾는 여정을 시작했다는 사실을 알고, ATIH 소식을 꼭 알려줘야겠다고 생각했다.

그러나 얼마 지나지 않아 팬데믹이 찾아왔고, 여러 이유로 2021년 말이 되어서야 비로소 나는 ATIH 행사에 참석할 수 있었다. 처음으로 참여한 것은 '책임 있는 테크 대학 서밋Responsible Tech University Summit'이라는 하루짜리 온라인 프로그램이었다. 이 과정은 기술 윤리와 학생 생활의 접점을 집중적으로 다루었다. ATIH의 다른 프로그램들 역시 "소셜 미디어 개선"이나 "AI 윤리를 위한 사업적 근거business case" 등 대표적인 기술 윤리 이슈를 주제로 운영되고 있었다. 하지만 참가자들은 그 주제들 이상으로 공동체적 경험에 깊이 몰입하는 모습을 보여주었다.

트위터 신뢰와 안전Trust and Safety 팀 출신인 새라 후세인Sarah Husain은 2022년 5월 맨해튼에서 열린 행사에서 나에게, 동료들 다수가 ATIH와 그 모임의 주최 역량을 높이 평가한다고 전했다(이후 2022년 11월 일론 머스크가 신뢰와 안전팀을 해체하면서 그녀 역시 회사를 떠나야 했다). 또한 뉴욕 ATIH 모임에서 만난 차나 디치^(Chana Deitsch)는 바루크 뉴욕 시립대학교^(Baruch College) 학부생이었고, ATIH의 놀라운 멘토링 프로그램이 취업 기회와 추천서 제공뿐 아니라 자신감과 소속감까지 키워줬다고 말했다.

"여기 있는 모두가 세상에서 무언가 긍정적인 것을 이루기 위해 노력하고 있어요." 디치는 ATIH에서 쌓은 경험을 바탕으로 기술과 사회 분야에서 박사 학위를 따는 것이 목표라고 밝혔다.

다른 예로, 오리건 주립대에서 AI 분야 대학원 연구조교로 활동하는 켄드라 비어스^(Kendra Beers) 역시 공동체를 찾는 과정에서 ATIH를 알게 된 효과적 이타주의자^(EA)다. 그녀는 ATIH가 내세우는 테크 윤리와 사회 정의 철학이 EA 동료들과 종종 충돌한다고 인식하고 있다. 그럼에도 불구하고, 비어스는 ATIH의 책임 있는 기술 대학 프로그램 세션에서 양 진영이 "서로 동문서답하는^(talking past one another)" 습관만 멈춘다면 그 간극은 충분히 좁힐 수 있다는 낙관적인 입장을 피력했다.

알렉스 사르키시안^(Alex Sarkissian) 역시 ATIH의 의미를 강조한 인물이다. 그는 딜로이트^(Deloitte)에서 컨설턴트로 일했고, 월마트 소유의 테크 스타트업에서 성장 마케팅 담당 수석 관리자를 거쳐, 현재는 뉴욕 유니온 신학대학원^(Union Theological Seminary)에서 불교 군종 후보생으로 공부하고 있다. 그는 자신이 ATIH 모임에 참여하는 이유에 대해 "ATIH 공동체가 테크 문화를 가장 높은 인간의 열망과 가치에 부합시키기 위해 근본적인 변화를 추구하고 있기 때문"이라고 설명했다. 그러면서 이 조직이 "나의 상하^(sangha, 불교 공동체)에 더해, 일종의 영적 공동체가 될 잠재력을 지녔다"라고 덧붙였다.

종합적으로 나는 ATIH에서 상호 지원, 윤리적 성찰, 종종 간과되기 쉬운 '재미'까지, 다양한 이유로 모인 진지하고 명석한 회원들을 만날 수 있었다. ATIH 참가자 가운데 임원급 기술 인사는 거의 찾아볼 수 없었다. 이 점은 이해관계자(stakeholders)를 통합해 효과적인 행동(effectual action)을 유도할 수 있다는 조직의 주장을 약화시킬 수 있지만, '동조자'들을 더 높은 자리로 끌어올리는 일종의 포퓰리즘을 의미할 수도 있다.

'모든 테크는 인간이다(ATIH)'는 최근 폭발적으로 성장하고 있다. 만약 이 단체가 교회였다면, '메가(mega)'라는 수식어가 붙었을 것이다. 2021년 이후로, 글로벌 사우스에 속한 10여 개 국가를 포함해 88개국에서 약 7,000명이 ATIH의 슬랙(Slack) 채널에 가입했으며, 500개가 넘는 테크 기업과 관련 조직들이 이 단체의 온라인 포럼 같은 다양한 이벤트에 참가했고, 테크 분야 진출에 관심이 있는 이들의 목록인 "책임 있는 기술 인재 풀(responsible-tech talent pool)"에는 수천 명이 이름을 올렸다.[7]

실제로 맨해튼 미드타운에서 열리는 월례 모임은 퇴근 후 참석하려는 이들로 길게 줄이 늘어서고 있다. 2023년 가을, 책임 있는 테크 멘토링 프로그램의 경우 정원 275명에 지원자가 543명에 달했고, 최근 런던에서 열린 한 행사에는 760명이 지원했으나 250명만 입장할 수 있었다. 이 모임은 뉴욕시의 캐나다 영사관, 워싱턴 D.C. 오스트레일리아 대사관 등 저명한 장소에서 개최하고 있으며, 여러 도시에서는 풀뿌리 위성 그룹들이 자발적으로 생겨나고 있다. 온라인 행사에는 50개국 이상에서 참가자가 모이며, 800여 명의 자원봉사자들은 크라우드소싱 보고서 실무 그룹에서 활약 중이다. 이런 규모는 웬만한 교회나 유대교 예배당, 사원이 부러워할 만한 수준이다.

'모든 테크는 인간이다(ATIH)'의 "책임 있는 테크 가이드", 출처: ATIH

    조직이 성장하면서 폴가는 자신의 비전에 공감하고, 때로는 그 비전을 더욱 확장할 수 있는 역량을 가진 인재들을 적극적으로 채용했다. 사무총장 레베카 트위드Rebekah Tweed는 2020년 ATIH의 첫 번째 주요 공개 프로젝트였던 '책임 있는 테크 가이드Responsible Tech Guides'에 자원봉사자로 참여하며 조직과 인연을 맺었는데, 이후 2021년, 폴가를 제외하고 ATIH의 첫 번째 상근 직원이 되었다. 이때 포드 재단Ford Foundation에서 향후 2년간 두 사람에게 30만 달러를 지원하겠다는 약속이 결정적 역할을 했으며, 트위드는 공동체의 가치와 에너지에 깊은 인상을 받아, 자신이 주도하던 "윤리적 AI 분야 구인 게시판job board for roles in ethical AI" 프로젝트를 ATIH와 통합시켰다.

    여기서 흥미로운 점은, 그보다 불과 몇 년 전만 해도 트위드는 청소년 설교자로서 기타를 치며 기독교 록 음악을 부르던 사람이었다는 것이다. 처음에는 이 사실을 오프더레코드로 나눴는데, 이는 아마도 세속적인 테크 업계 분위기에서 오해를 살까봐 조심스러웠던 듯하다.

하지만 이러한 경험은 오히려 그녀가 인재를 채용하고 ATIH가 추구하는 방식과 역량에 중요한 의미를 지니게 했다. 이렇듯, 다양한 배경을 갖춘 인물이 모이고, 이들이 자신의 경험을 바탕으로 조직의 가치를 넓혀가는 과정이야말로 ATIH의 강점 중 하나다.

2023년 9월, 폴가는 회장으로 자리를 옮기며 더 큰 그림에 집중하기 위해 사무총장 역할을 레베카 트위드에게 넘겼다. 폴가는 전직 변호사로, 독특한 카리스마를 지녔으며 지난 10여 년간 ATIH의 아이디어와 네트워크를 구축해 온 핵심 인물이다.

2010년대 초, 코네티컷 주의 예산이 부족한 두 소규모 대학에서 상법을 가르치던 젊은 교수였던 폴가는, 점차 사회·문화 전반에 깊숙이 들어온 기술의 윤리적 문제에 주목했다. "테크 윤리학자tech ethicist"라는 직함도 그가 만들었다는 이야기가 있다. 이후, 폴가는 디지털 건강과 "더 나은 테크 미래를 창조하는 것"에 대한 글을 꾸준히 발표해 왔다. 2013년 전자책 『Wisdom in the Age of Twitter(트위터 시대의 지혜)』에서는 "8시간 동안 휴대전화를 손에 쥐고 있지 않다면, 그 시간 동안 무슨 일이 일어날까 두렵지 않은가?"라는 질문을 독자에게 던지기도 했다. 또 그는 2017년 「미디엄Medium」에 게재한 글에서, 기술 디자인은 단순히 합리성이나 효용utility만을 반영해서는 안 된다는 주장을 펼쳤고, 이 글에 수백 개의 댓글이 달렸다. 이 경험이 계기가 되어, 1년 뒤 같은 이름의 조직ATIH을 설립하게 되었다.

폴가는 어린 시절 복사altar boy로 활동했으나 지금은 더 이상 종교를 믿지 않는다. 하지만 가톨릭의 도덕적 우화는 다양한 분야의 사상가와 정책 입안자와 소통하는 그의 방식에 큰 영향을 주었다. 그는 "대표성 없이는 적용도 하지 말라no application without representation*"와 같은

---

* 징세나 법규는 그 규정의 적용 대상이 되는 집단이나 개인의 의견이 의사 결정 과정에 반영되지 않았다면, 그들에게 적용되어서는 안 된다는 의미다. "대표성 없이는 과세할 수 없다(no taxation without representation)"는 미국 독립 혁명기의 유명한 구호를 변형한 표현이다. — 옮긴이

재치 있는 발언(때로는 진부하게 들릴 수도 있는 농담)을 한 사람으로 잘 알려져 있다. ATIH의 비즈니스 모델 또한 "무대 위의 현자 sage on the stage"가 아닌, "곁에 선 안내자 a guide on the side"라는 점을 강조한다.

ATIH 프로그램의 참여적 특성은 전직 구글러 트리스탄 해리스 Tristan Harris가 만든 '인간적 기술 센터 Center for Humane Technology 8'와 비슷해 보여도 실제로는 개인의 사고 리더십을 더 중시하는 조직들과 뚜렷한 대조를 이룬다. 폴가는 기술 분야의 담론에 영향력을 행사할 기회를 결코 주저하지 않는다.

이렇듯, ATIH는 풀뿌리 bottom-up 모델과 상의하달식 top-down 방식을 모두 병행한다. 풀뿌리 접근은 창의적인 아이디어가 넘치지만 실질적인 실행력이 부족한 경우가 많고, 상의하달식 방식은 실행력이 강점이지만 아이디어의 다양성이 떨어질 수 있다. 그런 이유로 ATIH는 두 방식을 나란히 적용하는 것을 택했다.

이 조직은 참가자들에게 회비를 받지 않으며, 전체적인 의사결정도 폴가와 소수의 팀이 주도한다. 운영에 필요한 자금 역시 주로 그들이 직접 유치한 주요 기부금에 의존한다. 그럼에도 지금까지 ATIH 내부에서는 조직의 민주성이나 운영 방식에 대해 심각한 문제 제기가 등장한 적은 없다.

신격화된 설립자

신학과 기술, 두 분야 모두에 회의를 느끼고 있었지만, 나는 ATIH에서 때때로 '나만의 테크 부족 tech tribe'을 만난 듯한 소속감을 느꼈다. 2022년 5월 뉴욕에서 열린 ATIH 이벤트에서 내부 갈등의 조짐이 보였던 상황도, 개인적 연결감이 있었기 때문에 더 크게 다가왔던 것 같다. 어쩌면, 그 갈등은 전통적인 교회들이 종종 겪었던 분열과 비슷한 성격일 수도 있겠다는 생각이 들었다.

행사의 분위기는 처음부터 뜨거웠다. 뉴욕에 위치한 캐나다 영사관의 밝고 세련된 공간에서 열린 이 모임에서, 캐나다 측 외교관들은 ATIH 행사를 유치하게 된 것에 대해 진심으로 기뻐하는 모습을 보였다. 이 행사에서 캐나다의 전직 법무장관 어윈 코틀러Irwin Cotler가 개회사를 맡았다. 코틀러는 소속 정당 수장인 쥐스탱 트뤼도Justin Trudeau로부터 넬슨 만델라Nelson Mandela 장례식에 캐나다 대표로 참석해달라는 요청을 받을 정도로, 국제적으로 신망을 얻고 있는 인권 전문가다. 그는 이날, 홀로코스트 기억 및 반유대주의 대응 담당 캐나다 특별 대사의 자격으로 참석해 의미를 더했다.

코틀러는 "이 나라는 거짓 정보에 취약합니다"라며 연설을 시작했다. 그는 기술적 무책임성이 도널드 트럼프의 당선에서 1월 6일 국회의사당 폭동에 이르기까지, 최근 몇 년간 미국 정치가 불안정해진 주요 원인으로 꼽으며, 캐나다 역시 예외가 아니라는 점을 강조했다. 그는 "여러분의 친구이자 동반자로서, 캐나다도 취약합니다"라고 말하며, 위기의식을 분명히 드러냈다.

이어서 단상에 오른 폴가의 연설은 즉각 설교에 가까운 울림을 주었다. 그는 "대표성 없이는 적용도 없습니다. (…) 버펄로부터 크라이스트처치에 이르기까지"라고 언급하며 기술이 부정적으로 작동한 최근의 두 총기 난사 사건(미국 버펄로, 뉴질랜드 크라이스트처치)을 짚었다. 이어 "우리는 성인, 시인, 윤리학자, 예술가, 변호사… 모두가 필요합니다. 바로 여러분입니다"라고 청중을 적극적으로 포용했다.

이날 행사는 대학 강의처럼 기술 정책을 다루는 다양한 토론이 이어졌지만, 연사들은 여러 차례 가치, 희망, 공동체, 친절, 그리고 인간애와 같은 교회 공동체를 연상시키는 주제로 발걸음을 돌렸다.

하지만 그날 늦은 오후, 잠재적인 문제가 감지되기 시작했다. ATIH 대규모 이벤트 중 처음으로 세계 최대 테크 기업 출신이 초청 연사로 무대에 올랐기 때문이다. 당시 메타Meta의 프로그램 관리자였던 하샤 바틀라페누마티Harsha Bhatlapenumarthy였다. 그녀는 기술 통치governance와 공공 정책에 집중해 발표를 이어갔다.

"테크 정책과 소셜미디어: 우리는 어디로 향하는가?"라는 제목의 패널 토론에서 바틀라페누마티는 메타Meta의 최근 문제—거식증을 조장하는 콘텐츠부터 선거 기간 거짓정보 확산, 케냐 콘텐츠 조정자들에 대한 노조 파괴 및 인신매매 관련 제소에 이르기까지—를 명확히 언급하지 않았다. 또한 메타의 윤리적 책임에 대해서도 구체적이지 않고, "콘텐츠 조정자의 성공적인 업무를 지원하는 데 중점을 둔다"라는 식으로만 설명했다. 이런 발언은 메타를 둘러싼 다양한 의혹과 비판을 고려할 때 설득력이 부족해 보일 수밖에 없었다.

현장에 있던 참석자 중 상당수는, 메타 측이 패널 내 다른 연사로부터 직접 반론을 받지 않고 그냥 지나가는 방어적 입장에 놀라는 표정이었다. 같은 패널에는 페이스북의 정치 광고 부문 글로벌 책임자를 역임했고 내부고발자로도 이름난 야엘 아이젠스타트Yaël Eisenstat가 포함돼 있었으며, 그녀는 행사 마지막 연설도 맡았기 때문이다.

판이 달라진 건 바로 그 직후 진행된 벽난로 담화fireside chat에서였다. 여기서 아이젠스타트는 바틀라페누마티가 언급하지 않은 메타의 문제점들을 조리 있게 지적했다. "저 역시 메타가 자사 플랫폼에서 폭력적이고 기만적인 콘텐츠가 확산되는 것을 원치 않는다고 믿습니다. 하지만 그들이 자신의 비즈니스 모델만큼은 바꾸려 하지 않는 것은 분명해 보입니다."

그녀는, 신진 엔지니어들이 기업에 보다 비판적인 시각을 갖고 질문하도록 고무되고 있다며, 무엇보다 "기업들이 창업자를 신처럼 떠받드는 일을 멈출 때"야말로 더 근본적인 변화가 가능할 것임을 강조했다.

행사 전날, 나는 아이젠스타트를 뉴욕 다운타운에 있는 그녀의 아파트에서 만나 두 시간 동안 인터뷰했다. 전직 CIA 요원이자 당시 부통령이던 조 바이든Joe Biden의 고문을 지냈던 그녀는, 2018년 6월부터 11월까지 짧은 기간 동안 페이스북에서 정치 광고가 공정 선거를 해치지 않도록 감독하는 글로벌 책임자 역할을 맡았다. 그 자리를 떠나면서, 아이젠스타트는 「워싱턴포스트」에 글을 기고해, 페이스북 경영진이 "우리를 조종해 이윤을 얻고 있다"라며 "이 회사가 민주주의를 훼손하고 있다"라고 비판했다.[9] 인터뷰 중에 그녀의 강아지가 내 노트북을 슬쩍 물어뜯는 소소한 장면이 오갔고, 우리는 테크 업계의 종교적 속성에 대해 깊이 있게 이야기했다. 그녀는 신문에 기고한 칼럼처럼 직설적이었지만, 동시에 세심하고 따뜻하며, 친절함을 잃지 않았다.

아이젠스타트는 2022년 2월 쓴 에세이에서도 '예외주의exceptionalism'—이 책에서 논의한 '디지털 순결주의digital puritanism'와도 겹치는 개념—가 테크 기업의 핵심적인 속성임을 날카롭게 지적했다. 테크 기업들은 한 손으로는 심각한 해악을 일으키면서도, 다른 한 손으로는 스스로를 자찬하며 자기 정당성을 강조한다는 것이다. 그녀는 "테크 복음주의자들에게 '파괴disruption'가 일종의 성배가 됐다"라고 덧붙였다.[10]

이 질문은 나에게 좀 더 본질적인 고민을 던져주었다. 다양한 사람을 모으고, 인류애와 윤리라는 가치를 내세우는 이런 조직이 정말로 윤리적 책임이 결여된 포춘 500대 기업이나 억만장자들과 타협하며 공존할 수 있을까? 폴가와 트위드를 비롯해 점점 늘어나는 베테랑 전문가들을 위한 재정이 대부분 대규모 기부에 의존하는 상황에서, 유혹을 뿌리칠 수 있을 만큼 여유가 있을까? 어쩌면 이런 재정적, 가치적 긴장이 언젠가 ATIH 공동체 안에 돌이킬 수 없는 분열을 불러오게 되는 것은 아닐까?

디지털 주일학교

2022년 9월, 나는 '어린이를 위한 더 나은 테크 미래 건설Building a Better Tech Future for Children'이라는 행사를 찾았다. 이 행사는 ATIH와 전설적인 어린이 TV 프로그램 세서미 스트리트Sesame Street와 연결된 비영리 연구 기관인 세서미 워크숍 산하 조운 간츠 쿠니 센터Joan Ganz Cooney Center가 공동으로 주최한 것이었다. ATIH 입장에선 꽤 전략적인 제휴였다. 사실, 모든 공동체에는 '주일학교' 같은 다음 세대를 위한 교육 모델이 필요하다. 공동체, 인류애의 발전, 더 나은 세상을 꿈꾸는 조직이라면 언젠가는 아이들을 조직의 가치에 맞춰 성장시키는 프로젝트를 기획해야 하기 때문이다. 이렇듯, 많은 사람이 어린이를 위해 더 좋은 세상을 바란다는 이상주의적 이유도, 조직이 미래에도 긍정적으로 남고 싶다면 반드시 다음 세대를 염두에 둬야 한다는 현실적인 이유도 모두 납득이 간다.

행사장으로 향하면서 나는 맨해튼의 링컨 센터 앞을 지나쳤다. 그곳에 있는 뉴욕시 발레단 전용 극장은 고(故) 데이비드 코크$^{David\ Koch}$의 이름을 달고 있었는데, 코크는 자유 지상주의를 지향하는 석유화학 재벌, 미국 정치 지형을 극우로 바꾸기 위해 1억 달러 이상을 투입한 인물이다. 코크의 화려한 기부 덕분에 그의 정치적 행보는 쉽게 받아들여졌고, 영향력을 갖게 됐다. 이는 오랜 세월 반복된 전략이기도 했다. 자선은 극단적 이미지를 누그러뜨리고, 세금이 공제되는 기부금으로 비영리단체들을 지원해 사회의 주류 영향력을 구매하는 수단이 되기도 하니까.

나는 인본주의자답게 이런 징후에 과민하게 반응하는 편은 아니지만, 이번 ATIH 행사의 시작 전에는 불편한 예감이 들었다.

행사장 벽에는 실물 크기의 빅버드, 엘모, 쿠키 몬스터 벽화가 가득했다. 그곳에서 폴가는 나에게 ATIH의 신임 파트너십 총괄 샌드라 칼릴$^{Sandra\ Khalil}$을 "우리 조직을 한 단계 더 성장시켜 줄 인물"이라고 소개했다. 칼릴은 "일부 테크 윤리 조직들은 말만 앞세우고 행동은 하지 않죠. ATIH는 그들이 부끄러움을 느낄 만큼 실제로 움직이고 있습니다"라고 말했다.

나는 그 말이 구체적으로 어떤 의미인지 물었다. 칼릴은 "우리는 변화를 만들고 있어요. 가진 자원은 적지만, 테크 윤리 현장에서 제대로 실현되지 않는 것들을 찾아내서 직접 실행하고 있습니다"라고 답했다.

나는 자연스럽게 "정말 근성이 대단하네요^{scrappy}"라고 덧붙이며, 그녀를 움직이게 하는 원동력이 무엇인지 궁금해했다. 칼릴은 미 국무부, 국토안보부, 그리고 맨해튼 지방 검사실, 특히 특수 피해자 지원실에서 일해 온 인물이다. 그런 그녀가 왜 TV 드라마에나 나올 만한 화려한 경력을 뒤로하고, 테크 윤리 공동체로 옮겨왔을까?

8장 공동체 453

화려한 경력만 보면 누구보다 확실한 '내부자'처럼 보이지만, 칼릴은 오히려 외부인의 문제의식을 품고 ATIH에 합류했다. 그녀는 변호사 자격이 없는 상태에서 "기존 질서에 도전하겠다"는 뜻을 갖고 있었지만, 예전 직장에서는 "제대로 역량을 펼칠 기회를 거의 얻지 못했다"라고 털어놓았다. 현실적으로 자신의 급여가 기존 시스템 유지를 통해 나오는 상황에서, 어디까지 도전할 수 있을까 하는 의문도 생겼다.

이날 행사에서는 레고LEGO 그룹에서 디지털 게임, 메타버스, 어린이 안전을 담당하는 수석 기업 변호사 엘리자베스 밀로비도프 박사의 기조연설이 있었다. 박사는 어린이의 복지를 고려한 디지털 환경 설계에 대해 인상적인 이야기를 나눈 뒤, 오미디야 네트워크Omidyar Network나 틱톡 같은 영향력 있는 기업 관계자, 그리고 젊은 운동가와 함께 패널 토론을 이어갔다. 이때 온라인 청소년 보호와 관련된 다양한 노력이 공유됐고, 서로 협력하면 더욱 긍정적인 결과를 낼 수 있다는 낙관적인 분위기가 퍼졌다.

"디지털 공간 역시 청소년들에게 충분히 긍정적인 역할 모델이 될 수 있습니다." 사회자인 미나 아슬란Mina Aslan 또한 그렇게 강조했다.

패널에는 하버드 의대 교수이자 '미디어 소아과 의사mediatrician'라는 독특한 직함을 쓰는 마이클 리치Michael Rich도 자리했다. 그는 단순히 아이들이 테크 기기로 인해 어떤 위험에 노출되는지만 이야기할 것이 아니라, 오히려 아이들에게 직접 무엇을 원하는지 질문하는 것이 더 중요하다고 강조했다. 그의 이런 태도는 신선했지만, 오늘날의 테크 기기를 두고 "하지 마"라는 금지의 메시지로만 대응해서는 안 된다는 것을 소셜미디어를 담배에 빗댄 것에는 다소 거부감이 들었다.

소셜미디어와 담배를 동일시하는 것은 여러 측면에서 타당하지 않다. 수백만 명의 청소년이 흡연자가 된 것은 단순히 또래 압력 때문만이 아니라, 수십 년에 걸쳐 거대 담배 회사들이 의사와 과학자를 매수하며 담배 위험성을 축소·은폐했기 때문이다. 이는 불공정한 기업 전략과 노골적인 거짓말 덕분이었다. 나는 ATIH 운영진도 테크 산업에서 그런 식의 관행이 정당화될 수 있다는 식의 인상을 주고 싶어 하진 않을 것이라 생각한다.

결국 담배는 가장 강하게 규제받는 산업 중 하나가 됐다. 미국 공중보건국장의 경고문처럼, 실제 리치 박사의 최근 연구와 활동 역시 소셜미디어가 청소년 정신 건강에 악영향을 주고 있음을 알리는 데[11] 초점을 맞추고 있다. 하지만 이날 패널 토론에서, 리치 박사는 소셜미디어의 잠재적 해악을 짧게 언급하는 데 그쳤고, 전반적으로는 플랫폼 규제 그 자체보다는 오히려 "청소년의 복원력^{resilience}"을 기르는 쪽이 더 중요하다며 논의의 방향을 틀었다.

분명히 말하자면, 나 역시 청소년들이 소셜미디어를 완전히 끊을 수 있으리라 기대하지 않는다. 이 점에서 리치 박사와 생각이 같다. 하지만 나는 테크 업계와 사회 전체가, 아이들이 심각한 해악의 위험에 노출되지 않도록 보호할 윤리적 책임을 진지하게 받아들이지 않는다는 사실에 우려를 느낀다. 그리고 리치 박사의 다소 낙관적인 입장뿐 아니라, 그가 ATIH 모임에서 제시한 관점이 논의의 중심을 차지한 것 역시 실망스러웠다.

이후, 링컨 센터가 내려다보이는 세서미 워크숍의 아름다운 옥상 테라스에서 열린 와인과 치즈 리셉션에서, 나는 리치 박사에게 그런 우려를 직접 전했다.

"아이에게 스마트폰을 쥐여주는 건 전동 공구$^{power\ tool}$를 건네주는 것과 같다는 박사님의 비유에 깊이 공감합니다. 그런데 이것이 만약 부모가 자녀에게 전기톱을 들려주면서, 직접 나무를 베라고 부추기는 것과 같다고 하면 어떻게 생각하시겠습니까?"

그는 별로 미안하지 않은 어조로 "다 실없는 비유죠, 그렇게 말해서 미안합니다"라고 답했다.

"하지만 그 비유는 박사님이 하신 겁니다. 분명 '전동 공구'라고 말씀하셨잖아요."

"전기톱이라고 하지는 않았습니다."

박사님의 말에 내가 되물었다.

"그렇다면, 정확히 어떤 전동 공구를 말씀하신 건가요?"

어느 정도까지 책임을 져야 할까?

ATIH 같은, 이른바 '책임 있는 테크' 조직들이 기업과 밀접하게 연결된 연사들을 청중에게 충분히 공개하지 않은 채 초청하는 것은 어느 정도의 책임이 따를까? 그런 책임을 전혀 느끼지 않아도 되는 걸까? 그리고 그런 연사들이 내세우는 주제와 결론에 대해, ATIH가 공개적으로 질문하고 검증할 의무는 어디까지일까?

내가 이런 문제를 묻자, 리치 박사는 부모가 자녀의 테크 기기 선택에 더 많은 에너지를 쏟아야 한다고 답했다. 그런데 이 논리는 결과적으로 기기 사용의 책임을 테크 기업이 아니라 부모에게 떠넘기는 모양새였다. 실제로 리치 박사의 연구실은 2022년에만 약 6백만 달러의 자금을 모았고, 그 중에는 메타, 틱톡, 아마존 등의 지원이 포함돼 있었다. 틱톡 CEO 추 쇼우즈$^{Shou\ Chew}$는 2023년 3월 미국 의회 청문회에서, 미성년자 보호 사례로 유일하게 리치 박사의 연구실을 언급하기도 했다.

이쯤 되면 명백한 이해충돌이 아닐까? 이런 상황을 충분히 밝히지 않은 리치 박사와, 그에게 무대를 내준 ATIH 모두 윤리적으로 비판받아야 하는 것은 아닐까? 확실히 답을 내리긴 어렵다. 다만, 애초에 왜 아이들이 테크 기기에 맞서 '복원력'을 길러야만 하는지, 그 근본적인 질문은 제쳐두고, 오히려 복원력 자체만을 강조하는 리치 박사의 태도엔 왠지 모를 비인간적인 냉담함이 느껴져 우려스럽다.

ATIH는 스스로 어떤 기관이 되고자 하는가? 소외된 이들과 외부자, 그리고 집단적 인류 해방의 이름으로 권력에 맞서는 기관인가? 아니면, 기업 친화적인 다양성을 허용해 부유한 후원사들이 언제나 안락한 위치를 지킬 수 있도록 하는 곳인가? 성경의 말씀처럼, 그 어떤 개인도, 조직도 두 주인을 섬길 수는 없다.

이런 문제의식을 가지고 ATIH 네트워크 안에서 내 우려를 이야기했을 때, 반응은 복합적이었다. 「테크 폴리시 프레스Tech Policy Press」의 편집자인 저스틴 헨드릭스Justin Hendrix는 "기업의 후원으로 연구를 수행하는 것도 윤리적으로 가능하다고 생각합니다. 하지만 그러한 연구에서 부적절한 징후가 없는지 지속해서 비판적으로 검토하는 과정 역시 매우 중요하죠"라고 말했다. 참고로 「테크 폴리시 프레스」는 테크 산업의 주류 담론을 비판적으로 바라보는 학계 전문가들의 의견을 싣는 정책 저널이다.

나는 리치 박사와는 전혀 다른 관점을 가진 ATIH 참가자, 진 로저스Jean Rogers와 이야기할 기회가 있었다. 로저스는 어린이의 스크린 시간을 줄여야 한다고 강조하는 활동가이자 공동체 조직자로, 미디어와 기술 환경에서 "어린이와 가족이 진짜로 필요로 하는 것"을 지원하는 독립적인 네트워크, 페어플레이Fairplay 산하 '스크린 시간 행동 네트워크Screen Time Action Network'를 이끌고 있다.[12] 그녀와 상사인 페어플레이 디렉터 조시 골린Josh Golin은 부모라면 아이들의 테크 기기 사용에 대해 "진지한 걱정"을 해야 마땅하다고 주장하면서, ATIH 행사에서 보았던 것보다 훨씬 더 강한 우려와 긴장감을 보였다.

골린은 "우리는 기업 후원을 받은 적이 전혀 없습니다. 기업에서 돈을 받으면, 결국 어떤 방식으로든 영향에서 자유로울 수 없으니까요"라고 단호하게 말했다.

세서미 워크숍이 끝난 뒤, 나는 ATIH의 샌드라 칼릴, 그리고 새롭게 합류한 케이트 그윈Cate Gwin과 리셉션 테이블에서 복합적인 감정을 솔직하게 털어놓았다. ATIH 같은 조직이 성장해야 한다는 점에는 이견이 없다. 그러나 그 성장이 정말 올바른 방식, 그리고 윤리적인 방식으로 이뤄지고 있는지 어떻게 확신할 수 있을까? 나는 그냥 무작정 신뢰해서는 안 된다는 생각이 들었다.

팀 휴먼

세서미 워크숍 행사가 끝나고 몇 달 후, 나는 정기적으로 열리는 ATIH 월례 모임에 참석했다. 이번 행사는 스타트업 스튜디오이자 벤처 투자사인 베타워크스Betaworks의 미드타운 맨해튼 사무실에서 열렸다. ATIH는 언젠가 자체 상설 공간을 마련하겠다는 목표도 함께 밝혔다.

이날은 분위기가 확연히 달랐다. 연사로는 테크 비평가 더글러스

러시코프$^{Douglas\ Rushkoff}$가 초청됐다. 나는 2019년 그의 책 『대전환이 온다$^{Team\ Human}$』(알에이치코리아, 2021)를 읽으며, 책을 쓰고 싶다는 강한 영감을 받았던 기억이 있다. 러시코프는 『대전환이 온다』에서 기술이 종교인이나 인본주의자 할 것 없이 우리 모두를 대체하려는 위협이 되는 시대에, 인간다운 연결만이 우리가 붙잡아야 할 가치임을 강조하며, 고통, 두려움, 슬픔 같은 순간조차 우리가 서로 나누고 끊임없이 이어가야 할 권리이며, 그런 경험들이 결국 우리의 인간성을 확인하는 길임을 주장하고 있다.

"ATIH에 모인 모든 테크 브로$^{tech\ bros}$도 결국 인간입니다"라는 선언으로 시작된 러시코프의 강연은 열렬한 공감과 호응을 이끌어냈고, 그 역시 "마치 고향에 돌아온 기분이었다[13]"라고 말했다. 막 책 홍보 투어를 마치고 온 그는, 테크업계 억만장자들이 자신들이 만들어낸 지구 종말의 날에서 살아남으려 호화 벙커를 구입한다는 이야기를 비판적으로 언급했다. 이어서, AI가 인간을 '자동으로 맞춰주고 다듬는' 존재가 되어야 한다고 믿는 테크 기업가들의 논리와, 그런 기계적 사고에 매몰된 자본주의를 강하게 꼬집었다. 그는 오히려 이상하고, 질척거리며, 재미있고, 인간만이 가진 설명할 수 없는 특성들을 기꺼이 받아들이고, 거기서 의미와 기쁨을 찾으라고 청중을 격려했다.

행사 전, 폴가와 칼릴은 반권위주의적 의미를 담아, 러시코프에게 오토튠^{autotune} 마이크를 선물하기도 했다. 나는 이 자리가, 그동안 봤던 10여 차례의 ATIH 행사 중 가장 지도부가 편안하고 자연스러워 보였던 순간이라고 생각한다.

궁극적으로, 나는 ATIH가 인간을 소외시키며 부를 축적하는 테크 기업들의 들러리가 되는 대신, 러시코프가 말하는 '팀 휴먼'에 진정으로 기여하는 조직으로 자리 잡을 수 있기를 바란다. 더 인간적인 테크 미래를 만들기 위해서는 공동체의 연대와 협력이 필수적이라고 생각한다. 이 일은 결코 홀로 해낼 수 없는 과제이다.

민주주의와 테크노폴리는 공존할 수 있는가?

2024년 초, 이 책이 본격적으로 제작에 들어가고, 더글러스 러시코프의 맨해튼 강연이 열린 지 거의 1년이 지난 시점에서 나는 다시 한번 ATIH 공동체 지도부인 폴가와 여러 관계자에게 연락을 취했다. 이번에는 ATIH의 윤리적 의사결정 여부보다 훨씬 더 긴급한 이유 때문이었다. 조 바이든과 도널드 트럼프의 재대결이 예상되는 미국 대선이 코앞으로 다가오고, 생성형 AI가 매일같이 거짓정보(정보조작)의 새로운 위험을 확대시켜 가는 상황에서, 과연 미국과 전 세계 시민 사회가 테크 비평가 닐 포스트먼 Neil Postman이 일찍이 "테크노폴리 Technopoly[14]"라 부른 심각한 상황을 견뎌낼 수 있을지 두려움이 앞섰다.

포스트먼은 테크노폴리를 "전체주의적 기술 지배 체제[15]"라고 정의했다. 즉, 기술이 인간의 사고와 행위, 문화 등 모든 측면을 통제함으로써 우리 삶이 기술에 종속되는 상태를 의미한다. 그는, 이런 테크 업계의 커지는 힘이 세계 곳곳의 선거와 정치 지형에 영향을 미치고, 때로는 더 많은 독재 정권의 등장과 맞물릴 위험성을 날카롭게 묘사했다.

"믿기 힘드시겠지만, 몇 년 전만 해도 사람들은 제가 괜한 소란을 피운다고 생각했어요."

야엘 아이젠스타트는 줌 인터뷰에서 이렇게 말했다. "그런데 지금은… 예전보다 훨씬 더 걱정스럽습니다.[16]"

과거 반명예훼손연맹Anti-Defamation League에서 기술 정책을 책임졌던 아이젠스타트는, 현재 민주주의를 위한 사이버보안Cybersecurity for Democracy에서 수석 연구원으로 활동 중이다. 그런 그녀는 테크 업계가 도널드 트럼프의 재선을 돕거나, 그에 못지않게 심각한 부정적 결과를 가져올 수 있다는 우려를 강하게 표했다.

ATIH의 AI·데이터·공공 정책 담당 수석연구원 르네 커밍스Renée Cummings 역시, 민주적 참여와 무결성에 대한 위협이 그 어느 때보다 심각하다고 강조했다. 그녀는 1960년대 미국 남부에서 인종차별에 맞서 버스를 타고 다니며 캠페인을 벌였던 '자유의 여정단Freedom Riders'의 디지털 버전이 필요한 상황이 됐다고 비유했다.

이런 위기감 속에서 나는, ATIH가 이런 현실에 어떻게 대응할 계획인지, 그리고 공동체로서 어떤 저항과 지원 방안을 준비 중인지 듣기 위해 조직의 설립자와 마지막 통화를 준비했다.

데이비드 폴가는 테크 산업이 미국뿐만 아니라 전 세계 선거에 영향을 미칠 것 같다며 깊은 걱정을 표했다. 그러나 그는 약간의 희망도 함께 내비쳤다. 기술과 사회의 문제는 단순히 버튼 하나로 해결되는 것이 아니라, 루빅큐브처럼 복잡해서 어떤 상황이 닥치더라도 오랜 시간과 많은 사람의 집단적 노력이 필요하다고 본 것이다. 그리고 우리 세상은 결코 어린이 게임처럼 완벽하게 짜맞춰지지 않을 것임을 덧붙였다. 오히려, 어떤 정책 변화 한 번 혹은 특정 억만장자나 정치인이 올바른 결정을 내리는 것만으로 모든 문제가 해결될 것이라는 기대를 내려놓는 것이 더 큰 실망과 분노에서 우리를 자유롭게 한다는 그의 의견에 나 역시 공감한다.

또한 버지니아 대학 데이터 과학 교수이자 범죄학·심리학자로, 인종차별적 폭력과 억압의 트라우마를 연구하는 르네 커밍스 교수는

"AI가 사법 시스템을 획기적으로 개혁할 잠재성이 있다"라며 자신은 "대단히 낙관적 super optimistic 17"이라고 했다.

하지만 이 지점에서 마무리는 "인공지능에 관한 양당 상원 청문회 Bipartisan Senate Hearing on Artificial Intelligence 18"에 출석해, 상원 다수당 대표인 척 슈머 Chuck Schumer 와 다른 의원들에게 직접 메시지를 전한 아이젠스타트에게 돌아가야 한다고 생각한다. 그녀는 청문회에서, 정치권이 AI 문제를 지나치게 크고 복잡하며, 도저히 해결할 수 없는 것처럼 이야기함으로써 "어차피 전체를 한 번에 해결할 수 없다면 굳이 시도할 필요가 없는 것 아니냐"는 분위기를 만들어, 결국 아무 일도 하지 않게 되는 것은 아닌지 우려를 표명했기 때문이다.

아이젠스타트는 상원의원들의 "눈을 똑바로 쳐다보며", 아무리 문제가 복잡하다고 해도, 온라인 정치 광고에 대한 최소한의 규제나 기본적인 투명성 법안을 통과시키지 못할 이유는 없다고 강조했다. 지금 당장 정치인들이 해야 할, 그리고 할 수 있는 일은 얼마든지 많다는 것이다. 또한, 설령 기술이 인간성만큼이나 복잡하더라도 우리 모두가 할 수 있는 일 역시 충분히 많다는 사실을 분명히 밝혔다.

결론: 테크 중립주의는 인본주의다

> 불가지론자가 된다는 것은 역설과 난제를 모두 소중히 여긴다는 것이다. 이는 알 수 없는 것unknowable을 인정하면서도 그 한계를 탐구하고자 하며, 지적인 삶의 축제뿐 아니라 삶 자체의 축제 속에서, 열정적으로 실천할 수 있는 것을 말한다.[1]
>
> - 레슬리 헤이즐턴,
> 『Agnostic: A Spirited Manifesto(불가지론: 한 열정적 선언)』

2016년 초, 아내가 아들을 임신 중이었고, 나는 무신론 공동체 활동으로 분주하게 지내던 시기였다. 그런데 그 시기, 원하지도 않았던 작은 책의 홍보 카피가 집에 도착했다. 상앗빛의 간결한 표지에 얇은 선으로 그려진 동그라미들이 『Agnostic: A Spirited Manifesto(불가지론: 한 열정적 선언)』(Riverhead Books, 2016)라는 제목을 감싸고 있었다. 솔직히 말해, 처음엔 그 책을 대수롭지 않게 넘겼다.

사실 나는 '불가지론agnostic'이라는 단어를, 직업상 내가 마주치는 여러 유형의 사람을 지칭하는 수많은 명칭 중 하나쯤으로 여겼다. 인본주의자, 무신론자, 회의론자, 세속주의자, 자유사상가, 그리고 무신론자로서 선한 삶을 추구하는 비종교적 인물들처럼, 불가지론자도 그저 그런 명칭 가운데 하나라고 생각했다.

나는 '불가지론자'라는 표현을 특별히 좋아한 적이 없다. 대신 '인본주의자humanist'라는 말을 선호하는데, 이 용어는 우리가 무엇이 아닌지, 혹은 무엇을 믿지 않는지만을 강조하지 않고, 내가 누구인지, 그리고 우리가 무엇을 지향하는지에 더 초점을 맞추기 때문이다. 나는 불가지론자나 무신론자를 자처하는 사람들과 스스로 한 편이라고 생각했고, 그들을 열정적으로 지지하기도 했다. 그런데 시간이 지나면서 두 용어 가운데 '무신론'에 더 끌리게 되었다. 무신론은 신은 인간의 창조물일 뿐이라는 파격적 주장을 담고 있는데, 내 스승인 셔윈 와인Sherwin Wine은 흔히 "무신론자 랍비atheist rabbi"로 불렸다.

나는 신의 존재를 증명할 수 없기에, 불가지론자라고 할 수 있다. 하지만 이런 문제의식이 인본주의 세계에서 내 중심 관심사가 된 적은 별로 없었고, 내 입장도 특별히 단호하지 않았다. 사실, 나는 19세기 불가지론이라는 단어를 처음 제안한 토마스 헨리 헉슬리, 그리고 "위대한 불가지론자The Great Agnostic"로 불렸던 로버트 잉거솔 등이 직면한 불가지론 비판에 어느 정도 동의하는 편이었다.

불가지론이란 종교적 회의론에 대해 다소 흐릿하고 소극적이며, 쉽게 빠져나갈 수 있는 애매한 태도로 비판받곤 한다. 즉, 신의 존재 여부에 대해 명확한 입장을 내놓지 않고, 일종의 "허약한 불가지론weak agnosticism"에 머무른다는 것이다. 이런 태도를 요약해달라고 요청하자, 저명한 세속주의 사회학자 필 주커만은 "나는 해답을 모릅니다. 하지만 그게 접니다"라고 말했다.2

사실, 이런 비판이 헉슬리나 잉거솔에 들어맞는 것은 아니다. 두 사람 모두 자신의 불가지론을 실제로는 "강한 불가지론strong agnosticism3" —즉, 신의 존재에 대한 실제 탐구 또는 윤리적 성찰로까지 확장된 입장—으로 여겼다. 이렇듯, 사람들이 꼬리표를 붙이고, 명칭에 대해 논쟁하는 건 언제나 끝이 없다. 명칭을 둘러싼 논쟁은 앞으로도 사라지지 않을 것이다. 그래서 나는 대학원 시절에 익힌 습관대로, 이런 질문에 지나치게 집착하지 않으려 했다.

하지만 몇 년이 지난 뒤, 기술에 대한 내 양가적 시각—이 책 전반에서 다룬, 기술의 선과 가치에 대한 복합적 태도—을 곱씹으면서, 어느 순간 나 역시 '테크 종교'를 바라볼 때 우유부단한 불가지론자에 가깝다는 사실을 깨달았다. 내가 기존 종교에 대해 타인에게서 느끼던 그 미묘한 거리감과 결정을 미루는 태도를 느꼈기 때문이다. 나는 삶의 가장 본질적인 질문들에 대해, 나조차도 내 입장을 명확히 선언하지 못하고 있다는 자각이 들었다. 이런 불편하고 민망한 마음이 헤이즐턴의 책을 떠올리게 했고, 그제야 나는 처음으로 그 책을 제대로 읽기 시작했다.

그녀의 저서에서 나는, 불가지론이 단순히 '모르겠다'라는 태도를 넘어서, 하나의 인생관으로서 훨씬 더 풍부하고 깊은 미묘함을 담고 있다는 사실을 발견했다. "나는 나의 불가지론에 당당하다"라고 헤이즐턴은 선언한다. 영국계 미국인 작가이자 전 「타임」지의 예루살렘 특파원으로 정치와 종교를 주제로 글을 써온 그녀는, 자신이 불가지론에 자부심을 느끼는 이유를 이렇게 설명했다.

"그 핵심은 단순한 무지 not-knowing가 아니라, 어려우면서도 훨씬 더 흥미로운, '알 수 없음 unknowability 4'이라는 개념에 담긴 장엄한 모순 때문이다. 모든 것이 다 알아질 수 있는 것은 아니고, 모든 질문이 명확한 해답을 갖고 있는 것도 아니라는 것을 인정하는 것—이것이 불가지론의 출발점이다. 하지만 불가지론은 여기서 멈추지 않고, 알지 못함, 또는 모름 자체에서 생생한 기쁨을 찾는 단계로 더 나아간다."

사진 설명: 레슬리 헤이즐턴

인본주의자이자 동료 무신론자, 그리고 불가지론자들에게서 랍비 안수를 받은 사목으로서 나는 '장려한 모순'이라는 개념에 나름 익숙하다고 생각해 왔다. 하지만 이 지점에서 헤이즐턴은 오히려 나에게 가르침을 주었고, 깊은 영감을 주었다. 그리고 나 역시, 테크가 주장하는 여러 신적인 힘을 어떻게 받아들일지 뚜렷하게 알 수 없으면서도 스스로에게 당당할 수 있겠다는 생각이 들었다. 테크 종교의 애니미즘적 다신교—끝없는 우주에 흩어진 각기 다른 별들의 집합—에서 그 모든 '별'에 얼마만큼의 믿음을 둘지 세세하게 설명할 필요는 없을지도 모른다. 또는, 콘스탄티누스 황제가 신에게서 구하려 했던 '협동력 co-operating power 5'처럼, 그 잠재적 신성 divinity 을 지닌 수많은 스타트업의 영혼을 일일이 파악할 필요도 없었을지 모른다.

대신 나는 헤이즐턴이 '알 수 없음 unknowability'이라 부른 것, 그리고 그 개념이 우리에게 주는 힘, 기쁨, 양심과 진정성에 대한 긍정에 주목하게 되었다. '알 수 없음'에 편안해진다는 것은 결국, 우리 대신 확신을 가장하는 이들의 독단을 조용히 거부하는 태도이기도 하다. 헤이즐턴 역시 "모든 것이 알 수 있는 것은 아니며, 모든 질문이 항상 해답을 갖는 것은 아니다"라고 단호히 언급하면서, "불가지론은 그 최선의 형태에서 더 멀리 나아간다. 알지 못함not knowing6 그 자체에서 생생한 기쁨을 얻는다"고 말했다.

헤이즐턴은 스스로를 "랍비가 되는 것을 고민했던 유대인, 수녀원 학생, 어떤 종교 조직에도 속하지 않았으나 종교적 수수께끼에 매혹된 불가지론자"로 소개한다. 「뉴욕타임스」와 「뉴욕 리뷰 오브 북스」 등 유수 매체에서 저널리스트로 활약해 온 그녀의 표현을 읽으며, 나 역시 '알 수 없음'에서 기쁨을 찾고 싶다는 생각이 들었다.7 왜냐하면 전통적인 종교와 그 경계에서도 명확한 원칙을 가진 인본주의적 불가지론은 강한 도전을 던지기 때문이다. 물론 모든 종교의 성직자가 '모른다'고 말하는 이를 불편하게 느끼는 것은 아니지만, 불안정한 성직자일수록 당혹감을 느끼게 마련이다. 사기꾼이든, 불안으로 청중을 기만하려는 사람이든, 혹은 진실을 받아들일 용기가 없는 사람이든, 이런 이들은 원칙을 갖춘 즐거운 불가지론자 앞에서 당황한다.

이럴 때는 분노로 반응할 수도 있다. 그러나 당신은 침착함과 냉정함으로 그들을 맞서는 법을 익히라. 비록 평생이 걸릴지라도, 그 과정에서 선의를 가진 사람들과의 연결이 필요하더라도 말이다.

누구의 회의론이며, 누구의 '알 수 없음'인가?

여기서 해결되지 않은 중요한 질문이 하나 남아 있다. 건전한 회의론과, 눈과 이성을 믿어야 할 순간에 AI의 딥페이크 등 거짓 정보로 '의심을 조작'하는 우익 음모론자들의 회의론은 어떻게 다른가?

나는 리처드 도킨스와 샘 해리스 같은 지식인들이 여러 중요한 순간에 비판적 사고에서 벗어나 비이성의 함정에 빠진 주장을 지지했던 실수가 있었다고 생각한다. 그럼에도 불구하고, 회의론은 세속 인본주의 운동 안에서는 늘 긍정적으로 여겨지는 경향이 있다.

나 자신도 과학적 방법과 경험에 기대 결론에 도달하려는 회의론자라고 생각한다. 같은 방식으로 생각하는 세속적·과학적 사고의 동료들도 많다. 하지만 큐어난^{QAnon}, 반워크$^{anti-woke}$, 반-안티파$^{anti-antifa}$*, 그리고 선거 결과를 받아들이지 않는 이들도 스스로를 우리와 비슷한 '회의론자'로 여긴다. 우리는 어떻게 이런 그룹들과의 차이(혹은 의외의 공통점!)를 이해해야 할까?

이 질문들은 내가 MIT 슬론 경영대학원의 데이비드 랜드 교수와, 그의 연구 파트너인 코넬대 심리학 교수 고든 페니쿡에게 던진 것이다. 랜드는 하버드와 MIT에서 함께 활동했던 인본주의 공동체의 오랜 회원으로, 인지 과학, 행동경제학, 사회심리학의 교차점에서 거짓 정보와 가짜 뉴스, 그리고 정치와 소셜미디어 환경에서 진실을 분별하는 안목에 대해 오랜 기간 연구해 왔다.

고든 페니쿡 역시 지난 10여 년 동안, 자신이 '가짜로 심오한 개소리$^{pseudo-profound\ bullshit}$'라고 부르는 현상과 수용, 감지 능력에 대해 비슷한 관심을 가져왔다. 그는 그것을 "겉으로는 진실되고 의미 있는 것처럼 주장되지만, 실제로는 완전히 공허한^{vacuous}[8] 개소리"로 정의했다. 이런 '개소리 감지' 능력은 한때 토론 대회 심사위원에게 필요한 것 같았지만, 이제는 소셜미디어 시대에 훨씬 더 중요한 사회적 의미를 갖게 됐다. 지금처럼 터무니없는 주장과 거짓이 손쉽게, 빠르게 수

---

* 안티파(antifa)는 "Anti-Fascist Action"의 준말로 파시즘에 반대할 뿐 아니라 그에 따른 행동도 수반한다는 뜻이다. 반-안티파는 이런 운동에 반대하는 극우 세력을 일컫는다. - 옮긴이

많은 사람에게 퍼진 적은 이전에는 없었으니까.

　게다가 이런 환경에서는, 건강한 회의론이나 일종의 '모르겠다'라는 불가지론적 태도조차 거짓 정보를 퍼뜨리는 데 악용될 수 있다. 이는 과학적으로 합의된 내용이 있는 사안―예를 들어 기후 변화, 담배와 암의 상관관계, 혹은 선거 결과 등―을 선별적으로 불신하도록 유도할 때 그 문제가 뚜렷하게 드러난다.

　실제로 랜드와 페니쿡이 최근 함께한 논문은 6대륙 16개국, 34,286명을 대상으로 거짓 정보에 대한 이해와 대응 방안을 분석했다. 이 연구에는 멕시코 아과스칼리엔테스Aguascalientes의 경제 연구 및 교육 센터 소속 안토니오 아레차 교수를 비롯한 여러 연구원이 참여했다. 연구자들은 거짓 정보를 퍼뜨리는 사람들이 전 세계적으로 매우 유사한 특징을 보인다는 점을 발견했다. 그리고 다행히도 온라인에서 정보를 공유하기 전, "정확한지 한 번 더 생각해 보라"는 식의 간단한 안내만으로도 진짜 정보의 유포가 늘고 거짓 정보의 확산이 줄어드는 효과가 있음을 밝혔다.[9] 페니쿡과 랜드는 제이빈 빈넨다이크와 공저한 논문에서 이런 결과를 자세히 소개했다.

> 음모이론을 믿는 이들은 분석적 추론 능력이 부족할수록 자신을 과신하는 경향이 강하다. 이러한 과신은 자신들이 신봉하는 음모이론을 대부분의 다른 사람이 받아들이지 않는다는 사실조차 제대로 인식하지 못한다.[10]

　자아도취narcissism와 독특함에 대한 열망 등 다양한 심리적 변수들을 감안할 때, "음모이론에 넘어갈 가능성conspiratoriality"을 예측하는 데

과신overconfidence의 영향력은 꾸준히 등장했다. 이는 이 책 전반에서 내가 주장해 온 내용, 즉 테크 업계의 카리스마적 신학이나 교리에 대한 무비판적인 믿음, 그리고 그 영향력과 조작성까지 제대로 의심하지 못하는 것이 초래할 수 있는 위험과 맞닿아 있다.

랜드와 페니쿡의 분석처럼, 거짓정보의 세계에서는 "가장 개입이 필요한 이들이 자신이 틀렸을 수 있다고 인정하려 하지 않는 경향11"이 뚜렷하다. 이런 통찰은 내 문제의식과도 일치하기에, 나는 인본주의자, 회의론자, 무신론자 등 이른바 비판적 사고의 미덕을 중시하는 집단조차 랜드와 페니쿡이 경고하는 "과도한 자신감"의 함정에 빠질 가능성이 없는지 추가로 물어보았다.

이에 대해 페니쿡은 "거기에 대해 딱히 할 말은 없다"라고 했고, 랜드는 "외삽해서extrapolate 생각해 볼 수는 있다"라고 답했다. 군복 스타일 재킷과 '레이지 어게인스트 더 머신' 티셔츠 차림으로 MIT 연구실에서 줌에 접속한 랜드는, 만약 진실을 추구하고 있다는 사실을 잊지 않는다면 진실에 더 가까이 다가갈 가능성이 높다고 말했다. 그는 '자신의 직관을 절대적인 교리나 독단으로 만들지 말아야 하며, 내가 옳길 바라는 마음만큼이나 다른 사람이 틀리길 바라는 마음을 경계하라'고 조언했다.

자녀를 낳을 만한 미래

21세기 중반에 이르러 우리의 삶은 그 어느 때보다 불확실해졌다. 기후의 미래도, 국경을 넘어 이동하는 빈도와 그에 따른 인종·민족·종교적 다양성을 어떻게 포용하고 연결해야 할지도 불확실해졌다. 오랜 실험 끝에 만들어진 민주주의가 과연 성공할지, 계속해서 이어질 수 있을지도 알 수 없다. 이런 모든 불확실성은 우리의 약함과 의심을 부추긴다. 그 틈을 파고드는 권위주의적 리더들은 자기들만이 해답을 안다고 주장하며 점점 더 힘을 얻을 것이고, 우리는 오랜 신들이 사라지거나 끝나가는 이 시기에, 과연 무엇을 믿을 수 있을지 혼란스러울 것이다. 기술의 미래는 "피드백 루프$^{feedback\ loop}$"처럼 어떤 확신도 주지 못한 채, 오히려 우리를 과거 어느 때보다 더한 불확실 속에 빠뜨리고 있다.

2016년 내 아들이 태어났던 해, 나는 『샬롯의 거미줄$^{Charlotte's\ Web}$』(시공주니어, 2018)의 작가 E. B. 화이트가 쓴 아버지 역할에 관한 짧은 글을 읽은 적이 있다. 「뉴요커」의 대표적인 기고자였던 화이트는 1899년 뉴욕 주 마운트 버넌에서 태어난 사람이다. 1941년에는 어린 시절 아버지와 매년 찾았던 메인 주의 오두막 캠핑장에 어른이 된 후 자신의 아들과 다시 찾아간 경험을 담아 「Once More to the Lake(한번 더 호수로)」라는 에세이를 썼다. 그곳에서 화이트는 호수, 오두막, 낚싯대, 물고기, 그리고 낚싯대 끝에 앉는 잠자리까지 모든 것이 예전과 너무 닮아 있다는 벅찬 감정에 휩싸였다고 회상했다.

"나는 환상을 갖기 시작했다."
"그가 나였고, 단순한 치환에 의해 나는 내 아버지였다."

아들과 자신이 하나로 겹쳐 보이는 그 아득한 감각은 처음에는 은유처럼 시작되지만, 호수에서 아들과 일주일을 보내는 동안 점점 더 실감 나는 체험으로 변해 간다. 결국 그는, 함께 걷는 순간 누구의 다리가 누구의 바지에 들어 있는지조차 분간하지 못할 만큼 경계가 사라진다.

이 장면에서 화이트가 그려낸 이미지는 내게 신비롭고 깊게 와닿았다. 시간이 흘러 다시 생각해 보면, 나는 그 이야기가 가진 본연의 아름다움과 공감의 힘을 분명하게 느낀 듯하다. 어머니, 아들과 시간을 보내다 보면, 내 아들이 곧 나인 것만 같은 감정이 들고, 나는 내 아버지가 된 듯한 묘한 느낌에 젖곤 하기 때문이다.

2016년, 나는 양육에 대한 전혀 다른 종류의 이야기도 접했다. 기후 전문 저널리스트 매들라인 오스트랜더Madeline Ostrander가 「네이션The Nation」에 기고한 에세이였다. 당시 오스트랜더는 미국 곳곳과 해외를 다니며, 기술이 가져온 파괴와 그로 인해 앞으로 닥칠 재앙들, 그리고 기술이 기후 변화를 촉진하는 동시에 그에 맞선 시위까지도 효과적으로 제압해 버리는 현실을 취재하고 있었다. 그런 취재 과정에서 그녀는 점점 영향력과 조직력을 키우던 "잉태 가능한 미래 프로젝트Conceivable Future Project"란 여성운동에 깊이 공감하게 되었다. 이 운동은 인류의 미래를 심각하게 고민한 끝에, 지금 자신들이 윤리적으로 새로운 생명을 세상에 데려와도 되는지 확신할 수 없는 여성들이 뭉친 프로젝트였다.

그러나 "많은 사람에게 이 문제는 추상적 개념에 불과했다"라고 오스트랜더는 기록했다.

환경 전문 언론인으로서, 나는 내 앞에 놓인 현실을 충분히 그려볼 수 있을 만큼 상황을 잘 알고 있었다. 다리를 건너 집으로 향하는 길에 나는 해수면 상승으로 잠겨 버린 도시의 해변들을 상상했고, 뉴스를 볼 때마다 다음 대형 허리케인이 언제 멕시코만이나 대서양 연안을 덮칠지 걱정했다. 이런 불안은 단순한 망상이 아니었다. 과학자들의 예측에 따르면, 지금과 같은 속도로 이산화탄소 배출이 이어진다면 오늘 태어나는 아이가 중년이 될 무렵에는 허리케인 샌디*와 같은 강력한 재난이 정기적으로 뉴욕을 덮쳐 도심이 물에 잠기는 모습을 보게 될 것이다. 대초원의 광활한 밀밭이 먼지로 변하고, 캘리포니아의 일부 지역이 수십 년 동안 이어지는 가뭄에 황폐해지는 광경을 볼 수도 있다. 세계 식량 가격은 치솟고, 북미 서부 지역의 물 부족은 점점 더 심각해질 것이다. 그리고 그 아이가 30대가 되는 2050년이 되면, 식량과 토지를 둘러싼 세계적인 전쟁이 벌어질지도 모른다.12

나는 이 두 이야기의 극적인 대비에 흔들릴 수밖에 없었다. 한쪽에서는 아버지가 현재와 과거의 유사성에 확신을 가져 결국 어느 쪽이 현재이고 어느 쪽이 과거인지조차 구분하지 못한다. 반면, 어머니는 현재와 미래가 너무나도 달라진 모습에 압도되어, 미래가 과연 살 만한 곳인지조차 판단하지 못한다.

이 두 이야기는 새로운 생명을 세상에 맞이하기로 한 내 결정에 더욱 무거운 의미를 더해 줬다. 동시에 우리의 삶과 사회가 얼마나 빠르게, 그리고 얼마나 근본적으로 변하고 있는지 환기시켜 줬다. 기술의 영향으로, 내 아들과 같은 아이가 어떻게 하면 만족스럽고 의미 있는 삶을 살아갈 수 있을지 상상하거나 이야기하는 일은 점점 더 힘들어졌다.

부모로서, 나와는 전혀 다른 환경에서 살아가는 아이에게 어떻게 의미와 목적에 대해 이야기할 수 있을까? 그리고 그 아이의 미래가

---

* 허리케인 샌디(Hurricane Sandy)는 2012년 10월 말 자메이카와 쿠바, 미국 동부 해안에 상륙한 초대형 허리케인으로, 최대 풍속이 초속 50m에 이를 만큼 강력한 위력을 보였다. 폭풍의 직경은 1,520km에 달해, 이전 기록이던 허리케인 이고르(1,480km)를 넘어 북대서양 역사상 가장 큰 규모의 허리케인으로 남았다. - 옮긴이

온전히 다가올지도, 아니면 방향을 잃게 될지도 불확실한 상황에서 나는 무엇을 전해줘야 맞는 것일까?

오늘날 거의 모든 부모가 마주하는 이런 극단적 환경에서, 어떤 도덕적 기준, 어떤 윤리, 어떤 실천이 진정 아이에게 도움이 될 수 있을지 혼란스럽기만 하다.

인정하기는 어렵지만, 나는 모든 해답을 가지고 있지 않다. 나 역시 때로는 명확한 해결책이나 쉽게 따라갈 수 있는 구조를 제시할 수 있기를 바란다. 하지만 이 책은 그런 식의 "정답"을 제시하는 종교서가 아니다. 내 사회적 경력에서 가장 힘들었던 경험 중 하나는, 잠재적 대형 후원자를 설득하기 위해 1년 넘게 애썼던 일이다. 그 후원자는 내가 회원들에게 '잘 포장된 인본주의 humanism in a box'를 제공하기만 하면, 나의 비영리 단체에 우유와 꿀처럼 돈이 흘러들 거라고 말했다.

하지만 인본주의는 쉽게 포장하거나 규격 박스에 담아 전달할 수 있는 게 아니다. 인본주의는, 그런 박스란 아예 존재하지 않는다는 데 대한 단단한 믿음이다. 어쩌면 그것이, 그 후원자를 실망시켰던 태도일 수도 있고, 이 책에서 테크 종교에 대한 명확한 길잡이나, 깔끔하게 포장된 '신념의 툴킷'을 기대하는 독자라면 실망할 수도 있을 정신일 것이다.

우리는 어떤 기기를 사야 할까? 어떤 소셜미디어를 써야 할까? 하루에 스크린을 얼마나 봐야 할까? 어떤 정책이나 조직을 선택해야 할까? —아마 정답은 없을 것이다.

하지만 한 가지는 말할 수 있다. 나는 이 책을 쓰는 내내, 알지 못하는 상태 자체에서, 콘스탄티누스 황제의 옛 제국보다도 더 거대한 테크 기업들이 팔려고 하는 것에 휩쓸리지 않는 자리에서, 생기 가득한 기쁨spirited delight을 누릴 수 있게 되었다는 것을.

나는 이 책을 테크 불가지론 선언tech agnostic manifesto, 즉 지난 수년간 준비하며 정리해 온 나의 원칙과 가치를 담은 간략한 성명서로 끝맺고자 한다. 나는 독자들이 이 선언을 통해 용기와 연결감을 얻길 바란다. 극심한 분열과 의심이 만연한 이 시대에, 적극적이고 원칙 있는 행동이야말로 진정 가치 있는 일이라고 믿기 때문이다. 우리는 생각보다 훨씬 더 많은 공통점을 나누고 있다는 점을 믿고 싶다.

흥미로운 점은, 미국의 인본주의 운동이 선언서와 함께 공식적으로 출발했다는 것이다. 1933년 발표된 첫 번째 인본주의 선언은, 당시 떠오르던 세속적 지도자들의 철학을 담아 간결하고 이상주의적인 성명으로 만들어졌다. 하지만 곧이어 2차 세계대전이 일어났다는 점을 생각하면, 인류 본성에 대한 다소 지나친 낙관이 깔려 있었다고 할 수 있다. 두 번째 인본주의 선언(1973)은 더 길고 상세해졌고, 2003년에 나온 후속 선언은 좀 더 압축적이면서도 21세기의 현실에 맞게 인본주의 사상을 다시 꽃피우려고 시도했다. 그러나 세 번째 선언에 이르러서는 혁신과 열정이 줄고, 선언으로서의 힘이 전작들보다 약해졌다.

우리의 현재 상황에는 불가지론 선언이 필요하다. 우리는 어느 한쪽을 쉽게 선택할 수 없는 복잡한 현실 속에서 살아가고 있으며, 각자의 입장을 분명히 하기 어렵지만, 반드시 행동해야 하는 사안이 산적해 있다. 분명한 답을 내리지 못하는 애매함과 망설임은 우리의 사려 깊음, 세심한 현실 인식, 오만한 확신에 대한 건강한 경계심에서 비롯된 태도이기도 하다. 그러나, 우리가 직면한 잠재적 위험들은 너무나도 중대한 만큼, 이 애매함에만 머물러 있을 수는 없다.

이제, 이런 양면적이고 복잡한 세상에서도 분명하게 인정해야 할 몇 가지 진실이 있다.

- 테크 분야의 사상이 종교의 신학이나 교리와 닮아 보이는 것은 결코 우연이 아니다. 테크 산업은 이런 형식을 취함으로써, 일부 강력한 의제와 인물을 해처럼 중심에 두고 나머지 사람들은 그 주위를 맴도는 세계관을 강화한다.
- 테크 산업의 계급 구조는 반드시 수평적으로 바뀌어야 하며, 현재의 계층 구조가 종교적 이념의 영향 아래 만들어진 것임을 인식하고 비판해야 한다.
- 테크 기기를 사용하는 우리의 일상적 의식^{rituals}은 통제 불가능한 집착으로 변질될 위험을 안고 있다. 그렇다고 테크 기기를 완전히 피할 수 없기에, 우리는 두려움이 아니라 긍정적이고 동정심 많은 이상과 가치에 따라 개인적인 테크 사용 습관의 초점을 새롭게 바꿀 수 있다.
- 테크의 종말은 이미 우리 곁에 와 있다. 단지 불균등하게 퍼져 있을 뿐이다. 형평성을 위해 노력하지 않고, 모두가 그 혜택을 누릴 방안을 고민하지 않는다면, 지금보다 훨씬 더 나쁜 상황에서도 대응해야 할 수 있음을 명심해야 한다.
- 우리 곁의 배교자, 이단자, 그리고 카산드라 같은 존재들을 존중하라. 지금 우리에게 그들이 어느 때보다 더 필요하다.
- 앞으로의 테크 문화는 테크 인본주의자, 영적 탐구자, 그리고 새로운 대안을 모색할 용기를 지닌 사람들이 함께 만들어가야 한다. 그러기 위해선 테크가 우선인 세상에서 먼저 인간답게 살아야 한다.

- 마지막으로, 이 모든 일들은 혼자서는 해낼 수 없다는 점을 기억하라. 테크 세계에서 진정한 인류애를 찾으려면 공동체가 반드시 필요하다. 테크 종교에 대한 당신의 불가지론적 입장에 공감하는, 당신만의 공동체를 만들어 가라.

날 세운 불가지론

2021년 7월, 어느 따뜻한 금요일 오후에 나는 시애틀에 있는 레슬리 헤이즐턴의 수상 가옥에서 그녀와 네 시간 남짓 대화를 나누고 있었다. 헤이즐턴은 나를 위해 올리브 오일, 구운 아몬드, 멸치, 얇게 저민 마늘, 그리고 자신이 직접 가꾼 정원의 샐비어sage로 장식한 특별한 요리를 내주었다. 식사가 끝난 뒤 그녀는 접시를 식기세척기에 넣다 말고, 잠시 멈춰 수백 번, 어쩌면 수천 번이나 썼을 그 부엌칼을 바라보더니, 왜 사람들은 칼끝을 아래로 향하게 해서 세척기에 넣는지 이해할 수 없다고 내게 이야기했다.

우리는 조금 전까지만 해도 그녀의 다채로운 이력에 대해 이야기를 나누던 중이었다. 테크 저널리스트 시절 초창기 제프 베이조스에 대한 회의적인 프로필을 썼던 일[13], 자동차에 관한 저술 활동, 독학으로 경주용 자동차 운전자가 되어 시속 300km가 넘는 속도로 달리다 사고로 죽을 뻔했던 경험 같은 것들 말이다. 이어서, 파일럿이 되어 하늘을 나는 일, 구름을 곁에 두고 비행하며, 날개에 무지개를 만들어 낸 기분에 대해서도 이야기했다. 그리고 그녀가 써 온 모든 책과, 세계 곳곳을 돌며 강연한 경험, 240만 뷰를 기록한 TED 강연으로[14] 무슬림 국가들에서 얼굴을 알리게 된 사연 등으로 대화의 흐름이 이어졌다.

특히 "코란을 읽고"라는 강연에서, 그녀는 우연히 인간적인 모습으로 그리게 된 예언자 무함마드를 중심에 놓았다. 9/11 사태 이후 그 신화를 파헤치고 싶다는 열망에서 출발해, 무함마드를 인간적인 감정과 갈망, 윤리, 심지어 의심^{doubt}을 안고 살아간 인물로 바라보게 된 과정을 자연스럽게 풀어놓았다. 이런 해석이 신자들의 분노를 샀을 것 같지만, 오히려 깊은 공감과 긍정적인 반응을 이끌어냈다.

나에게는, 헤이즐턴과의 시간에서 얻은 교훈이 곧추선 칼끝처럼 분명한 은유로 남아 있다.

나는 그녀에게 이렇게 말했다. "레슬리, 그게 당신이에요. 당신은 칼끝을 똑바로 세우고 당신만의 삶을 살고 있어요."

내게 그녀는, 많은 사람이 종종 소극적이고 우유부단하다고 오해하는 불가지론적 가치관을 바탕으로 삼되, 그것을 오히려 날카로운 선의의 행동력, 사랑과 공감의 진정한 원천으로 승화시킨 삶의 본보기, 현실에서 만나는 하나의 우화처럼 기억된다.

각자 자기만의 방식으로, 이 책에서 소개한 헤이즐턴과 여러 인물처럼 우리도 같은 길을 걸을 수 있다. 우리가 함께 힘을 모은다면, 테크 분야는 물론이고, 우리 모두의 보편적 인간성의 차원에서, 진정한 변화와 개혁이 새로운 르네상스처럼 펼쳐질지도 모른다. 나는 진심으로 그런 세상을 꿈꾼다.

주석

들어가며

1 쉐이 I. D. 코헨(Shaye I. D. Cohen), "콘스탄티누스 치하의 합법화", "예수에서 그리스도로", 프런트라인(Frontline), 「PBS」, 1998년 4월.

2 『Constantine the Emperor(콘스탄티누스 황제)』(Oxford University Press, 2012) 2023년 12월 21일 열람, https://global.oup.com/academic/product/constantine-the-emperor-9780190231620.

3 에우세비우스(Eusebius), 『The Life of Constantine(콘스탄티누스의 생애)』, 어니스트 쿠싱 리처드슨(Ernest Cushing Richardson), 『A Select Library of Nicene and Post-Nicene Fathers(니케아 및 니케아 이후 교부 선집)』(Wellesley College Library, 1896)에 수록, 필립 샤프(Philip Schaff)와 헨리 웨이스(Henry Wace) 공동 편집, (New York: Christian Literature, 1890), https://archive.org/details/cu31924031002102.

4 에우세비우스, 『The Life of Constantine(콘스탄티누스의 생애)』, 1:489-490.

5 에우세비우스, 『The Life of Constantine(콘스탄티누스의 생애)』, 1:489.

6 에우세비우스, 『The Life of Constantine(콘스탄티누스의 생애)』, 1:489.

7 바트 에르만(Bart Ehrman), "콘스탄티누스의 개종(The Conversion of Constantine)", 바트 에르만 블로그, 2018년 2월 12일, https://ehrmanblog.org/the-conversion-of-constantine.

8 이메 아키봉(Ime Archibong), "왜 우리는 건설하는가: 세계를 더 가깝게 연결하는 사람들", 뉴스룸 (블로그), 메타, 2019년 2월 7일, https://about.fb.com/news/2019/02/2019fcs.

9 마크 앤드리슨(Marc Andreessen), "기술낙관주의자 선언(The Techno-Optimist Manifesto)", 앤드리슨 호로위츠(Andreessen Horowitz), 2023년 10월 16일, https://a16z.com/the-techno-optimist-manifesto.

10 앤드리슨, "기술낙관주의자 선언".

11 잭 도시(Jack Dorsey, @jack)의 트윗, "일론은 내가 믿는 유일한 해법이다. 나는 의식의 빛을 확장하는 그의 일을 신뢰한다", 트위터, 2022년 4월 25일, https://twitter.com/jack/status/1518772756069773313.

12 일론 머스크(@elonmusk), 트위터, 2021년 5월 21일, https://twitter.com/elonmusk/status/1373507545315172357.

13 "가장 화급한 세계 문제는 무엇인가?", 80,000 시간(80,000 Hours), 2023년 5월 업데이트, https://80000hours.org/problem-profiles.

14 알리스테어 바(Alistair Barr), "구글의 '사악해지지 말라'가 알파벳의 '옳은 일을 하라'가 되다", 「월스트리트저널」, 2015년 10월 2일, https://www.wsj.com/articles/BL-DGB-43666; 충 리(Choong Lee), 스티븐 브로조비치(Stephen Brozovich), "사람: 아마존 혁신의 인간적 측면", AWS 경영 통찰(AWS Executive Insights), 2024년 1월 16일, https://aws.amazon.com/executive-insights/content/the-human-side-of-innovation.

15 마크 저커버그, "마크 저커버그가 보낸 페이스북의 편지 - 전문", 「가디언」, 2012년 2월 1일, https://www.theguardian.com/technology/2012/feb/01/facebook-letter-mark-zuckerberg-text.

16 니코 그랜트, "구글, AI가 의식이 있다고 주장한 엔지니어 해고", 「뉴욕타임스」, 2022년 7월 23일, https://www.nytimes.com/2022/07/23/technology/google-engineer-artificial-intelligence.html.

17 아카(Akka), "신은 우리가 미래에 만들 인공일반지능(AGI)이다", 레스롱(LessWrong), 2019년 5월 24일, https://www.lesswrong.com/posts/fXa8R6B9TvpDbPgbC/god-is-an-agi-we-make-in-the-future, 마두미타 무르지아(Madhumita Murgia), "오픈AI 최고경영자, 마이크로소프트에 '초지능'을 개발하기 위한 새로운 자금 요구", 「파이낸셜타임스」, 2023년 11월 13일, https://www.ft.com/content/dd9ba2f6-f509-42f0-8e97-4271c7b84ded.

19 세르지오 델라페르골라(Sergio DellaPergola), "세계 유대인 인구, 2020년", 『American Jewish Year Book 2020: The Annual Record of the North American Jewish Communities Since 1899(미국 유대인 연감 2020: 1989년 이후 북미 유대인 공동체 연례 기록)』(Springer, 2022), 아놀드 다셰프스키(Arnold Dashefsky), 아이라 M. 셰스킨(Ira M. Sheskin) 공동 편집, 미국 유대인 연감 120호 (챔(Cham)), pp. 273-370.

20 마르 힉스가 2023년 6월 14일 저자에게 보낸 이메일 메시지.

21 제이슨 퍼먼이 2023년 9월 7일 저자에게 보낸 이메일 메시지.

22 제이슨 퍼먼이 저자에게 보낸 이메일 메시지.

23 나는 이 책에서 '유대-기독교(Judeo-Christian)'라는 용어를 사용하지 않으려 한다. 이는 '종교(religion)'와 같은 서구의 일반적 세계관을 형성하는 데 있어 유대교나 유대인들이 기독교인들과 동등한 영향력을 가졌다는 잘못된 인상을 줄 수 있기 때문이다. 실제로 이러한 개념을 정립하고 전파할 수 있는 힘은 대부분 기독교인들이 쥐고 있었다.

24 로버트 샤르프, 2022년 1월 22일, Zoom을 통해 저자와 대화.

25 호트는 한 미국 연방법원 소송에서, 공립학교 과학 교사들이 과학 수업에서 창조론이나 '지적 설계(intelligent design)'를 과학이라고 가르쳐서도 안 되지만, '무신론적 유물론(atheistic materialism)'도 가르쳐서는 안 된다고 주장했다. 여기서 무신론적 유물론이란 진화론이 필연적으로 무신론이나 불가지론을 요구한다고 보는 관점을 의미한다.

26 대니얼 데닛(Daniel Dennett), 존 F. 호트(John F. Haught), 데이비드 슬론 윌슨(David Sloan Wilson), "종교란 무엇인가?", 뉴욕시립대 포럼, 유튜브 비디오, 2009년 12월 14일, https://www.youtube.com/watch?v=QM91iZweUnk.

27 데닛, 호트, 그리고 윌슨, "종교란 무엇인가?"

28 이때, 기도와 신앙의 효과를 검증하기 위한 많은 연구가 진행됐다. 특히 다른 사람의 건강과 안녕을 위해 기도하는 중재기도(intercessory prayer)의 효과를 입증하려 했지만 대부분 실패로 끝났다. 오히려 하버드 의대 허버트 벤슨 박사팀이 템플턴 재단의 지원으로 수행한 획기적인 연구에서는, 자신이 기도의 대상이 되었다는 사실을 알게 된 환자들이 수술 후 합병증을 더 많이 겪는 것으로 나타났다. 베네틱트 케리(Benedict Carey), "오랫동안 고대해온 의학 연구가 기도의 효능에 의문을 제기하다", 「뉴욕타임스」, 2006년 3월 31일, https://www.nytimes.com/2006/03/31/health/longawaited-medical-study-questions-the-power-of-prayer.html, 허버트 벤슨 외(Herbert Benson et al.), "심장 우회 수술 환자들에 대한 중재적 기도의 치유적 효과에 관한 연구: 중재적 기도에 따른 혜택의 불확실성과 확실성에 대한 다기관 무작위 배정 임상 시험(Multicenter Randomized Trial)", 「미국심장저널(American Heart Journal)」 151, 4호 (2006년 4월): pp. 934-942. 그러나 다른 연구들은 기도에 참여한 사람들이 다양하고 명백한 심리적 혜택을 받았음을 보여줬

다. 크리스틴 로저스(Kristen Rogers), "기도의 심리적 혜택: 정신-영혼의 연결에 관해 과학이 말하는 것", '마인드풀니스(Mindfulness)', 「CNN」, 2020년 6월 17일, https://www.cnn.com/2020/06/17/health/benefits-of-prayer-wellness/index.html.

29 "역대 가장 훌륭한 테크 서적들", 「더 버지」, 2023년 6월 28일, https://www.theverge.com/c/23771068/best-tech-books-nonfiction-recommendations.

30 조 바이든, 가브리엘 보리치(Gabriel Boric), "바이든 대통령과 칠레의 가브리엘 보리치 대통령의 양자 회담 발언", 연설과 발언, 백악관 브리핑 룸, 2023년 11월 2일, https://www.whitehouse.gov/briefing-room/speeches-remarks/2023/11/02/remarks-by-president-biden-and-president-gabriel-boric-of-chile-before-bilateral-meeting.

31 데이비드 F. 노블(David F. Noble), 『The Religion of Technology: The Divinity of Man and the Spirit of Invention(기술의 종교: 인간의 신성과 발명의 정신)』(Penguin Publishing Group, 1999), 뉴욕: 알프레드 A. 노프, 1997, 1장.

32 스테판 헬름라이히(Stefan Helmreich), 「인공생명 속의 영성: 컴퓨터적 문화 매체에서 과학과 종교의 재결합(The Spiritual in Artificial Life: Recombining Science and Religion in a Computational Culture Medium)」, '문화로서의 과학(Science as Culture)' 6, no. 3 (1997년): pp. 363-395.

33 헬름라이히, "Spiritual."

34 테드 혼드리치(Ted Honderich) 편집, 『The Oxford Companion to Philosophy(옥스포드 철학 사전)』(Oxford University Press, 2005년), 리처드 패리(Richard Parry), "에피스테메와 테크네(Episteme and Techne)", 「The Stanford Encyclopedia of Philosophy(스탠포드 철학 백과)」, 에드워드 N. 잘타 편집, 2020년 3월 27일 개정, https://plato.stanford.edu/entries/episteme-techne.

35 존 G. 채프먼(John G. Chapman) 편집, 「The Blue Print(청사진)」, vol. 1, 애틀랜타: 조지아공대의 학생들, 1908, https://repository.gatech.edu/entities/archivalmaterial/0daa1dac-0a3f-4903-a6d7-5aa634a4320d.

36 제시 시드라워(Jesse Sheidlower), 2022년 5월 11일 저자에게 보낸 이메일 메시지, "테크(Tech)", 구글 북스 엔그램 뷰어(Google Books Ngram Viewer), 2023년 9월 18일 접속, https://books.google.com/ngrams/graph?content=tech&year_start=1800&year_end=2019&corpus=26&smoothing=3.

37 조쉬 티렁기엘(Josh Tyrangiel), "새로운 AI는 언제 당신이 죽을지 예측한다. 우리가 어떻게 살지에 관해 더 많은 것을 알려준다", 「워싱턴포스트」, 2024년 1월 15일, https://www.washingtonpost.com/opinions/2024/01/15/artificial-intelligence-death-calculator.

38 하비 콕스(Harvey Cox), 앤 포스트(Anne Foerst), 「종교와 기술: 새로운 국면(Religion and Technology: A New Phase)」, 「과학 기술과 사회 회보(Bulletin of Science, Technology, and Society)」 17, no. 2-3 (1997년): pp. 53-60.

39 여러 관련 문헌 중 하나를 꼽으면, 앙드레 스파이서(André Spicer), "로봇 허풍(Botshit)을 조심하라: 왜 생성형 AI는 우리의 생활 방식에 심각하고 절박한 위협인가", 「가디언」, 2024년 1월 3일, https://www.theguardian.com/commentisfree/2024/jan/03/botshit-generative-ai-imminent-threat-democracy.

40 그 중 한 참고 문헌은 캐런 로젠버그(Karen Rosenberg)와 웬다 트라바탄(Wenda Trevathan), 「출산, 산과학, 그리고 인간 진화(Birth, Obstetrics and Human Evolution)」, BJOG 109, no. 11 (2002년 11월): pp. 1199-1206.

41 나는 이 컨퍼런스 참가 경험에 관해 상세히 쓴 바 있다. 그렉 엡스타인, "일의 미래는 윤리적일까?", 「테크크런치」, 2019년 11월 28일, https://techcrunch.com/2019/11/28/will-the-future-of-work-be-ethical.

42 테크 신념에 대한 나의 분석에 영감을 준 사람들 중 한 명은 스탠포드대 교수이자 『실리콘밸리, 유토피아&디스토피아(What Tech Calls Thinking: An Inquiry Into the Intellectual Bedrock of Silicon Valley)』(팡세, 2021)라는 훌륭한 저서를 쓴 애드리언 도브(Adrian Daub)이다.

43 제임스 1세가 만들게 한 흠정(欽定) 영역 성서에서 따온 내용을 제임스 대한 성서공회의 새 번역으로 옮긴 내용: "거짓 예언자들을 삼가라. 그들은 양의 탈을 쓰고 너희에게 오지만, 속은 굶주린 이리들이다. … 좋은 나무가 나쁜 열매를 맺을 수 없고 … 그러므로 너희는 그 열매로 그 사람들을 알아야 한다."

44 데이비드 핼버스탬(David Halberstam), "1963-1969년 대통령 재임 기간의 시각(The Vantage Point Perspectives of the Presidency 1963-1969)", 「뉴욕타임스」, 1971년 10월 31일, https://www.nytimes.com/1971/10/31/archives/the-vantage-point-perspectives-of-the-presidency-19631969-by-lyndon.html.

1장

1 댄 프라이스(Dan Price, @DanPriceSeattle), 트위터, 2021년 7월 21일, https://twitter.com/DanPriceSeattle/status/1414379001334976517.

2 켄 미구엘(Ken Miguel), 필 매틀러(Phil Matler), "범죄, 마약 거래, 중독이 판치는 샌프란시스코의 텐더로인 지역에서 살아남는 법", 「ABC뉴스」, 2022년 7월 14일, https://abc7news.com/sf-tenderloin-san-francisco-crime-drug-use-50-blocks-stories-from-the/12044419.

3 트위터의 직접 메시지(DM)로 저자에게 보낸 글, 2020년 1월 21일.

4 에리카 로블스-앤더슨(Erica Robles-Anderson, @fstflofscholars), 트위터, 2022년 6월 28일, https://twitter.com/fstflofscholars/status/1541901350530961408.

5 에리카 로블스-앤더슨(Erica Robles-Anderson, @fstflofscholars), 트위터, 2022년 6월 28일, https://twitter.com/fstflofscholars/status/1541898710010978311.

6 앤서니 B. 핀(Anthony B. Pinn), 『The End of God-Talk(신에 대한 담론의 종말)』(Oxford University Press, 2012).

7 『Permanent Revolution: The Reformation and the Illiberal Roots of Liberalism(영구 혁명: 종교 개혁과 자유주의의 반자유주의적 기원)』(James Simpson, 2019)에 대한 알렉산드라 다 코스타(Alexandra da Costa)의 서평, 「계간 케임브리지(Cambridge Quarterly)」 49, no. 2, 2020년 6월: pp. 156-190, https://academic.oup.com/camqtly/article-abstract/49/2/156/5857726.

8 조시 부렉(Josh Burek), "기독교 신앙: 칼뱅주의의 귀환(Christian Faith: Calvinism is Back)," 「크리스천 사이언스 모니터(Christian Science Monitor)」, 2010년 3월 27일, https://www.csmonitor.com/USA/Society/2010/0327/Christian-faith-Calvinism-is-back.

9 아프리카 흑인들이 고향에서 붙잡혀 미국으로 운송되어 시장에서 강제 노예와 재산으로 팔린 동산 노예제는 초창기 뉴잉글랜드 문화의 중요한 일부였다.

10 『매사추세츠 자유의 법전(The Massachusetts Body of Liberties)』, 1641년, 하노버 역사 문서 프로젝트(Hanover Historical Texts Project), https://history.hanover.edu/texts/masslib.html.

11 1619 프로젝트(1619 Project), 「뉴욕타임스 매거진」, 2019년 8월, https://www.nytimes.com/interactive/2019/08/14/magazine/1619-america-slavery.html.

12 제이본이 필자와 나눈 소통 내용, 2010년 12월 10일.

13 리 카 싱 재단(Li Ka Shing Foundation), "리 카 싱 학습 및 지식 센터는 스탠포드대의 의학 교육을 변모시킬 것", 보도자료, 2010년 9월 29일. https://med.stanford.edu/news/all-news/2010/09/li-ka-shing-center-dedication-marks-new-era-in-medical-education.html.

14 베쉬어 모하메드(Besheer Mohamed), 키아나 콕스(Kiana Cox), 제프 디아만트(Jeff Diamant), 클레어 게세비츠(Claire Gecewicz), "흑인 미국인들의 신앙(Faith among Black Americans)", 퓨 연구센터(Pew Research Center), 2021년 2월 16일.

15 데이비드 휠셔(David Hoelscher), "무신론과 계급 문제(Atheism and the Class Problem)", 「카운터펀치(CounterPunch)」, 2012년 11월 7일, https://www.counterpunch.org/2012/11/07/atheism-and-the-class-problem.

16 이 주장은 '부(wealth)'가 아니라 '재산(property)'을 가리키고 있으며 그 정확도에 의문이 제기되었다. 필립 코헨(Philip Cohen), "여성, 세계 재산의 1% 소유: 사라지지 않는 페미니스트의 신화(Women Own 1% of World Property: A Feminist Myth That Won't Die)", 「애틀랜틱」, 2013년 3월 18일.

17 휠셔, "무신론과 계급 문제."

18 "실리콘밸리의 불평등 기계: 아난드 기리다라다스와의 대화(Silicon Valley's Inequality Machine: A Conversation with Anand Giridharadas)", 그렉 엡스타인 인터뷰, 「테크크런치(TechCrunch)」, 2019년 3월 2일, https://techcrunch.com/2019/03/02/silicon-valleys-inequality-machine-anand-giridharadas.

19 프레드 터너(Fred Turner), "천년왕국적 손질: 메이커 운동의 청교도적 뿌리(Millenarian Tinkering: The Puritan Roots of the Maker Movement)", 「기술과 문화(Technology and Culture)」에 부록, 59, no. S4 (2018년 10월): S160-S182. https://fredturner2022.sites.stanford.edu/sites/g/files/sbiybj27111/files/media/file/turner-millenarian-tinkering-tech-culture-2018.pdf.

20 팀 바자린, "메이커 운동은 왜 미국의 미래에 중요한가", 「타임」, 2014년 5월 19일. https://time.com/104210/maker-faire-maker-movement.

21 터너, "천년왕국적 손질", S162.

22 터너, S166.

23 터너, S178.

24 터너, S163.

25 모건 에임스(Morgan Ames), 『The Charisma Machine(카리스마 머신)』(MIT Press, 2019).

26 에임스, 카리스마 머신, 194.

27 앤드류 카네기(Andrew Carnegie), 『The Gospel of Wealth(부의 복음)』, 애플우드 북스(Applewood Books), 1998년, pp. 22-23.

28 니콜라스 크리스토프(Nicholas Kristof), "부츠 뒤의 가죽 손잡이를 당겨 일어난다고? 한 번 해봐라(Pull Yourself Up by Bootstraps? Go Ahead, Try It)", 「뉴욕타임스」, 2020년 2월 18일, https://www.nytimes.com/2020/02/19/opinion/economic-mobility.html.

29 앤서니 레반다우스키(Anthony Levandowski), "인공지능 제일교회의 내막(Inside the First Church of Artificial Intelligence)", 마크 해리스(Mark Harris)의 레반다우스키 인터뷰, 「와이어드(Wired)」, 2017년 11월 15일, https://www.wired.com/story/anthony-levandowski-artificial-intelligence-religion.

30 레반다우스키, "제일교회의 내막."

31 마크 해리스(Mark Harris), "앤서니 레반다우스키와 관련된 우버와 구글의 합의 내막(Inside the Uber and Google Settlement with Anthony Levandowski)", 「테크런치(TechCrunch)」, 2022년 2월 15일, https://techcrunch.com/2022/02/15/inside-the-uber-and-google-settlement-with-anthony-levandowski.

32 앨리슨 숀텔(Alyson Shontell, @ajs), "내 일은 정말 힘들다—다음 주에는 권위 있는 브레인스톰 컨퍼런스 참석 차 아름다운 아스펜으로 가야 하고, 그곳에서 경이로운 창업자들을 인터뷰하고, 레반다우스키의 인생 이야기도 들어야 하며, 직접 승마 세션까지 이끌 예정이기 때문이다. 거기서 만날 수 있길 기대한다!(My job is really hard—I'm being forced to go to gorgeous Aspen next week for the prestigious @brainstormtech conference where I will interview some amazing founders, get a full life update from @antlevandowski and lead a horseback riding session. Hope to see you there!)", 트위터, 2022년 7월 8일, https://twitter.com/ajs/status/1545429248969670657.

33 재키 다발로스(Jackie Davalos), 네이트 랜슨(Nate Lanxon), "앤서니 레반다우스키 인공지능교회 재시동", 블룸버그, 2023년 11월 23일, https://www.bloomberg.com/news/articles/2023-11-23/anthony-levandowski-reboots-the-church-of-artificial-intelligence.

34 레스롱 위키(LessWrong Wiki), s.v. "흔한 질문과 대답 (FAQ)", 2019년 4월 30일 접속, https://web.archive.org/web/20190430134954/https://wiki.lesswrong.com/wiki/FAQ#What_is_Less_Wrong.3F.

35 엘리에저 유드코우스키(Eliezer Yudkowski), 레스롱(LessWrong), 2010년 7월 24일, 베스 싱글러(Beth Singler)가 쓴 "이 게시물을 읽지 마시오(Don't Read This Post)"에서 인용. 2016년 3월 23일, https://bvlsingler.com/2016/03/23/dont-read-this-post.

36 로버트 A. 오시(Robert A. Orsi), 『Between Heaven and Earth: The Religious Worlds People Make and the Scholars Who Study Them(천국과 지상 사이에서: 사람들이 만드는 종교적 세계와 이를 연구하는 학자들)』, 프린스턴대 출판부, 2006년.

37 애덤 싱어(Adam Singer, @AdamSinger), 트위터, 2022년 7월 10일, https://twitter.com/AdamSinger/status/1546212133800656899.

38 캐롤라인 매카시(Caroline McCarthy), "실리콘밸리는 보수주의자들과 문제가 있다. 하지만 정치적 유형은 아니다(Silicon Valley Has a Problem with Conservatives. But Not the Political Kind)", 「복스(Vox)」, 2018년 6월 12일, https://www.vox.com/first-person/2018/6/12/17443134/silicon-valley-conservatives-religion-atheism-james-damore.

2장

1 앨리 윌킨슨(Allie Wilkinson), "기후 변화로 인한 유럽의 전쟁, 기근, 그리고 전염병(European Wars, Famine, and Plagues Driven by Changing Climates)", 「아르스 테크니카(Ars Technica)」, 2011년 10월 12일, https://arstechnica.com/science/2011/10/european-wars-famine-and-plagues-driven-by-climate.

2 제인 해서웨이(Jane Hathaway), "대재상과 거짓 메시아: 이집트의 사베타이 제비 논쟁과 오토만 개혁(The Grand Vizier and the False Messiah: The Sabbetai Zevi Controversy and the Ottoman Reform in Egypt)", 「아메리칸 동양 사회 저널(Journal of the American Oriental Society)」, 117, no. 4 (1997년): pp. 665-671.

3 카우프만 쾰러(Kaufmann Kohler), 헨리 몰타(Henry Malter), "사베타이 제비 B. 모디카이(Shabbethai Zebi B. Mordecai)", 『유대 백과사전(Jewish Encyclopedia)』, 이시도르 싱어(Isidore Singer) 편집, 펑크 앤드 웨그널스(Funk

and Wagnalls) 펴냄, 1906년, pp. 218-225, https://www.jewishencyclopedia.com/articles/13480-shabbethai-zebi-b-mordecai.

4   게르솜 게르하르트 숄렘(Gershom Gerhard Scholem), 『Sabbatai Ṣevi: The Mystical Messiah, 1626-1676(Bollingen Series)』, R. J. 즈위 워블로스키(R. J. Zwi Werblowsky) 영역, 프린스턴대 출판부, 2016년, pp. 459-460.

5   야콥 드웩(Yaacob Dweck), 『Dissident Rabbi: The Life of Jacob Sasportas(반체제 랍비: 야콥 사스포타스의 삶)』, 프린스턴대 출판부, 2019년, p. 28.

6   레이 커즈와일(Ray Kurzweil), 『특이점이 온다』(김영사, 2025).

7   커즈와일, 싱귤래리티, 370.

8   커즈와일, 싱귤래리티, 371.

9   커즈와일, 싱귤래리티, 372.

10 일론 머스크 외(Elon Musk et al.), "초지능: 과학인가 허구인가?(Superintelligence: Science or Fiction?)", 캘리포니아주 퍼시픽 그로브에서 열린 수혜적 AI에 관한 아실로마 컨퍼런스에서 촬영, 2017년 1월 7일, 유튜브 비디오, https://youtu.be/h0962biiZa4&t=2051.

11 일론 머스크(Elon Musk, @elonmusk), 트위터, 2021년 3월 21일, https://twitter.com/elonmusk/status/1373507545315172357.

12 잭 도시(Jack Dorsey, @jack), "원칙적으로, 나는 누구나 트위터를 소유하거나 운영할 수 있다고 믿지 않는다. 트위터 같은 플랫폼은 프로토콜 수준에서 사기업이 아니라 공공재여야 한다고 생각한다. 그런 문제를 풀기 위해서는…(In principle, I don't believe anyone should own or run Twitter. It wants to be a public good at a protocol level, not a company. Solving for the problem of it…).", 트위터, 2022년 4월 25일, https://twitter.com/jack/status/1518772756069773313.

13 W. 리차드 컴스탁(W. Richard Comstock), "교리(Doctrine)", 『종교 백과사전』 2판, 맥밀란 레퍼런스 USA, 2005년, 엔사이클로피디아닷컴(Encyclopedia.com), 2023년 8월 22일 개정, https://www.encyclopedia.com/philosophy-and-religion/bible/bible-general/doctrine.

14 컴스탁, "교리."

15 "백인 기독교 민족주의: 역사와 헌법 다시 쓰기(White Christian Nationalism: Rewriting History and the Constitution)", 종교적, 인종적 평등성(Religious

and Racial Equality), 정교 분리를 위한 미국인 연합(Americans United for Separation of Church and State), 2023년 9월 19일 방문, https://www.au.org/how-we-protect-religious-freedom/issues/religious-racial-equality/white-christian-nationalism/, "논설: 백인 기독교 민족주의에 대한 공화당의 부담(Opinion: The GOP's Imposition of White Christian Nationalism)", 《뉴스룸(The Newsroom)》, 공공 종교 연구소(Public Religion Research Institute), 2022년 4월 29일 개정, https://www.prri.org/buzz/opinion-the-gops-imposition-of-white-christian-nationalism.

16 마크 실크(Mark Silk), "백인 복음주의자들의 수적, 정치적 쇠퇴(White Evangelicals in Numerical, Political Decline)", 「종교 뉴스 서비스(Religion News Service)」, 2021년 7월 14일, https://religionnews.com/2021/07/14/white-evangelicals-in-numerical-political-decline, 루스 브라운스타인(Ruth Braunstein), "우익 복음주의자들에 대한 반발이 미국의 정치와 신앙을 바꾼다(The Backlash against Rightwing Evangelicals Is Reshaping American Politics and Faith)", 「가디언」(미국판), 2022년 1월 25일, https://www.theguardian.com/commentisfree/2022/jan/25/the-backlash-against-rightwing-evangelicals-is-reshaping-american-politics-and-faith.

17 마태복음 7장 12절 "그러므로 무엇이든지 남에게 대접을 받고자 하는대로 너희도 남을 대접하라 이것이 율법이요 선지자니라", 대한성서공회.

18 바빌로니아 탈무드, 샤바트 31a(Babylonian Talmud, Shabbat 31a), 코린 탈무드 바블리(Koren Talmud Bavli) 편집, 제비 허쉬 웨인렙 외(Tzvi Hersh Weinreb et al.), 아딘 에벤-이스라엘 스타인잘츠(Adin Even-Israel Steinsaltz), 다프 요미 판본(Daf Yomi edition), vol. 2, 샤바트 1부(Shabbat Part One), 코란 출판사, 2012년.

19 "윤리적 AI 스타트업의 지형(Ethical AI Startup Landscape)", 윤리적 AI 데이터베이스(Ethical AI Database), 2023년 1월 31일 개정, https://www.eaidb.org/static/maps/fy2022.svg.

20 마리안 크록(Marian Croak), 젠 제나이(Jen Gennai), "책임있는 AI: 2022년의 회고, 그리고 미래를 향해(Responsible AI: Looking Back at 2022, and to the Future)", 구글 키워드 (블로그), 2023년 1월 11일, https://blog.google/technology/ai/responsible-ai-looking-back-at-2022-and-to-the-future, 이안 레바인(Iain Levine, @iainlevine), "오늘 우리는 @메타의 인권 보호를 위한 노력과 우리의 의지를 보여주는 중요한 이정표로, 첫 번째 연례 인권 보고서를 발간합니다(Today we're releasing @Meta's first annual human

rights report, an important step forward on our human rights journey and a demonstration of our commitment)", 트위터, 2022년 7월 14일, https://twitter.com/iainlevine/status/1547569441935740928. 미란다 시즌스(Miranda Sissons), 이안 레바인, "심층 분석: 메타의 첫 번째 연례 인권 보고서(A Closer Look: Meta's First Annual Human Rights Report)", 메타 뉴스룸 (블로그), 2022년 7월 14일, https://about.fb.com/news/2022/07/first-annual-human-rights-report.

21 아마존, 공개 전시, 워싱턴주 시애틀 7번 애비뉴 2111번지(2111 7th Avenue, Seattle, WA 98121).

22 "폴라 골드만, 윤리적이고 인간적인 활용 최고 책임자(부사장급)로 세일즈포스 합류(Paula Goldman Joins Salesforce as VP, Chief Ethical and Humane Use Officer)", 세일즈포스 보도자료, 2018년 12월 10일, https://www.salesforce.com/news/stories/paula-goldman-joins-salesforce-as-vp-chief-ethical-and-humane-use-officer.

23 요엘 로스(Yoel Roth)의 링크드인 페이지, 2024년 1월 12일 접속, https://www.linkedin.com/in/yoelroth.

24 요엘 로스(Yoel Roth, @yoyoel), "신원 문제에는 완벽한 해답이 없으며, 우리는 이 자리에서 최선의 방안을 찾기 위해 계속 노력하고 있습니다. 여러분의 모든 피드백에 감사드리며, 진행 상황도 꾸준히 공유하겠습니다(No solution to identity is perfect, and we're iterating quickly to come up with the best approach here. We appreciate all the feedback, and will share more as our work progresses)", 트위터, 2022년 11월 7일, https://twitter.com/yoyoel/status/1589804653650509825.

25 채스 대너(Chas Danner), "트위터의 전직 안전 책임자, 일론 머스크의 모함으로 집을 떠나 피신(Twitter's Former Safety Head Forced from Home after Being Smeared by Elon Musk)", 「뉴욕매거진」의 '인텔리젠서(Intelligencer)', 2022년 12월 12일, https://nymag.com/intelligencer/2022/12/elon-musk-smears-former-twitter-executive-yoel-roth.html.

26 아나이스 레세귀에(Anaïs Rességuier), 로웨나 로드리게스(Rowena Rodrigues), "AI 윤리가 이빨 빠진 상태로 남아 있어서는 안 된다! 윤리학의 구속력을 회복하자는 외침(AI Ethics Should Not Remain Toothless! A Call to Bring Back the Teeth of Ethics)", 「빅데이터와 사회(Big Data and Society)」 7, no. 2 (2020년), https://journals.sagepub.com/doi/10.1177/2053951720942541.

27 옥스퍼드 영어 사전(Oxford English Dictionary), 2판, 2023년, "prophesy", https://www.oed.com/dictionary/prophesy_v?tab=meaning_and_use.

28 옥스퍼드 영어 사전(Oxford English Dictionary), 2판, 2023년, "prophecy", https://www.oed.com/dictionary/prophecy_n?tab=meaning_and_use.

29 다음 영화를 참조하라. 한스 블록(Hans Block)과 모리츠 리제비크(Moritz Riesewieck)가 감독하고, 한스 블록, 모리츠 리제비크, 게오르그 추르첸탈러(Georg Tschurtschenthaler)가 공동으로 각본을 쓴 《The Cleaners(청소부들)》, 게브루더 비츠 필름프로덕션(Gebrueder Beetz Filmproduktion, 2018).

30 나는 엠테크 넥스트 컨퍼런스와 굽타에 관해 「테크크런치」에 길고 상세하게 소개했다. 2019년 11월 8일, https://techcrunch.com/2019/11/28/will-the-future-of-work-be-ethical.

31 리랜드 청(Lelund Cheung), "어떤 지역이 '가장 혁신적인 1제곱마일'로 선정됐다면, 그 혁신성을 어떻게 유지할 수 있을까?(When a Neighborhood Is Crowned the Most Innovative Square Mile in the World, How Do You Keep It That Way?)", 보스턴닷컴(Boston.com), 2013년 5월 2일, https://www.boston.com/news/untagged/2013/05/02/when-a-neighborhood-is-crowned-the-most-innovative-square-mile-in-the-world-how-do-you-keep-it-that-way/

32 피터 보킹크(Peter Vorkink), 생애, Exonian, 2017년 12월 14일, https://theexonian.net/life/2017/12/14/peter-vorkink.

33 그렉 엡스타인(Greg Epstein), "무신론자의 선행의 짧은 역사, 혹은 인본주의 대학의 짧은 캠퍼스 투어(A Brief History of Goodness Without God, or a Short Campus Tour of the University of Humanism)", 『Good Without God: What a Billion Nonreligious People Do Believe(무신론자의 선: 10억 명의 비종교인들이 진실로 믿는 것)』(William Morrow, 2010), pp. 38-60.

34 엘리자베스 콜버트(Elizabeth Kolbert), "새로운 황금 시대의 기부 복음(Gospels of Giving for the New Gilded Age)", 「뉴요커」, 2018년 8월 20일, https://www.newyorker.com/magazine/2018/08/27/gospels-of-giving-for-the-new-gilded-age

35 "효과적 이타주의란 무엇인가?(What Is Effective Altruism?)", 효과적 이타주의 재단(EffectiveAltruism.org), 2023년 3월 13일 접속, https://www.effectivealtruism.org/articles/introduction-to-effective-altruism.

36 닐 둘라한(Neil Dullaghan), 2019년 효과적 이타주의 설문 조사: 공동체 인구 통계와 특징, 우선 순위 재고(EA Survey 2019: Community Demographics and Characteristics, Rethink Priorities), 2019년 12월 25일, https://rethinkpriorities.org/research-area/eas2019-community-demographics-characteristics.

37 윌리엄 맥어스킬(William MacAskill), "금융계: 윤리적인 직업 선택(Banking: The Ethical Career Choice)", 『Philosophers Take On the World(철학자들이 세상에 맞서다)』, 데이비드 에드먼즈(David Edmonds), 옥스퍼드대 출판부, 2016년, pp. 84-86, https://www.academia.edu/32428208/Banking_The_Ethical_Career_Choice.

38 "미래 펀드(Future Fund)", 효과적 이타주의 포럼(Effective Altruism Forum), 2023년 6월 21일 개정, https://forum.effectivealtruism.org/topics/future-fund.

39 에밀 P. 토레스(Émile P. Torres), "사기꾼 형제(The Grift Brothers)", 트루스디그(Truthdig), 2022년 12월 5일, https://www.truthdig.com/articles/the-grift-brothers.

40 나이나 바제칼(Naina Bajekal, @naina_bajekal), "모든 게 엉망이라는 태도는 좋지 않다. 맞는 말일지 모르지만 적절한 질문은 '우리가 무엇을 할 수 있을까?'이다. 우리의 새로운 커버스토리를 위해 나는 … 와 시간을 보냈다(The mode of 'everything sucks' is not helpful. Maybe it's true, but the relevant question is: what can we do? For our new cover story, I spent some time with….)" 트위터, 2022년 8월 10일, https://twitter.com/naina_bajekal/status/1557327315180331008, 팀 페리스(Tim Ferriss, @tferriss), "그게 바로 겸손한 예언자가 할 소리지!(That's exactly what a reluctant prophet would say! #triggeractionplan)", 트위터, 2022년 8월 8일, https://twitter.com/tferriss/status/1556769487227162625, 일론 머스크(Elon Musk, @elonmusk), "일독 추천. 나의 철학과 잘 맞음(Worth reading. This is a close match for my philosophy)", 트위터, 2022년 8월 2일, https://twitter.com/elonmusk/status/1554335028313718784.

41 닉 벡스테드 외(Nick Beckstead et al.), "FTX 미래 펀드 팀 전원 사임(The FTX Future Fund Team Has Resigned)", 효과적 이타주의 포럼(Effective Altruism Forum), 2022년 11월 10일, https://forum.effectivealtruism.org/posts/xafpj3on76uRDoBja/the-ftx-future-fund-team-has-resigned-1.

42 윌리엄 맥어스킬(William MacAskill, @willmacaskill), "만약 정말로 기만과 기금 유용이 있었다면, 나는 크게 분노할 것이다. 어떤 감정이 더 강한지조차 모르겠다. 그런 …을 초래한 샘(그리고 혹시 다른 이들?)에 대한 격분이 끓어오른다.(But if there was deception and misuse of funds, I am outraged, and I don't know which emotion is stronger: my utter rage at Sam (and others?) for causing such….)", 트위터, 2022년 11월 11일, https://twitter.com/willmacaskill/status/1591218022362284034.

43 트레이시 알로웨이(Tracy Alloway), 조 비젠탈(Joe Wiesenthal), "샘 뱅크먼-프리드의 이자 농사에 대한 설명이 매트 레바인에게 충격을 안겼다(Sam Bankman-Fried Described Yield Farming and Left Matt Levine Stunned)", 「블룸버그(Bloomberg)」, 2022년 4월 25일, https://www.bloomberg.com/news/articles/2022-04-25/sam-bankman-fried-described-yield-farming-and-left-matt-levine-stunned#xj4y7vzkg.

44 샘 뱅크먼-프리드(Sam Bankman-Fried, @SBF_FTX), "a) 일어나면 각성제, 잠잘 때 필요하면 수면제, b) 정신 상태를 항상 살필 것: 나는 종종 사무실에서 낮잠을 잔다….(a) stimulants when you wake up, sleeping pills if you need them when you sleep. b) be mindful of where your headspace is: I often nap in the office so that….)", 트위터, 2019년 9월 15일, https://web.archive.org/web/20230528162831/https://twitter.com/SBF_FTX/status/1173351344159117312.

45 윌리엄 맥어스킬(William MacAskill), 『냉정한 이타주의자(Doing Good Better)』 (부키, 2017).

46 아모스 5장 24절(Amos 5:24).

47 맥어스킬, 『Doing Good Better』, 146.

48 폴 비텔로(Paul Vitello), "가톨릭 신자들에게 면죄의 문이 다시 열린다(For Catholics, a Door to Absolution Is Reopened)", 「뉴욕타임스」, 2009년 1월 9일, https://www.nytimes.com/2009/02/10/nyregion/10indulgence.html.

49 닉 보스트롬(Nick Bostrom), "우리는 컴퓨터 시뮬레이션 속에 살고 있는가?(Are We Living in a Computer Simulation?)", 「Philosophical Quarterly(계간 철학)」 53호, no. 211 (2003년 4월): pp. 243-255, https://doi.org/10.1111/1467-9213.00309.

50 닉 보스트롬(Nick Bostrom), "우리는 컴퓨터 시뮬레이션 속에 살고 있는가?(Are We Living in a Computer Simulation?)", 「Philosophical Quarterly(계간 철학)」

53호, no. 211 (2003년 4월): pp. 243-255, https://doi.org/10.1111/1467-9213.00309.

51 "약력(Bio)", 닉 보스트롬(Nick Bostrom) 웹사이트, 2023년 2월 9일 접속, https://nickbostrom.com/#bio.

52 2018~19년에 가진 TED 대담: 크리스 앤더슨의 닉 보스트롬 인터뷰, "문명은 어떻게 스스로를 파괴할 수 있는가 - 그리고 이를 막을 4가지 방법(How Civilization Could Destroy Itself—and 4 Ways We Could Prevent It)", 2019년 캐나다 밴쿠버에서 촬영, https://www.ted.com/talks/nick_bostrom_how_civilization_could_destroy_itself_and_4_ways_we_could_prevent_it.

53 "합리주의 공동체(Rationality Community)", 효과적 이타주의 포럼(Effective Altruism Forum), 2023년 3월 31일 최종 개정, https://forum.effectivealtruism.org/topics/rationality-community.

54 팀닛 게브루(Timnit Gebru), "효과적 이타주의는 'AI 안전'이라는 위험한 브랜드를 밀고 있다(Effective Altruism Is Pushing a Dangerous Brand of 'AI Safety')", 「와이어드」, 2022년 11월 30일, https://www.wired.com/story/effective-altruism-artificial-intelligence-sam-bankman-fried.

55 더스틴 모스코비츠(Dustin Moskovitz, @moskov), "이것은 내가 21세기에서 가장 우려하는 문제다. 고도화된 AI가 불러올 수 있는 잠재적 위기는 흔히 '폭주하는 페이퍼클립 로봇'과 같은 시나리오로 비유하는데, 사람들은….(This is also the thing I'm most worried about for the 21st century. Potential risks from advanced AI usually evokes runaway paperclip bots, which people tend to….)", 트위터, 2020년 12월 8일, https://web.archive.org/web/20201208204552/https://twitter.com/moskov/status/1336411545035665408 (post deleted).

56 신시아 첸, "AI로부터 존재론적 안전을 확보하는 주제에 관한 비탈리크 부테린 장학금 프로그램이 신청자를 받습니다!", 효과적 이타주의 포럼, 2022년 10월 13일. https://forum.effectivealtruism.org/posts/wFC3axfuwABHmoQ9H/the-vitalik-buterin-fellowship-in-ai-existential-safety-is.

57 리즈완 버크(Rizwan Virk), "메타버스가 온다: 우리는 이미 그 안에 있는지도 모른다(The Metaverse Is Coming: We May Already Be in It)", 「사이언티픽 아메리칸」, 2022년 2월 22일, https://www.scientificamerican.com/article/the-metaverse-is-coming-we-may-already-be-in-it.

58 데이비드 J. 차머스(David J. Chalmers), 『리얼리티 플러스』(상상스퀘어, 2024).

59 힐러리 그리브스(Hilary Greaves), 윌리엄 맥어스킬, "강력한 장기주의의 옹호(The Case for Strong Longtermism)", 「GPI 워킹페이퍼(GPI Working Paper)」 no. 5-2021년, 옥스포드대, https://globalprioritiesinstitute.org/wp-content/uploads/The-Case-for-Strong-Longtermism-GPI-Working-Paper-June-2021-2-2.pdf.

60 에밀 P. 토레스(Émile P. Torres), "일론 머스크는 미래를 어떻게 보는가: 그의 기괴한 과학소설적 비전에 우리 모두는 걱정할 필요가 있다(How Elon Musk Sees the Future: His Bizarre Sci-Fi Vision Should Concern Us All)", 「살롱(Salon)」, 2022년 7월 17일, https://www.salon.com/2022/07/17/how-elon-musk-sees-the-future-his-bizarre-sci-fi-vision-should-concern-us-all/

61 토레스, "일론 머스크는 미래를 어떻게 보는가."

62 튜브루브(TubeLooB), "리처드 도킨스 - 네가 틀렸다면 어떡할 건데? 사우스파크(Richard Dawkins—'What If You're Wrong?' South Park)", 2010년 2월 28일, 유튜브 비디오, https://youtu.be/fPJQw-x-xho.

63 토레스, "일론 머스크는 미래를 어떻게 보는가."

64 닉 보스트롬(Nick Bostrom), "유토피아에서 온 편지(Letter from Utopia)", 「윤리, 법, 기술 연구(Studies in Ethics, Law, and Technology)」 2호, no. 1 (2008년): pp. 1-7, https://nickbostrom.com/utopia.

65 보스트롬, '유토피아에서 온 편지'.

66 이 목록을 정리하는 데 도움이 된 자료 중 하나는 존 F. 번스(John F. Burns)의 "세계: 순교: 평화를 살해하는 파라다이스의 약속(The World: Martyrdom; the Promise of Paradise That Slays Peace)"이다, 「뉴욕타임스」, 2001년 4월 1일, https://www.nytimes.com/2001/04/01/weekinreview/the-world-martyrdom-the-promise-of-paradise-that-slays-peace.html.

67 크리스토퍼 하딩(Christopher Harding), "무(無)의 안으로(Into Nothingness)", '이온(Aeon)', 2014년 11월 10일, https://aeon.co/essays/the-zen-ideas-that-propelled-japan-s-young-kamikaze-pilots.

68 팀닛 게브루(Timnit Gebru), 에밀 토레스(Émile P. Torres), "테스크리얼 묶음: 우생학과 인공일반지능을 통한 유토피아의 약속(The TESCREAL Bundle: Eugenics and the Promise of Utopia through Artificial General Intelligence)", 「퍼스트 먼데이(First Monday)」 29, no. 4 (2024), https://doi.org/10.5210/fm.v29i4.13636.

69 닉 콜드리(Nick Couldry), 울리세스 A. 메히아스(Ulises A. Mejias), 『The Costs of Connection: How Data Is Colonizing Human Life and Appropriating It for Capitalism(연결의 비용: 데이터는 어떻게 인간의 삶을 식민화해 자본주의에 봉사하도록 전용하는가)』, 스탠포드대 출판부, 2019년, p. 117.

70 콜드리와 메히아스, 『The Costs of Connection』, 117.

71 콜드리와 메히아스, 『The Costs of Connection』, 118.

72 마이클 하웁트(Michael Haupt), "데이터는 새로운 석유 - 바보 같은 제안('Data Is the New Oil'—A Ludicrous Proposition)", 「미디엄」, 2016년 5월 2일, https://medium.com/project-2030/data-is-the-new-oil-a-ludicrous-proposition-1d91bba4f294, 콜드리와 메히아스는 공저 『The Costs of Connection』에서 이 기사를 인용함.

73 리제트 채프먼(Lizette Chapman), "시스테딩에서 가장 핫한 트렌드는 땅이다(The Hottest New Thing in Seasteading Is Land)", 「블룸버그」, 2019년 12월 20일, https://www.bloomberg.com/news/articles/2019-12-20/silicon-valley-seasteaders-go-looking-for-low-tax-sites-on-land. 여기서 '시스테딩'은 해상 인공 도시를 뜻한다.

74 로리 클라크(Laurie Clarke), "암호화폐 백만장자들이 자신만의 도시를 건설하려고 중앙 아메리카에 돈을 쏟아붓는다(Crypto Millionaires Are Pouring Money into Central America to Build Their Own Cities)", 「MIT 테크놀로지 리뷰」, 2022년 4월 20일, https://www.technologyreview.com/2022/04/20/1049384/crypto-cities-central-america.

75 콜드리와 메히아스, 『The Costs of Connection』, 118.

76 온라인 매체인 '테크 폴리시 프레스(Tech Policy Press)'의 온라인 토론 그룹에 나온 댓글에서 인용. 2022년 5월 2일.

77 온라인 매체인 '테크 폴리시 프레스(Tech Policy Press)'의 온라인 토론 그룹에 나온 댓글에서 인용. 2022년 5월 2일.

78 MIT의 힌두교 사목인 사다난다 다사(Sadananda Dasa)가 "지옥에 대한 아름답고 상세한 묘사(a beautiful and elaborate description of hell)"를 담고 있다고 추천한 번역본. "지옥 같은 행성들에 대한 한 묘사(A Description of the Hellish Planets)", in 『Śrīmad-Bhāgavatam』, 제5편, 『The Creative Impetus(창조의 동력)』, Bhaktivedanta Book Trust, 1975년, https://vedabase.io/en/library/sb/5/26.

79 "코끼리와 멸종의 개념(Elephants and the Idea of Extinction)," 코끼리와 우리(Elephants and Us), 국립 미국사박물관 베링 센터(National Museum of American History Behring Center), 2023년 9월 19일 접속, https://americanhistory.si.edu/elephants-and-us/elephants-and-idea-extinction-0.

80 "혁신가와의 5분: 엘리에저 유드코우스키(5 Minutes with a Visionary: Eliezer Yudkowsky)", 그레고리 새퍼스타인(Gregory Saperstein) 인터뷰, 「CNBC」, 2012년 8월 9일, https://www.cnbc.com/id/48538963; grotundeek_apocolyps, "합리주의자들이 그들의 예언가를 의절하기 위한 또 다른 작고 임시적인 조처를 취하다(Rationalists Take Another Small, Tentative Step towards Disavowing Their Prophet)," 「레딧(Reddit)」, 2023년 2월 8일, https://www.reddit.com/r/SneerClub/comments/10x17xb/rationalists_take_another_small_tentative_step.

81 엘리에저 유드코우스키(Eliezer Yudkowksy, @ESYudkowsky), "강력한 인공일반지능과 안전하게 정렬하기는 어렵다(Safely aligning a powerful AGI is difficult)", 트위터, 2018년 12월 4일, https://twitter.com/ESYudkowsky/status/1070095112791715846.

82 머신지능연구소(MIRI)에서 일하는 유드코우스키의 동료인 롭 벤싱어(Rob Bensinger)가 2023년 2월 18일 리트윗한 (@robbensinger), 좀 더 간결한(pithy) 표현은, "나는 대신 이렇게 말하겠다: AGI 기술은 확산되지 않는 것이 좋다(그러지 않으면 우리 모두 죽을테니까), 그리고 지금부터는 폐쇄적인 소싱(closed-sourcing)을 습관화하는 것이 중요할 것이다…", https://twitter.com/robbensinger/status/1626914404880224256.

83 『슈퍼 인텔리전스』 영문 원서 260(262, 264)페이지에서 보스트롬은 자신이 인용하는 문구가 무엇을 "뜻하는 듯한지(seems to mean)"라고 쓰며, 마치 유드코우스키의 정확한 의도를 다 알지 못하는 듯한 태도를 드러낸다. 궁금하다면 직접 유드코우스키에게 물어볼 수도 있었을 텐데도 말이다.

84 줌(Zoom)을 이용한 필자와 제임스 배럿(James Barrat)의 영상 대화, 2023년 1월 18일. 배럿의 발언은 길이를 줄이기 위해 편집했다.

85 "가장 급박한 세계 문제들은 무엇인가?(What Are the Most Pressing World Problems?)", 80,000 시간(80,000 Hours), 2023년 2월 19일 접속, https://80000hours.org/problem-profiles.

86 벤저민 힐튼, "AI 관련 재난을 방지하는 법", 80,000 시간 사이트, 2023년 2월 19일 접속. https://80000hours.org/problem-profiles/artificial-intelligence.

87 토비 오드(Toby Ord), 『사피엔스의 멸망: 벼랑세, 인류의 존재 위험과 미래 (The Precipice: Existential Risk and the Future of Humanity)』(커넥팅, 2021).

88 벤저민 토드(Benjamin Todd), "존재론적 위험 감소의 필요성(The Case for Reducing Existential Risks)," 80,000 시간, 2022년 6월 최종 개정, https://80000hours.org/articles/existential-risks.

89 조 클라인만(Zoe Kleinman), "우버: 트래비스 칼라닉을 하차시킨 추문들(Uber: The Scandals That Drove Travis Kalanick Out)", 「BBC」, 2017년 6월 21일, https://www.bbc.com/news/technology-40352868.

90 매튜 J. 벨베데르(Matthew J. Belvedere), "신임 CEO 다라 코스로샤히, 공동 창업자 칼라닉 아래서 우버는 윤리적 기준을 잃었다고 논평('Moral Compass' Was Off at Uber under Co-founder Kalanick, Says New CEO Dara Khosrowshahi)", 「CNBC」, 2018년 1월 23일, https://www.cnbc.com/2018/01/23/uber-moral-compass-under-co-founder-kalanick-was-off-new-ceo-says.html.

91 벨베데르, "신임 CEO 다라 코스로샤히, 공동 창업자 칼라닉 아래서 우버는 윤리적 기준을 잃었다고 논평."

92 리아나 B. 베이커(Liana B. Baker), 헤더 서머빌(Heather Somerville), "우버의 전직 CEO 칼라닉, 보유 주식의 거의 3분의 1을 14억 달러에 매도(Uber Ex-CEO Kalanick Selling Nearly a Third of Stake for $1.4 Billion: Source)", 「로이터스(Reuters)」, 2018년 1월 4일, https://www.reuters.com/article/us-uber-travis-kalanick/uber-ex-ceo-kalanick-selling-nearly-a-third-of-stake-for-1-4-billion-source-idUSKBN1EU07P.

93 마이크 아이작(Mike Isaac), "어떻게 우버는 길을 잃었나(How Uber Got Lost)", 「뉴욕타임스」, 2019년 8월 23일, https://www.nytimes.com/2019/08/23/business/how-uber-got-lost.html.

94 에릭 페일리(Eric Paley, @epaley), "예언자보다는 이 특정한 문제를 어떻게 해결하며 왜 이것을 해결해야 하는지에 관해 심층적으로 고민하는 사람을 더 찾는 것이 바람직합니다(Maybe less as prophets and more the person in the world who has thought most deeply about how to solve this very specific problem and why it needs to be solved)", 트위터, 2022년 5월 3일, https://twitter.com/epaley/status/1521491648655593477.

95 Pillar VC(웹사이트), https://www.pillar.vc.

96 1백억 달러 이상의 기금을 보유한 "창업자 기금(Founders Fund)"은 피터 틸

(Peter Thiel)의 주도로 설립되었다. 이 기금의 웹사이트에 따르면 "성공한 창업자들은 자신의 회사에 대해 메시아에 가까운 태도와 믿음을 가지고 있다", "미래에 무슨 일이 벌어졌나? 우리의 선언(What Happened to the Future? Our Manifesto)", 창업자 기금(Founders Fund), 2023년 1월 12일 접속, https://foundersfund.com/2017/01/manifesto.

97 에밀 P. 토레스(Émile P. Torres), "21세기의 우생학: 새 이름, 낡은 사상 (Eugenics in the Twenty-First Century: New Names, Old Ideas)", 「트루스딕(Truthdig)」, 2023년 6월 15일, https://www.truthdig.com/dig/nick-bostrom-longtermism-and-the-eternal-return-of-eugenics.

98 칼 슐만(Carl Shulman), 닉 보스트롬(Nick Bostrom), "인지능력 강화를 위한 배아 선택: 호기심인가, 획기적 발견인가?(Embryo Selection for Cognitive Enhancement: Curiosity or Game-Changer?)", 「글로벌 폴리시(Global Policy)」 5호, no. 1 (2014년 2월): pp. 85-92, https://onlinelibrary.wiley.com/doi/abs/10.1111/1758-5899.12123.

99 숀 아일링(Sean Illing), "에피스토크라시: 정보에 밝은 사람들만 투표를 허용해야 한다는 한 정치 이론가의 주장(Epistocracy: A Political Theorist's Case for Letting Only the Informed Vote)", 「복스(Vox)」, 2018년 7월 23일, https://www.vox.com/2018/7/23/17581394/against-democracy-book-epistocracy-jason-brennan.

100 제이슨 브레넌(Jason Brennan), 『민주주의에 반대한다(Against Democracy)』 (아라크네, 2023).

101 에밀 P. 토레스(Émile P. Torres), "21세기의 우생학: 새 이름, 낡은 사상(Eugenics in the Twenty-First Century: New Names, Old Ideas)", 「트루스딕(Truthdig)」, 2023년 6월 15일, https://www.truthdig.com/dig/nick-bostrom-longtermism-and-the-eternal-return-of-eugenics.

102 에밀 P. 토레스(Émile P. Torres), "21세기의 우생학: 새 이름, 낡은 사상(Eugenics in the Twenty-First Century: New Names, Old Ideas)", 「트루스딕(Truthdig)」, 2023년 6월 15일, https://www.truthdig.com/dig/nick-bostrom-longtermism-and-the-eternal-return-of-eugenics.

103 엘리자베스 J. 케네디(Elizabeth J. Kennedy), 2021년 8월 11일 저자와의 토론에서. 케네디 박사의 발언은 내용을 줄이고 명확히 하기 위해 편집했음.

104 제임스 배럿(James Barrat), 『파이널 인벤션(Our Final Invention: Artificial Intelligence and the End of the Human Era)』(동아시아, 2016).

105 켄 힐리스(Ken Hillis), 마이클 페팃(Michael Petit), 카일리 자렛(Kylie Jarrett), 『구글과 검색의 문화(Google and the Culture of Search)』, 루트레지(Routledge), 2013년, p. 15.

106 앤드루 킨(Andrew Keen), "구글의 데이터 처리기는 위험한가?(Is Google's Data Grinder Dangerous?)", 「LA타임스」, 2007년 7월 12일, https://www.latimes.com/la-oe-keen12jul12-story.html.

107 맥스 테그마크(Max Tegmark), 『맥스 테그마크의 라이프 3.0』(동아시아, 2017).

108 테그마크, Life 3.0, 162.

109 테그마크, Life 3.0, 132.

110 쉬라 오비드(Shira Ovide), "테크 천재라는 컬트(The Cult of the Tech Genius)", 「뉴욕타임스」, 2020년 8월 6일, https://www.nytimes.com/2020/08/06/technology/the-cult-of-the-tech-genius.html.

111 예브게니 모로조프(Evgeny Morozov), "경고: 실리콘밸리의 컬트 추종자들은 당신을 파괴적 일탈자로 만들고 싶어 합니다(Beware: Silicon Valley's Cultists Want to Turn You into a Disruptive Deviant)", 「가디언」(미국판), 2016년 1월 3일, https://www.theguardian.com/technology/2016/jan/03/hi-tech-silicon-valley-cult-populism.

112 스티븐 레비(Steven Levy), "2010년대, 테크 창업자의 컬트 종식, 잘됐다!(The 2010s Killed the Cult of the Tech Founder. Great!)", 「와이어드」, 2019년 12월 29일, https://www.wired.com/story/the-2010s-killed-the-cult-of-the-tech-founder.

113 스코트 로젠버그(Scott Rosenberg), "테크 산업의 창업자 컬트 재부상(Tech's Cult of the Founder Bounces Back)", 「악시오스(Axios)」, 2022년 8월 16일, https://www.axios.com/2022/08/16/founder-cult-adam-neumann-startups.

114 데니스 오리어리(Denyse O'Leary), "실리콘밸리의 기이하고 종말론적인 컬트(Silicon Valley's Strange, Apocalyptic Cult)", 「마인드 매터스(Mind Matters)」, 2019년 5월 27일, https://mindmatters.ai/2019/05/silicon-valleys-strange-apocalyptic-cult.

115 줄리오 로모(Julio Romo), "퍼스널리티 컬트와 테크-브로 문화가 기술을 죽이고 있는가(How the Cult of Personality and Tech-Bro Culture Is Killing Technology)", 투 포 세븐 (블로그), 2022년 11월 20일, https://www.

twofourseven.co.uk/blog/20/11/2022/how-the-cult-of-personality-and-tech-bro-culture-is-killing-technology.

116 "기업인가 컬트인가?(Company or Cult?)",「이코노미스트」, 2022년 3월 5일, https://www.economist.com/business/2022/03/05/company-or-cult.

117 맨프레드 F. R. 케츠 드 브리스(Manfred F. R. Kets de Vries), "당신의 기업 문화는 컬트적인가?(Is Your Corporate Culture Cultish?)",「하버드 비즈니스 리뷰」, 2019년 5월 10일, https://hbr.org/2019/05/is-your-corporate-culture-cultish.

118 플로라 차포프스키(Flora Tsapovsky), "기업 문화의 컬트가 돌아왔다. 테크 종사자들은 이 이상 특혜를 원할까?(The Cult of Company Culture Is Back. But Do Tech Workers Even Want Perks Anymore?)",「인포메이션」, 2022년 4월 8일, https://www.theinformation.com/articles/the-cult-of-company-culture-is-back-but-do-tech-workers-even-want-perks-anymore.

119 코트니 캠벨(Courtney Campbell), "아마존에서 컬트적 인기가 있는 10개의 테크 기기들 - 그리고 그만한 가치가 있는 이유(10 Tech Gadgets with a Cult Following on Amazon—and Why They're Worth It)", 제품 리뷰,「유에스에이 투데이」, 2018년 7월 19일, https://reviewed.usatoday.com/tech/features/10-tech-gadgets-with-a-cult-following-on-amazon-and-why-theyre-worth-it.

120 조시 콘스타인(Josh Constine), "인플루언서가 팬을 컬트로 대체하는 이유(Why Influencers Are Replacing Fans with Cults)", 콘스타인의 뉴스레터 (블로그), 2020년 5월 25일, https://constine.substack.com/p/why-influencers-are-replacing-fans.

121 몬티 클라크(Monte Clark), "견제되지 않는 인플루언서들은 컬트 지도자들이나 마찬가지(Unchecked Influencers Are Cult Leaders)", 링크드인, 2019년 9월 19일, https://www.linkedin.com/pulse/unchecked-influencers-cult-leaders-monte-clark.

122 브렌튼 푸터(Brenton Putter), "컬트 같은 기업 문화를 개발하는 13단계(13 Steps to Developing a Cult-Like Company Culture)",「미디엄」, 2018년 7월 26일, https://medium.com/swlh/13-steps-to-developing-a-cult-like-company-culture-9c7c83c4b89.

123 해리 재프(Harry Jaffe), "70억 달러의 사나이(The Seven Billion Dollar Man)",「워싱토니언(Washingtonian)」, 2000년 3월 1일, https://www.washingtonian.com/2000/03/01/the-seven-billion-dollar-man.

124 가브리엘 테일러(Gabriel Taylor), "과도한 영향의 법적 정의는 무엇인가?(What Is the Legal Definition Of 'Undue Influence?')", 옥스포드 리걸(Oxford Legal, 블로그), 2021년 3월 27일, http://www.oxfordlegal.com/legal-definition-undue-influence.

125 론 L. 도슨(Lorne L. Dawson), "나사로 되살리기: 스티븐 켄트의 세뇌 모델 부활에 대한 방법론적 비판(Raising Lazarus: A Methodological Critique of Stephen Kent's Revival of the Brainwashing Model)", 『Misunderstanding Cults: Searching for Objectivity in a Controversial Field(컬트의 오해: 논쟁적 영역에서 객관성 찾기)』(Univ of Toronto Pr, 2001)에서 인용. 벤저민 자블로스키(Benjamin Zablocki), 토마스 로빈스(Thomas Robbins) 공동 편집.

126 아이작 루티추이스(Isaack Luttichuys), 야콥 사스포타스(1610-1698), 암스테르담의 세파르드 랍비(Sephardic Rabbi), 1673년, 유화, 이스라엘 박물관, 예루살렘, https://commons.wikimedia.org/wiki/File:Jacob_Sasportas.jpg

127 야콥 드웩(Yaacob Dweck), 『Dissident Rabbi: The Life of Jacob Sasportas(반체제 랍비: 야콥 사스포타스의 삶)』(Princeton University Press, 2019), 174.

128 드웩, 『Dissident Rabbi』, 176.

129 드웩, 『Dissident Rabbi』, 170.

130 힐러리 그리브스(Hilary Greaves), 윌리엄 맥어스킬, 「강력한 장기주의의 옹호(The Case for Strong Longtermism)」, 25.

131 헤이든 윌킨슨(Hayden Wilkinson), 「광신주의의 변호(In Defense of Fanaticism)」, 윤리학(Ethics) 132, no. 2 (2022년): pp. 445-477, https://philpapers.org/archive/WILIDO-22.pdf.

132 힐러리 그리브스(Hilary Greaves), 윌리엄 맥어스킬, 「강력한 장기주의의 옹호(The Case for Strong Longtermism)」, 29.

133 힐러리 그리브스(Hilary Greaves), 윌리엄 맥어스킬, 「강력한 장기주의의 옹호(The Case for Strong Longtermism)」, 29.

134 이 다큐멘터리를 추천한다. "기후 변화를 막기 위한 행동은 원주민의 '다음 7세대를 위한 의사 결정' 전통으로부터 배울 수 있다(How Climate Action Can Benefit from Indigenous Tradition of '7th-Generation Decision-Making)", 「CBC뉴스」, 2021년 1월 21일, https://www.cbc.ca/news/science/what-on-earth-indigenous-seventh-generation-thinking-climate-action-1.5882480.

135 이 영향의 증거를 확인하려면 다음을 참조하라. 암아리스티자발(AmAristizabal), "GCR(Galactic Cosmic Ray, 은하우주선) 저감: 지속 가능한 개발 목표에서 빠진 것(GCRs Mitigation: The Missing Sustainable Development Goal)", 효과적 이타주의 포럼(Effective Altruism Forum), 2021년 6월 8일, https://forum.effectivealtruism.org/posts/fn2QhZwFugbT3HekE/gcrs-mitigation-the-missing-sustainable-development-goal.

136 닉 보스트롬(Nick Bostrom), "존재론적 위험 방지를 글로벌 최우선 순위로(Existential Risk Prevention as Global Priority)", 「글로벌 폴리시」, 4호, no. 1 (2013년): pp. 15-31, https://existential-risk.com/concept.

137 닉 보스트롬, "취약한 세계 가설(The Vulnerable World Hypothesis)", 「글로벌 폴리시」, 10호, no. 4 (2019년 11월): pp. 455-476, https://doi.org/10.1111/1758-5899.12718.

138 크리스 스토켈-워커(Chris Stokel-Walker), "AI 조사는 종말적 위험을 과장하고 있다(AI Survey Exaggerates Apocalyptic Risks)", 「사이언티픽 아메리칸」, 2024년 1월 26일, https://www.scientificamerican.com/article/ai-survey-exaggerates-apocalyptic-risks.

139 니릿 웨이스-블랫(Nirit Weiss-Blatt), 저자에게 보낸 링크드인 직접 메시지, 2024년 1월 26일. 그녀의 저서 『The Techlash and Tech Crisis Communication(테크래시와 테크 위기 커뮤니케이션)』(Emerald Publishing, 2021)도 참조할 것.

140 카챠 그레이스(Katja Grace), "AI는 군비 경쟁이 아니다(AI Is Not an Arms Race)", 「타임」, 2023년 5월 31일, https://time.com/6283609/artificial-intelligence-race-existential-threat.

141 누르 알-시바이(Noor Al-Sibai), "머신러닝 전문가들, AI의 부상 막기 위한 데이터 센터 폭격 요구(Machine Learning Expert Calls for Bombing Data Centers to Stop Rise of AI)", 「퓨처리즘(Futurism)」, 2023년 3월 31일, https://futurism.com/ai-expert-bomb-datacenters.

142 예를 들면, "AI 안전 정상회담 2023(AI Safety Summit 2023)", 블레츨리 파크(Bletchley Park), 영국, 2023년 11월 1-2일, https://www.gov.uk/government/topical-events/ai-safety-summit-2023.

143 니릿 웨이스-블랫(Nirit Weiss-Blatt), 저자에게 보낸 링크드인 직접 메시지, 2024년 1월 26일.

144　엘렌 휴잇(Ellen Huet), "실리콘밸리에서 벌어지는 AI 형태를 둘러싼 문화적 갈등(A Cultural Divide Over AI Forms in Silicon Valley)", 「블룸버그」, 2023년 12월 6일, https://www.bloomberg.com/news/newsletters/2023-12-06/effective-accelerationism-and-beff-jezos-form-new-tech-tribe.

2부

1　칼 T. 벅스트롬(Carl T. Bergstrom, @CT_Bergstrom), "의도적이든 아니든, 이것은 다음 단계의 인지부조화생성 (규제 회피를 위해 불확실성이나 의심을 조장하는 것)이다(Deliberate or not, this is next-level agnotogenesis(creating uncertainty or doubt to stave off regulatory action))", 트위터, 2021년 9월 14일, https://web.archive.org/web/20220108205513/https://twitter.com/CT_Bergstrom/status/1438002275000016901.

다음도 참조할 것: 인지부조화생성학, "전략적이고 의도적인 무지 생산(agnotology, the strategic and purposeful production of ignorance)", 데이나 보이드(danah boyd), "인지부조화생성학과 인식론적 단편화(Agnotology and Epistemological Fragmentation)", '데이터와 사회: 포인트(Data and Society: Points)', 2019년 4월 26일, https://points.datasociety.net/agnotology-and-epistemological-fragmentation-56aa3c509c6b.

3장

1　나중에 공개된 이 문서의 일반 버전: "벤처 자본 (그리고 실리콘밸리 사고방식)은 무엇이 잘못되었는가(What's Wrong with VC (and the Silicon Valley Mindset))", 벤처 패턴스 (블로그), 2023년 9월 19일 접속, https://venturepatterns.com/blog/vc/whats-wrong-with-vc-and-the-silicon-valley-mindset.

2　마일즈 라세터는 2022년 3월 9일 이메일로 메시지를 전했다.

3　조너선 Z. 스미스(Jonathan Z. Smith), "의식의 실체(The Bare Facts of Ritual)" in 『Imagining Religion: From Babylon to Jonestown(종교의 상상: 바빌론에서 존스타운까지)』(시카고대 출판부, 1988년) p. 57.

4　스미스, "의식의 실체", 63.

5 힐케 브로크만(Hilke Brockmann), 비브케 드류(Wiebke Drews), 존 토피(John Torpey), "스스로를 위한 계급이란? 신 테크 엘리트 그룹의 세계관에 대하여(A Class for Itself? On the Worldviews of the New Tech Elite)", 「플로스 원(PLoS ONE)」 16, no. 1 (2021년): e0244071, https://journals.plos.org/plosone/article?id=10.1371/journal.pone.0244071.

6 하이테크 부문의 다양성, 워싱턴 DC, US 평등 고용 기회 위원회, 2016년, https://www.eeoc.gov/special-report/diversity-high-tech.

7 사라 K. 화이트(Sarah K. White), "선두 테크 기업들은 다양성과 포용성을 어떻게 다루고 있는가(How Top Tech Companies Are Addressing Diversity and Inclusion)", 「CIO」, 2021년 2월 4일, https://www.cio.com/article/193856/how-top-tech-companies-are-addressing-diversity-and-inclusion.html.

8 제시카 귄(Jessica Guynn), 브렌트 슈로텐보어(Brent Schrotenboer), "왜 아직도 미국에는 흑인 임원이 적은가?(Why Are There Still So Few Black Executives in America?)", 「유에스에이투데이」, 2020년 8월 20일, https://www.usatoday.com/in-depth/money/business/2020/08/20/racism-black-america-corporate-america-facebook-apple-netflix-nike-diversity/5557003002.

9 엘리자베스 에드워드(Elizabeth Edwards), "당신의 통계를 체크하라: 벤처 자본계의 다양성 부족은 보기보다 더 나쁘다(Check Your Stats: The Lack of Diversity in Venture Capital Is Worse Than It Looks)", 「포브스」, 2021년 2월 24일, https://www.forbes.com/sites/elizabethedwards/2021/02/24/check-your-stats-the-lack-of-diversity-in-venture-capital-is-worse-than-it-looks.

10 에드워드, "통계 확인 요망", 그림 2, 출처: 제임스 L. 나이트 재단.

11 힐케 브로크만(Hilke Brockmann), 비브케 드류(Wiebke Drews), 존 토피(John Torpey), "스스로를 위한 계급이란? 신 테크 엘리트 그룹의 세계관에 대하여(A Class for Itself? On the Worldviews of the New Tech Elite)", 「플로스 원(PLoS ONE)」 16, no. 1 (2021년): e0244071, https://journals.plos.org/plosone/article?id=10.1371/journal.pone.0244071.

12 WGBH의 필립 마틴(Phillip Martin)이 내린 정의, 필립 마틴 외(Philip Martin et al.), "미국의 카스트 제도(Caste in America)"(패널 토론, 보스턴, 매사추세츠), 비디오, 1:04:29, 2019년 3월 22일, https://www.wgbh.org/boston-public-library-studio/2019/03/20/caste-in-america-phillip-martin.

13 "인도 대법원의 논쟁적인 카스트 명령 취소(India Top Court Recalls Controversial Caste Order)", 「BBC」, 2019년 10월 1일, https://www.bbc.com/news/world-asia-india-49889815.

14 "인도 대법원의 논쟁적인 카스트 명령 취소", 「BBC」.

15 W. J. 존슨(W. J. Johnson), 『A Dictionary of Hinduism(힌두교 사전)』(파키스탄, 옥스포드대 출판부, 2009).

16 창세기 9:22 (킹 제임스 성경).

17 "공식 선언 2, '모든 충실하고 가치로운 인간(Official Declaration 2, 'Every Faithful, Worthy Man)'" in 『교리와 성약 학생 교재 2판(Doctrine and Covenants Student Manual Second Edition)』(솔트레이크시티, 유타, 예수 그리스도 후기 성도 교회(Church of Jesus Christ of the Latter-Day Saints)), 2001년, https://www.churchofjesuschrist.org/study/manual/doctrine-and-covenants-student-manual/official-declaration-2-every-faithful-worthy-man?lang=eng.

18 이저벨 윌커슨(Isabel Wilkerson), "미국의 지속적인 카스트 제도(America's Enduring Caste System)", 「뉴욕타임스」, 2020년 7월 7일, https://www.nytimes.com/2020/07/01/magazine/isabel-wilkerson-caste.html.

19 이저벨 윌커슨(Isabel Wilkerson), "미국의 지속적인 카스트 제도(America's Enduring Caste System)", 「뉴욕타임스」, 2020년 7월 7일, https://www.nytimes.com/2020/07/01/magazine/isabel-wilkerson-caste.html.

20 이제오마 올루오(Ijeoma Oluo), 『Mediocre: The Dangerous Legacy of White Male America(2류: 미국 백인 남성의 위험한 유산)』, p. 265.

21 메러디스 브로사드(Meredith Broussard), 국내에서는 『페미니즘 인공지능: 오해와 편견의 컴퓨터 역사 뒤집기(Artificial Unintelligence: How Computers Misunderstand the World)』라는 제목으로 이음 출판사에서 2019년 번역 출간됨.

22 "여성의 인터넷에 관하여, 모이라 와이겔 인터뷰 1부(On the Internet of Women with Moira Weigel)", 그렉 엡스타인, 「테크 크런치」, 2019년 5월 20일, https://techcrunch.com/2019/05/20/on-the-internet-of-women-with-moira-weigel.

23 "여성의 인터넷에 관하여, 모이라 와이겔 인터뷰 2부(On the Internet of Women with Moira Weigel)", 그렉 엡스타인, 「테크 크런치」, 2019년 5월 22일,

https://techcrunch.com/2019/05/22/moira-weigel-on-the-internet-of-women-part-two.

24 "실리콘밸리 노동 역사의 내부(Inside the History of Silicon Valley Labor)", 그렉 엡스타인의 루이스 하이만(with Louis Hyman) 인터뷰, 「테크 크런치」, 2019년 7월 30일, https://techcrunch.com/2019/07/30/inside-the-history-of-silicon-valley-labor-with-louis-hyman, 루이스 하이만(Louis Hyman), 『Temp: How American Work, American Business, and the American Dream Became Temporary(임시직: 미국의 업무, 미국의 비즈니스, 아메리칸 드림은 어떻게 임시직이 되었는가)』(Viking Pr, 2018).

25 하이만, "실리콘밸리 노동 역사의 내부."

26 톰 시모나이트(Tom Simonite), "AI가 미래다 – 하지만 여성은 어디에 있나?(AI Is the Future—But Where Are the Women?)", 「와이어드」, 2018년 8월 17일. https://www.wired.com/story/artificial-intelligence-researchers-gender-imbalance/.

27 크리스 스토켈-워커(Chris Stokel-Walker), "챗GPT가 추천 편지에서 성별 편견을 되풀이한다(ChatGPT Replicates Gender Bias in Recommendation Letters)", 「사이언티픽 아메리칸」, 2023년 11월 22일, https://www.scientificamerican.com/article/chatgpt-replicates-gender-bias-in-recommendation-letters, 이후 구글 바드(Google Bard)는 제미나이(Gemini)로 이름을 바꿨다.

28 가랑스 버크(Garance Burke), 매트 오브라이언(Matt O'Brien), AP통신(Associated Press), "충격적인 스탠포드 연구 결과, 챗GPT와 구글의 바드가 의학 관련 질문에 흑인 환자에게 유해한 인종차별적이고 엉터리 이론을 대답(Bombshell Stanford Study Finds ChatGPT and Google's Bard Answer Medical Questions with Racist, Debunked Theories That Harm Black Patients)", 「포춘 웰(Fortune Well)」, 2023년 10월 20일, https://fortune-com.cdn.ampproject.org/c/s/fortune.com/well/2023/10/20/chatgpt-google-bard-ai-chatbots-medical-racism-black-patients-health-care/amp.

29 켄 힐리스(Ken Hillis), 마이클 페팃(Michael Petit), 카일리 자렛(Kylie Jarrett), 『Google and the Culture of Search(구글과 검색 문화)』(Routledge, 2012).

30 사피야 우모자 노블(Safiya Umoja Noble), 『Algorithms of Oppression: How Search Engines Reinforce Racism』(뉴욕대 출판부, 2018). 번역된 책은 『구글은 어떻게 여성을 차별하는가』(한즈미디어, 2019).

31 노블, 『Algorithms of Oppression』, 10.

32 노블, 『Algorithms of Oppression』, 10.

33 스콧 뉴먼(Scott Neumann), "딜런 루프의 사진, 인종차별주의 선언문, 웹사이트에 등장(Photos of Dylann Roof, Racist Manifesto Surface On Website)", 더 투-웨이(The Two-Way), 「NPR」, 2015년 6월 20일, https://www.npr.org/sections/thetwo-way/2015/06/20/416024920/photos-possible-manifesto-of-dylann-roof-surface-on-website.

34 레베카 허셔(Rebecca Hersher), "딜런 루프가 구글에 인종 관련 정보를 물었을 때 어떤 일이 벌어졌는가?(What Happened When Dylann Roof Asked Google for Information about Race?)", 더 투-웨이, 「NPR」, 2017년 1월 10일, https://www.npr.org/sections/thetwo-way/2017/01/10/508363607/what-happened-when-dylann-roof-asked-google-for-information-about-race.

35 디나 템플-래스턴(Dina Temple-Raston), "두 급진화의 이야기(A Tale of 2 Radicalizations)", 모닝 에디션(Morning Edition), 「NPR」, 2021년 3월 15일, https://www.npr.org/2021/03/15/972498203/a-tale-of-2-radicalizations.

36 디나 템플-래스턴(Dina Temple-Raston), "두 급진화의 이야기(A Tale of 2 Radicalizations)".

37 "프로젝트 인클루드 소개(About Project Include)", 프로젝트 인클루드, 2023년 12월 17일 방문, https://projectinclude.org

38 실리콘밸리의 숨겨진 문제(Elephant in the Valley), 2022년 8월 2일 접속, https://www.elephantinthevalley.com

39 J. 에드워드 모레노(J. Edward Moreno), "현대 인공지능 운동의 여명기를 연 개척자들(Who's Who Behind the Dawn of the Modern Artificial Intelligence Movement)", 「뉴욕타임스」, 12월 3일, https://www.nytimes.com/2023/12/03/technology/ai-key-figures.html.

40 케이드 메츠 외(Cade Metz et al.), "에고, 두려움, 그리고 돈: AI 불씨는 어떻게 당겨졌는가(Ego, Fear and Money: How the A.I. Fuse Was Lit)", 「뉴욕타임스」, 2023년 12월 3일, https://www.nytimes.com/2023/12/03/technology/ai-openai-musk-page-altman.html, 이보영(Bo Young Lee), "명백히, AI 역사에 관여한 여성은 단 한 명도 없었다. 다시 한번, 뉴욕타임스는 의도적으로 여성을 지우는 이야기를 전하고 있다…(Apparently, there wasn't a single woman involved in the history of AI. Once again, The

New York Times tells a story of AI that intentionally erases women⋯)", 링크드인, 2023년 12월 3일, https://www.linkedin.com/posts/bo-young-lee-%EC%9D%B4%EB%B3%B4%EC%98%81-073a47_ego-fear-and-money-how-the-ai-fuse-was-activity-7137224927467704320-GG9l.

41 스콧 자시크(Scott Jaschik), "래리 서머스의 발언(What Larry Summers Said)", 『인사이드 하이어 에드(Inside Higher Ed)』, 2005년 2월 17일, https://www.insidehighered.com/news/2005/02/18/what-larry-summers-said.

42 줄리 크레스웰(Julie Cresswell), 쉴라 카플란(Sheila Kaplan), "쥴은 어떻게 한 세대를 니코틴에 중독시켰나(How Juul Hooked a Generation on Nicotine)", 『뉴욕타임스』, 2019년 11월 23일, https://www.nytimes.com/2019/11/23/health/juul-vaping-crisis.html, 쉴라 코하카(Sheelah Kolhatkar), "쥴은 거대 담배 회사를 파괴하고 싶어했다. 대신, 이들은 중독의 유형병을 초래했다(Juul Wanted to Disrupt Big Tobacco. Instead It Created an Epidemic of Addiction)", 로렌 에터(Lauren Etter)의 저서 『The Devil's Playbook: Big Tobacco, Juul, and the Addiction of a New Generation(악마의 각본: 거대 담배 회사, 쥴, 그리고 새로운 세대의 중독)』(Crown, 2021)에 대한 서평, 『뉴욕타임스』, 2021년 5월 25일, https://www.nytimes.com/2021/05/25/books/review/the-devils-playbook-lauren-etter.html.

43 에린 그리피스(Erin Griffith), "실리콘밸리 투자자들. 쥴에 소극적, 하지만 다른 니코틴 스타트업들은 지원(Silicon Valley Investors Shunned Juul, but Back Other Nicotine Start-Ups)", 『뉴욕타임스』, 2018년 10월 7일, https://www.nytimes.com/2018/10/07/technology/silicon-valley-investors-juul-nicotine-start-ups.html.

44 제프 비어(Jeff Beer), "페이스북의 보도된 이름 변경은 새로운 거대 담배회사라는 이미지를 강화한다(Facebook's Reported Name Change Reinforces Its Image as the New Big Tobacco)", 『패스트 컴퍼니』, 2021년 10월 21일, https://www.fastcompany.com/90688287/facebooks-reported-name-change-reinforces-its-image-as-the-new-big-tobacco, 제니퍼 멀로니(Jennifer Maloney), "쥴, 7억 달러 투자 유치(Juul Raises $700 Million from Investors)", 『월스트리트저널』, 2020년 2월 6일, https://www.wsj.com/articles/juul-raises-700-million-from-investors-11581018723.

45 조너선 Z. 스미스(Jonathan Z. Smith), "의식의 실체(The Bare Facts of Ritual)", 57.

46 조너선 Z. 스미스(Jonathan Z. Smith), "의식의 실체(The Bare Facts of Ritual)", 63.

47 캐서린 Q. 실리(Katharine Q. Seelye), 제스 비드굿(Jess Bidgood), "하버드 남자 축구팀, 외설적인 '스카우팅 리포트'로 출전 정지 처분(Harvard Men's Soccer Team Is Sidelined for Vulgar 'Scouting Report')",「뉴욕타임스」, 2016년 11월 4일, https://www.nytimes.com/2016/11/05/us/harvard-mens-soccer-team-scouting-report.html.

48 위키피디아(Wikipedia), s.v. "샌프란시스코만(San Francisco Peninsula)", 2023년 6월 24일 개정, https://en.wikipedia.org/wiki/San_Francisco_Peninsula.

49 캐런 채플(Karen Chapple), "레드우드 시티: 베이 지역 추방 위기의 뜻밖의 주범(Redwood City: An Improbable Villain of the Bay Area Displacement Crisis)", 도시 추방 프로젝트(Urban Displacement Project), 블로그, 2015년 9월 14일, https://www.urbandisplacement.org/blog/redwood-city-an-improbable-villain-of-the-bay-area-displacement-crisis.

50 제이크 채프먼(Jake Chapman), "투자자와 창업자는 스타트업들의 정신 건강 문제를 논의해야 한다(Investors and Entrepreneurs Need to Address the Mental Health Crisis in Startups)",「테크크런치」, 2018년 12월 30일, https://techcrunch.com/2018/12/30/investors-and-entrepreneurs-need-to-address-the-mental-health-crisis-in-startup-culture.

51 페기 매킨토시(Peggy McIntosh), "백인의 특권: 보이지 않는 배낭 풀기(White Privilege: Unpacking the Invisible Knapsack)",「평화와 자유(Peace and Freedom)」, 1989년 7/8월호, pp. 10-12.

52 피르케이 아보트(Pirkei Avot) 2:16, 조슈아 켈프(Joshua Kelp) 영역, https://www.sefaria.org/Pirkei_Avot.2.16?lang=bi&with=all&lang2=en.

53 "나는 이성 때문에 비관론자지만 의지 때문에 낙관론자다", 어록, 안토니오 그람시(Antonio Gramsci), 굿리즈(Goodreads), 2023년 9월 19일 방문, https://www.goodreads.com/quotes/118705-i-m-a-pessimist-because-of-intelligence-but-an-optimist-because.

4장

1 브루스 바이필드(Bruce Byfield), "진보 중인 손글씨 태블릿(A Handwriting Tablet In Progress)",「리눅스 매거진」, 2020년 11월 10일, https://www.linux-magazine.com/Online/Features/reMarkable-2.

2 알렉스 케라이(Alex Kerai), "2023년 셀폰 이용 통계: 아침은 알림 받는 시간(2023 Cell Phone Usage Statistics: Mornings Are for Notifications)", 리뷰스(Reviews.org), 2023년 7월 21일 업데이트, https://www.reviews.org/mobile/cell-phone-addiction. 다른 연구들은 그보다 적은 수치를 보였지만 실제 평균은 세자릿수까지는 아니더라도 확실히 수십 번이다.

3 "모바일 데이터표(Mobile Fact Sheet)", 퓨 연구센터(Pew Research Center), 2021년 4월 7일 업데이트, https:// www.pewresearch.org/internet/fact-sheet/mobile, 디스카우트(dscout), "모바일 터치: 인간과 그들의 기술에 관한 디스카우트의 첫 연구(Mobile Touches: dscout's Inaugural Study on Humans and Their Tech)", 2016년 6월 15일, https://pages.dscout.com/hubfs/downloads/dscout_mobile_touches_study_2016.pdf.

4 "스크린 시간과 아동(Screen Time and Children)", 미국 아동 청소년 정신의 학회(American Academy of Child and Adolescent Psychiatry), 2020년 2월 업데이트, https://www.aacap.org/AACAP/Families_and_Youth/Facts_for_Families/FFF-Guide/Children-And-Watching-TV-054.aspx.

5 가브리엘 엠마누엘(Gabrielle Emanuel), "팬데믹 동안 10대의 스크린 시간이 하루 8시간으로 두 배 증가-학교 활동 불포함(Teens' Screen Time Doubled to 8 Hours a Day during the Pandemic—Not Counting Schoolwork)", 「WBUR」, 2021년 11월 22일, https://www.wbur.org/news/2021/11/22/teens-screen-time-doubled-pandemic.

6 쿨샤 오제닉(Kürşat Özenç), 글렌 파자르도(Glenn Fajardo), 『Rituals for Virtual Meetings: Creative Ways to Engage People and Strengthen Relationships(가상 모임을 위한 의식: 사람들의 참여를 유도하고 관계를 강화하는 창의적 방법들)』(Wiley, 2021).

7 제임스 W. 케리(James W. Carey), 『Communication as Culture: Essays on Media and Society(문화로서의 커뮤니케이션: 미디어와 사회에 관한 에세이)』(Routledge, 2009).

8 캐리, 『Communication as Culture』, 52-53.

9 킴 소메이저(Kim Somajor), "미시 엘리엇 6개의 플래티넘 앨범으로 역사를 쓰게 된 데 감사(Missy Elliot Expresses Gratitude Making History with 6 Platinum Albums)", 「소스(Source)」, 2022년 1월 31일, https://thesource.com/2022/01/31/missy-elliot-expresses-gratitude-making-history-with-6-platinum-albums.

10 그렉 엡스타인(Greg Epstein), "제 이름은 그렉입니다, 그리고 저는 테크에 중독됐어요(My Name Is Greg, and I'm Addicted to Tech)", 「보스턴 글로브(Boston Globe)」, 2021년 1월 1일, https://www.bostonglobe.com/2021/01/01/opinion/my-name-is-greg-im-addicted-tech.

11 진 M. 트웬지(Jean M. Twenge), 토마스 E. 조이너(Thomas E. Joiner), 가브리엘 N. 마틴(Gabrielle N. Martin), "2010년 이후 미국 청소년들 사이의 우울 증상, 자살 관련 결과, 자살률 증가와 증가된 뉴미디어 화면 시간과의 연관성(Increases in Depressive Symptoms, Suicide-Related Outcomes, and Suicide Rates among U.S. Adolescents after 2010 and Links to Increased New Media Screen Time)", 「임상 정신과학(Clinical Psychological Science)」 6, no. 1 (2017년): pp. 3-17, https://journals.sagepub.com/doi/10.1177/2167702617723376.

12 수크프리트 K. 타마나 외(Sukhpreet K. Tamana et al.), "스크린 시간은 미취학 아동의 주의력 결핍 문제와 연관된다: 출생 아동 집단 연구 결과(Screen-Time Is Associated with Inattention Problems in Preschoolers: Results from the Child Birth Cohort Study)", 「PLoS ONE」, 14, no. 4 (2019년): e0213995, https://journals.plos.org/plosone/article?id=10.1371/journal.pone.0213995, 메타 밴 덴 휴벨 외(Meta van den Heuvel et al.), "모바일 미디어 기기 사용은 18개월 아동의 표현적 언어 지연과 연관된다(Mobile Media Device Use Is Associated with Expressive Language Delay in 18-Month-Old Children)", 「발달 및 행태 소아학 저널(Journal of Developmental and Behavioral Pediatrics)」, 40, no. 2 (2019년 2/3월호): 99-104, https://pubmed.ncbi.nlm.nih.gov/30753173, 셰리 매디건 외(Sheri Madigan et al.), "스크린 시간과 아동의 발달 선별 검사 수행 능력 간의 연관성(Association between Screen Time and Children's Performance on a Developmental Screening Test)", 「JAMA 소아학 저널(JAMA Pediatrics)」 173, no. 3 (2019년): 244-250, https://jamanetwork.com/journals/jamapediatrics/fullarticle/2722666.

13 "부모의 주목을 놓고 모바일 전화기와 경쟁하는 아이들(Kids Competing with Mobile Phones for Parents' Attention)", AVG 나우(AVG Now) (블로그), 2015년 6월 2일, https://press.avg.com/digital-diaries-kids-competing-with-mobile-phones-for-parents-attention.

14 클레어 M. 나이팅게일 외(Claire M. Nightingale et al.), "스크린 시간은 아동의 비만과 인슐린 저항성과 관련이 있다(Screen Time Is Associated with Adiposity and Insulin Resistance in Children)", 소아 질환 기록 보관소(Archives of Disease in Childhood), 102, no. 7 (2017년): pp. 612-616, https://doi.org/10.1136/archdischild-2016-312016.

15 제임스 윌리엄스(James Williams), 『Stand out of Our Light: Freedom and Resistance in the Attention Economy(우리의 빛을 가리지 말라: 주목 경제 시대의 자유와 저항)』(케임브리지대 출판부, 2018). 국내에서는 『나의 빛을 가리지 말라』라는 제목으로 2022년 11월 머스트리드북에서 번역 출간됨.

16 브라이언 A. 프리맥 외(Brian A. Primack et al.), "소셜 미디어 사용과 우울증 간의 시간적 연관성(Temporal Associations between Social Media Use and Depression)", 「미국 예방의학저널(American Journal of Preventative Medicine)」 60호, no. 2 (2021년 2월): pp. 179-188, https://doi.org/10.1016/j.amepre.2020.09.014.

17 진 M. 트웬지(Jean M. Twenge), 『iGen: Why Today's Super-Connected Youth Are Growing Up Less Rebellious, More Tolerant, Less Happy—and Completely Unprepared for Adulthood—and What That Means for the Rest of Us(아이젠: 초연결된 오늘날의 청소년들은 왜 덜 반항적이고, 더 관용적이며, 덜 행복한가—그리고 왜 어른이 될 준비가 전혀 되어 있지 않은가—이것이 우리에게 뜻하는 바는 무엇인가)』(Atria Books, 2018).

18 진 M. 트웬지(Jean M. Twenge), "스마트폰은 한 세대를 파괴했는가?(Have Smartphones Destroyed a Generation?)", 「애틀랜틱」, 2017년 9월, https://www.theatlantic.com/magazine/archive/2017/09/has-the-smartphone-destroyed-a-generation/534198.

19 브렌든 하이드만(Brendon Hyndman), "새 연구 결과는 스크린 시간과 아동 건강에 좋은 뉴스처럼 들린다. 그러면 우리는 이제 걱정하지 않아도 된다는 뜻인가?(A New Study Sounds Like Good News about Screen Time and Kids' Health. So Does It Mean We Can All Stop Worrying?)", 컨버세이션(Conversation), 2021년 10월 22일, https://theconversation.com/a-new-study-sounds-like-good-news-about-screen-time-and-kids-health-so-does-it-mean-we-can-all-stop-worrying-170265.

20 에밀 뒤르켐(Émile Durkheim), 『The Elementary Forms of Religious Life(종교적 삶의 기본적 형태)』(Oxford University Press, 2008), 캐럴 코스만(Carol Cosman) 영역.

21 힐러리 아카우어(Hilary Achauer), "'정서적 팔굽혀 펴기'란 무엇인가? 정신 건강 헬스장이라는 개념을 탐구하기(What Is an 'Emotional Push-Up'? Exploring the Concept of Mental Health Gyms)", 「워싱턴포스트」, 2021년 10월 19일, https://www.washingtonpost.com/lifestyle/2021/10/19/mental-health-gym-emotional-fitness/.

22 대니얼 오펜하이머(Daniel Oppenheimer), "외로운 쥐가 중독되기 쉽다(It's Easy for Lonely Rats to Get Addicted)", 「퓨처리티(Futurity)」, 2013년 1월 24일, https://www.futurity.org/its-easy-for-lonely-rats-to-get-addicted.

23 차마스 팔리하피티야(Chamath Palihapitiya), "소셜 캐피탈의 창업자이자 CEO가 변화의 수단으로서 돈에 대해 말하다(Founder and CEO Social Capital, on Money as an Instrument of Change)", 매들라인 데인저필드-차(Madeline Dangerfield-Cha) 인터뷰, 정상에서 본 전망(View from the Top), 스탠포드 비즈니스 스쿨(Stanford Graduate School of Business), 유튜브 비디오, 2017년 11월 13일, https://www.youtube.com/watch?v=PMotykw0SIk.

24 트레버 헤인즈(Trevor Haynes), "도파민, 스마트폰, 그리고 당신: 당신의 시간을 빼앗기 위한 싸움(Dopamine, Smartphones and You: A Battle for Your Time)", 뉴스 속의 과학 (블로그), 하버드대 예술과학대학원, https://sitn.hms.harvard.edu/flash/2018/dopamine-smartphones-battle-time.

25 제이미 워터스(Jamie Waters), "지속적인 갈망: 디지털 미디어는 우리 모두를 어떻게 도파민 중독자들로 만들었나(Constant Craving: How Digital Media Turned Us All into Dopamine Addicts)", 「옵서버(Observer)」, 2021년 8월 22일, https://www.theguardian.com/global/2021/aug/22/how-digital-media-turned-us-all-into-dopamine-addicts-and-what-we-can-do-to-break-the-cycle.

26 윌리엄 로스 펄먼, "생쥐들은 헤로인이나 메타암페타민보다 다른 생쥐들과의 사교적 상호작용을 더 선호한다", NIDA 노트, 2019년 8월 23일. https://archives.nida.nih.gov/news-events/nida-notes/2019/08/rats-prefer-social-interaction-to-heroin-or-metham phetamine.

27 휴먼 서스테이너빌리티 인사이드 아웃(Human Sustainability Inside Out), 2023년 9월 9일 방문, https://www.linkedin.com/company/human-sustainability-inside-out-hsio/.

28 줄리 자곤(Julie Jargon), "나는 인스타그램을 한다 고로 존재한다: 소셜미디어에 노출된 당신 자녀의 뇌(I Instagram Therefore I Am: Your Child's Brain on Social Media)", 프리젠테이션, 하버드 정신 건강 동문회(Harvard Alumni for Mental Health), 2022년 6월 10일, 유튜브 비디오, https://www.youtube.com/watch?v=ykt1EEbiJ3s.

29 줄리 자곤(Julie Jargon), "의사들은 십대 소녀들이 경련 증상을 보이는 것을 목격했고, 여기에 틱톡이 연루되었을 수 있다고 생각한다(Doctors Have Been

Seeing Teen Girls Develop Tics and They Think TikTok Might Be Involved)", 「버즈피드 데일리」 인터뷰, 2021년 10월 27일, https://www.buzzfeed.com/daily/tiktok-teen-girls-tics-mental-health-social-media.

30 타라 델리베르토(Tara Deliberto), "왜 우리는 체중 증가에 불안해하는가?(Why Are You Anxious about Gaining Weight?)", 사이콜로지 투데이(Psychology Today), 블로그, 2019년 10월 23일, https://www.psychologytoday.com/us/blog/eating-disorder-recovery/201910/why-are-you-anxious-about-gaining-weight.

31 월도프 운동의 역사는 인종 차별주의다. 2020년에는 일부 경우 백신 접종과 충돌하는 주술적 사고로 논란을 빚어 왔다.

32 맷 릭텔(Matt Richtel), "컴퓨터를 쓰지 않는 실리콘밸리 학교(A Silicon Valley School that Doesn't Compute)", 「뉴욕타임스」, 2011년 10월 22일, https://www.nytimes.com/2011/10/23/technology/at-waldorf-school-in-silicon-valley-technology-can-wait.html.

33 "윌리엄 슝카몰라(William Shunkamolah)", 팀 발표회(Team Showcase), HEAL 이니셔티브(HEAL Initiative), 캘리포니아대 샌프란시스코, 2023년 9월 9일 접근, https://healinitiative.org/team-showcase/william-shunkamolah.

5장

1 로버트 E. 러너(Robert E. Lerner), "종말 문학(Apocalyptic Literature)", 온라인 브리태니커 백과사전, 2021년 5월 3일 개정, https://www.britannica.com/art/apocalyptic-literature.

2 플라비우스 조세푸스(Flavius Josephus), "유대인들이 처한 극심한 궁핍에서 티투스에 의한 예루살렘 함락까지(From the Great Extremity to Which the Jews Were Reduced to the Taking of Jerusalem by Titus)", 『The Jewish War(유대 전쟁)』(Penguin Classics, 1981). 『The Genuine Works of Flavius Josephus the Jewish Historian(유대계 역사가 플라비우스 조세푸스의 진정한 저작)』, 윌리엄 휘스턴(William Whiston) 번역 (London, 1737), https://penelope.uchicago.edu/josephus/war-6.html.

3 "머콤 커뮤니티 칼리지 소개(About Macomb)", 머콤 커뮤니티 칼리지(Macomb Community College), 2022년 9월 7일 방문, https://www.macomb.edu/about-macomb/index.html.

4 "과가시성의 부담 인식과 예방(Recognizing and Preventing the Strain of Hypervisibility)", 우리의 이야기(Our Stories), 2021년 2월 18일, 「블룸버그(Bloomberg)」, https://www.bloomberg.com/company/stories/recognizing-and-preventing-the-strain-of-hypervisibility.

5 모린 T. 레디(Maureen T. Reddy), "비가시성/과가시성: 규범적 백인성의 역설(Invisibility/Hypervisibility: The Paradox of Normative Whiteness)", 「변혁: 포용적 학문 및 교육학 저널(Transformations: The Journal of Inclusive Scholarship and Pedagogy)」, 9, no. 2 (1998년 가을호): pp. 55-64, https://www.jstor.org/stable/43587107.

6 빌 맥그로, "폭동인가 반란인가? 디트로이트의 67년 사태의 명명을 둘러싼 논쟁," 「디트로이트 프리 프레스」, 2017년 7월 4일치. https://www.freep.com/story/news/2017/07/05/50-years-later-riot-rebellion/370968001.

7 엘리자베스 앤 마틴(Elizabeth Anne Martin), "디트로이트와 대이동, 1916-1929(Detroit and the Great Migration, 1916-1929)", 미시간대 우등 에세이, 1992년, https://web.archive.org/web/20140129103021/http:/bentley.umich.edu/research/publications/migration/ch1.php.

8 샌드라 스보보다(Sandra Svoboda), "숫자로 본 디트로이트 - 빈곤에 관한 진실(Detroit by the Numbers—the Truth about Poverty)", 브리지 미시간(Bridge Michigan), 2015년 3월 19일, https://www.bridgemi.com/urban-affairs/detroit-numbers-truth-about-poverty.

9 디트로이트 미래 도시, 139 제곱마일 안의 "사람들"(Detroit Future City, "People," in 139 Square Miles), 인랜드(Inland), 2017년, https://detroitfuturecity.com/wp-content/uploads/2017/11/DFC_139-SQ-Mile_People.pdf.

10 크리스 길리아드(Chris Gilliard), "흑인 여성이 가정 보안 장치를 발명했다. 왜 이게 잘못되었을까?(A Black Woman Invented Home Security. Why Did It Go So Wrong?)", 아이디어스, 「와이어드」, 2021년 11월 14일, https://www.wired.com/story/black-inventor-home-security-system-surveillance, 타와나 페티(Tawana Petty), "흑인의 생명을 방어한다는 것은 얼굴 인식 기술을 금지한다는 뜻이다(Defending Black Lives Means Banning Facial Recognition)", 아이디어스, 「와이어드」, 2020년 7월 10일, https://www.wired.com/story/defending-black-lives-means-banning-facial-recognition.

11 마크 비넬리(Mark Binelli), "지난번 불길(The Fire Last Time)", 「뉴리퍼블릭

(New Republic)」, 2017년 4월 6일, https://newrepublic.com/article/141701/fire-last-time-detroit-stress-police-squad-terrorized-black-community.

12 제이먼 조던(Jamon Jordan), "블랙 바텀: 향토 역사가 제이먼 조던의 짧은 교육(Black Bottom: A Brief Lesson from Local Historian Jamon Jordan)", 클래런스 탭 주니어(Clarence Tabb, Jr.), 「디트로이트 뉴스」, 2021년 3월 23일, 비디오, 1:41, https://www.detroitnews.com/videos/news/local/detroit-city/2021/03/24/i-375-black-bottom-paradise-valley/6969067002.

13 켄 콜먼(Ken Coleman), "디트로이트 블랙 바텀의 사람과 명소들(The People and Places of Black Bottom, Detroit)", 「휴머니티(Humanities)」 42, no. 4 (2021년 가을호), https://www.neh.gov/article/people-and-places-black-bottom-detroit.

14 "디트로이트 블랙 바텀 지역 철거는 미시간 역사를 어떻게 바꿨는가(How the Razing of Detroit's Black Bottom Neighborhood Shaped Michigan's History)", 미시간 라디오, 「NPR」, 2019년 2월 11일, https://www.michiganradio.org/arts-culture/2019-02-11/how-the-razing-of-detroits-black-bottom-neighborhood-shaped-michigans-history.

15 마크 비넬리(Mark Binelli), "지난번 불길(The Fire Last Time)", 「뉴리퍼블릭(New Republic)」, 2017년 4월 6일, https://newrepublic.com/article/141701/fire-last-time-detroit-stress-police-squad-terrorized-black-community.

16 윌리엄 K. 스티븐스(William K. Stevens), "엘리트 경찰 부대의 전술이 디트로이트의 선거 쟁점으로 떠오르다(Tactics of an Elite Police Unit Election Issue in Detroit)", 「뉴욕타임스」, 1973년 6월 11일, https://www.nytimes.com/1973/06/11/archives/tactics-of-an-elite-police-unit-election-issue-in-detroit-friends.html, 더그 메리먼(Doug Merriman), "폭력의 역사: 디트로이트 경찰국, 아프리카계 미국인 공동체, S.T.R.E.S.S. 점령군인가 포위된 군대인가(A History of Violence: The Detroit Police Department, the African American Community and S.T.R.E.S.S. An Army of Occupation or an Army under Siege)", 더그 메리먼 블로그, 2015년 11월 17일, https://dougmerriman.org/2015/11/17/a-history-of-violence-the-detroit-police-department-the-african-american-community-and-s-t-r-e-s-s-an-army-of-occupation-or-an-army-under-siege/.

17 댄 게오르가카스(Dan Georgakas), 마빈 서킨(Marvin Surkin), 『Detroit: I Do Mind Dying: A Study in Urban Revolution(디트로이트: 나는 죽기 싫다: 도시 혁명의 한 연구)』(South End Press, 1998).

18 1904년의 더 작은 피켓 애비뉴 공장(The smaller Piquette Avenue in 1904), 1910년의 더 큰 하이랜드 애비뉴 공장(the larger Highland Avenue in 1910), 위키피디아, "포드 피켓 애비뉴 공장(Ford Piquette Avenue Plant)", 2023년 7월 6일 개정, https://en.wikipedia.org/wiki/Ford_Piquette_Avenue_Plant, 위키피디아, "하이랜드 파크 포드 공장(Highland Park Ford Plant)", 2023년 4월 3일 개정, https://en.wikipedia.org/wiki/Highland_Park_Ford_Plant.

19 조너선 A. 그린블랫(Jonathan A. Greenblatt), "헨리 포드의 반유대주의를 미화하지 말라(Don't Whitewash Henry Ford's Anti-Semitism)", 「뉴욕타임스」 독자 편지, 2019년 2월 5일, https://www.nytimes.com/2019/02/05/opinion/letters/henry-ford-anti-semitism.html, 해시아 다이너(Hasia Diner), "포드의 반유대주의(Ford's Anti-Semitism)", 아메리칸 익스피리언스 인터뷰, 「PBS」, 2023년 9월 9일, https://www.pbs.org/wgbh/americanexperience/features/henryford-antisemitism.

20 "헨리 포드와 반유대주의: 복잡한 이야기(Henry Ford and Anti-Semitism: A Complex Story)", 헨리 포드 미국 혁신 박물관, 2023년 9월 9일 방문, https://www.thehenryford.org/collections-and-research/digital-resources/popular-topics/henry-ford-and-anti-semitism-a-complex-story, 니키타 스튜어트(Nikita Stewart), "뉴욕의 가족계획연맹 우생학을 이유로 마거릿 생어와 절연(Planned Parenthood in N.Y. Disowns Margaret Sanger over Eugenics)", 「뉴욕타임스」, 2020년 7월 1일, https://www.nytimes.com/2020/07/21/nyregion/planned-parenthood-margaret-sanger-eugenics.html.

21 스루티 나딕(Smruthi Nadig), "오스트레일리아의 포테스큐에 험난한 해(A Rough Year for Australia's Fortescue)", 「마이닝 기술(Mining Technology)」, 2023년 11월 7일, https://www.mining-technology.com/features/a-rough-year-for-australias-fortescue.

22 도미니 스튜어트(Domini Stuart), "현대 노예제의 위험을 관리하는 법(Managing the Risks of Modern Slavery)", 오스트레일리아 기업 이사 협회(Australian Institute of Company Directors), 2021년 4월 1일, https://www.aicd.com.au/organisational-culture/business-ethics/issues/managing-the-risks-of-modern-slavery.html.

23 emleml, "6+ 등급을 받은 200편 이상의 최고 종말론 영화들 (범주별 분류!)," IMDB, 2022년 3월 11일 업데이트. https://www.imdb.com/list/ls072938013.

24 마리아 패럴(Maria Farrell), "테크 기업들의 슬로건은 정말 '세상을 더 나은 장소로' 만드는가?(Do Tech Slogans Really 'Make the World a Better Place'?)", 원제로(OneZero), 2018년 12월 4일, https://onezero.medium.com/do-tech-slogans-really-make-the-world-a-better-place-730836c2c3ec.

25 저스틴 칼마(Justine Calma), "AI가 불과 6시간 만에 4만 개의 새로운 잠재적 생화학 무기를 발명했다(AI Suggested 40,000 New Possible Chemical Weapons in Just Six Hours)", 「더 버지」, 2022년 3월 17일, https://www.theverge.com/2022/3/17/22983197/ai-new-possible-chemical-weapons-generative-models-vx.

26 토드 C. 프랭클(Todd C. Frankel), "코발트 파이프라인: 콩고의 수작업 광부들에서 소비자의 스마트폰과 랩탑으로 이어지는 경로 추적(The Cobalt Pipeline: Tracing the Path from Deadly HandDug Mines in Congo to Consumers' Phones and Laptops)", 「워싱턴포스트」, 2016년 9월 30일, https://www.washingtonpost.com/graphics/business/batteries/congo-cobalt-mining-for-lithium-ion-battery.

27 데이비드 바르보자(David Barboza), "중국 공장들에서, 잃어버린 손가락과 저임금(In Chinese Factories, Lost Fingers and Low Pay)", 「뉴욕타임스」, 2008년 1월 5일, https://www.nytimes.com/2008/01/05/business/worldbusiness/05sweatshop.html, "중국의 공장 노동자들은 그들의 인생관을 어떻게 표현하는가(How Chinese Factory-Workers Express Their Views on Life)", 「이코노미스트」, 2021년 8월 12일, https://www.economist.com/china/2021/08/12/how-chinese-factory-workers-express-their-views-on-life, 클로이 테일러(Chloe Taylor), "해스브로와 디즈니 장난감이 제작되는 중국 공장들의 '악몽같은' 작업 환경('Nightmare' Conditions at Chinese Factories Where Hasbro and Disney Toys Are Made)", 「CNBC」, 2018년 12월 7일, https://www.cnbc.com/2018/12/07/nightmare-at-chinese-factories-making-hasbro-and-disney-toys.html.

28 에드먼드 리(Edmund Lee), 존 코블린(John Koblin), "신임 사장, HBO가 더 커지고 더 확장돼야 한다고 역설(HBO Must Get Bigger and Broader, Says Its New Overseer)", 「뉴욕타임스」, 2018년 7월 8일, https://www.nytimes.com/2018/07/08/business/media/hbo-att-merger.html.

29 크리스 길리아드(Chris Gilliard, @hypervisible), 트위터, 2018년 7월 9일, https://twitter.com/hypervisible/status/1147469357792059392.

30 크리스 길리아드(Chris Gilliard, @hypervisible), 트위터, 2019년 7월 6일, https://twitter.com/hypervisible/status/1518570404360736768.

31 크리스 길리아드(Chris Gilliard, @hypervisible), 트위터, 2022년 4월 25일, https://web.archive.org/web/20220425123945/https://twitter.com/hypervisible/status/1518570404360736768.

32 개빈 케닐리(Gavin Kenneally), "우리는 미국 국경을 순찰하는 로봇 개를 만들었다(We Created Robot Dogs to Patrol the U.S. Border)", 「뉴스위크」, 2022년 2월 22일, https://www.newsweek.com/robot-dogs-patrol-us-border-1681325.

33 크리스 길리아드(Chris Gilliard, @hypervisible), 트위터, 2022년 2월 27일, https://drive.google.com/file/d/19mzh93ykeH-GQdsTacTGMZ_AI1T7s1-9/view?usp=drive_link.

34 크리스 길리아드(Chris Gilliard, @hypervisible), 트위터, 2021년 9월 6일, https://web.archive.org/web/20210701000000*/https://twitter.com/hypervisible/status/1434874647447842816.

35 크리스 길리아드와 저자의 대화에서 나온 내용, 2021년 6월 8일.

36 물의를 빚는 테크 행태가 만화속 악당들에게서 영감을 받았음을 보여주는 한 사례: 크리스 길리어드(@hypervisible), "수년 전 @cariatidaa 등의 에세이를 읽는 가운데, 전자 감시 시스템에 영감을 준 것 중 하나가 킹핀(Kingpin)의 행동을 보여주는 만화에서 나온 사실을 발견했다…", 트위터, 2019년 9월 30일, https://web.archive.org/web/20210601015721/https://twitter.com/hypervisible/status/1178804534400950272.

37 크리스 길리아드(Chris Gilliard, @hypervisible), "누군가 제발 테크 기업 CEO한테 한 가정당 몇 개의 감시 카메라가 적당하다고 생각하는지 물어봐 주세요(Someone please ask a tech CEO what they think the optimal number of cameras per household is)", 트위터, 2021년 9월 19일, https://web.archive.org/web/20210909195637/https://twitter.com/hypervisible/status/1435999341903233024.

38 크리스 길리아드(Chris Gilliard, @hypervisible), "정신 건강의 '앱화'가 비용과 손쉬운 접근 명분으로 품질을 떨어뜨린다는 의사들의 우려(Doctors are concerned that the "app-ification" of mental health could sacrifice quality for the sake of cost and easy access)", 트위터, 2022년 4월 28일, https://web.archive.org/web/20220429013028/https://twitter.com/hypervisible/status/1519850986348634112.

39 크리스 길리아드(Chris Gilliard, @hypervisible), "뽑기 어렵지만, AI를 이용해 당신의 감정 상태를 '탐지하는' 회사들에 대한 기사 중 최악은 줌이 이것을 …와 통합할 것으로 예상된다는 것(It was hard to pick, but the worst thing in this article— about companies using AI to 'detect' your emotional state— is that Zoom is expected to integrate this…)", 트위터, 2022년 4월 13일, https://web.archive.org/web/20220905114505/https://twitter.com/hypervisible/status/1514336857785524224.

40 크리스 길리아드(Chris Gilliard, @hypervisible), "한숨(Sigh)", 트위터, 2022년 6월 3일, https://web.archive.org/web/20220603153319/https://twitter.com/hypervisible/status/1532746672878538754.

41 크리스 길리아드(Chris Gilliard, @hypervisible), "테크 기업이 상상한 모든 미래는 이전보다 더 나쁘다(Every future imagined by a tech company is worse than the previous iteration)", 트위터, 2022년 4월 28일, https://web.archive.org/web/20220428182617/https://twitter.com/hypervisible/status/1519744656782856193.

42 크리스 길리아드(Chris Gilliard, @hypervisible), "국방부는 현재 잠재적인 자율주행 군용 차량의 다음 시대를 구상하기 위해 선도적인 AV 스타트업들과 논의중(Dept of Defense 'is now interacting with top AV startups to imagine the next era of potentially autonomous military vehicles')", 트위터, 2022년 4월 15일, https://web.archive.org/web/20220415224020/https://twitter.com/hypervisible/status/1515097677322719240.

43 크리스 길리아드(Chris Gilliard, @hypervisible), "이것을 읽고 통곡하라(Read it and weep)", 트위터, 2022년 4월 4일, https://web.archive.org/web/20220404162637/https://twitter.com/hypervisible/status/1511017071345385472.

44 쇼샤나 주보프(Shoshana Zuboff), 『감시 자본주의 시대: 권력의 새로운 개척지에서 벌어지는 인류의 미래를 위한 투쟁』(문학사상, 2021).

45 패트릭 그로더(Patrick Grother), 메이 응안(Mei Ngan), 케이 하나오카(Kayee Hanaoka), 얼굴 인식 서비스 기업들에 대한 테스트 3부: 인구통계학적 효과(Face Recognition Vendor Test(FRVT) Part 3: Demographic Effects), 미국 국립표준기술연구소(NIST), 2019년, https://nvlpubs.nist.gov/nistpubs/ir/2019/NIST.IR.8280.pdf. (1) 미국에서 수집된 국내 머그샷, (2) 이민 목적의 글로벌 지원자 사진, (3) 여권 신청자들의 여권 사진, (4) 미국으로 들어오는 여행객들의 사진 등 4개의 데이터 세트가 사용됨.

46 샘 비들(Sam Biddle), "경찰은 트위터와 연계된 스타트업 데이터마이너의 도움으로 조지 플로이드 사망 관련 시위를 감시했다(Police Surveilled George Floyd Protests with Help from Twitter-Affiliated Startup Dataminr)", 「인터셉트(Intercept)」, 2020년 7월 9일, https://theintercept.com/2020/07/09/twitter-dataminr-police-spy-surveillance-black-lives-matter-protests/. 스티븐 펠드스타인(Steven Feldstein), 데이비드 웡(David Wong), "새 기술, 새 문제 - 미국의 우려스러운 감시 동향(New Technologies, New Problems — Troubling Surveillance Trends in America)", 정의로운 보안(Just Security), 2020년 8월 6일, https://www.justsecurity.org/71837/new-technologies-new-problems-troubling-surveillance-trends-in-america.

47 파비아나 삼파이오(Fabiana Sampaio), "리우데자네이루에서 얼굴 인식으로 인한 오인 체포의 80%는 흑인(80% das prisões errôneas por reconhecimento facial no RJ são de negros)", 라디오 아젠시아(Radio Agência), 2022년 1월 12일, https://agenciabrasil.ebc.com.br/radioagencia-nacional/justica/audio/2022-01/80-das-prisoes-erroneas-por-reconhecimento-facial-no-rj-sao-de-negros. 이 기사는 "리우데자네이루 공공 변호사 사무소와 전국 공공 변호사 협회의 설문 조사(a survey by the public defender's office in Rio de Janeiro and the National College of General Public Defenders)" 결과를 다루고 있다.

48 《특별 리포트 - 감시의 시대(The Age of Surveillance, special report)》, 폴리티코 유럽(Politico Europe), 2021년 5월 26일, https://www.politico.eu/special-report/the-age-of-surveillance, 니코스 스미르나이오스(Nikos Smyrnaios), "유럽의 군산 복합체는 스마트폰을 정치적 감시 시스템으로 만들고 있다(In Europe, a Military-Industrial Complex Is Turning Smartphones into a Political Surveillance System)", 「테크 폴리시 프레스(Tech Policy Press)」, 2022년 9월 7일, https://techpolicy.press/in-europe-a-military-industrial-complex-is-turning-smartphones-into-a-political-surveillance-system/.

49 빈센트 매넌코트(Vincent Manancourt), 마크 스콧(Mark Scott), "유럽에서 코로나바이러스는 외국 감시 기업들에 붐으로 작용(In Europe, a Coronavirus Boom for Foreign Surveillance Firms)", 「폴리티코 유럽」, 2021년 5월 28일, https://www.politico.eu/article/europe-surveillance-china-israel-united-states.

50 OVD-인포(OVD-Info), 전쟁 반대(No to War), 2022년 4월 14일 개정, https://en.ovdinfo.org/no-to-war-en, 아나스타실라 크루오페(Anastasila Kruope), "얼굴 인식 기술에 대한 러시아 정부의 사용에 이의 제기(Moscow's

Use of Facial Recognition Technology Challenged)", 국제인권감시기구(Human Rights Watch), 2020년 7월 8일, https://www.hrw.org/news/2020/07/08/moscows-use-facial-recognition-technology-challenged, 아나스타실라 크루오페, "러시아 정부의 적극적인 생체인식 데이터 사용(The Russian Government's Advance on Biometric Data)", 국제인권감시기구, 2022년 7월 23일, https://www.hrw.org/news/2022/07/23/russian-governments-advance-biometric-data.

51 "생체 인식 데이터 시스템이 아프가니스탄 시민들을 위험에 몰아넣고 있다는 새로운 증거(New Evidence that Biometric Data Systems Imperil Afghans)", 국제인권감시기구, 2022년 3월 30일, https://www.hrw.org/news/2022/03/30/new-evidence-biometric-data-systems-imperil-afghans, 폴 모저(Paul Mozur), "홍콩 시위에서, 얼굴이 무기가 되고 있다(In Hong Kong Protests, Faces Become Weapons)", 「뉴욕타임스」, 2019년 7월 26일, https://www.nytimes.com/2019/07/26/technology/hong-kong-protests-facial-recognition-surveillance.html, 스티븐 펠드스타인(Steven Feldstein), "정부 기관들은 시민들에게 스파이웨어를 사용하고 있다. 이것을 중단시킬 수 있을까?(Governments Are Using Spyware on Citizens. Can They Be Stopped?)", 카네기 국제평화재단(Carnegie Endowment for International Peace), 2021년 7월 21일, https://carnegieendowment.org/2021/07/21/governments-are-using-spyware-on-citizens.-can-they-be-stopped-pub-85019.

52 데이나 프리스트(Dana Priest), 크레이그 팀버그(Craig Timberg), 수아드 메헤네(Souad Mekhennet), "이스라엘의 민간 스파이웨어가 전세계의 언론인과 운동가들의 휴대폰을 해킹하는 데 사용된다(Private Israeli Spyware Used to Hack Cellphones of Journalists, Activists Worldwide)", 「워싱턴포스트」, 2021년 7월 18일, https://www.washingtonpost.com/investigations/interactive/2021/nso-spyware-pegasus-cellphones.

53 TRAC 이민 자료(TRAC Immigration), 현재 이민 재판 사건들에는 더 많은 장기 거주자가 연루됨, 2018년 4월 19일, https://trac.syr.edu/immigration/reports/508.

54 연간 통계 투명성 보고서: 정보 기관의 국가 안보 감시 권한 사용에 관하여(Annual Statistical Transparency Report: Regarding the Intelligence Community's Use of National Security Surveillance Authorities), 워싱턴 D.C: 시민 자유, 프라이버시, 투명성 사무국, 국가정보국장실(Office of the Director of National Intelligence), 2022년 4월, https://www.intelligence.gov/assets/

documents/702%20Documents/statistical-transparency-report/2022_IC_Annual_Statistical_Transparency_Report_cy2021.pdf.

55 닉 보스트롬(Nick Bostrom), "취약한 세계 가설(The Vulnerable World Hypothesis)", 「글로벌 폴리시」, 10호, no. 4 (2019년 11월): pp. 455-476, https://doi.org/10.1111/1758-5899.12718.

56 조셉 콕스(Joseph Cox), "폭로: 미 군부, 인터넷 브라우징, 이메일 데이터를 포함한 대규모 감시 툴 도입(Revealed: US Military Bought Mass Monitoring Tool That Includes Internet Browsing, Email Data)", 「마더보드(Motherboard)」, 2022년 9월 12일, https://www.vice.com/en/article/y3pnkw/us-military-bought-mass-monitoring-augury-team-cymru-browsing-email-data.

57 조셉 콕스(Joseph Cox), "폭로: 미 군부, 인터넷 브라우징, 이메일 데이터를 포함한 대규모 감시 툴 도입(Revealed: US Military Bought Mass Monitoring Tool That Includes Internet Browsing, Email Data)".

58 쇼샤나 주보프(Shoshana Zuboff), 『감시 자본주의 시대: 권력의 새로운 개척지에서 벌어지는 인류의 미래를 위한 투쟁』(문학사상, 2021).

59 시몬 브라운(Simone Browne), 『Dark Matters: On the Surveillance of Blackness(어두운 문제들: 흑인성의 감시에 관하여)』(Duke Univ Press, 2015), 8.

60 시몬 브라운(Simone Browne), 『Dark Matters: On the Surveillance of Blackness(어두운 문제들: 흑인성의 감시에 관하여)』, 11.

61 케이드 크록포드(Kade Crockford)의 저작, "얼굴 인식 감시 기술은 어떻게 해서 인종 차별적인가?(How Is Face Recognition Surveillance Technology Racist?)"를 참조하라, ACLU, 2020년 6월 16일, https://www.aclu.org/news/privacy-technology/how-is-face-recognition-surveillance-technology-racist.

62 시몬 브라운(Simone Browne), 『Dark Matters: On the Surveillance of Blackness(어두운 문제들: 흑인성의 감시에 관하여)』, 12.

63 "공익 사상가: 디지털 감시와 사람들의 힘에 관한 버지니아 유뱅크스의 견해(Public Thinker: Virginia Eubanks on Digital Surveillance and People Power)", 젠 스트라우드 로스만(Jenn Stroud Rossman) 인터뷰, 퍼블릭 북스, 2020년 7월 9일, https://www.publicbooks.org/public-thinker-virginia-eubanks-on-digital-surveillance-and-people-power.

64 유뱅크스의 저서 『Automating Inequality: How High-Tech Tools Profile,

Police, and Punish the Poor(자동화된 불평등: 하이테크 툴은 어떻게 빈곤층을 프로파일링하고, 감시하며 처벌하는가)』(St. Martin's Press, 2017) 참조, 국내는 『자동화된 불평등』(북트리거, 2018)로 출간. 또 다른 저서는 『Digital Dead End: Fighting for Social Justice in the Information Age(디지털 막다른 길: 정보 시대의 사회적 정의를 위한 싸움)』(MIT Press, 2011).

65 다큐멘터리, 《The Feeling of Being Watched(감시 당하고 있다는 느낌)》, 아시아 밴두이(Assia Bandoui)가 각본과 감독을 맡았고, 가말 압델-하이즈(Gamal Abdel-Haiz)와 크리스티나 에이브러햄(Christina Abraham)이 출연한다. (뉴욕: 여성들이 영화를 만든다(Women Make Movies), 2019).

66 시몬 브라운(Simone Browne), 『Dark Matters: On the Surveillance of Blackness(어두운 문제들: 흑인성의 감시에 관하여)』, 10.

67 쇼샤나 주보프(Shoshana Zuboff), 『감시 자본주의 시대: 권력의 새로운 개척지에서 벌어지는 인류의 미래를 위한 투쟁』(문학사상, 2021).

68 2024년 1월 17일, 크리스 길리아드가 필자와 가진 토론에서 인용.

6장

1 제임스 D. 트레이시(James D. Tracy), "마르틴 루터의 면죄부 논란(The Indulgences Controversy of Martin Luther)", 「브리태니커 백과사전」 온라인, 2023년 7월 8일 최종 개정, https://www.britannica.com/biography/Martin-Luther/The-indulgences-controversy.

2 데이비드 B. 모리스(David B. Morris), "범법자 루터(Luther the Outlaw)", 마르틴 루터 - 수사, 이단자, 그리고 범법자(Martin Luther as Priest, Heretic and Outlaw), 미국 의회도서관 연구 가이드(Library of Congress Research Guides), 2023년 12월 6일 최종 업데이트. https://guides.loc.gov/martin-luther-priest-heretic-outlaw/luther-the-outlaw.

3 메러디스 휘태커 외(Meredith Whittaker et al.), "테크 산업의 조직화(Organizing Tech)", 패널 토론, AI 나우 2019 심포지엄, 뉴욕, 2019년 10월 2일, 비디오, https://www.youtube.com/watch?v=jLeOyIS1jwc.

4 비나 두발(Veena Dubal), "긱 노동 약사(A Brief History of the Gig)", 「로직(Logic)」, no. 10 (2020년 5월), https://logicmag.io/security/a-brief-history-of-the-gig.

5 비나 두발(Veena Dubal), "긱 노동 약사(A Brief History of the Gig)".

6 비나 두발(Veena Dubal), "긱 노동 약사(A Brief History of the Gig)".

7 비나 두발(Veena Dubal), "긱 노동 약사(A Brief History of the Gig)".

8 비나 두발(Veena Dubal), "임금 노예인가 기업가인가?: 합법적 노동자 신분의 이원론을 반박하다(Wage Slave or Entrepreneur?: Contesting the Dualism of Legal Worker Identities)", 「캘리포니아 로 리뷰(California Law Review)」, no. 105 (2017): pp. 101-159. https://repository.uclawsf.edu/cgi/viewcontent.cgi?article=2595&context=faculty_scholarship.

9 특정한 예외를 제외하고(With certain exceptions), 레베카 레이크(Rebecca Lake), "캘리포니아 의회 법안5: 내용과 의미(California Assembly Bill 5(AB5): What's In It and What It Means)", 인베스토피디아(Investopedia), 2023년 5월 30일 개정, https://www.investopedia.com/california-assembly-bill-5-ab5-4773201.

10 딕셔너리닷컴(Dictionary.com), s.v. "heresy(이단)", 2023년 7월 5일 접속, https://www.dictionary.com/browse/heresy.

11 메리엄-웹스터 사전(Merriam-Webster), s.v. "apostasy(배교)", 2023년 9월 19일 접속, https://www.merriam-webster.com/dictionary/apostasy.

12 제이먼 조던, "블랙 바텀: 지역 역사가 제이먼 조던이 알려주는 간략한 교훈", 클래런스 탭 주니어 제작 비디오, 디트로이트 뉴스, 2021년 3월 23일, https://www.detroitnews.com/videos/news/local/detroit-city/2021/03/24/i-375-black-bottom-paradise-valley/6969067002.

13 해리 S. 트루먼(Harry S. Truman), "트루먼 어록(Truman Quotes)"에서 발췌. 트루먼 도서관(Truman Library Institute), 2024년 1월 19일 접근. https://www.trumanlibraryinstitute.org/truman/truman-quotes.

14 살 바야트 외(Sal Bayat et al.), "책임 있는 핀테크 정책을 지지하는 서한(Letter in Support of Responsible Fintech Policy)", 2022년 6월 1일 개정, https://concerned.tech.

15 비나 두발(Veena Dubal), "긱 노동 약사(A Brief History of the Gig)", 「로직(Logic)」, no. 10, 2020년 5월, https://logicmag.io/security/a-brief-history-of-the-gig.

16 압델 아지즈(Afdhel Aziz), "목적의 힘: 리프트는 '세계 최고의 운송 수단'을 통해 어떻게 사람들의 삶이 향상되는 것을 돕는가(The Power of Purpose: How Lyft Helps Improve Peoples Lives With 'The World's Best

Transportation'), 「포브스」, 2019년 2월 20일, https://www.forbes.com/sites/afdhelaziz/2019/02/20/the-power-of-purpose-how-lyft-helps-improve-peoples-lives-with-the-worlds-best-transportation/?sh=5780e9fa1539.

17　전세계 긱 경제 산업 연구 보고서, 경쟁 현황, 시장 규모, 지역 수준의 상태와 전망(Global Gig Economy Industry Research Report, Competitive Landscape, Market Size, Regional Status and Prospect), 베이너(Baner), 인도: 시장 성장 보고서, 2022년(India: Market Growth Reports, 2022), https://www.marketgrowthreports.com/global-gig-economy-industry-research-report-competitive-landscape-market-21739387.

18　케이트 오플래허티(Kate O'Flaherty), "구글이 전쟁에 가세하는 가운데 애플, 페이스북이 충격적인 새 타격을 입다(Apple Issues Stunning New Blow to Facebook as Google Joins the Battle)", 「포브스」, 2022년 2월 19일, https://www.forbes.com/sites/kateoflahertyuk/2022/02/19/apple-issues-stunning-new-blow-to-facebook-as-google-joins-the-battle.

19　컴퓨팅 태스크포스(Computing Task Force), MIT 슈와츠만 컴퓨팅 대학 - 조직 구조, 2020년 1월 30일, https://computing.mit.edu/wp-content/uploads/2022/10/SCC-Organizational-Structure.pdf.

20　케이트 켈리(Kate Kelly), "트럼프 아래서, 스티븐 슈와츠만은 자신의 유산을 빛낼 기회를 발견했다(In Trump, Stephen Schwarzman Found a Chance to Burnish His Legacy)", 「뉴욕타임스」, 2021년 1월 19일, https://www.nytimes.com/2021/01/19/business/schwarzman-blackstone-trump.html. 2022년 11월이 돼서야 슈와츠만은 트럼프의 대통령 출마를 다시 지원하지 않겠다고 말했지만, 그것은 다른 공화당원을 후보로 지지하겠다는 맥락이었다. 프레드리카 슈하우텐(Fredreka Schouten), "도널드 트럼프, 선거 출마 선언 하루 만에 움츠러든 억만장자들과 타블로이드의 조롱에 직면하다(Donald Trump Faces Billionaires in Retreat and Tabloid Trolling a Day after Campaign Announcement)", 「CNN」, 2022년 11월 16일, https://www.cnn.com/2022/11/16/politics/stephen-schwarzman-blackstone-trump-2024/index.html.

21　매튜 마틴(Matthew Martin), 블룸버그, "월스트리트 CEO들은 바이든과 사우디아라비아의 석유 분쟁에도 불구하고 '사막의 다보스'로 불리는 왕국 행사에 참석키로(Wall Street CEOs Aren't Letting Biden's Oil Spat with Saudi Arabia Get in the Way of Their Trek to the Kingdom's 'Davos in the Desert')",

「포춘」, 2022년 10월 24일, https://fortune.com/2022/10/24/wall-street-ceos-biden-oil-spat-saudi-arabia-mbs-kingdom-davos-in-the-desert, 데이비드 구라(David Gura), "정치적 우려에도 불구하고 월스트리트는 사우디아라비아와 계약을 맺는 데 적극적(Wall Street Eager to Strike Deals with Saudi Arabia, despite Political Concerns)", 「NPR」, 2022년 10월 25일, https://www.npr.org/2022/10/25/1131396337/saudi-arabia-biden-wall-street-dimon-goldman-sachs-oil, 크리스티나 알레시(Cristina Alesci), "사우디아라비아 블랙스톤의 미국 인프라 투자에 200억달러 약속(Saudi Arabia Pledges $20 Billion to Blackstone for American Infrastructure)", 「CNN」 비즈니스, 2017년 5월 21일, https://money.cnn.com/2017/05/21/news/companies/saudi-arabia-blackstone-deal/index.html, 패트릭 레인지 맥도날드(Patrick Range MacDonald), "현대의 노상 강도: 블랙스톤 CEO 스티븐 슈와츠만의 죄악들(Modern-Day Robber Baron: The Sins of Blackstone CEO Stephen Schwarzman)", 주거는 인권(Housing Is a Human Right, 블로그), 2020년 7월 29일, https://web.archive.org/web/20230430055818/https://www.housingisahumanright.org/modern-day-robber-baron-the-sins-of-blackstone-ceo-stephen-schwarzman, 패트릭 레인지 맥도날드, "주민발의안 21 찬성 측이 대형 부동산 회사를 반복된 더러운 속임수를 막기 위해 고소(Yes on Prop 21 Sues Big Real Estate to Stop Repeated Dirty Tricks)", 주거는 인권 (블로그), 2020년 10월 28일, https://web.archive.org/web/20230523195516/https://www.housingisahumanright.org/yes-on-prop-21-sues-big-real-estate-to-stop-repeated-dirty-tricks.

22 "단체 소개(About Us)", 인간적 기술 센터(Center for Humane Technology), 2024년 1월 19일 접속, https://www.humanetech.com/who-we-are.

23 트리스탄 해리스(Tristan Harris), "집중 방해를 최소화하고 사용자의 주목을 존중하자는 주장(A Call to Minimize Distraction and Respect Users' Attention)", 2013년 2월 구글 프리젠테이션, https://www.scribd.com/document/378841682/A-Call-to-Minimize-Distraction-Respect-Users-Attention-by-Tristan-Harris.

24 "우리를 죽이지 마세요(Stop Killing Us)"는 흑인의 생명도 소중하다(Black Lives Matter) 운동과 관련된 슬로건으로, 미헨테(Mijente)와 협력자들의 모임에서 등장했다. 샘 레빈(Sam Levin), "폭로: 로스앤젤레스 경찰, 모든 피검문 민간인에 관한 소셜미디어 데이터 수집토록 지시받아(Revealed: LAPD Officers Told to Collect Social Media Data on Every Civilian They Stop)", 「가디언」(미국판), 2021년 9월 8일, https://www.theguardian.com/

us-news/2021/sep/08/revealed-los-angeles-police-officers-gathering-social-media.

25 신시아 로드리게즈 외(Cinthya Rodriguez et al.), "제다이 운동의 귀환(Return of the Movement Jedi)", 강연, 정치훈련연구원(Instituto de Formacion Politica), 미헨테(Mijente), 2020년 4월 20일 라이브스트림, https://instituto.mijente.net/courses/tech-wars.

26 신시아 로드리게즈 외(Cinthya Rodriguez et al.), "로그 원: 푸른 데스스타(Rogue One: The Blue Death Star)", 강연, 정치훈련연구원(Instituto de Formacion Politica), 미헨테(Mijente), 2020년 3월 9일 라이브스트림, https://instituto.mijente.net/courses/tech-wars.

27 신시아 로드리게즈 외(Cinthya Rodriguez et al.), "세계적 위협(The Global Menace)", 강연, 정치훈련연구원, 미헨테, 라이브스트림, 2022년 4월 6일, https://instituto.mijente.net/courses/tech-wars.

28 칼 T. 벅스트롬(Carl T. Bergstrom), 제빈 D. 웨스트(Jevin D. West), 『Calling Bullshit: The Art of Skepticism in a Data-Driven World(개소리임을 까발리기: 데이터 중심 세계에서 똑똑하게 사는 방법)』(Random House, 2021).

29 칼 T. 벅스트롬(Carl T. Bergstrom), 제빈 D. 웨스트(Jevin D. West), 『Calling Bullshit: The Art of Skepticism in a Data-Driven World(개소리임을 까발리기: 데이터 중심 세계에서 똑똑하게 사는 방법)』(Random House, 2021), x.

30 에단 주커만(Ethan Zuckerman), 『Mistrust: Why Losing Faith in Institutions Provides the Tools to Transform Them(불신: 기관들에 대한 믿음 상실이 왜 그들을 변화시키는 툴을 제공하는가)』(W. W. Norton & Company, 2021).

31 더 데일리 쇼(The Daily Show, @TheDailyShow), "'정부는 우리 모두를 대변하는 변호사와 같습니다…. 우리 모두의 옹호자인 정부가 실제로 우리를 대신해 싸워야 할 때입니다(The government is like a lawyer who represents all of us…. It's time for the advocate for all of us to actually fight on our behalf.)—트위터의 아난드 기리다라다스(@AnandWrites)의 방법론 가이드, 트위터, 2019년 10월 7일, https://twitter.com/thedailyshow/status/1181260901103489025.

32 데비 로드(Debbie Lord), "총선 2022: 투표하는 데 차가 필요하다면 리프트가 할인을 제공합니다(Election 2022: If You Need a Ride to Vote, Lyft Is Offering Discounts)", 「보스턴 25 뉴스(Boston 25 News)」, 2022년 11월 4일, https://www.boston25news.com/news/trending/

election-2022-if-you-need-ride-vote-lyft-is-offering-discounts/MQF23YACAJBJTK44B2HNSPCYK4/.

33 에단 주커만(Ethan Zuckerman), 『Mistrust(불신)』, 64-66.

34 다라 커(Dara Kerr), "완전히 다른 경기: 긱 노동자의 신분을 둘러싼 우버와 리프트의 싸움(A Totally Different Ballgame': Inside Uber and Lyft's Fight over Gig Worker Status)", 「CNET」, 2020년 8월 28일, https://www.cnet.com/tech/tech-industry/features/uber-lyfts-fight-over-gig-worker-status-as-campaign-against-labor-activists-mounts/.

35 다라 커(Dara Kerr), "완전히 다른 경기: 긱 노동자의 신분을 둘러싼 우버와 리프트의 싸움(A Totally Different Ballgame': Inside Uber and Lyft's Fight over Gig Worker Status)".

36 앨런 M. 브랜트(Allan M. Brandt), "이해 충돌의 발명: 담배업계의 전술사(Inventing Conflicts of Interest: A History of Tobacco Industry Tactics)", 「미국공중위생저널(American Journal of Public Health)」 102, no. 1, 2012년 1월, pp. 63-71, https://www.ncbi.nlm.nih.gov/pmc/articles/PMC3490543.

37 벤 스미스(Ben Smith), "우버 경영진, 기자들의 추문을 캐내고 있다고 시사(Uber Executive Suggests Digging Up Dirt on Journalists)", 「버즈피드(BuzzFeed)」, 2014년 11월 17일, https://www.buzzfeednews.com/article/bensmith/uber-executive-suggests-digging-up-dirt-on-journalists.

38 "2015년 명예 박사 샘 두발을 기리기 위해 백만 달러 인류학 장학금 조성((Memory of Dr. Sam Dubal) '15 Honored through $1M Anthropology Fellowship)", 버클리 레터스 앤드 사이언스(Berkeley Letters and Science), 2021년 9월 7일 업데이트, https://ls.berkeley.edu/news/dr-sam-dubal.

39 라이언 번(Ryan Byrne), "캘리포니아의 제안 22 캠페인에 대한 우버, 리프트, 도어대시의 기금 지원은 1억8천만 달러에 달해(With Funding from Uber, Lyft, and DoorDash, Campaign behind California Proposition 22 Tops $180 Million)", 「밸럿피디아 뉴스(Ballotpedia News)」, 2020년 9월 9일, https://news.ballotpedia.org/2020/09/09/with-funding-from-uber-lyft-and-doordash-campaign-behind-california-proposition-22-tops-180-million.

40 처음에 코로나바이러스 팬데믹이 시작됐을 때, 현장 노동자가 많은 흑인 공동체는 바이러스 노출 위험이 크기 때문에 훨씬 더 치명적인 피해를 입었다. 그러나 백신이 보급된 이후에는, 일부 백인 커뮤니티에서 "백신 접종

에 이념적으로 반대"하는 경향이 커지면서, 오히려 백인 집단에서 바이러스로 인한 사망률이 더 높아지는 현상이 나타났다. 이제 코로나바이러스 사망률은 흑인보다 백인 집단에서 더 높게 집계되고 있다(COVID Death Rate Now Higher in Whites than in Blacks)", 뉴스, 하버드 T. H. 챈 공중위생 대학원(Harvard T. H. Chan School of Public Health), 2022년 10월 21일. https://www.hsph.harvard.edu/news/hsph-in-the-news/covid-death-rate-now-higher-in-whites-than-in-blacks.

41 마고 루즈벨트(Margot Roosevelt), 수하우나 후세인(Suhauna Hussain), "제안 22 위헌 판결, 캘리포니아 긱 경제 법에 타격(Prop. 22 Is Ruled Unconstitutional, a Blow to California Gig Economy Law)", 「LA타임스」, 2021년 8월 20일, https://www.latimes.com/business/story/2021-08-20/prop-22-unconstitutional. 그러나 2022년 3월, 캘리포니아 주의 상고법원은 대다수 판결을 뒤집었다. 수하우나 후세인, "캘리포니아 상고법원, 제안 22가 무효라는 판결의 대부분을 뒤집어(California Appeals Court Reverses Most of Ruling Deeming Prop. 22 Invalid)", 「LA타임스」, 2023년 3월 13일, https://www.latimes.com/business/story/2023-03-13/prop-22-upheld-california-appeals-court.

42 8장에서 소개하는 페이스북 비판자인 야엘 아이젠스타트(Yaël Eisenstat)도 자신의 트위터 프로필에 자신이 카산드라로 불려 왔음을 밝혔다.

43 나는 국제 세속 인본주의 유대교협회(International Institute for Secular Humanistic Judaism)에서 서품을 받았다. https://iishj.org/.

44 비나 두발(Veena Dubal), "제1일: 국민에게 권력을-대통령에게만이 아니다(Day 1: Power to the People—Not Just the President)", 「포그 시티 저널(Fog City Journal)」, 2009년 1월 21일, http://www.fogcityjournal.com/wordpress/1003/day-1-power-to-the-people-not-just-the-president.

45 비나 두발, "새로운 인종별 임금 체계(The New Racial Wage Code)", 2021년 9월 30일 기고, https://papers.ssrn.com/sol3/papers.cfm?abstract_id=3855094.

46 "비록 이용 가능한 통계 자료는 제한적이지만, 리프트(Lyft)는 자사 미국 내 운전자 가운데 69%가 인종적 소수(ethnic minority) 집단에 속한다고 추산한다. 미국에서 가장 인종적으로 다양하고 불평등한 지역 중 하나인 캘리포니아에서는, 이 비율이 더 높을 것으로 예상된다", 두발, '새로운 인종별 임금 체계'.

47 두발, '새로운 인종별 임금 체계'.

48 2024년 1월 29일 두발이 필자와의 대화에서 한 말.

7장

1 "미국의 결핵 1895-1954(TB in America: 1895-1954)", 미국사 체험(American Experience), 「PBS」, https://www.pbs.org/wgbh/americanexperience/features/plague-gallery.

2 톰 페릭(Tom Ferrick), 미출간 원고(unpublished manuscript), 1997년, https://drive.google.com/file/d/1TSN8PS9KgiJnCVPnRfpLhbYBg9_qXWLA/view?usp=sharing.

3 인본주의(humanism)라는 단어는 르네상스 기간 중에, "신의 마음을 넘어선 지식(knowledge beyond the mind of god)"이라는 뜻으로 처음 사용되었다. 학술적 맥락에서 인본주의자(humanist)는 과학자의 반대말로 지칭되기도 한다.

4 이 표현은 세이건 한 사람의 발언으로 여겨지지만, 드루얀은 세이건의 방대한 지식에 인간의 영혼과 깊이를 불어넣은, 그녀만으로 일가를 이룬 창작자로 평가할 만하다.

5 고대 "메타 수타(Mettā Sutta)"에서 인용한 이 말은 매사추세츠 주 소머빌(Somerville)의 선승이자 예술가인 세바스찬 리존(Sebastian Rizzon)이 목적에 맞게 제안해 준 것이다. "메타 수타"는 한국에서 "자애경"으로 불리는데, 모든 존재에게 조건 없는 사랑과 친절을 베푸는 방법에 대한 부처의 가르침이다.

6 야스나(Yasna) 51.22, '자라투스트라의 가타(The Gāthās of Zarathustra)'에 수록, 스탠리 인슬러(Stanley Insler) 영역, vol. 1 of '기록과 회고록(Textes et Mémoires)', 악타 이라니카(Acta Iranica) (테헤란: 비블리오테크 팔라비(Bibliothèque Pahlavi), 1975년. 고대 아베스탄어나 고대 페르시아 언어로 된 것을 스탠리 인슬러가 영역한 것. 구체적 문구를 추천한 것은 내 훌륭한 동료인 다리우시 메타(Daryush Mehta)이다. 그는 하버드와 MIT의 조로아스터교 사목이다.

7 "케이트 오닐 소개(About Kate O'Neill)", KO 인사이츠(KO Insights), 2024년 1월 19일 방문, https://www.koinsights.com/about-kate.

8 케이트 오닐, 『Tech Humanist: How You Can Make Technology Better for Business and Better for Humans(테크 인본주의자: 어떻게 기술이 비즈니스와 인간을 더 유익하게 만들 수 있는가)』(Independently Published, 2018).

9 다음을 참조하라. 라이언 버지, "남부 감리교회 총회에 대한 2022년 데이터 출간" (블로그), 2023년 5월 10일. https://www.graphsaboutreligion.com/p/the-2022-data-on-the-southern-baptist.

10 "왜 AI는 더 많은 사회복지사를 필요로 하는가, 콜럼비아 대학의 데스먼드 패튼 인터뷰(Why AI Needs More Social Workers, with Columbia University's Desmond Patton)", 그렉 엡스타인, 「테크런치」, 2019년 8월 9일, https://techcrunch.com/2019/08/09/why-ai-needs-more-social-workers-with-columbia-universitys-desmond-patton.

11 패튼, "왜 AI는 더 많은 사회복지사가 필요한가".

12 자크 휘태커(Zack Whittaker), "논란과 금지에도 불구하고, 얼굴 인식 스타트업들은 벤처투자자의 돈으로 넘쳐난다(Despite Controversies and Bans, Facial Recognition Startups Are Flush with VC Cash)", 「테크런치」, 2021년 7월 6일, https://techcrunch.com/2021/07/26/facial-recognition-flush-with-cash, 잉그리드 룬덴(Ingrid Lunden), "애니비전, 논란 많은 얼굴 인식 스타트업, 소프트뱅크와 엘드리지가 주도하는 벤처 투자자들로부터 2억3천5백만 달러 투자금 유치(AnyVision, the Controversial Facial Recognition Startup, Has Raised $235M Led by SoftBank and Eldridge)", 「테크런치」, 2021년 7월 7일, https://techcrunch.com/2021/07/07/anyvision-the-controversial-facial-recognition-startup-has-raised-235m-led-by-softbank-and-eldridge.

13 대니얼 데니스 존스(Daniel Dennis Jones), "우리는 인터넷의 '첫 대응자들'에게 무엇을 빚지고 있는가?(What Do We Owe to the Internet's 'First Responders?')", 버크만 클라인 센터 컬렉션(Berkman Klein Center Collection), 2019년 4월 17일, https://medium.com/berkman-klein-center/what-do-we-owe-to-the-internets-first-responders-efc1889cdbc3.

14 블레이크 르모인은 2023년 1월 23일 줌 인터뷰에서 내게 그렇게 이야기했다.

15 안젤리나 맥밀란-메이저(Angelina McMillan-Major), 에밀리 B. 벤더 외(Emily M. Bender et al.), "추측 통계학적인 앵무새들의 위험성에 대하여: 언어 모델은 거대할 수 있는가?(On the Dangers of Stochastic Parrots: Can Language Models Be Too Big?)", FAccT '21: 공정성, 책임성, 투명성에 관한 ACM 학술대회 논문집(FAccT '21: Proceedings of the 2021 ACM Conference on Fairness, Accountability, and Transparency), 뉴욕, 미국컴퓨터학회(Association for Computing Machinery, ACM), 2021년, pp. 610-623.

16 캐런 하오(Karen Hao), "우리는 팀닛 게브루를 구글에서 쫓아낸 논문을 읽었다. 내용은 이렇다(We Read the Paper That Forced Timnit Gebru Out of Google. Here's What It Says)", 「MIT 테크놀로지 리뷰」, 2020년 12월 4일, https://www.technologyreview.com/2020/12/04/1013294/google-ai-ethics-research-paper-forced-out-timnit-gebru/.

17 분산형 AI 연구소(Distributed AI Research Institute), 웹사이트, 2023년 5월 23일 방문, https://dair-institute.org.

18 팀닛 게브루, 2022년 5월 4일 저자와 줌으로 나눈 대화에서.

19 모비우스(Mobius, mobiusorg), 링크드인, 2024년 1월 1일 방문, https://www.linkedin.com/company/mobiusorg.

20 잭 콘필드(Jack Kornfield), 『A Path with Heart: A Guide through the Perils and Promises of a Spiritual Life(마음을 따라가는 길: 영적 삶의 위험과 약속을 통한 안내)』(Bantam Dell Pub Group, 1993), 샤론 샐즈버그(Sharon Salzberg), 『Real Happiness: The Power of Meditation(진짜 행복: 명상의 힘)』(Workman Pub Co, 2011). 국내에서는 『하루 20분 나를 멈추는 시간』(북하이브, 2011)으로 제작, 출간 됐었음.

21 미래 아키텍트 조합(Guild of Future Architects), 웹사이트, 2023년 5월 23일 방문, https://futurearchitects.com.

22 스탠포드 자선 및 시민사회 센터(Stanford Center on Philanthropy and Civil Society), "디지털 시민 사회 랩 펠로우의 작품이 뉴욕 에미상 후보 올라(Digital Civil Society Lab Fellow's Work Nominated for New York Emmy Award)", 2021년 7월 21일, https://pacscenter.stanford.edu/news/digital-civil-society-lab-fellows-work-nominated-for-new-york-emmy-award, 팻 데일리(Pat Daly), 패트리샤 마호니(Patricia Mahoney), "감시의 눈길: 수녀들이 얼굴 인식 기술 회사들을 견제한다(Eyes on You: Nuns Are Keeping Facial Recognition Companies in Check)", 인터뷰, 「커런츠 뉴스(Currents News)」, 2020년 2월 27일, YouTube video, https://youtu.be/YSCnxH1JMVA.

23 엘리자베스 드워스킨(Elizabeth Dwoskin), "아마존이 엄청난 금액에 얼굴 인식 기술을 법 집행 기관에 팔고 있다(Amazon Is Selling Facial Recognition to Law Enforcement—for a Fistful of Dollars)", 「워싱턴포스트」, 2018년 5월 22일, https://www.washingtonpost.com/news/the-switch/wp/2018/05/22/amazon-is-selling-facial-recognition-to-law-enforcement-for-a-fistful-of-dollars/.

24 일부 사례만 소개한다면, 모질라(Mozilla)와 모즈페스트(Mozfest), 위키미디어(Wikimedia)와 위키마니아(Wikimania) 컨퍼런스, 프로세싱 재단(Processing Foundation), 개인적 민주주의 포럼(Personal Democracy Forum), 라이츠콘(RightsCon), 스톡홀름 인터넷 포럼(Stockholm Internet Forum), 인터넷 거버

넌스 포럼(Internet Governance Forum), 그리고 이전까지 MIT의 시민미디어 센터(Center for Civic Media)에 있다가 매사추세츠대 앰허스트의 디지털 공공 인프라 연구소(Institute for Digital Public Infrastructure)로 자리를 옮긴 에단 주커만(Ethan Zuckerman)의 작업 등이 있다.

25 하버드대학 쇼렌스타인 센터(Shorenstein Center)의 전직 연구원인 조안 도노반(Joan Donovan)이 조직한 심포지엄 "제발 우리를 포함시키지 말아주세요(Please Don't Include Us)"와 연합해 열렸다.

26 페이튼 크로스키(Payton Croskey), "증강된 하위 공유지(undercommons)와 태양으로 가는 길: 해방형 기술과 다른 혁명적 도구 탐구(The Augmented Undercommons and the Path to the Sun: An Exploration of Liberatory Technology and other Revolutionary Tools)", 2022년 4월 27일, 비디오, 2:56, https://mediacentral.princeton.edu/media/The+Augmented+Undercommons+and+The+Path+to+The+SunA+An+Exploration+of+Liberatory+Technology+and+other+Revolutionary+Tools%2C+Payton+Croskey%2C+UG+%2723+%283963813%29/1_ciut22ep.

27 가령 조이 부올람위니 박사(Dr. Joy Buolamwini)가 넷플릭스/PBS 다큐멘터리 《코디드 바이어스(Coded Bias)》에서 흰 마스크를 쓰고 나오는 것은 알고리듬적 얼굴 인식 기술의 억압성을 거부하고 암시하기 위한 것이다. 앞에서 소개한 것처럼 크리스 길리아드(Chris Gilliard)가 스키 헬멧과 고글로 자신의 얼굴을 가리는 것도 같은 맥락이다.

28 통 옹(Tong Ong), "프린스턴 온라인 코스에서 경찰에 살해된 흑인 아이들의 뼈를 게시하다(Princeton Online Course Displays Bones of Black Children Killed by Police)", 「대학신문(College Post)」, 2021년 4월 23일, https://thecollegepost.com/princeton-black-childrens-bones/.

29 민주주의를 수호하자(Defend Democracy), 웹사이트, https://defenddemocracy.eu.

30 앨리스 스톨마이어(Alice Stollmeyer), 「취약한 사이보그(The Vulnerable Cyborg)」, 프로테고 출판사(Protego Press), 2018년 11월 2일, https://www.protegopress.com/the-vulnerable-cyborg/. 프로테고 출판사는 이후 테크 폴리시 출판사(Tech Policy Press)로 바뀌었다.

31 스톨마이어(Alice Stollmeyer), 「취약한 사이보그(The Vulnerable Cyborg)」.

32 조시 콘스틴(Josh Constine), "페이스북 증강 현실 헤드셋 개발 중이라고 확인(Facebook Confirms It's Building Augmented Reality Headset)", 「테크크런

치」, 2018년 10월 24일, https://techcrunch.com/2018/10/24/facebook-ar-headset, 로렌 골렘뷰스키(Lauren Golembiewski), "당신의 두뇌와 연결하는 기술에 준비가 돼 있나요?(Are You Ready for Tech That Connects to Your Brain?)", 「하버드 비즈니스 리뷰」, 2020년 9월 28일, https://hbr.org/2020/09/are-you-ready-for-tech-that-connects-to-your-brain, 티모시 레벨(Timothy Revell), "독심 기기는 이제 AI를 사용해 당신의 생각과 꿈을 읽을 수 있다(Mind-Reading Devices Can Now Access Your Thoughts and Dreams Using AI)", 「뉴사이언티스트」, 2018년 9월 26일, https://www.newscientist.com/article/mg23931972-500-mind-reading-devices-can-now-access-your-thoughts-and-dreams-using-ai, 스톨마이어의 "취약한 사이보그"에서 인용.

33 이 기사를 참조할 것. "브레네 브라운: 취약성은 어떻게 우리의 삶을 더 낫게 만들 수 있는가(Brene Brown: How Vulnerability Can Make Our Lives Better)", 댄 슈와벨(Dan Schwabel) 인터뷰, 「포브스」, 2013년 4월 21일, https://www.forbes.com/sites/danschawbel/2013/04/21/brene-brown-how-vulnerability-can-make-our-lives-better/?sh=57638b2b36c7.

34 비밀 메시지 앱인 시그널(Signal)에 훌륭한 전문가들의 공동체를 만들고 운영해 준 테크 폴리시 프레스(Tech Policy Press)의 저스틴 헨드럭스(Justin Hendrix) 편집장에게 감사의 말을 전한다.

35 스톨마이어(Alice Stollmeyer), 「취약한 사이보그(The Vulnerable Cyborg)」.

36 케이트 오닐(Kate O'Neill), 『Surviving Death: What Loss Taught Me About Love, Joy, and Meaning(죽음을 넘어: 상실이 사랑, 기쁨, 그리고 의미에 대해 내게 가르쳐준 것)』(크리에이트스페이스(CreateSpace), 2015).

37 케이트 오닐(Kate O'Neill), 『Surviving Death: What Loss Taught Me About Love, Joy, and Meaning(죽음을 넘어: 상실이 사랑, 기쁨, 그리고 의미에 대해 내게 가르쳐준 것)』.

38 알렉시스 폴린 검스(Alexis Pauline Gumbs), "증거(Evidence)", 『Octavia's Brood: Science Fiction Stories from Social Justice Movements(옥타비아의 자손: 사회 정의 운동에 관한 과학소설 모음집)』(A K Pr Distribution, 2015), 에이드리엔 마리 브라운(adrienne maree brown)과 왈리다 에밀리샤(Walidah Imarisha) 공동 편집, 에이드리엔 마리 브라운은 본인의 이름을 모두 소문자로 씀.

39 검스, "증거".

40 케이트 오닐, 『Tech Humanist: How You Can Make Technology Better for Business and Better for Humans(테크 인본주의자: 어떻게 기술이 비즈니스와 인간을 더 유익하게 만들 수 있는가)』(Independently Published, 2018).

41 티모시 요르겐센(Timothy Jorgensen), 『Spark: The Life of Electricity and the Electricity of Life(스파크: 전기의 생명, 생명의 전기)』(Princeton University Press, 2023). "에너지 비용 계산기(Energy Cost Calculator)", 전기 계산기들, 계산기들, 래피드테이블스(Electrical Calculators, Calculators, RapidTables), http://rapidtables.com/calc/electric/energy-cost-calculator.html.

8장

1 이 장의 초기 축약본은 2023년 「MIT 테크놀로지 리뷰」의 "윤리학 특집(ethics issue)"에 소개됐다.

2 데이비드 라이언 폴가 외(David Ryan Polgar et al.), "2023년 책임 있는 기술 생태계를 강화하기(Strengthening the Responsible Tech Ecosystem in 2023)", 2022년 12월 6일, 비디오, https://www.youtube.com/watch?v=YBi7zVjUAh8.

3 "ATIH 소개(About ATIH)", 모든 테크는 인간이다(All Tech Is Human), 2024년 1월 12일 방문, https://alltechishuman.org/aboutatih.

4 미국 공중보건국장실 외(United States Office of the Surgeon General et al.), 우리의 고독과 고립의 유행병: 미국 공중보건국장실, 사회적 관계와 커뮤니티의 힐링 효과에 관한 권고(Our Epidemic of Loneliness and Isolation: The U.S. Surgeon General's Advisory on the Healing Effects of Social Connection and Community), 2023년 워싱턴, D.C. https://www.hhs.gov/sites/default/files/surgeon-general-social-connection-advisory.pdf. 동료 인본주의 사목인 제임스 크로프트(James Croft)와 나는 본래 이 주제에 대해 공동 연구와 저작을 하기로 했지만 계획대로 되지 않았다. 그에게 감사한다.

5 줄리앤 홀트-런스태드 외(Julianne Holt-Lundstad et al.), "사망률의 위험 변수로서의 고독과 사회적 고립: 메타 분석 리뷰(Loneliness and Social Isolation as Risk Factors for Mortality: A Meta-Analytic Review)", 「심리과학의 관점들(Perspectives on Psychological Science)」 10호, no. 2 2015년: pp. 227-237, https://web.archive.org/web/20190325114311/http://www.ahsw.org.uk/userfiles/Research/Perspectives%20on%20Psychological%20Science-2015-Holt-Lunstad-227-37.pdf (사이트 폐쇄됨).

6   미국 보건복지부(US Department of Health and Human Services), "공중보건국장, 소셜미디어 사용이 청소년의 정신 건강에 미치는 영향에 관한 새로운 권고 발표(Surgeon General Issues New Advisory About Effects Social Media Use Has on Youth Mental Health)", 보도자료, 2023년 5월 23일, https://www.hhs.gov/about/news/2023/05/23/surgeon-general-issues-new-advisory-about-effects-social-media-use-has-youth-mental-health.html.

7   ATIH, "책임있는 테크 인재 풀(Responsible Tech Talent Pool)", https://alltechishuman.org/responsible-tech-talent-pool-individuals.

8   인간적 기술 센터(Center for Humane Technology), 웹사이트, https://www.humanetech.com.

9   야엘 아이젠스타트(Yaël Eisenstat), "나는 페이스북에서 정치 광고를 담당했다. 그들은 우리를 조종해 이윤을 얻고 있다(I Worked on Political Ads at Facebook. They Profit by Manipulating Us)", 「워싱턴포스트」, 2019년 11월 4일, https://www.washingtonpost.com/outlook/2019/11/04/i-worked-political-ads-facebook-they-profit-by-manipulating-us.

10 야엘 아이젠스타트(Yaël Eisenstat), 닐스 길먼(Nils Gilman), "테크 예외주의의 신화(The Myth of Tech Exceptionalism)", 「노마(Noema)」, 2022년 2월 10일, https://www.noemamag.com/the-myth-of-tech-exceptionalism.

11 미국 공중보건국장실 외(United States Office of the Surgeon General et al.), 우리의 고독과 고립의 유행병: 미국 공중보건국장실, 사회적 관계와 커뮤니티의 힐링 효과에 관한 권고(Our Epidemic of Loneliness and Isolation: The U.S. Surgeon General's Advisory on the Healing Effects of Social Connection and Community), 2023년, 워싱턴 D.C.

12 페어플레이(Fairplay), 2024년 1월 12일 방문, https://fairplayforkids.org.

13 더글러스 러시코프(Douglas Rushkoff), "더글러스 러시코프: 나는 오토튠되지 않을 것이다-기술만능주의를 깨다(Douglas Rushkoff: I Will Not Be Autotuned—Crashing Technosolutionism)", 2023년 4월 26일 뉴욕 촬영, 유튜브 비디오, https://www.youtube.com/watch?v=RCVXaqSEqmI.

14 닐 포스트먼(Neil Postman), 『Technopoly: The Surrender of Culture to Technology(테크노폴리: 기술에 정복당한 오늘의 문화)』(Vintage Books, 1993).

16 야엘 아이젠스타트(Yaël Eisenstat), 2024년 1월 16일 필자와 줌으로 가진 토론에서.

17 르네 커밍스(Renée Cummings), 2024년 1월 22일 필자와 줌으로 나눈 대화중.

18 척 슈머 외(Chuck Schumer et al.), "제5회 인공지능에 관한 양당 상원 포럼 성명서(Statements from the Fifth Bipartisan Senate Forum on Artificial Intelligence)", 워싱턴 D.C, 2023년 11월 9일, https://www.schumer.senate.gov/newsroom/press-releases/statements-from-the-fifth-bipartisan-senate-forum-on-artificial-intelligence.

결론

1 레슬리 헤이즐턴(Lesley Hazleton), 『Agnostic: A Spirited Manifesto(불가지론: 한 열정적 선언)』(Riverhead Books, 2016).

2 필 주커만(Phil Zuckerman), 2024년 1월 20일 저자에게 제공된 이메일.

3 로빈 르 포이드빈(Robin Le Poidevin), "불가지론이란 무엇인가?(What Is Agnosticism?)" in 『Agnosticism: A Very Short Introduction(불가지론: 매우 짧은 서론)』(Oxford Univ Press, 2010), https://doi.org/10.1093/actrade/9780199575268.003.0002.

4 레슬리 헤이즐턴(Lesley Hazleton), 『Agnostic: A Spirited Manifesto(불가지론: 한 열정적 선언)』.

5 콘스탄티누스 황제의 딜레마에 대한 에우세비우스의 묘사는 이 책의 서론에서 탐구한 바 있다. 에우세비우스(Eusebius), 『The Life of Constantine(콘스탄티누스의 생애)』, 어니스트 쿠싱 리처드슨(Ernest Cushing Richardson), 『A Select Library of Nicene and Post-Nicene Fathers(니케아 및 니케아 이후 교부 선집)』(Wellesley College Library, 1896)에 수록. 필립 샤프(Philip Schaff)와 헨리 웨이스(Henry Wace) 공동 편집, (New York: Christian Literature, 1890), https://archive.org/details/cu31924031002102.

6 레슬리 헤이즐턴(Lesley Hazleton), 『Agnostic: A Spirited Manifesto(불가지론: 한 열정적 선언)』, 5-6.

7 킴벌리 말로 하트넷(Kimberly Marlowe Hartnett), "이세벨의 '전기'는 경전, 역사, 그리고 생생한 상상력의 혼합물이다('Biography' of Jezebel Mixes Scripture, History and a Vivid Imagination)", 레슬리 헤이즐턴의 『Jezebel: The Untold Story of the Bible's Harlot Queen(이세벨: 성경속 매춘부 여왕의 알려지지 않은 이야기)』(doubleday, 2007)에 대한 리뷰, 「시애틀 타임스」, 2007년 10

월 26일, https://www.seattletimes.com/entertainment/books/biography-of-jezebel-mixes-scripture-history-and-a-vivid-imagination.

8   고든 페니쿡(Gordon Pennycook), 제임스 앨런 체인(James Allan Cheyne), 너새니얼 바(Nathaniel Barr), 데릭 J. 콜러(Derek J. Koehler), 조너선 A. 퓨글생(Jonathan A. Fugelsang), "심오한 헛소리의 수용과 감지에 대하여(On the Reception and Detection of Pseudo- Profound Bullshit)", 「판단과 의사 결정(Judgment and Decision Making)」 10호, no. 6 2015년: pp. 549-563, https://psycnet.apa.org/record/2015-54494-003.

9   안토니오 A. 아레차 외(Antonio A. Arechar et al.), "6대륙 16개국에 걸친 거짓 정보의 이해와 대응(Understanding and Combatting Misinformation across 16 Countries on Six Continents)", 「네이처 인간 행태(Nature Human Behaviour)」, 2023년, https://www.nature.com/articles/s41562-023-01641-6.

10 고든 페니쿡(Gordon Pennycook), 제이빈 빈넨다이크(Jabin Binnendyk), 데이비드 랜드(David Rand), "음모이론 신봉자들은 과신 기질이 있으며 다른 사람들도 자신에게 동의한다고 지나치게 과대평가한다(Overconfidently Conspiratorial: Conspiracy Believers Are Dispositionally Overconfident and Massively Overestimate How Much Others Agree with Them)", 2022년 12월 6일, https://psyarxiv.com/d5fz2.

11 데이비드 랜드와 고든 페니쿡이 2023년 5월 30일 줌으로 필자와 나눈 대화 중.

12 매들라인 오스트랜더(Madeline Ostrander), "기후 변화가 지구의 삶을 재편하는 마당에 어떻게 아기를 낳기로 결심할 수 있나?(How Do You Decide to Have a Baby When Climate Change Is Remaking Life on Earth?)", 「네이션」, 2016년 3월 24일, https://www.thenation.com/article/archive/how-do-you-decide-to-have-a-baby-when-climate-change-is-remaking-life-on-earth.

13 레슬리 헤이즐턴(Lesley Hazleton), "제프 베이조스: 그는 어떻게 회사가 수익도 내기 전에 10억 달러의 순자산을 축적했나(Jeff Bezos: How He Built a Billion Dollar Net Worth before His Company Even Turned a Profit)", 「석세스(Success)」, 1998년 7월, pp. 1998, 58-60.

14 레슬리 헤이즐턴, "코란을 읽고(On Reading the Koran)", TEDxRainier, 2010년 10월, 워싱턴 주 시애틀에서 열린 행사, https://www.ted.com/talks/lesley_hazleton_on_reading_the_koran.

찾아보기

ㄱ

개빈 케닐리 311
개소리에 대하여 372
계급과 카스트 199
고든 무어 244
고든 페니쿡 468
고립된 공동체 421
과가시성 293
교리 108
글라이드 메모리얼 교회 60
글렌 파자르도 254
글로벌 사우스 85, 437
기계 지능 223
기술 41
기술 이단자 384
긱 노동자들의 봉기 360
긱 이코노미 348

ㄴ

나다니엘 워드 67
나오미 오레스케스 306
네트워크 효과 264
녹색 등 프로젝트 296, 339
니릿 웨이스-블랫 194
니콜라스 네그로폰테 85
닉 보스트롬 131, 145, 192, 317
닉 콜드리 147
닐 거센펠드 79
닐 포스트먼 37, 460

ㄷ

다니엘라 로스너 85
다이애나 버틀러 배스 62
다중우주 328
대니얼 데닛 34
더글러스 러시코프 459
더스틴 모스코비츠 133
데릭 톰슨 35
데스먼드 패튼 402
데이비드 나이 38
데이비드 노블 40
데이비드 라이언 폴가 438
데이비드 랜드 468
데이비드 휠셔 73
데이비드 J. 차머스 135
데이터 식민주의 148
도덕적 다수 110
디지털 순결주의 451
디지털 하위 공유지 419

ㄹ

라이트 폰 II 249
라이프 3.0 176
랜디마 페르난도 365
러다이트 48
러다이트 운동 370
러다이트주의자 365
럭셔리 감시 299
레슬리 헤이즐턴 463, 466
레이첼 카슨 306
레이 커즈와일 106

로라 고메즈　236
로버트 샤르프　33
로버트 퍼트넘　441
로봇 신학　409
루이스 하이만　222
루하 벤저민　369, 420, 421, 434
리나 칸　362
리얼리티+　135
리처드 도킨스　32
리처드 브랜슨　59
리프트　356, 380
링컨 캐넌　94

ㅁ

마가렛 미첼　413, 414
마르틴 루터　345
마르틴 루터 킹 주니어　36
마르틴 부버　152
마르틴 하이데거　36
마르 힉스　28
마빈 민스키　47
마음챙김　201
마이클 세일러　179
마이클 페팃　173
마일즈 라세터　199
마크 앤드리슨　26
마크 저커버그　235
막스 베버　86
맥스 테그마크　168, 175
머신 러닝　43
메러디스 휘태커　349
메리 그레이　406, 414
메이커 운동　78
메일리 굽타　116
메타　450
메타버스　26
모건 에임스　84
모든 테크는 인간이다　445
몰리 화이트　353
몰몬 트랜스휴머니즘　94

무신론　173, 200
무어의 법칙　244
뮤탈라 엔콘데　418
미래의 길　91, 93
미래 존재들　136
미리엄 포스너　221
미시 엘리엇　258
미헨테　366, 367, 372
민족국가주의자　373

ㅂ

바실리스크　93
바이트 모델　183, 185
바히아 엘 오디　278
배교자 사고방식　386
버지니아 유뱅크스　320
벤 델로　134
벤 타노프　370
부트스트래핑　408
분산형 AI 연구소　414
불가지론　173, 464, 477
불가지론자　463
불가촉천민　205
브레네 브라운　427
브레튼 퍼터　180
브리오나 테일러　423
블레이크 르모인　409, 411
비나 두발　348, 351, 354, 377, 388, 417, 426
비탈릭 부테린　134
비트코인 성채　149

ㅅ

사람을 위한 AI　418
사베타이 제비　103
사피야 노블　224
새라 레이시　385
새라 왓슨　384
샘 뱅크먼-프리드　123
샘 알트먼　27

샘 해리스 32
생성형 AI 31
섭식 장애 276
세계경제포럼 123
세계주의 82
세속주의 200
세일즈포스 112, 362
셀레브라이트 316
셔윈 와인 89, 173, 464
쇼샤나 주보프 315
스테판 헴라이크 40
스티브 잡스 230
스티브 하산 181
시몬 브라운 320
신경망 43
신비주의 327
신학 34, 61

에밀 뒤르켐 86, 250
에밀리 안홀트 267, 286
에밀 토레스 137
에이든 반 노펜 415
에이브러햄 매슬로 74
엘렌 파오 228, 242, 417
엘리에저 유드코우스키 92, 161
역사 기록학 352
염세주의 430
영적 수행자 401
영향의 연속체 183
옥타비아 E. 버틀러 306
올더스 헉슬리 37
와이어드 366
요엘 로스 112
우버 356, 360, 380
울리세스 메히아스 147, 368
워키즘 35
원원주의 77
윌리엄 깁슨 341
윌리엄 맥어스킬 125, 137, 159, 190
유령 노동 116, 407
윤리적 기술 112
윤리적 면허 130
이그노스틱 177
이제오마 올루오 199, 216, 241
인간적 기술 센터 365, 448
인공 생명 40
인공일반지능 91
인공지능 43
인본주의 200, 430
인본주의자 47, 402
인플루언서 37
일론 머스크 26, 107, 113, 133, 311
잉그리드 에릭슨 85
잉태 가능한 미래 프로젝트 472

ㅇ

아난드 기리다라다스 75, 375
아네트 리베로 358, 361, 381
아인 랜드식 능력주의 221
아프로퓨처리즘 434
알버트 엘리스 384
알버트 폭스 칸 318
암호 도시 149
암호화폐 184
앤드류 카네기 87
앤서니 레반다우스키 89, 95
앤서니 핀 63, 109
앤 포스트 44
앨리스 밀러 50
앨리스 스톨마이어 426
야콥 사스포타스 187
얀 탈린 133
어린이마다 랩탑을 85
업튼 싱클레어 74
에리카 로블스-앤더슨 62
에릭 콘웨이 306
에릭 페일리 163

ㅈ

자카리 데이비스 143
장기주의 189, 190

잭 도시　26, 107
적대적 설득 기계　265
전자프런티어재단　367
제1종 종말론　304
제2종 종말론　304
제빈 웨스트　372
제안 22　380
제이넵 투펙치　375
제이슨 브레넌　166
제이슨 퍼먼　28
제임스 배럿　157, 169
제임스 윌리엄스　261
제임스 케리　255
제프 베이조스　27, 77, 120
조너선 Z. 스미스　206, 234
조슈아 스미스　409
조이스 캐럴 오츠　252, 253
조지 오웰　37
존 F. 호트　34
종교　33
종말　289
죽도록 즐기기　37
줄리 올브라이트　259
줄리 자곤　278
증강된 하위 공유지　422
진 트웬지　263
짐 스탈린　326
집단적 열광　250

ㅊ

챗봇 람다　409

ㅋ

카스트　212
칼 마르크스　36
칼뱅주의　66
칼 벅스트롬　372
칼 세이건　396
칼 융　336

케이트 오닐　398, 399, 429
켄 힐리스　173
콘텐츠 조정자　308
쿨삭 오제닉　254
크리스 길리아드　292, 294, 313, 326, 333, 417
크리스토퍼 히친스　32

ㅌ

타나토스　54
타라 델리베르토　277, 279, 284
테크　26, 28, 43
테크 공동체　440
테크노쇼비니즘　221
테크노폴리　37
테크래시　194
테크 배교자　348
테크 불가지론　204, 401, 475
테크 불가지론자　109
테크 브로　420, 459
테크 사회복지사　419
테크 신비주의　411
테크 신비주의자　419
테크 영적 수행자　55
테크 윤리　113, 362
테크의 영적 수행자　402
테크의 종교　41
테크 인류학자　419
테크 인본주의자　55, 398, 400, 419, 425
테크 정의　367
테크 종교　353, 422
테크 종교학자　419
테크 종말　341
테크 중립주의　463
테크 카스트　211
테크크런치　356
톰 페릭　395, 417
트래비스 칼라닉　378
트랜스휴머니즘　133, 134, 155
트레이본 마틴　423

트리스탄 해리스 366, 448
팀닛 게브루 385, 413, 414
팀 휴먼 458

ㅍ

파괴적 혁신 283
파놉티콘 296
파스칼의 내기 140
팔란티어 367
팹 랩 79
페이튼 크로스키 420, 421, 434
포퓰리스트 373
프로테스탄트 직업 윤리 66
피터 틸 134

ㅎ

하비 콕스 44
하위 공유지 421, 422
한스 모라벡 47
해리 프랭크퍼트 372
헤이든 윌킨슨 189
홈브루 컴퓨터 클럽 79
효과적 가속주의 195
효과적 이타주의 27, 123, 124, 127, 134, 159
힐러리 그리브스 137, 190

A

Abraham Maslow 74
adversarial persuasion machine 265
Afrofuturism 434
agnosticism 173
AI 43
AI 나우 연구소 349
AI for the People 418
AI Now Institute 349
Alice Miller 50
Anand Giridharadas 75
Anne Foerst 44
Anthony Pinn 109

apocalypse 289
apostate's mindset 386
artificial general intelligence 91
artificial intelligence 43
Artificial Life 40
atheism 173, 200
ATIH(All Tech Is Human) 438
Ayn Randian meritocracy 221

B

Ben Delo 134
Bitcoin Citadels 149
BITE 모델 183, 185
bootstrapping 408

C

caste 212
Cellebrite 316
Center for Humane Technology 448
Chris Gilliard 292
Christopher Hitchen 32
collective effervescence 250
Conceivable Future Project 472
congregation 440
content moderator 308
cosmopolitanism 82
Crypto Cities 149

D

DAIR(Distributed AI Research Institute) 414
Dark Matters: On the Surveillance of Blackness 320
data colonialism 148
David Hoelscher 73
David Noble 40
David Nye 38
DEI(다양성, 형평성, 포용성) 229
Derek Thompson 35
Diana Butler Bass 62

digital puritanism 451
disruptive innovations 284
doctrine 108
Dustin Moskovitz 133

E

EA 159
EA(Effective Altruism) 123
eating disorders 276
effective accelerationism 195
Electronic Frontier Foundation 367
Erica Robles-Anderson 62
ethical technology 112
ethnonationalist 373

F

Fab Lab 79
future beings 136

G

generative AI 31
ghost work 116, 407
Gig Workers Rising 360
Glide Memorial Church 60
Global South 85, 437

H

Harvey Cox 44
Historiography 352
Homebrew Computer Club 79
humanism 200
humanist 47
hypervisibility 293

I

ignostic 177
influence continuum 183
influencer 37

J

Jaan Tallinn 133
Jack Dorsey 26, 107
Jacob Sasportas 187
Jason Furman 28

L

LaMDA 409
Light Phone II 249
Lincoln Cannon 94
longtermist 189
Luddism 370
Luddite 48
luxury surveillance 299

M

machine intelligence 223
machine learning 43
maker movement 78
Marc Andreessen 26
Mar Hicks 28
maroon community 421
Max Tegmark 168
Meta 450
metaverse 26
Miles Lasater 199
mindfulness 201
Miriam Posner 221
Moore's Law 244
moral license 130
Moral Majority 110
Morgan Ames 84
multiverse 328
mysticism 327

N

Nathaniel Ward 67
network effect 264
neural networks 43

Nick Bostrom 131
nihilism 430

O

OLPC 85

P

Palantir 367
Pascal's wager 140
Peter Thiel 134
populist 373
Project Green Light 296, 339
Proposition 22 380

R

Ray Kurzweil 106
Reality+ 135
religion 33
religion of Tech 41
Richard Branson 59
Richard Dawkins 32
Robert Putnam 441
Robert Sharf 33
Robot Theology 409

S

Sabbetai Zevi 103
Salesforce 112
Sam Harris 32
secularism 200
Simone Browne 320
spiritual practitioner 401
Stefan Helmreich 40

T

Team Human 459
Tech 26
tech agnostic 109

Tech Agnostic 401
tech agnosticism 204
tech bros 459
TechCrunch 356
tech humanist 398, 400, 402
tech justice 367
techlash 194
tech spiritual practitioner 402
Thanatos 54
theology 34
type I 종말론 304
type II 종말론 304

U

untouchable 205
Upton Sinclair 74

V

Veena Dubal 386
Vitalik Buterin 134

W

Way of the Future 91
William MacAskill 125
win-win-ism 77
Wired 366
workism 35
World Economic Forum 123

Y

Yoel Roth 112

Z

Zachary Davis 143

번호

80,000 시간 159

기술을 숭배하지 말라
테크가 신이 된 시대, 우리는 무엇을 잃었는가

초판 발행 · 2025년 8월 28일

지은이 · 그렉 M. 엡스타인
옮긴이 · 김상현

발행인 · 옥경석
펴낸곳 · 주식회사 에이콘온

주소 · 서울시 양천구 국회대로 287 (목동)
전화 · 02)2653-7600 | **팩스** · 02)2653-0433
홈페이지 · www.acornpub.co.kr | **독자문의** · www.acornpub.co.kr/contact/errata

부사장 · 황영주 | **편집장** · 임채성 | **책임편집** · 임승경 | **편집** · 강승훈, 임지원 | **디자인** · 윤서빈
마케팅 · 노선희 | **홍보** · 박혜경, 백경화 | **관리** · 최하늘, 김희지

함께 만든 사람들
전산편집 · 남은순

에이콘온(AcornON) – 에이콘온은 'ON'이라는 단어처럼,
사람의 가능성에 불을 켜는 콘텐츠를 지향합니다.

인스타그램 · instagram.com/acorn_pub
페이스북 · facebook.com/acornpub
유튜브 · youtube.com/@acornpub_official

Copyright © 주식회사 에이콘온, 2025, Printed in Korea.
ISBN 979-11-9440-999-1
http://www.acornpub.co.kr/book/9791194409991

책값은 뒤표지에 있습니다.